3D打印
技术概论
U0344725

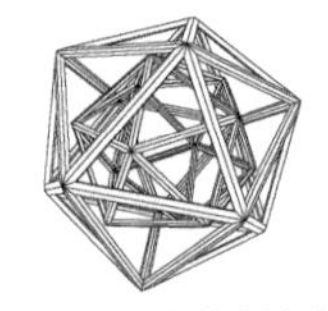

3D打印材料丛书
Series
on Materials
for 3D Printing

“十三五”国家重点出版物
出版规划项目

3D打印材料丛书

3D打印技术概论

陈继民 主编
杨继全 李涤尘 史玉升 副主编

化学工业出版社
·北京·

内容简介

《3D打印技术概论》全面系统地介绍了3D打印技术的原理以及工艺。重点介绍了当前主流的3D打印技术，比如基于光固化的3D打印技术、基于材料喷射式的3D打印技术、基于粉末床的3D打印技术、基于叠层技术的3D打印技术以及复合式3D打印技术。针对3D打印产品的标准以及检测技术也有详细的介绍。

本书可作为大专院校相关专业本科生及研究生的教材，可供从事3D打印材料研发、设计、生产、应用的科研、工程技术人员参考阅读。

图书在版编目（CIP）数据

3D打印技术概论/陈继民主编. —北京：化学工业出版社，2020.12（2023.9重印）
（3D打印材料丛书）
“十三五”国家重点出版物出版规划项目
ISBN 978-7-122-37949-8

Ⅰ.①3… Ⅱ.①陈… Ⅲ.①立体印刷-印刷术-概论
Ⅳ.①TS853

中国版本图书馆CIP数据核字（2020）第214419号

责任编辑：窦 臻 林 媛　　文字编辑：孙凤英
责任校对：李 爽　　装帧设计：尹琳琳

出版发行：化学工业出版社（北京市东城区青年湖南街13号 邮政编码100011）
印　　装：北京建宏印刷有限公司
787mm×1092mm 1/16 印张19 彩插3 字数562千字 2023年9月北京第1版第3次印刷

购书咨询：010-64518888　　售后服务：010-64518899
网　　址：http://www.cip.com.cn
凡购买本书，如有缺损质量问题，本社销售中心负责调换。

定　　价：118.00元

编 委 会

编 写 人 员 名 单

主　编： 陈继民

副主编： 杨继全　李涤尘　史玉升

参加编写人员：（按姓名汉语拼音排序）

陈继民　董世运　李涤尘　栗晓飞　连　芩　冒浴沂　史玉升
唐明亮　田象军　王　林　吴甲民　毋立芳　杨继全　姚建华
曾　勇

3D打印材料丛书
Series
on Materials
for 3D Printing

序

3D 打印被誉为催生第四次工业革命的 31 项颠覆性技术之一，其综合了材料科学与化学、数字建模技术、机电控制技术、信息技术等诸多领域的前沿技术。作为其灵魂的 3D 打印材料，是整个 3D 打印发展过程中最重要的物质基础，很大程度上决定了其能否得到更加广泛的应用。然而，3D 打印关键材料的“缺失”已经成为影响我国 3D 打印应用及普及的短板，如何寻找优质的 3D 打印材料并实现其产业化成了整个行业关注的焦点。

2017 年 3 月，中国工程院启动了“中国 3D 打印材料及应用发展战略研究”咨询项目，项目汇聚了中国工程院化工、冶金与材料工程学部联合机械与运载、医药卫生、环境轻纺等学部的 26 位院士，组织了全国 100 余位 3D 打印研究、生产领域及政府部门、行业协会的专家和学者，历时两年完成了本咨询项目。本项目研究成果凝练了我国 3D 打印材料及应用存在的突出问题，提出了我国 3D 打印材料及应用发展思路、战略目标和对策建议。

项目组紧紧抓住“制造强国、材料先行”这一主线，以满足重大工程需求和人民身体健康提升为牵引，对我国 3D 打印材料及应用近年来的一些突出问题进行了广泛调研。两年来，项目组先后赴北京、辽宁、江苏、上海、浙江、陕西、广东、湖南等省市同 3D 打印研究和制造的专家、学者开展了深入的交流和座谈，并组织项目组专家赴德国、比利时等 3D 打印技术先进国家考察调研。先后召开了 14 次研讨会，在学术交流会上作报告 100 余个，1000 余名专家学者、企业管理技术人员、政府官员参与项目活动，最终形成了一系列研究成果。

“3D 打印材料丛书”是“中国 3D 打印材料及应用发展战略研究”咨询项目的重要成果，入选“十三五”国家重点出版物出版规划项目。丛书共有五个分册，分别是《中国 3D 打印材料及应用发展战略研究咨询报告》《3D 打印技术概论》《3D 打印金属材料》《3D 打印

聚合物材料》《3D打印无机非金属材料》。丛书综述了3D打印技术的基本理论、成形技术、设备及应用；根据3D打印材料领域积累的科技成果，全面系统地介绍了3D打印金属材料、聚合物材料、无机非金属材料的理论基础、生产制备工艺、创新技术及应用，以及3D打印过程中各类材料所呈现出的独特组织性能演变规律和性能调控原理；反映了本领域国内外最新研究成果和发展现状，并展望了3D打印材料和技术的发展趋势。

本丛书的出版，感谢中国工程院咨询项目的支持和项目组成员的共同努力。希望本丛书能为我国3D打印材料及其产业化应用起到积极推动作用，并为相关政府单位、生产企业、高校、科研院所等开展创新研究工作提供帮助。

中国工程院院士

周廉

2020年2月

前言

近年来 3D 打印技术的发展非常迅速，各种 3D 打印方法和工艺不断取得突破。然而在国内高校以及科研院所，尚缺乏专门针对高年级学生以及研究生的专业 3D 打印教材。2018 年在中国工程院的支持下，我们组织国内在 3D 打印领域的专家、学者对 3D 打印技术进行了全面的调研，针对大学生、研究生的特点，编撰了这本专著，以便从事 3D 打印的老师能因材施教。同时，在本书的编写过程中，注重培养学生的自学能力，加强学生的动手能力，模拟实际问题，提高学生分析问题、解决问题的能力和创新意识。本书不仅全面地介绍了 3D 打印技术的发展历程以及 3D 打印技术概念和其所依托的关键技术，概括了 3D 打印技术目前的发展现状及今后国内外 3D 打印技术的发展前景，而且，对当前主流的 3D 打印技术的特点以及应用做了深入的剖析，特别是在 3D 打印启发下对产品的创新设计带来的产品变革进行了深入浅出的说明。由于 3D 打印技术的广泛适用性，使得通过传统方式建模得到的三维模型，理论上都可以直接通过 3D 打印机得到实体，不仅如此，对无法用传统加工方式加工的零件，也能通过分层制造获得，为产品设计带来无限可能。针对 3D 打印产品的标准与检测问题，本书有专门介绍。

本书编写分工如下：北京工业大学陈继民教授、曾勇博士编写第 1 章，北京工业大学毋立芳教授编写第 2 章部分内容，南京师范大学杨继全教授编写第 2 章部分内容和第 5 章、第 6 章部分内容，西安交通大学李涤尘教授、连芩教授编写第 3 章，南京工业大学唐明亮教授编写第 4 章，南京铖联激光科技有限公司王林总经理编写第 6 章部分内容，华中科技大学史玉升教授、吴甲民教授编写第 7 章和第 9 章，装甲兵工程学院董世运教授、北京航空航天大学田象军博士编写第 8 章，浙江工业大学姚建华教授编写第 10 章，中国航空综合技术研究所栗晓飞博士、国家增材制造产品质量监督检验中心冒浴沂博士编写第 11 章。对以上各位专家的辛勤劳动，表示感谢。

3D打印技术概论
Technology
Introduction
of 3D Printing

3D 打印技术本身是综合了机械学、电子学、计算机科学等多学科交叉的技术，具有很强的工程实用性。由于编者的水平有限，在编写的过程中难免出现不妥之处，诚挚欢迎各位读者批评指正。

编　者

2020 年 3 月

目录 CONTENTS

第 1 章 3D 打印基础概况 1

第 2 章 3D 打印技术流程 13

第 8 章
定向能量沉积技术

第 9 章
叠层实体制造技术

第11章 3D打印产品标准及检测

257

第 1 章
3D 打印基础概况

1.1 发展历史

3D打印技术又称增材制造（additive manufacturing）技术，或者说是增材制造技术的通俗叫法。随着研究的深入，人们对这个名词又有了新的认识，这两个名称的含义也出现了一些变化，但在大多数情况下，两者不加区别。它的发展已有几十年的历史[1]。据不完全统计，目前市场上有30～40种不同的技术都可以实现3D打印[2]。当前世界公认的第一台商业应用的3D打印机是美国Charles Hull先生于1986年发明的stereo lithography apparatus，简称SLA技术，SLA这项专利，字面翻译成“立体光印刷设备”，但它与印刷是没什么关系的。它是利用液态光敏树脂在光照射下发生光固化反应，液态光敏树脂凝固成固态的成形原理，通过有选择地照射，固化成相应的图案，这样层层照射、层层固化，最后固化凝固得到一个三维实体模型。这种成形方式与之前传统的机加工成形如车、铣、刨、磨等将材料去除加工成形不同之处在于，是将材料堆积而成。看到SLA技术的特性和商机，Charles Hull先生于是创建了3D Systems公司，在世界范围内推广该技术。3D Systems公司也是最早在美国纳斯达克上市的3D打印企业。此后，陆续出现了很多类似这种材料堆积成形的技术，人们把这种基于材料堆积成形的技术叫增材制造技术，比如基于塑料丝打印的3D打印机熔融沉积成形（fused deposition modeling，FDM）以及基于粉末材料的激光选区烧结（selective laser sintering，SLS）等等。在众多的3D打印技术中，最常见的是熔融沉积成形（FDM）3D打印技术，该技术由美国的Scott Crump先生于1988年发明，并成立了Stratasys公司。其原理是将丝状的热塑性材料从加热的喷头挤出，按照预定的轨迹和速率进行熔体逐层沉积，从而实现立体成形[3]。由于该技术具有结构简单、操作方便、成形速度快、材料种类丰富且成本低等诸多优点，特别是在2003年该技术开源以来，得到了迅速发展，FDM的3D打印技术已经越来越多地应用于各个领域。

在全球3D打印机行业，美国3D Systems和Stratasys两家公司的产品占据了绝大多数市场份额。此外，在此领域具有较强技术实力和特色的企业及研发团队还有美国的Fab@Home和Shapeways、英国的Reprap等。3D Systems公司是全世界最大的3D打印设备开发公司。于2011年11月收购了3D打印技术的最早发明者和最初专利拥有者Z Corporation公司之后，3D Systems奠定了在3D打印领域的龙头地位。Stratasys公司2010年9月与传统打印行业巨头惠普公司签订了OEM合作协议，生产HP品牌的3D打印机。继2011年5月收购Solidscape公司之后，Stratasys又于2012年4月与以色列著名的3D打印系统提供商Objet宣布合并。当前，国际3D打印机制造业正处于迅速的兼并与整合过程中，行业巨头正在加速崛起。

值得一提的是被3D Systems收购的Z Corporation公司。1995年美国Z Corporation公

司从美国麻省理工学院获得唯一授权，将其专利 3DP 开发成商用 3D 打印机。3DP（3D printing）技术与喷墨打印类似，它是对喷墨打印机进行了改造，通过喷墨的方式，将具有黏结性的墨水喷射在预先铺设好的石膏粉上，将石膏粉黏结起来，这样层层铺粉、层层喷射黏结成立体模型，与二维平面喷墨打印不同的是，该技术不是打印在纸张上，而是通过层层打印，可打印出三维物体，因此又被称为三维打印。之后，在此技术基础上，该公司推出了可以喷射彩色墨水的系列三维彩色打印机[4]。它采用的是彩色墨水，在白色粉末材料上进行喷射粘接成形，具有打印速度快、材料成本低和可以打印色彩丰富的样件等特点。该打印机打印效率高，并且是全彩色，配有无色、青色、品红、黄色和黑色五个打印头，以390000个独特颜色外加成千上万个组合色，提高打印品质。600dpi×540dpi 的高清分辨率使零件更精细和准确，并能实现全自动设置和监控，无接触式的粉末和胶料剂加载以及自动化的粉末循环利用，成形尺寸大，层厚可调，非常有利于设计师、工程师和建筑师们以更快的速度创造出更多更大的部件。

1986 年美国得克萨斯州立大学奥斯汀分校的在校研究生 Carl Deckard 在导师 Joe Beaman 的指导下发明了利用激光选择性烧结粉末材料成形的 SLS 技术[5]。具体的技术过程是：将材料粉末或材料及黏结剂的粉末混合物铺撒在一个平面基底上并刮平，用激光器在粉末表面上按零件截面形状扫描，材料粉末在激光照射下被烧结在一起，得到零件的截面；当一层截面烧结完后，铺上新的一层材料粉末，按照新的零件形状截面用激光器选择性地烧结成形，同时保证新的一层与已经烧结成形的上一层零件截面牢固烧结在一起；如此逐层烧结成形直至形成完整的三维实体零件。之后，他们成立了 DTM 公司（2001 年 DTM 以 4500 万美元被 3D Systems 收购），经过几十年的发展，SLS 技术已发展成基于激光选区熔化（SLM）或直接激光金属烧结（DLMS）的金属 3D 打印技术[6~9]。

我国与国外发达国家相比，对于 3D 技术的研究起步相对较晚。对 3D 打印技术进行的研究是从 20 世纪 90 年代在我国部分重点高校率先展开，包括清华大学、西安交通大学和华中科技大学等，之后北京航空航天大学、西北工业大学、华南理工大学、北京工业大学等一批高校纷纷投入到其中，并取得了一些科研和产业化成果。通过各大高校对 3D 打印技术的研究成果的引领，依托于各大高校的 3D 打印设备生产企业也得到蓬勃发展，如北京太尔时代（清华大学）、陕西恒通（西安交通大学）、西安柏力特（西北工业大学）等都是国内知名的 3D 打印设备生产商。国内企业处于大体量市场的热潮中，并且在某些 3D 打印方面有一定的领先创意。

虽然我国 3D 打印技术得到了快速的发展与提高，但是在技术研发及投入上仍存在一定的不足，尤其是金属 3D 打印方面，例如在打印过程的稳定性、成形工件的精度、支撑材料的处理等环节，均存在一定的缺陷和有待提高的地方，这些问题或多或少会影响工件的加工制造（而国外一些 3D 打印产业的主要公司每年对 3D 打印技术研发方面的投入力度较大，占整个销售收入的 15%左右）[10]，再者我国 3D 打印行业缺少统筹稳定的发展，没有一定完善的供应商、服务商体系和良好的市场平台，缺乏完整的产业链或产业体系，在技术研发和技术推广上仍有很大的上升空间。

1.2 技术原理

1.2.1 光固化立体成形技术原理

光固化立体成形（SLA）技术原理是：在树脂槽中盛满有黏性的液态光敏树脂，它在紫外光束的照射下会快速固化。成形过程开始时，可升降的工作台处于液面下一个截面层厚的高度。聚焦后的激光束，在计算机的控制下，按照截面轮廓的要求，沿液面进行扫描，使被扫描的区域树脂固化，从而得到该截面轮廓的塑料薄片。然后，工作台下降一层薄片的高度，再固化另一个层面。这样层层叠加构成一个三维实体，如图 1-1。

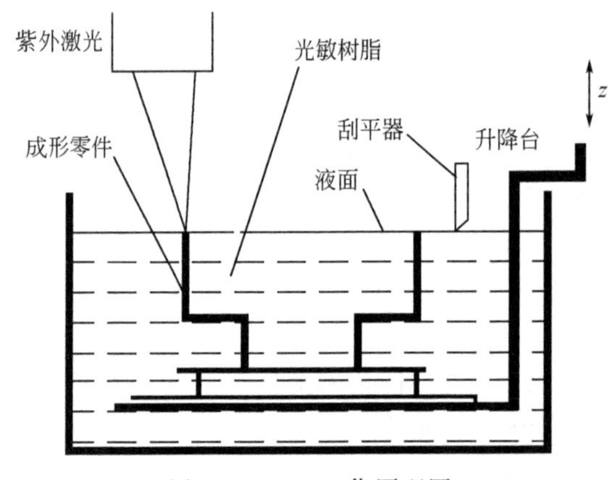

图 1-1　SLA 工作原理图

SLA 的材料是液态的，不存在颗粒，因此可以做得很精细，不过它的材料比 SLS 的材料贵得多，所以它目前用于打印薄壁的、精度较高的零件。适用于制作中小型工件，能直接得到塑料产品。它能代替蜡模制作浇筑磨具，以及金属喷涂模、环氧树脂模和其他软模的母模。

SLA 技术的优点：①光固化成形是最早出现的快速成形工艺，成熟度最高，经过时间的检验。②成形速度较快，系统工作相对稳定。③打印的尺寸也比较可观，最大可以做到 2m 的大件，关于后期处理特别是上色都比较容易。④尺寸精度高，可以做到微米级别，比如 0.025mm。⑤表面质量较好，比较适合做小件及较精细件。

SLA 技术的缺点：①SLA 设备造价高昂，使用和维护成本高。②SLA 系统是对液体进行操作的精密设备，对工作环境要求苛刻。③成形件多为树脂类，材料价格贵，强度、刚度、耐热性有限，不利于长时间保存。④这种成形产品对贮藏环境有很高的要求，温度过高会融化，工作温度不能超过 100℃，光敏树脂固化后较脆，易断，可加工性不好。成形件易吸湿膨胀，抗腐蚀能力不强。⑤光敏树脂对环境有污染，会使人体皮肤过敏。⑥需设计工件的支撑结构，以便确保在成形过程中制作的每一个结构部位都能可靠地定位，支撑结构需在未完成固化时手动去除，容易破坏成形件。

SLA设备构成见图1-2。

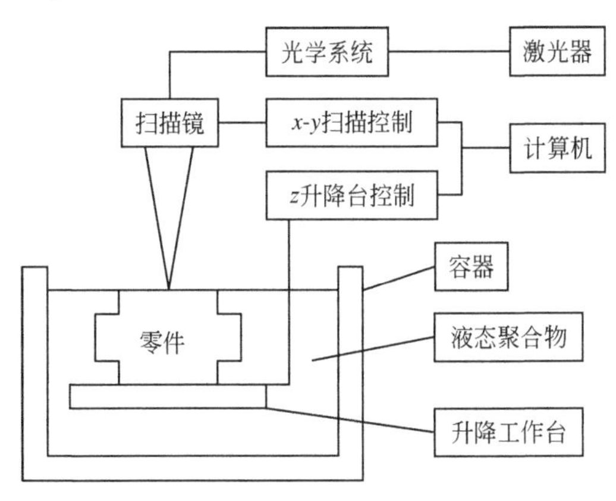

图1-2 SLA设备构成

1.2.2 基于数字光处理技术的3D打印成形原理

基于数字光处理（digital light processing，DLP）技术的3D打印技术，也属于“液态树脂光固化成形”这一大类，数字光处理技术和SLA光固化立体成形技术比较相似，不过它使用高分辨率的数字处理器（DLP）投影仪来固化液态聚合物，逐层进行光固化。由于每次成形一个面，因此在理论上也比同类的SLA快得多。该技术成形精度高，在材料属性、细节和表面光洁度方面可匹敌注塑成形的耐用塑料部件。DLP利用投射原理成形，无论工件大小都不会改变成形速度。此外，DLP不需要激光头去固化成形，取而代之是使用极为便宜的灯泡照射。整个系统并没有喷射部分，所以并没有传统成形系统喷头堵塞的问题出现，大大降低了维护成本。DLP技术最早由德州仪器开发，目前很多产品也是基于德州仪器提供的芯片组。基于DLP技术的3D打印机见图1-3。

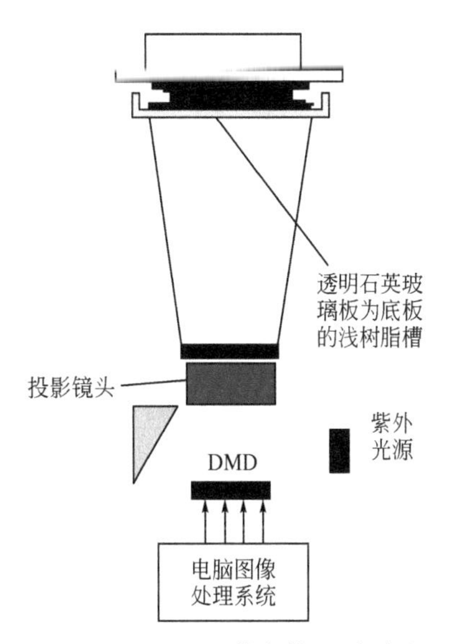

图1-3 基于DLP技术的3D打印机

1.2.3 激光选区熔化成形技术原理与特点

激光选区熔化成形（SLM）技术的工作原理与激光选区烧结（SLS）类似。其主要的不同在于粉末的结合方式不同，不同于SLS通过低熔点金属或黏结剂的熔化把高熔点的金属粉末或非金属粉末黏结在一起的液相烧结方式，SLM技术是将金属粉末完全熔化，因此其

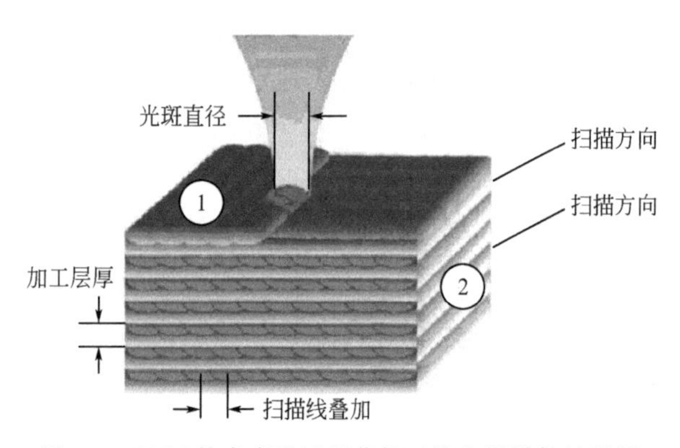

图 1-4 SLM 技术成形过程获得三维金属零件效果图

1—该层刚刚熔融成形的部分；2—已成形的部分

要求的激光功率密度要明显高于 SLS。

为了保证金属粉末材料的快速熔化，SLM 技术需要高功率密度激光器，光斑聚焦到几十微米。SLM 技术目前都选用光束模式优良的光纤激光器，激光功率从 50W 到 400W，功率密度达 $5\times10^6 W/cm^2$ 以上。图 1-4 为 SLM 技术成形过程获得三维金属零件效果图。

激光选区熔化的主要工作原理如图 1-5 所示。首先，通过专用的软件对零件的 CAD 三维模型进行切片分层，将模型离散成二维截面图形，并规划扫描路径，得到各截面的激光扫描信息。在扫描前，先通过刮板将送粉升降器中的粉末均匀地平铺到激光加工区，随后计算机将根据之前所得到的激光扫描信息，通过扫描振镜控制激光束选择性地熔化金属粉末，得到与当前二维切片图形一样的实体。然后成形区的升降器下降一个层厚，重复上述过程，逐层堆积成与模型相同的三维实体。

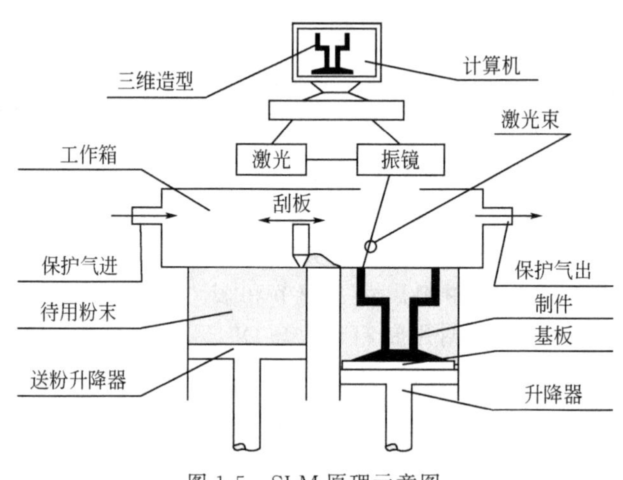

图 1-5 SLM 原理示意图

SLM 技术的优势具有以下几个方面：

① 直接由三维设计模型驱动制成终端金属产品，省掉中间过渡环节，节约了开模制模的时间；

② 激光聚焦后具有细小的光斑，容易获得高功率密度，可加工出具有较高的尺寸精度（达 0.1mm）及良好的表面粗糙度（Ra 30～50μm）的金属零件；

③ 成形零件具有冶金结合的组织特性，相对密度能达到近乎 100%，力学性能可与铸锻件相比；

④ SLM 适合成形各种复杂形状的工件，如内部有复杂内腔结构、医学领域具有个性化需求的零件，这些零件采用传统方法无法制造出。

1.2.4 3DP 技术

(1) 基本原理

3DP 技术是一种基于喷射技术，从喷嘴喷射出液态微滴或连续的熔融材料束，按一定路径逐层堆积成形的快速原型（RP）技术。三维打印也称粉末材料选择性黏结，和 SLS 技术类似，3DP 技术的原料也呈粉末状，不同是 3DP 不是将材料熔融，而是通过喷头喷出黏结剂将材料黏合在一起。其工艺原理如图 1-6 所示。喷头在计算机的控制下，按照截面轮廓的信息，在铺好的一层粉末材料上，有选择性地喷射黏结剂，使部分粉末黏结，形成截面层。一层完成后，工作台下降一个层厚，铺粉，喷黏结剂，再进行后一层的黏结，如此循环形成三维制件。黏结得到的制件要置于加热炉中，做进一步的固化或烧结，以提高黏结强度[11]。

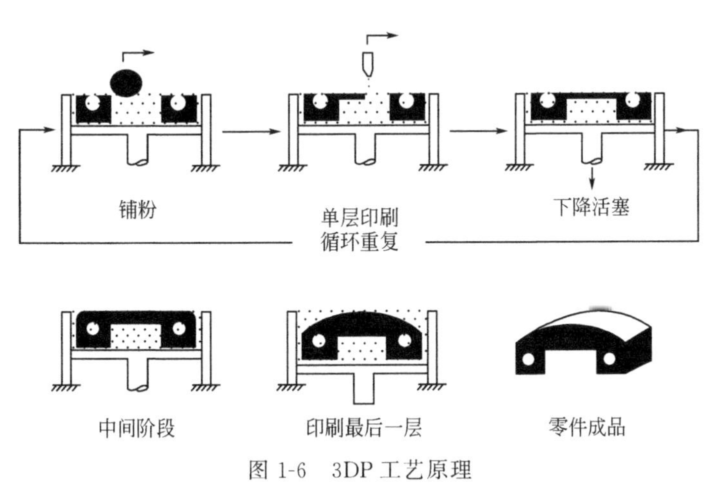

图 1-6 3DP 工艺原理

(2) 成形流程

3DP 技术是一个多学科交叉的系统工程，涉及 CAD/CAM 技术、数据处理技术、材料技术、激光技术和计算机软件技术等，在快速成形技术中，首先要做的就是数据处理，从三维信息到二维信息的处理，这是非常重要的一个环节。成形件的质量高低与这一环节的方法及其精度有着非常紧密的关系。在数据处理的系统软件中，可以将分层软件看成 3D 打印机的核心。分层软件是 CAD 到 RP 的桥梁，其成形工艺过程包括模型设计、分层切片、数据准备、打印模型及后处理等步骤。在采用 3DP 设备制件前，必须对 CAD 模型进行数据处理。由 UG、Pro/E 等 CAD 软件生成 CAD 模型，并输出 STL 文件，必要时需采用专用软件对 STL 文件进行检查并修正错误。但此时生成的 STL 文件还不能直接用于三维打印，必须采用分层软件对其进行分层。层厚大，精度低，但成形时间快；相反，层厚小，精度高，但成形时间慢。分层后得到的只是原型一定高度的外形轮廓，此时还必须对其内部进行填充，最终得到三维打印数据文件。

3DP 具体工作过程如下：

① 采集粉末原料；

② 将粉末铺平到打印区域；

③ 打印机喷头在模型横截面定位，喷黏结剂；
④ 送粉活塞上升一层，实体模型下降一层以继续打印；
⑤ 重复上述过程直至模型打印完毕；
⑥ 去除多余粉末，固化模型，进行后处理操作。

1.3 技术发展展望

(1) 微光固化快速成形技术

目前，传统的SLA设备成形精度为±0.1mm，能够较好地满足一般的工程需求。但是在微电子和生物工程等领域，一般要求制件具有微米级或亚微米级的细微结构，而传统的SLA工艺技术已无法满足这一领域的需求。尤其在近年来，微机电系统（microelectro-mechanical systems，MEMS）和微电子领域的快速发展，使得微机械结构的制造成为具有极大研究价值和经济价值的热点。微光固化快速成形（micro stereolithography，μ-SL）技术便是在传统的SLA技术方法基础上，面向微机械结构制造需求而提出的一种新型的快速成形技术。该技术早在20世纪80年代就已经被提出，经过20多年的努力研究，已经得到了一定的应用。目前提出并实现的μ-SL技术主要包括基于单光子吸收效应的μ-SL技术和基于双光子吸收效应的μ-SL技术，可将传统的SLA技术成形精度提高到亚微米级，开拓了快速成形技术在微机械制造方面的应用。但是，绝大多数的μ-SL技术成本相当高，因此多数还处于实验室阶段，离实现大规模工业化生产还有一定的距离。因而今后该领域的研究方向为：开发低成本生产技术，降低设备的成本；开发新型的树脂材料；进一步提高光成形技术的精度；建立μ-SL数学模型和物理模型，为解决工程中的实际问题提供理论依据；实现μ-SL与其他领域的结合，例如生物工程领域等[12]。

图1-7为加州大学洛杉矶分校的C. Sun等人利用数字微透镜装置（DMD）作为图形发生器，固化成形高分辨率微小3D件。实验证明，此系统能生成很多其他的微固化系统所不能实现的细节。

(2) 光固化成形技术在生物医学领域的应用

光固化快速成形技术为不能制作或难以用传统方法制作的人体器官模型提供了一种新的方法，基于CT图像的光固化成形技术是应用于假体制作、复杂外科手术的规划、口腔颌面修复的有效方法。目前在生命科学研究的前沿领域出现的一门新的交叉学科——组织工程是光固化成形技术非常有前景的一个应用领域。基于SLA技术可以制作具有生物活性的人工

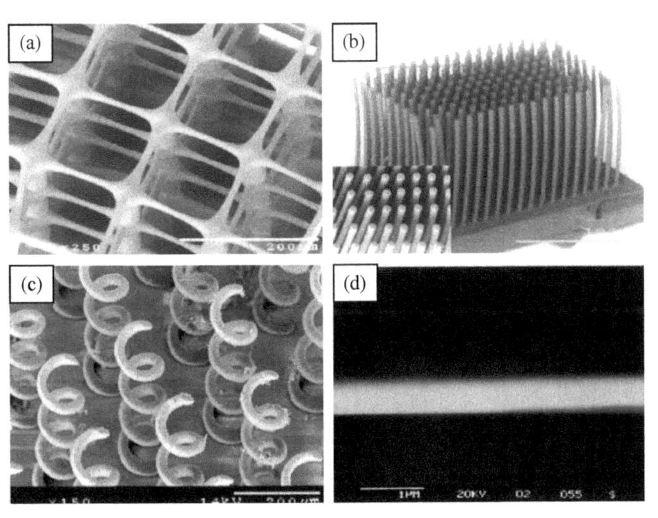

图 1-7 光固化成形的微小复杂结构件

骨支架，该支架具有很好的机械性能和与细胞的生物相容性，且有利于成骨细胞的黏附和生长。

(3) 网状拓扑结构轻量化设计制造

激光选区熔化成形技术的发展使得网状拓扑结构轻量化设计与制造成为现实。连接结构的复杂程度不再受制造工艺的束缚，可设计成满足强度、刚度要求的规则网状拓扑结构，以此实现结构减重。图 1-8 为 EADS 为 A380 门支架（door bracket）的优化结构，采用网状拓扑优化后在保持原有强度的基础上实现 40% 减重。除此之外，采用激光选区熔化成形技术也可以实现海绵、骨头、珊瑚、蜂窝等仿生复杂网状强化拓扑结构的优化设计与制造，达到更显著的减重效果[13]。

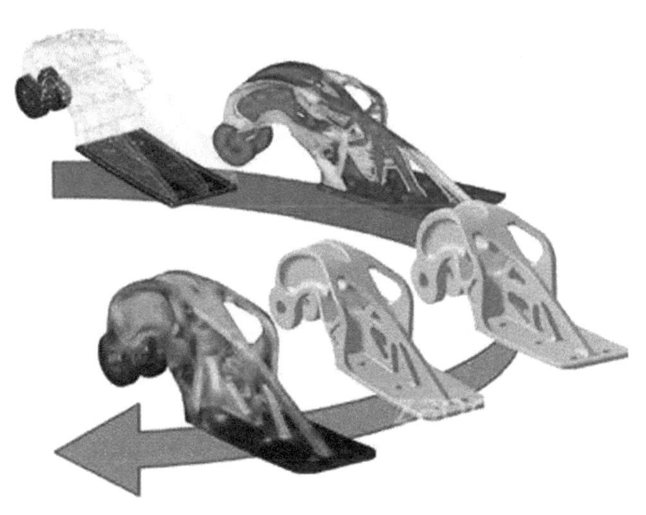

图 1-8 A380 门支架（door bracket）的优化结构（见彩图）

(4) 三维点阵结构设计制造

与蜂窝夹层板这种典型的二维点阵结构相比，三维点阵结构可设计性更强，比刚度和比强度、吸能性能经过设计可以优于传统的二维蜂窝夹层结构，图 1-9 为三维点阵结构以及点阵夹层结构。受到制造手段的限制，传统制造方法难以实现三维点阵结构的高质量、高性能制造，而基于粉床铺粉的 SLM 技术较为适宜制造这类复杂的空间结构。制备不同材料、不同结构特征的空间点阵结构是目前 SLM 技术研究的热点之一[14,15]。

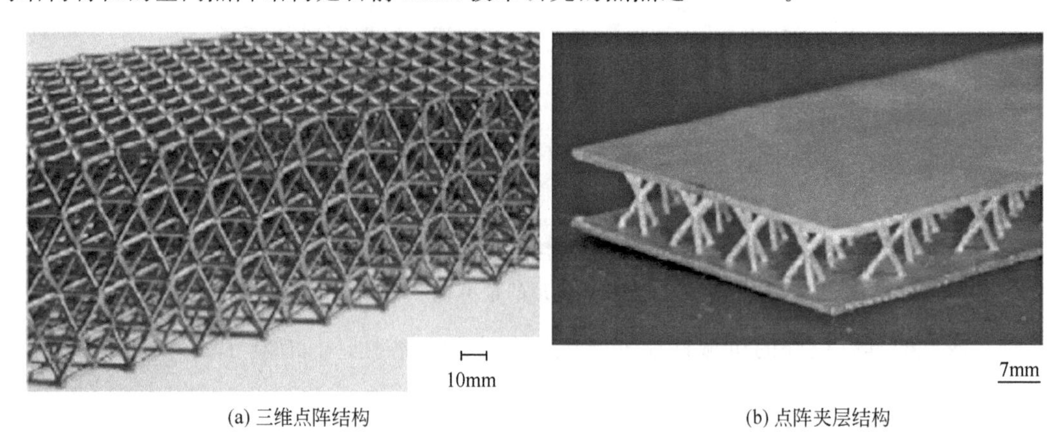

(a) 三维点阵结构　　(b) 点阵夹层结构

图 1-9　3D 打印复杂结构

(5) 陶瓷颗粒增强金属基复合材料-结构一体化制造

陶瓷颗粒增强金属基复合材料具有良好的综合性能。目前，制备方法有很多种，例如粉末冶金、铸造法、熔渗法和自蔓延高温合成法等。但是由于陶瓷增强颗粒与金属基体之间晶体结构、物理性质以及金属/陶瓷界面浸润性差异的影响，采用常规方法容易导致成形过程中增强颗粒局部团聚或界面裂纹。激光选区熔化制备过程中温度梯度大（7×10^6K/s），冷却凝固速度快，可使金属基体中颗粒增强项细化到纳米尺度且在金属基体内呈弥散分布，可以有效约束金属基体的热膨胀变形，克服界面裂纹。此外，激光选区熔化成形可以在材料制备的同时完成复杂结构的制造，实现材料-结构的一体化制造。

参考文献

[1] 第三次产业革命：经济学人［制造业与创新］专题报告，2012-04-21.

[2] Chee Kai Chua，Kah Fai Leong. 3D Printing and Additive Manufacturing-Principles and Applications. World Science Press，2014：5-20.

[3] 朱林泉，白培康，朱江淼. 快速成型与快速制造技术. 北京：国防工业出版社，2003.

[4] 陈继民. 3D 打印技术基础教程. 北京：国防工业出版社，2016：74-92.

[5] 张冬云，王瑞泽，赵建哲，左铁钏. 激光直接制造金属零件技术的最新进展. 中国激光，2010，01：18-25.

[6] 王迪，杨永强，黄延禄，等. 选区激光熔化直接成型零件工艺研究. 华南理工大学学报（自然科学版），

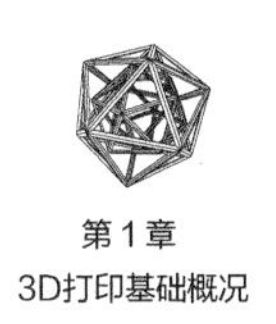

2010，06：107-111.

[7] Markus Lindemann，Daniel Graf. Process and device for producing a shaped body by selective laser melting. United States Patent，2006：05-16.

[8] Buchbinder D，Schleifenbaum H B，Heidrich S B，et al. High power selective laser melting（HP-SLM）of aluminum parts. Physics Procedia，2011，(0)：271-278.

[9] 宋长辉.基于激光选区熔化技术的个性化植入体设计与直接制造研究.广州：华南理工大学，2014.

[10] Wohlers T. Wohlers Report. State of the industry. Fort Collins：Wohlers Associates，2017：30-50.

[11] 魏先福，齐英群，黄蓓青，等.3D打印技术开创印刷产业新道路.数码印刷，2014，(2).

[12] Sun J F，Yang Y Q，Wang D，et al. Parametric optimization of selective laser melting for forming Ti6Al4V samples by Taguchi method. Optics & Laser Technology，2013，49：118-124.

[13] EOS. http：//www. eos. info/(January 7，2015).

[14] Concept Laser. http：//www. concept-laser. com/(January 7，2015).

[15] 董鹏，陈济轮.国外选区激光熔化成形技术在航空航天领域应用现状.航天制造技术，2014，01：1-5.

第 2 章
3D 打印技术流程

3D 打印流程包括三维模型数字化、模型可打印处理和后处理等。在 3D 打印之前，首先需要描述待打印物体的三维模型。通过设计建模和对实物扫描重建模型都可以得到数字化的三维模型，行业中多使用 STL 文件格式作为三维数字模型的载体。之后，由于 3D 打印多以单方向逐层式打印方式实现，为保证打印的可实现性，需要对模型进行可打印处理，主要包括添加支撑结构。将处理后的模型切片并生成 3D 打印机使用的 G-code 文件，传输给 3D 打印机，即可实现 3D 打印。完成制造后，可能需要后处理，如去除支撑结构、表面抛光处理、长时间保存处理等，以实现成形质量的优化。3D 打印流程如图 2-1 所示。

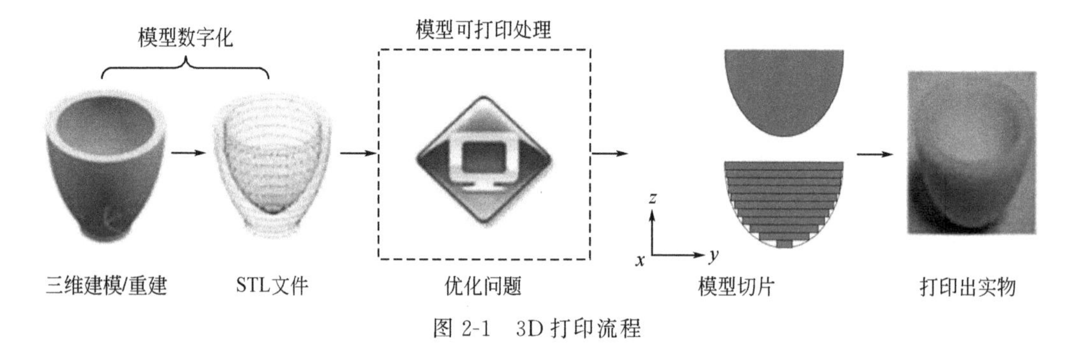

图 2-1　3D 打印流程

本章将主要从三维建模、以三维扫描为代表的三维模型重建、作为模型数据载体的 STL 文件格式、支撑结构设计、模型切片和后处理六方面介绍 3D 打印流程。

2.1 三维建模

三维建模方法包括多边形建模、NURBS 建模、细分曲面建模、实体建模、直接建模、雕刻、参数化设计等很多种，比较常用的建模与调整方法为多边形建模与 NURBS 建模两种。无论采用何种建模方式，只要最后将模型数字化，即生成如 STL 格式的文件，就可进行后续可打印处理。

2.1.1 建模的基本思路

三维建模可以类比二维画图，使用计算机的绘图思路可以扩展至三维。三维建模思路可分为三种，即基于基本几何体组合、由二维草绘通过构建工具创建和通过模型编辑手段修改已有模型。基于基本几何体组合，顾名思义，即通过三维中基本几何体如球、棱柱、棱锥等，通过恰当使用布尔操作（Boolean，如合并、相交、相减等）可创建较复杂的模型；由二维草绘通过构建工具创建模型，基本原理为二维图形沿三维路径移动形成体，比如圆锥可由直角三角形围绕直角边旋转一周构成；通过模型编辑手段修改即在已有模型基础上修改，分为整体编辑和局部编辑两类。整体编辑是对模型部分进行平移、缩放、旋转等修改，局部编辑则涉及描述模型的基础元素级别的改动，在下面要介绍的多边形建模和 NURBS 建模方法中不同，类似于数字图像中的像素级操作。限于篇幅，具体建模方法不多叙述。

2.1.2 多边形建模

多边形（polygon）建模（图 2-2）中描述模型的基础构成元素为可编辑多边形，它包含了顶点（vertex）、边（edge）、边界环（border）、多边形面（polygon）、元素（element）5 种子对象模式。通过对特定对象的调整实现模型的编辑。由于多边形的边为直线线段，这种建模类型多用于有棱角的模型。模型相当于由所有多边形的边描述，通过该方式可直接得到数字化模型。

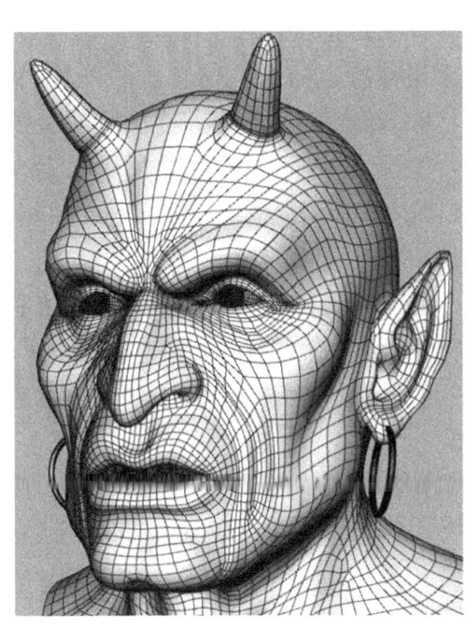

图 2-2　多边形建模

2.1.3 NURBS 建模

NURBS 建模（图 2-3），又称曲面建模，通过 NURBS（非均匀有理 B 样条，non-uniform rational B-splines），以曲线和曲面描述模型。通过调整控制曲线和曲面的控制点以编辑模型。通过该方法可做出各种复杂的曲面造型，但难以生成有棱角的边。模型由连续的边与面构成，在用于 3D 打印之前需数字化处理，即对表面采样，以多边形近似表面。

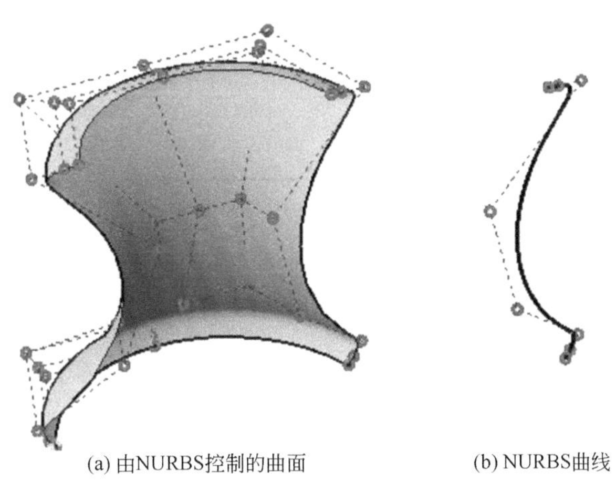

(a) 由NURBS控制的曲面　　(b) NURBS曲线

图 2-3　NURBS 建模

2.1.4 特征建模

实体建模方法在表示物体形状和几何特性方面是完整有效的，能够满足对物体的描述和工程的需要，但是从工程应用和系统集成的角度来看，还存在一些问题。例如，实体建模中的操作是面向几何的（点、线、面），而非工程描述（如槽、孔、凸台等构造特征），信息集成困难，因而需要有一个既适用于产品设计和工程分析，又适用于制造计划的统一的产品信息模型，满足制造过程中各环节对产品数据的需求。特征造型方法的出现弥补了实体造型的这一不足。

特征目前尚无统一的定义，可以认为特征是一组具有确定约束关系的几何实体，它同时包含某种特定的语义信息。一般将特征分为 4 类：

① 形状特征　表示与几何相关的零件形状，例如孔、槽、凸台等。

② 材料特征　零件的材料、热处理和加工条件等，它隶属于零件的属性和加工方法，材料特征表示的信息经常反映在材料清单（bill of material，BOM）表中，是 CAPP 和 CAM 所需的工艺信息。

③ 精度特征　表示可接受的工程形状和偏移量的大小，例如，公差尺寸可以认为是精度特征的内容之一。

④ 装配特征　反映装配时的零件之间的约束配合关系以及相互作用面，例如孔与轴的装配。

特征造型的本质还是实体造型，但是需要进行 T. 程语义的定义，即语义和形状特征的组合。针对 CAD/CAM 的集成，人们对特征的概念、表示方法与应用进行了大量的研究。从设计的角度来看，特征设计能满足产品设计、几何模型建立以及设计分析（如有限元分析）的信息需求，从制造计划的角度来看，像制造工艺计划、装配计划、检验计划、加工工序计划、零件的数控加工编程等制造活动，均可用潜在的基于零件的某种特征表示。从研究方法来看，特征造型技术的研究主要包括特征识别和特征设计。特征识别利用几何造型系统所提供的实体模型，对几何模型进行解释，自动识别制造工艺计划所要求的特定的零件——几何信息模式，即加工特征，直接应用于产品零件的制造工艺设计。

2.2 模型三维扫描

三维测量与重建技术一般可分为接触式和非接触式两种，三维扫描多指非接触式技术，在三维模型重建中广泛应用。相比于接触式技术，扫描的精度稍差，但速度更快。由于使用光波测量的角度，分辨率与深度分辨率高，测量环境要求较低，因此在三维扫描中应用最多。

根据光源条件，光学扫描的方法可分为采用非结构照明的被动式和采用结构照明的主动式两种。前者不需要专门的光源，而且对成像设备要求也不高，但计算量较大，而且在反射特征不明显的情况下（如光照条件不理想、待测物体表面反射特征相似难以区分等）精度难以保证；后者使用具有特定结构的光源与接收设备，成像的精度、可靠性较高。本节中将重点分析主动式的结构光技术与被动式的双目视觉技术[1,2]。

在三维打印成形过程中，切片后要对每一单个层片截面进行扫描，这种扫描处理的办法类似于计算几何中的平面扫描法，对于一根扫描线，要经过以下三个基本步骤：

① 求交　即计算扫描线与多边形各边的交点。假设已构造如图 2-3 所示的一个扫描段表格（每一扫描段由两交点组成），它的每一行对应一条扫描线，每一行可以保存相应的扫描线与所有多边形的交点的 x 坐标。对构成多边形的每条线段，不难求得这一线段与位于线段之间的扫描线的交点。

② 排序　把所有求得的交点按增序或降序依次排列，顺序填入表格相应行中，在填表的过程中，每一行中元素的位置只反映填表的先后顺序，而与它们的大小无关。

③ 交点配对　按第一个交点与第二个交点配对构成第一个扫描段，第三个交点与第四个交点配对构成第二个扫描段，如此就形成加工时的实体扫描段集合。扫描数据处理的目的就是完全按实际加工的路径顺序排列扫描结点，并且每一扫描结点除了包括 x、y 轴的坐标信息外，还包含有加工过程中运动状态（如工进、快进、快门启闭等）信息，这种处理的好处是有利于后续的加工控制，同时也有利于减少所采用数据结构的结构性开支。

2.2.1 结构光技术

结构光技术的基本原理为：由激光器发射可控制的光点、光条或光面结构，具有结构的光在待测物体表面发生反射，由电荷耦合器件（CCD）接收设备拍摄图像，得到待测物体表面特征点的位置信息和结构光的反射信息，然后根据预先标定的发射与接收设备的位置信息，利用三角法测量原理计算表面点的深度。使用结构光技术的测量系统结构如图 2-4 所示。

三角法测量原理如图 2-5 所示。

对于待测物体表面一点 $P(x,y,z)$，其平面坐标值（x,y）由 CCD 摄像机记录的图像中对应点信息计算得到，而该点的深度值 z 可通过光源方向计算。设 $P'(u,v)$ 为 P 点在 CCD 摄像机中的成像点，其在以镜头中心 O 为原点的坐标系中的坐标为 $P(u,v)$，f 为摄像机的焦距，b 为光源中心与摄像机中心的距离，α 是 P 点与光源中心形成的直线和 x 轴的夹角。由相似关系，可推导出 P 点坐标与测量值的关系为：

$$\begin{bmatrix} x \\ y \\ z \end{bmatrix} = \frac{b}{f\cot\alpha + u} \begin{bmatrix} u \\ v \\ f \end{bmatrix}$$

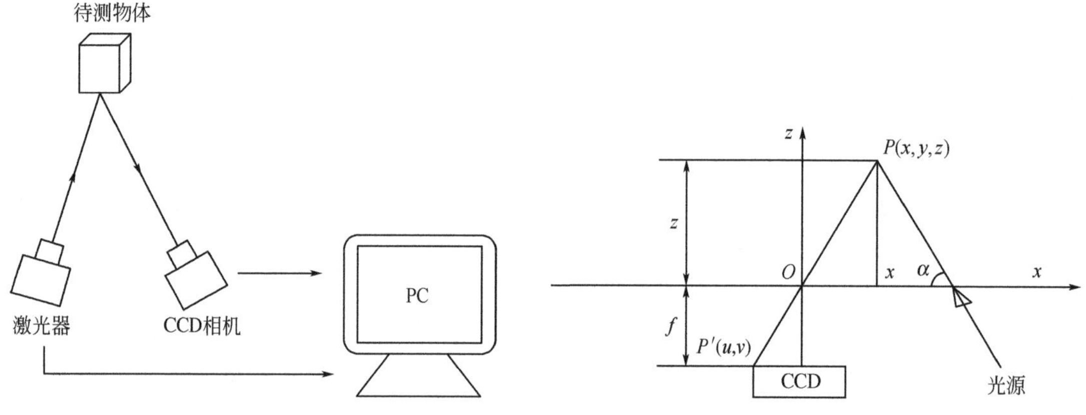

图 2-4　使用结构光技术的测量系统结构　　　　图 2-5　三角法测量原理示意图

当使用具有特定结构的光源如正弦条纹、栅格等时，结构光照射在三维物体上，CCD记录的反射条纹由于受到三维物体高度的调制而发生扭曲变形。扭曲条纹的实质是结构光条纹的相位和振幅受到三维物体表面高度的调制，使结构图像发生变形，表现为采集图像的灰度值变化。通过解调可以得到包含高度信息的相位变化。在测量前预先标定光源、CCD和物体的位置关系，利用上述三角关系可求出表面点的高度值，实现3D重建。使用光栅结构光的投影栅相位法采集的CCD图像与还原的三维表面模型如图2-6、图2-7所示。

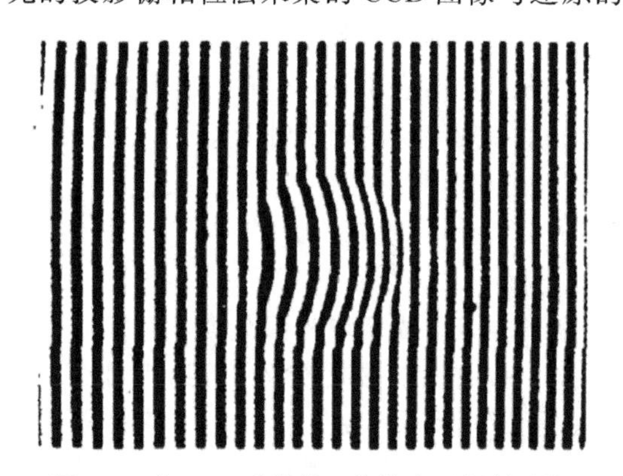

图 2-6　由CCD采集的经物体表面调制后的投影栅图像

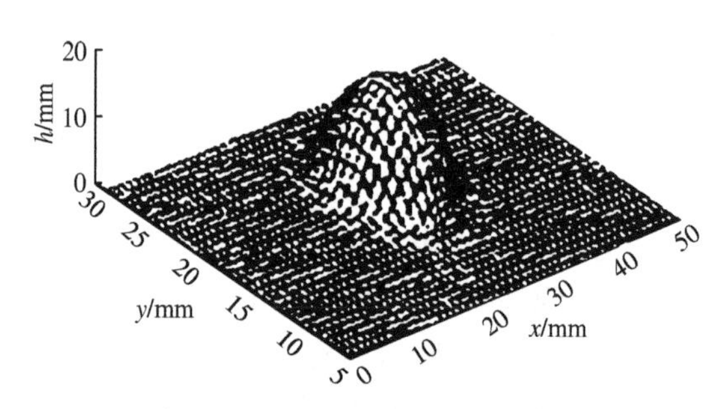

图 2-7　使用投影栅相位法还原的三维表面模型

然而在实际测量中，由于物体表面对光的反射不均匀，以及环境等诸多因素的影响，得到的条纹的均匀程度与对比度可能不够理想，即得到的相位信息不够准确。对于该问题，可运用四步相移法处理此问题：分别记录四次初相不同（每个相差 $\pi/2$）的正弦条纹和被调制的条纹，联立以消去外部因子，即可得到真实相位值。过程分析如下。

设 $R(x,y)$ 表示所测物体表面的不均匀反射率；$A(x,y)$ 表示背景强度；$B(x,y)/A(x,y)$ 表示光栅条纹的对比度；$\phi(x,y)$ 表示相位值，则经调制后的条纹可表示为：

$$I(x,y)=R(x,y)\left[A(x,y)+B(x,y)\cos\phi(x,y)\right]$$

取四次初相相差 $\pi/2$ 的条纹，分别表示为：

$$I_1(x,y)=R(x,y)[A(x,y)+B(x,y)\cos\phi(x,y)]$$
$$I_2(x,y)=R(x,y)[A(x,y)-B(x,y)\sin\phi(x,y)]$$
$$I_3(x,y)=R(x,y)[A(x,y)-B(x,y)\cos\phi(x,y)]$$
$$I_4(x,y)=R(x,y)[A(x,y)+B(x,y)\sin\phi(x,y)]$$

联立解得只含相位、不含外部因子的表达式：

$$\phi(x,y)=\arctan\frac{I_4(x,y)-I_2(x,y)}{I_1(x,y)-I_3(x,y)}$$

由此可得到真实的相位信息，再结合三角法即可重建三维物体表面。

综上所述，结构光技术具有计算简单、对测量环境要求不高的特点，在实际三维测量系统中被广泛使用。但是测量精度受光学限制，且存在遮挡等问题，测量精度与速度难以同时得到提高，因此需根据实际情况选用。

2.2.2 双目视觉技术

双目立体视觉技术基于视差，由三角法原理进行三维信息的获取，通过两个相机拍摄图像，使图像平面和目标之间构成一个三角形。双目立体视觉是计算机视觉的关键技术之一，具有测量效率高、精度合适、系统结构简单、成本低等优点，适于在线、非接触物体检测；对于运动物体测量，由于图像可在瞬间完成获取，立体视觉方法比其他测量方法更有效。双目立体视觉模型如图 2-8 所示。

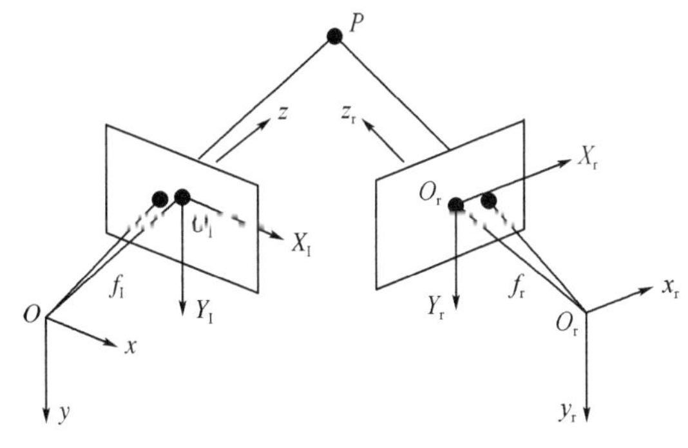

图 2-8 双目立体视觉模型

在不考虑相机畸变的前提下，设三维物体表面目标点为 P，分别在左、右两个相机上获取点 $P(x,y,z)$ 的图像，记图像坐标分别为 $p_l=(X_l,Y_l)$，$p_r=(X_r,Y_r)$。设 $O\text{-}xyz$ 为左相机坐标系，图像坐标系为 $O_l\text{-}X_lY_l$，焦距为 f_l；$O_r\text{-}x_ry_rz_r$ 为右相机坐标系，图像坐标系为 $O_r\text{-}X_rY_r$，焦距为 f_r。通过相机透视变换模型可知：

$$S_l\begin{bmatrix}X_l\\Y_l\\1\end{bmatrix}=\begin{bmatrix}f_l&0&0\\0&f_l&0\\0&0&1\end{bmatrix}\begin{bmatrix}x\\y\\z\end{bmatrix}$$

右相机表达式形式同上，下标为 r，表示右相机。

坐标系 $O\text{-}xyz$ 和 $O_r\text{-}x_ry_rz_r$ 之间的相互位置关系设变换矩阵 M_{lr}，表示为：

$$\begin{bmatrix}x_r\\y_r\\z_r\end{bmatrix}=M_{lr}\begin{bmatrix}x\\y\\z\\1\end{bmatrix}=\begin{bmatrix}r_1&r_2&r_3&t_z\\r_4&r_5&r_6&t_y\\r_7&r_8&r_9&t_z\end{bmatrix}\begin{bmatrix}x\\y\\z\\1\end{bmatrix}$$

其中 r_1，r_2，…，r_9 组成两个坐标系之间的旋转矩阵，(t_x, t_y, t_z) 为两者间的平移向量。

由上述表达式可计算，对于坐标系 $O\text{-}xyz$ 中的点，两相机的图像坐标的对应转换矩阵为：

$$s\begin{bmatrix}X_r\\Y_r\\1\end{bmatrix}=\begin{bmatrix}f_r r_1 & f_r r_2 & f_r r_3 & f_r t_x\\f_r r_4 & f_r r_5 & f_r r_6 & f_r t_y\\r_7 & r_8 & r_9 & t_z\end{bmatrix}\begin{bmatrix}\dfrac{zX_1}{f_1}\\\dfrac{zY_1}{f_1}\\z\\1\end{bmatrix}$$

解线性方程组得到，$O\text{-}xyz$ 空间中点的三维坐标为：

$$\begin{cases}x=\dfrac{zX_1}{f_1}\\y=\dfrac{zY_1}{f_1}\\z=\dfrac{f_1(f_r t_x-X_r)}{X_r(r_7X_1+r_8Y_1+f_1r_9)-f_r(r_1X_1+r_2Y_1+f_1r_3)}\end{cases}$$

实际测量中，考虑到相机的内参与畸变系数，需要预先标定以消除误差，在此不再赘述。

多摄像头、无光源式的三维扫描仪即基于双目视觉原理实现扫描，得到三维点云数据以三维重建。近年来，通过图片与视频建模的技术也日趋成熟，其原理也是双目视觉原理，通过一个对象在多个角度下的图片即可初步建立三维模型。

主动式的结构光技术和被动式的双目视觉技术，两者都基于光的反射特性，利用三角法计算三维信息，结构光技术的测量精度更高，而双目视觉可以测量运动物体，各有优劣。

除上述两种方法外，基于光波测量的方法还包括通过光的飞行时间测距、通过相位差测量等，在多种三维扫描仪中采用。为实现更精确的相位差测量，微波等不同波长的波也在专业测量领域使用，基本原理也很好理解。

2.3 STL文件

STL（stereolithography，光固化立体造型术）文件格式是一种为快速原型（rapid prototyping，RP）制造技术服务的三维图形文件格式，也是现今在该领域使用最多的标准文件类型，由 3D Systems 公司于 1987～1988 年制定。

STL 文件通过列出所有构成模型表面的三角面片（facet）的法向量与顶点（vertex）信息来描述模型，仅记录模型表面三角形的几何位置信息而没有表达三角形之间关系的拓扑信息。在 STL 文件重建实体模型过程中，拓扑关系由位置信息重建。

STL 文件的存储格式分为 ASCII 格式和二进制格式两种，具体格式如下：

2.3.1 STL 文件的 ASCII 格式

ASCII 格式的 STL 文件在首行给出了文件路径及文件名，之后逐个列出三角面片的几何信息。对于每个三角面片，逐行列出其法向量和三个顶点坐标，其中法向量一般规定为垂直表面向外方向，顶点排列顺序服从右手定则（逆时针排序）。最后以尾行表示文件结束。ASCII 格式示例如下：

```
solid filenamestl  //首行  文件路径及文件名

//一个三角面片定义开始
facet normal x y z  //三角面片的法向量
outer loop
vertex x y z  //三角面片第一个顶点的坐标
vertex x y z  //三角面片第二个顶点的坐标
vertex x y z  //三角面片第三个顶点的坐标
endloop
endfacet  //一个三角面片定义完毕

…  //其他三角面片定义

endsolid filenamestl  //尾行 文件结束
```

2.3.2 STL 文件的二进制格式

二进制格式的 STL 文件以起始的 80 字节为文件头，用于存储文件名；之后以 4 字节整形存储模型包含的三角面片个数；之后逐个列出三角面片的几何信息，包括法向量、三个顶点坐标和属性信息，其中每个分量由 4 字节浮点数存储，属性信息占 2 字节，每个三角面片共占 50 字节。二进制格式示例如下：

```
Header  //文件头
Number of facets  //三角面片数量

//一个三角面片定义开始
x y z  //三角面片的法向量
```

```
x y z  //三角面片第一个顶点的坐标
x y z  //三角面片第二个顶点的坐标
x y z  //三角面片第三个顶点的坐标
Attribute byte  //属性信息
//一个三角面片定义完毕

…  //其他三角面片定义

//文件结束
```

虽然 STL 文件的应用非常广泛，但由于文件格式的缺陷，使其存在着数据冗余过多、缺乏拓扑信息、数据量大、数据错误等问题。

三维打印技术实质上是三维 CAD 模型的分层处理和实际成形的叠层制造的过程，其中对已知的三维 CAD 实体数据模型求某方向的连续截面，即对实体进行切片处理的过程就成为必不可少的步骤。切片模块在系统中起着承上启下的作用，其准确性直接影响加工零件的规模、精度和复杂程度，该模块的效率也关系整个系统的效率。

切片处理的数据对象是大量的小三角形平面，因此，切片的问题实质上是平面与平面的求交问题。由于合法的 STL 三角形面化模型代表的是一个有序的、正确的且唯一的 CAD 实体数据模型，因此，对其切片处理，其每一个切片截面应该由一组封闭的轮廓线组成。如果截面上的某条封闭轮廓线成为一条线段，则说明切片平面切到一条边上；如果截面上的某条封闭轮廓线成为一个点，则说明切片平面切到一个顶点上。这些情况都将影响后续软件的处理和原型加工，因此有必要对其进行修正。在不影响精度的前提下，可以采用切片微动方法（即向上或向下移动一个极小的位移量，如取 0.00001mm）以解决修正问题。STL 切片分为定层厚切片和直接分层切片。定层厚切片分为定层厚拓扑切片和定层容错切片。这两种切片包括如下三个阶段：排除奇异点，搜索求交和整序保存。

重建三角形的拓扑信息后，输入切片高度 z，找到与高度 z 相交的任意一个三角形，求出切平面与该三角形的交线，然后找到该三角形的相邻三角形继续进行，直至回到初始三角形，每个三角形与切平面的交线首尾相连，构成一条多义线。

(1) 排除奇异点

切片时，若有顶点落在切平面上，则称该顶点为奇异点。切片过程中出现的奇异点若带入后续处理过程，会使得后续处理算法复杂，因此要设法排除奇异点。

(2) 搜索求交

搜索求交的主要工作是依次取出组成实体表面的每一个三角形面片，判断其是否与切平面相交，若相交，则计算出两交点坐标。判断三角形面片与切平面是否相交，只需判断 3 个顶点是否在切平面的同一侧，若在同一侧，则不相交，设三角形的 3 个顶点坐标分别为：$A(x_1, y_1, z_1)$，$B(x_2, y_2, z_2)$，$C(x_3, y_3, z_3)$，切平面为 $z=h$，则可以通过式(2-1)和式(2-2) 分别求出交点 D_1 和 D_2 的坐标值。

D_1：

$$X=x_1+\frac{(x_2-x_1)(h-z_1)}{z_2-z_1}$$
$$Y=y_1+\frac{(y_2-y_1)(h-z_1)}{z_2-z_1} \tag{2-1}$$

D_2：

$$X=x_1+\frac{(x_3-x_1)(h-z_1)}{z_3-z_1}$$
$$Y=y_1+\frac{(y_3-y_1)(h-z_1)}{z_3-z_1} \tag{2-2}$$

(3) 整序保存

对于拓扑切片来说，搜索求交计算出的是一系列首尾相连的交线，因此直接将交线的数据导入 CLI 文件（CLI 是三维打印系统分层制造技术中几何数据输入的一种通用格式）。定层厚容错切片与定层厚拓扑切片的区别只在于它不需要建立三角形的拓扑信息，正因为这一点，所以在对交线整序保存时，算法也就显得复杂一些。因为搜索求交计算出的是一条条杂乱无序的交线，为便于后续处理，必须将这些杂乱无章的交线依次连接起来，组成首尾相连的多义线。为克服 STL 文件的缺点（如对几何模型描述的误差大、拓扑信息丢失较多、数据冗余大、文件尺寸大、STL 文件容易出现错误和缺陷等），有不少文献对 CAD 模型的直接分层切片进行了研究。直接切片产生的层片文件与 STL 文件相比，其优点在于：文件数据量大大降低，模型精度大大提高，数据纠错过程简单。

2.4 支撑结构设计

2.4.1 外部支撑结构设计与优化

3D 打印，尤其是逐层堆积式 3D 打印中的一个重要问题就是模型悬空（overhang）问题，即模型在自下至上打印的过程中，由于上层截面大于下层截面，上层截面存在悬空部分，从而可能导致模型崩塌或无法打印的问题。在不改变打印方向的前提下，常用解决方案是在悬空部分添加外部支撑结构。然而，额外的支撑结构不仅难以移除、影响成形表面质量，也耗费材料与时间，因此设计与优化外部支撑结构成为近年来的一个热点研究方向。外部支撑结构的优化目标主要分为最小化支撑结构体积和最优化表面质量两种，根据需求选择

最主要目标。

2.4.2 外部支撑结构的添加

打印材料一般具有“黏性”，在一定倾斜角度内的悬空部分可以在打印过程中自支撑，大于可自支撑角度的悬空则需要额外支撑结构，该角度取决于材料本身的性质和打印原理（FDM：约 45°；点曝光：90°）。为保证可打印性，保守且简单的方法便是在所有倾斜角度过大的悬空部分以下添加支撑结构。该方法的具体实现以图 2-9 中的二维树形为例。

垂直底面向上在打印空间内引射线，这些射线可能与模型相交，记录从下至上进入模型的点处的表面倾斜角度，如果倾斜角度大于可支撑的角度，则该点是需要支撑的。在图 2-9 的树形中，1 点与 3 点都是需要支撑的点，因此 1 点以下部分和 2 点到 3 点之间都是需要添加支撑的部分。分析这些射线即可得到需添加支撑结构的区域。

但是，单纯从倾斜角度来判断是否需要支撑并不足以涵盖全部情况，如图 2-10 中圈部分，虽然角度上满足支撑，但模型仍无法打印。除此之外，将全部倾斜角度过大的模型表面点都作为需要支撑的点的做法也会导致过度支撑，带来冗余。

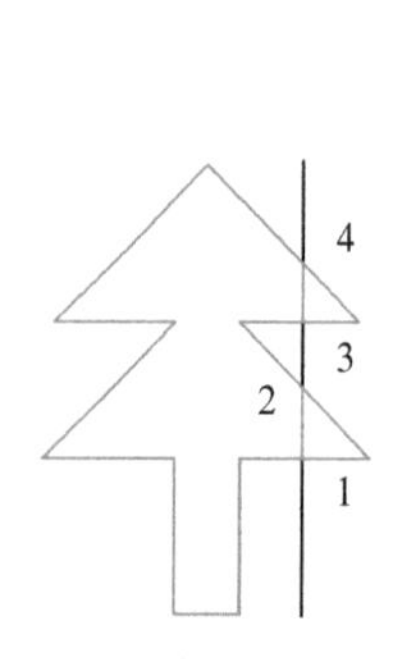

图 2-9　二维树形的悬空分析　　图 2-10　通过倾斜角度误判的模型示例

由于打印材料的性质，除了可自支撑的悬空部分无需额外支撑外，也允许倾斜角度超标的小部分悬空存在使模型在打印过程中不坍塌。基于这一性质，在模型的局部最低点添加支撑更为有效，免除了上述方法中的冗余。如在图 2-10 中圈部分中，只需在菱形的最低点处添加支撑即可实现整个菱形部分模型的支撑。通过这一方法可以大幅减少支撑结构的添加量。

支撑结构不仅可以基于模型设计，也可以结合切片分析。2014 年 Huang 等人[3] 提出基于模型切片的模型支撑结构设计方法，如图 2-11 所示。分析相邻切片之间的支撑关系，将每层切片层中需要支撑的区域进行叠加成一个支撑平面，通过最大覆盖法则在此支撑平面上添加需要支撑的点，再将这些点重新添加回模型的每层切片，模型支撑便添加完毕。基于切片分析支撑结构设计方法的具体算法无需对模型整体进行分析，计算量更少，易于优化支撑结构。该方法既可用于分析外部支撑结构，也可用于壳体模型的内部支撑结构设计。设计模型如图 2-11 所示。

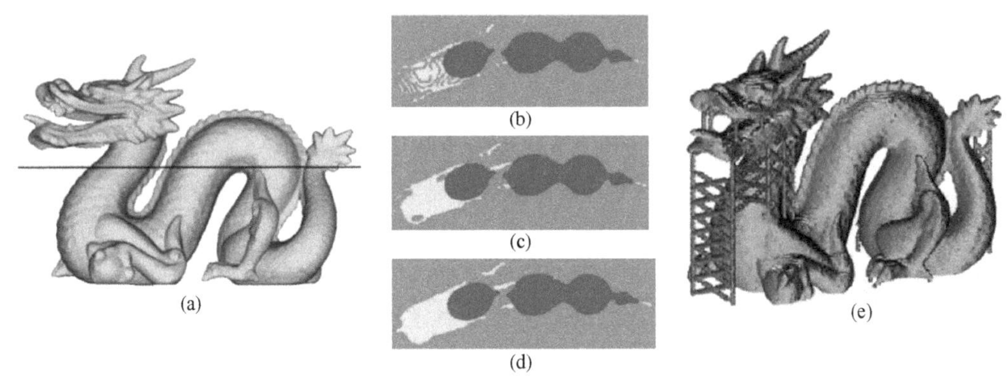

图 2-11 图像空间分层制造算法（见彩图）

为了减少支撑结构的材料消耗并减轻去除支撑结构后的残余材料对模型表面质量的影响，打印方向的选择引起研究者的重视。早在 1998 年 Paul 等人就关于层积式制造提出了方向选择的问题，根据支撑结构体积、支撑面积、表面精度等需求决定最终的打印方向。如对于图 2-12（a）所示零件，以图 2-12（b）所示方向打印可以使支撑结构体积最小化。

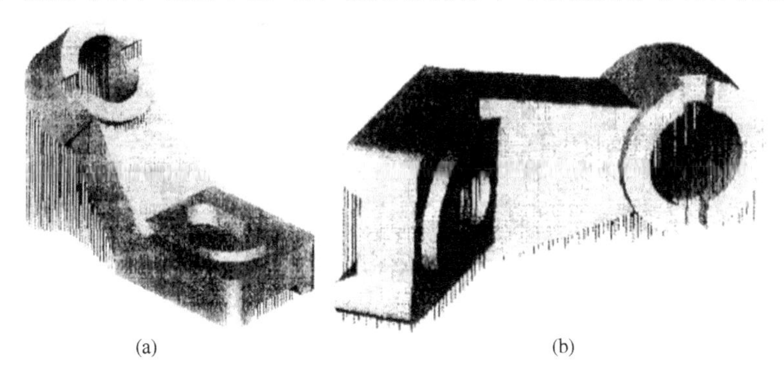

图 2-12 通过改变打印方向使支撑结构体积最小化

倾向于增强表面质量的支撑结构设计也可以通过改变打印方向实现。2015 年，Zhang 等人[4] 提出一种感知模型，学习样本以获得用户偏好，通过改变模型打印方向重新规划支撑结构位置，使支撑结构位置避开用户感兴趣的模型区域，从而减小了残留对人的直观感受的影响，如图 2-13 所示。

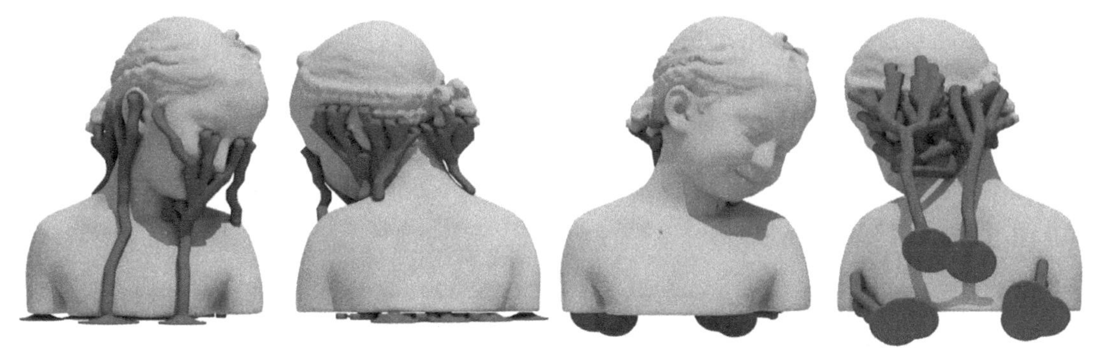

(a) 原始方向的支撑添加示意　　(b) 采用方法后的支撑添加示意

图 2-13 基于用户偏好改变打印方向与支撑位置

2.4.3 外部支撑结构的优化

同样由于材料性质，支撑结构并不需要完全打印为实体，通过等间隔采样，生成柱形等中间镂空形状支撑的优化方法可以大幅减少支撑结构的体积，如图 2-14 所示。

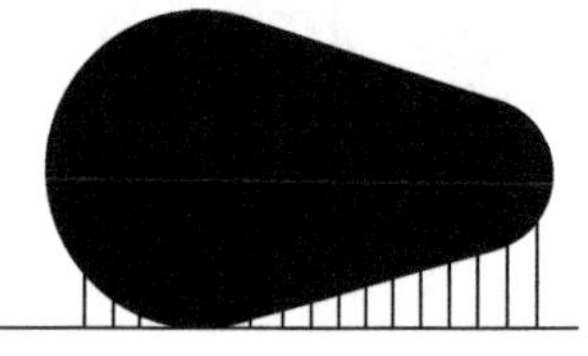
图 2-14 柱形支撑结构

一种树形的支撑结构设计方案于 2014 年由 Schmidt 等人[5] 提出，如图 2-15 所示，从一组支撑点开始，自上向下生成提供支持结构的支杆。同时使用分水岭和泊松表面抽样方法来组合以及定义支撑点。通过逆向圆锥的限制合并向下延伸的支杆。当支杆到达地面或地面上一个足够平坦的面时，支杆就会停止延伸。由此产生的树状结构具有很高的空间效率，也可减少支撑材料使用和打印总时间。图 2-15（b）使用树形支撑结构打印模型的总时间为 3h31min，而图 2-15（c）使用传统柱状支撑结构打印模型的总时间为 4h33min，可见使用树形支撑结构能够节省打印时间。

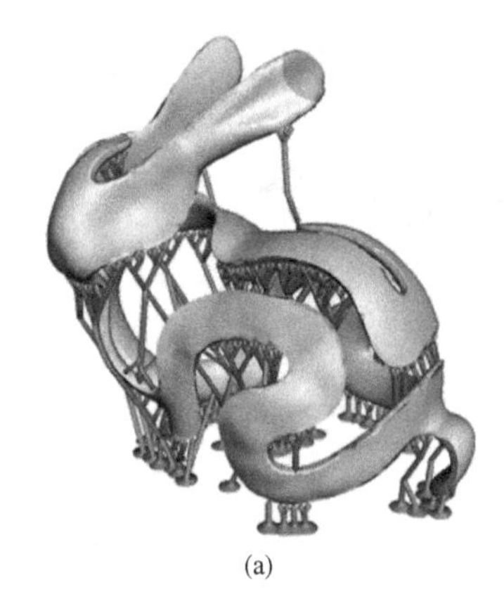
(a)

(b)
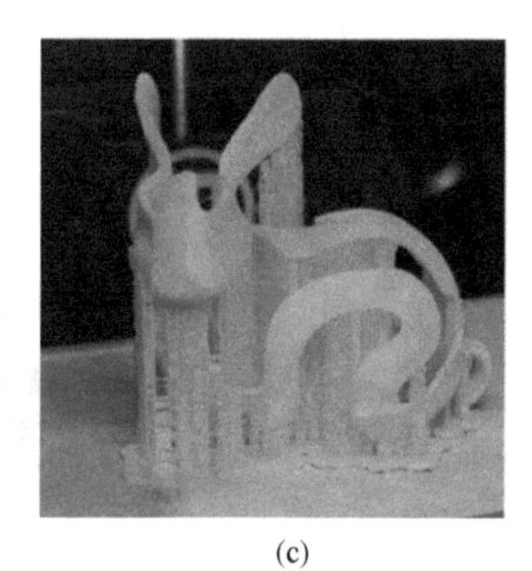
(c)

图 2-15 树形支撑结构设计（见彩图）

基于树形结构的想法，Qiu 等人[6] 将树形结构与泊松结构相结合，通过打印切片层分析出需要添加支撑的位置角度，结合树形结构的原理生成较传统树形结构更少支撑结构的设计，如图 2-16 所示。

受建筑启发，Dumas 等人[7] 提出由桥（bridge）连接而成的脚手架（scaffold）支撑结构，如图 2-17 所示。其中利用了 FDM 拉丝成形瞬间的悬挂效应，使产生的黏力将丝的两端进行固定。通过集中受力点提升可支撑能力，在相同材料使用下可支撑的重量要比树状结构大，且由于与模型连接点少，后处理得到的模型表面也较整洁。

2.4.4 内部结构设计

3D 打印不仅限于制造完全填充的模型，伴随着在保持一定力学性能的前提下尽量减少内部填充的需求，结合力学分析与优化的模型处理成为了近年来的研究热点。目前模型内部支撑结构设计从研究角度来讲基本可以分为三类：基于模型结构分析的方法、基于仿生结构

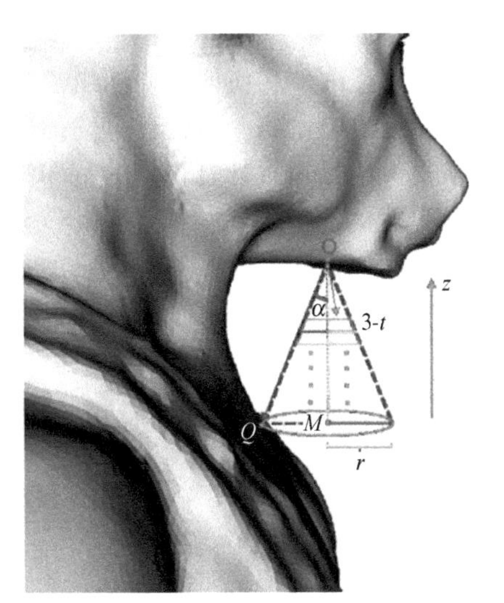

图 2-16 树形-泊松支撑结构设计

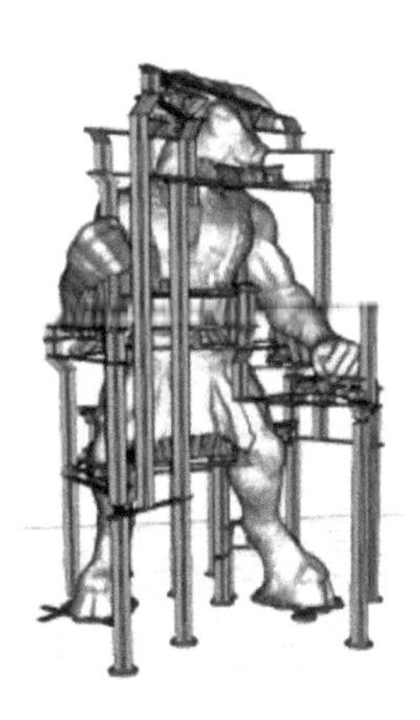

图 2-17 由桥构成的脚手架支撑结构与树形支撑结构对比

的方法和基于切片分析的方法。基于模型结构分析的方法即利用物理或数学形成的结构为基本结构，将诸如泰森多边形[8]、正 12 面体[9] 等结构进行三维建模优化，得到所需的网格。其优点在于支撑结构易分析、易归纳，但难以找到符合力学规律的结构。基于仿生结构的方法即模仿自然界已有的结构[8,10~14] 生成模型支撑结构，其优势在于结构的稳定性。基于切片分析的支撑结构设计方法[3]，通过分析相邻切片之间的支撑关系获得其需要支撑的部分，以此为依据设计支撑结构。

2.4.5 基于模型结构分析的设计方法

该类方法从整体上研究结构形式与其受力性能之间的关系，将已知结构进行分析解读并映射在 3D 打印结构设计中[15,16]。模型设计也是为了实现可打印性，可以从最终的结果来反推并优化模型结构，使模型更加符合实际需要。该类方法重点在支撑结构相关的网格处理与优化，通过完善三维网格以及三角面片达到整体优化效果[17,18]。

2013年，Wang等人[19]参考了建筑中的钢架结构，提出一种内部几何框架外部由表皮包裹的蒙皮结构。算法参考了建筑顶端的钢架结构，意在将模型表示为一个表层薄壁的覆盖、内部钢架支撑的结构，使打印实物所需材料的用量最小化，并且通过计算得到的打印实体能满足一定的应力强度，使受力的稳定性、平衡性及可打印性达到要求，如图2-18所示。此外，采用自适应抽样算法优化几何结构，通过有限元分析，优化拓扑结构，筛去冗余的自支撑点，还生成了内外细杆的优化支撑结构。

图2-18　蒙皮结构计算结果与实际打印物品

2014年，Mueller等人[20]借鉴Wang的框架结构，将模型打印分为框架和蒙皮两部分，提出了一种区别于逐层打印的打印方式，如图2-19所示。通过设计线路直接在三维空间中打印线框而非实心结构，这样在保证外观的前提下大大提升了打印速度。另外由于框架

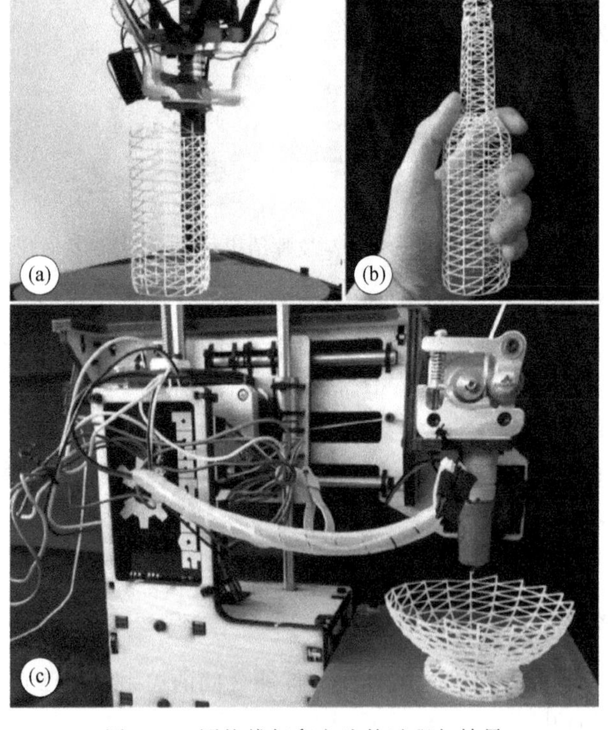

图2-19　网格线打印方法的过程与结果

结构可以经由设计打印机路径而完成单线打印进程，进而可以通过设计路径而避免支撑结构的添加，这也可以使打印速度提升。

Wu 等人在 2016 年提出了一种菱形细胞内填充结构的生成方法[21]，从而使合成结构能够自动满足对悬架角和壁厚的制造要求，如图 2-20 所示。在此方法的框架中可以完全避免额外的内部支持结构。内部基本结构为菱形网格，由输入表面模型构建。从原始稀疏的菱形细胞开始，通过数值优化技术，自适应细分菱形网格来提高目标函数，从而在细胞中添加更多的细胞壁。实验证明了在提高机械刚度和静态稳定性的应用中，该内部支撑结构设计方法的有效性。

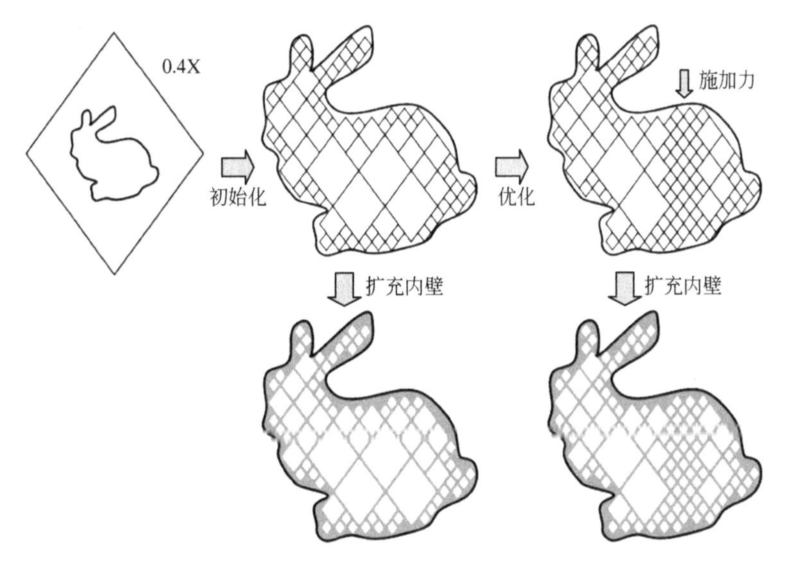

图 2-20　菱形细胞内填充结构设计过程

此外，Chen 等人[9] 设计了正十二面体内部支撑结构，并重点分析其网格结构的特点，优化与模型的连接部分，使网格连接稳定强韧。Huang 等人[3] 从整体网格入手，快速确定模型内外侧，添加多层交错纹理拼接的内部结构并进一步优化网格避免内外层判断失误而导致的丢层错误。Sharf 等提出的软最邻近迭代（soft ICP）算法[22]，在拥有初始位置的前提下可保证网格的自动拼接，并且网格要有一定重叠区域。

2.4.6　基于仿生结构的设计方法

生物经过长期自然选择得到了可以适应环境的某种结构，例如动物骨骼，其皮质骨可以抵御冲击力，而松质骨可以吸收能量抵御拉伸变形，鸟类的骨骼甚至于可以储存空气进一步增强飞行的能力。该类研究即通过模仿生物以及自然结构并研究其存在的功能原理，将其运用到模型结构当中。基于仿生学的结构设计在医用领域也应用广泛，如利用骨小梁金属（多孔钽）棒植入治疗。

2014 年 Lu 等人[8] 提出了一种内部优化的多孔结构的内支撑结构。文章首先分析多种结构并指出内支撑结构打印实体的代价最小，同时提出外观无差异、节省打印材料等参考标准。在

给定受力情况下，首先对实体进行有限元受力分析，即可得到物体表面和内部采样点的应力场。然后优化采样点，使用采样点计算其 Voronoi 图，通过计算划分出子空间。使用两个优化的参数 α 和 β 对子空间进行掏空，参数的选择取决于应力点的密集分布程度。其中 α 表示约束子空间掏空单元的数量，β 表示内部掏空的程度。文中的结构参考了材料领域应用的泡沫金属多孔结构，最终实现一个拥有强度-重量比的既轻又坚固的蜂窝状结构，如图 2-21 所示。

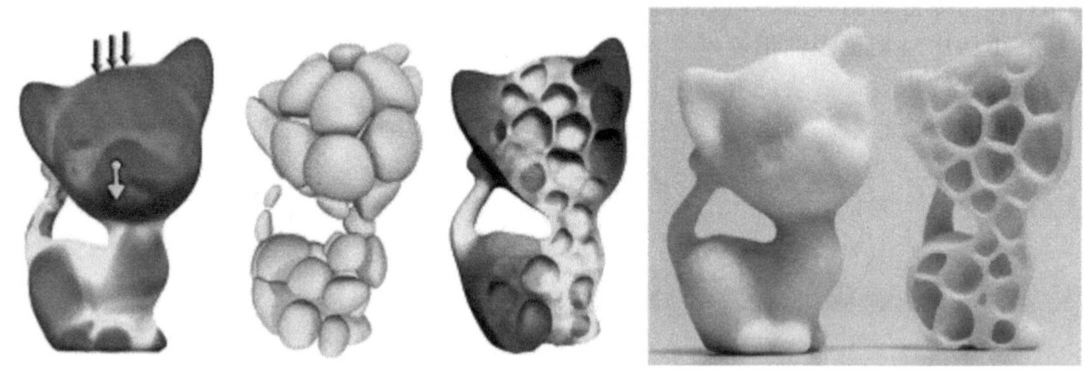

图 2-21　多孔结构填充算法实现的内部掏空结构

杨文静等人[14] 在 2015 年利用磷酸钙骨水泥（calcium phosphate cement，CPC）人工骨支架的微孔分布及孔隙率与力学性能的关系，如图 2-22 所示，设计了 3 种不同主流道模型并在原始模型的基础上对微孔道进行了细化。分别建立这些具有不同孔隙率的支架结构模型，由陶瓷原料经由 3D 打印技术进行制造。其结构主要为细胞提供支撑。

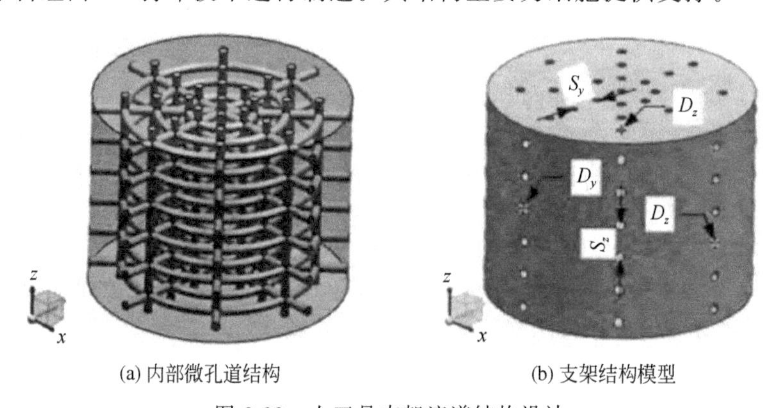

(a) 内部微孔道结构　　(b) 支架结构模型

图 2-22　人工骨支架流道结构设计

2017 年，Wu 等人[23] 受骨结构的启发提出了一种新的内支撑设计法，如图 2-23 所示。骨合成两种类型的结构，紧凑的皮质骨形成它的外壳，松质骨小梁占据其内部。这个组合的结果是自然优化过程，在此过程中，骨头逐渐适应本身的机械负荷（沃尔夫定律）。可以看出，小梁骨的微观结构沿着主应力方向排列。这种自然的优化组合是轻量级的，具有抵抗性，对力的变化也有很强的鲁棒性。通过这种结构优化，获得了近似刚度优化的多孔结构。这些数值优化的结构形似小梁骨，在材料缺乏和力变化的模型设计中具有重量轻和鲁棒的优点。

2018 年，Mao 等人[24] 针对现有模型内支撑结构均为单一结构的特点，根据模型不同

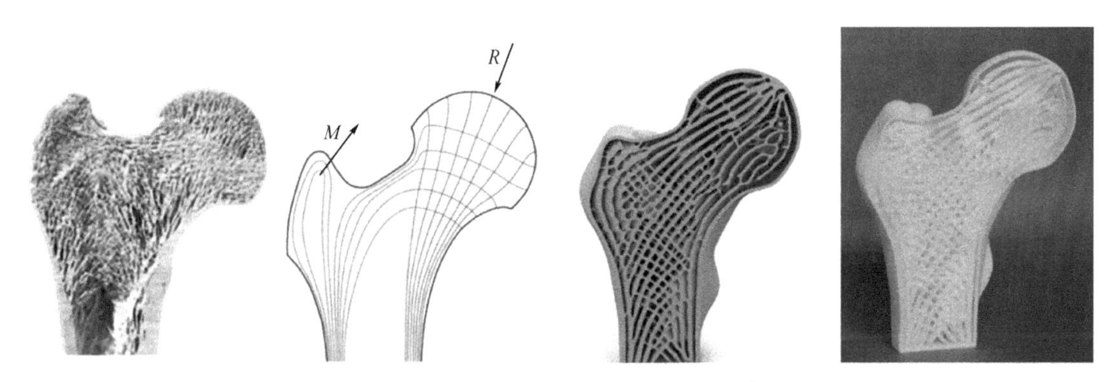

图 2-23　基于骨骼纹理的内部结构设计

部分的特点生成混合支撑结构，如图 2-24 所示。首先通过基于 SDF 的形状分析和力学分析，将模型分割为类柱状结构（VCol）和非柱状结构（NCol），根据力学特点分别设计基于骨骼肌的支撑结构（muscle fiber structure，MFS）和基于四面体晶状体的支撑结构（tetrahedron crystal structure，TCS）。进一步设计过渡层（transitional layer，TL）和支撑杆，保证相邻区域的连通性并增加支撑强度，分别如图 2-24（a）中的第 130 层（MFS）、第 470 层（TCS）和第 250 层（TL）所示。实验结果表明，混合结构的模型强度强于单一结构，与现有最好方法对比，在支撑强度相当时材料消耗最少。

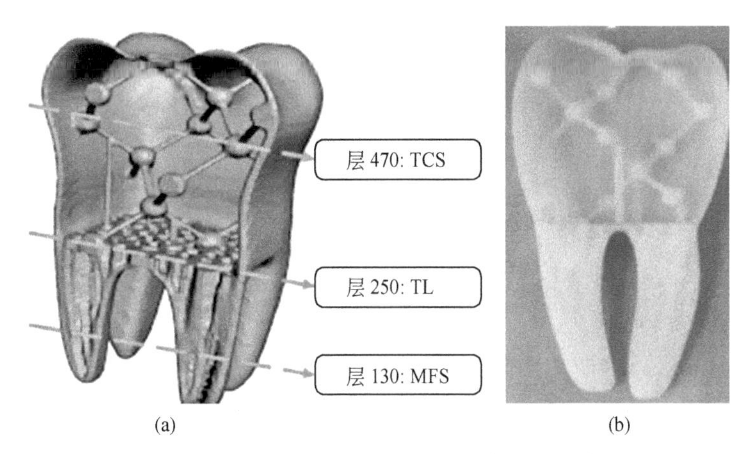

图 2-24　基于骨骼肌和四面体晶状体的混合结构设计（见彩图）

随着材料革命与模型分析方法的快速发展，3D 打印领域的新技术不断开阔人们的眼界，支撑也在向多元化发展。一方面，结合基本结构、仿生学与力学分析的混合支撑方法在不断提出，代替支撑的模型拆解与拼装方法也开始兴起；另一方面，随着固体粉末材料的出现，未成形的材料本身可成为打印中模型的支撑，完全避免了外部支撑结构的添加及其对模型表面的影响，同时，打印材料也不仅仅局限于一种，诸如使用不溶水的材料打印模型并使用溶水的材料打印支撑结构可以在完成打印后用水完全去除支撑结构不留残余，再比如“4D 打印”利用不同材料的不同物理性质使得模型在一定条件下自动变形，生成特定形状而无需支撑。总而言之，3D 打印中支撑问题的解决方案日趋丰富，设计者与制造者将受益于更广阔的选择空间。

2.5 模型切片

模型切片是3D打印的关键技术之一，其最终目的是将模型文件切片并转化成G-code格式。G-code是计算机辅助制造（CAM）中控制自动化机械的常用格式之一，可由3D打印机直接读取使用。其中记录了模型的打印参数（如吐丝量、运动速度等）和打印路径，用于控制打印机运动。

切片是一种通过计算机辅助设计（CAD）对模型（三维网格格式，如STL格式）进行“切片”的操作：给定一个坐标轴，垂直于坐标轴将模型切为设定厚度的薄层，每层的结构对应之后3D打印工作的物理薄层。使用Cura软件对金字塔形模型进行切片如图2-25所示。目前常用的模型切片算法包括基于几何拓扑信息提取的切片算法、基于三角面片几何特征的切片算法等[25,26]。

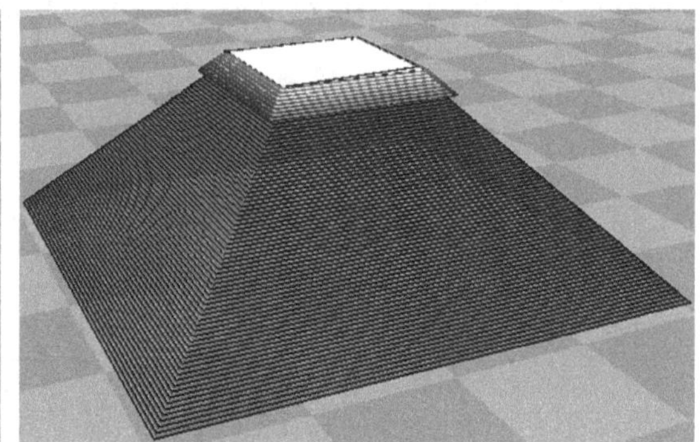

图2-25　使用Cura软件对金字塔形模型切片

2.5.1 基于几何拓扑信息提取的切片算法

由于STL数据中没有模型的几何拓扑信息，如果在切片处理过程中直接载入STL文件，一方面冗余数据会占用大量的存储空间，另一方面三角面片间的离散性严重影响模型分层的效率。因此在算法中先要提取模型的几何拓扑信息。STL模型由多个无序、离散的三角面片组成，这些三角面片的几何信息包括三角形所在的平面的法矢量和三个顶点的坐标。提取STL模型的拓扑信息主要包含两方面工作：一是合并STL文件中重复的顶点；二是将两个端点相同的半边设置成伙伴半边，从而建立三角面片之间的邻接关系。这种拓扑信息要求在已知STL模型一个面片的情况下，能直接索引到构成该面片的3条边和3个顶点，通过边信息索引到与其相连的3个面片，并通过顶点信息索引到与其邻接的面片。

在建立了STL模型的拓扑信息后，进行截面轮廓线的计算，其基本原理为：当分层的

分层平面为 $z=z_k$ 时，首先找到一个与该分层平面相交的三角面片 F_a，计算出交点的坐标，然后根据拓扑信息找到相邻三角面片，并求出交点，依次追踪，直到回到面片 F_a，并得到一条有向封闭的轮廓线。重复上述过程，直到所有轮廓线计算完毕，最终得到该层完整的截面轮廓线。

该类算法具有以下两个明显优点：一是该方法在三角面片与分层平面求交时，对某三角面片只需计算一个边的交点，由面的邻接关系，可继承邻接面片的一个交点；二是可直接获得首尾相连的有向封闭轮廓线，而不需要对线段进行重新排序相连。此算法存在一定的局限性：一是处理过程时间较长，特别是对于很大的 STL 模型；二是该算法使 STL 模型占用的内存开销较大；三是当模型出现错误时（间隙、面片重叠等），算法将无法正常求解。

2.5.2 基于三角面片几何特征的分层处理算法

STL 模型的三角面片在分层过程中有两个特征：一是三角面片在分层方向上的高度越高，则与它相交的分层平面越多；二是三角面片距 xOy 平面的距离越远，则与它相交的分层平面距 xOy 平面越远。考虑到这两个特征，在此引入了描述这两个特征的两个概念，分别为三角面片的势和能量[1,2]。根据三角面片的势，将三角面片分成若干级，级的划分应根据 STL 模型中三角面片势的分布情况确定。根据三角面片的能量，将三角面片分成若干类，类的划分应根据 STL 模型中三角面片能量的分布情况确定。

在三角面片与分层平面求交处理时，充分利用这两个特征，尽量减少在分层处理过程中，进行三角面片与分层平面位置关系判断的次数，从而达到快速分层的目的。在算法中，首先对 STL 模型中所有三角面片的势及能量进行统计，并获取该 STL 模型应分的级和类，利用级和类将三角面片快速排序，然后确定每一个三角面片信息中的 z_{min} 和 z_{max}。在同一类的面片中，z_{min} 为排列在该面片以后的面片顶点 z 坐标的最小值，z_{max} 为排列在该面片以前的面片顶点 z 坐标的最大值。在分层过程中，对某一类面片进行相交关系判断时，当分层高度的 z 坐标值小于某面片的 z_{min} 时，对排列在该面片以后的面片，则无须再进行相交关系判断。同理，当分层高度的 z 坐标值大于某面片的 z_{max} 时，对排列在该面片以前的面片，则无须再进行相交关系的判断。最后，将交线首尾相连生成截面轮廓线。该类算法具有以下两个优点：一是克服了几何拓扑信息获取时间过长及内存消耗过大等问题；二是根据 STL 模型三角面片的几何特征，算法可进行分类分级处理，减少了分层处理过程中 STL 模型三角面片与分层平面位置关系的判断，加快了分层处理速度。算法存在以下缺点：一是在 STL 模型几何特征分类时，类的划分指标是模糊值，因此难以完全杜绝三角面片与分层平面位置关系的无效判断；二是在每一层轮廓线的生成过程中，都要进行连接关系的搜索判断。

2.5.3 定层厚容错切片

定层厚容错切片与定层厚拓扑切片的区别只在于它不需要建立三角形的拓扑信息，正因为这一点，所以在对交线整序保存时，算法也就显得复杂一些。因为搜索求交计算出的是一条条杂乱无序的交线，为便于后续处理，必须将这些杂乱无章的交线依次连接起来，组成首尾相连的多义线。其算法流程如图 2-26 所示。

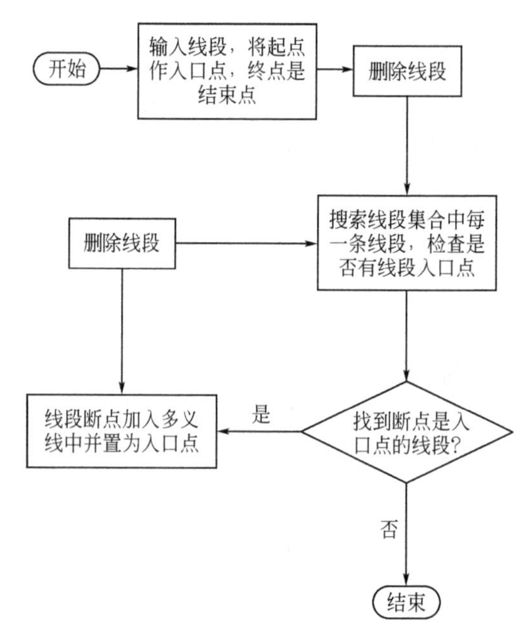

图 2-26　多义线整序流程图

2.5.4　直接分层切片

为克服 STL 文件的缺点（如对几何模型描述的误差大、拓扑信息丢失较多、数据冗余大、文件尺寸大、STL 文件容易出现错误和缺陷等），有不少文献对 CAD 模型的直接分层切片进行了研究。直接切片产生的层片文件与 STL 文件相比，其优点在于：文件数据量大大降低，模型精度大大提高，数据纠错过程简单。图 2-27 为基于直接切片分层的原型加工流程。

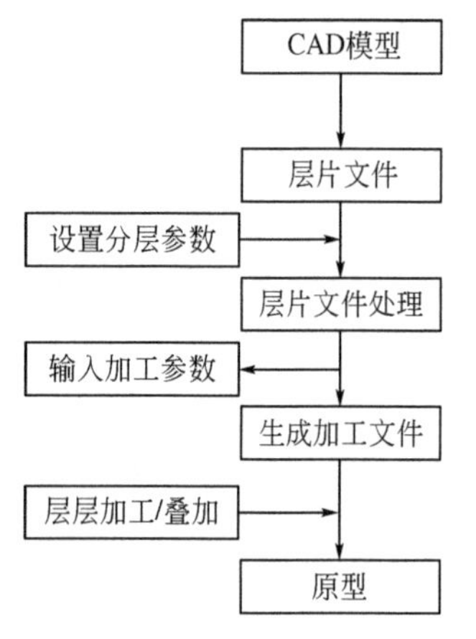

图 2-27　基于直接切片分层的原型加工流程

2.5.5　常用的切片软件

模型切片软件的处理流程可大致分为模型载入、分层、划分组件、路径生成、G-code 代码生成这五部分。切片完成后将 G-code 文件传输给 3D 打印机即可进行 3D 打印。常用的切片软件有以下几种：

① Cura，是所有 Ultimaker 3D 打印机的标准切片机软件，但它也可用于大多数其他 3D 打印机，包括 RepRap、MakerBot、Printrbot、Lulzbot 和 Witbox。它是完全开放源代码，可以通过插件系统扩展。对电脑配置要求很低，切片速度快。

② Skeinforge，采用 Python 开发，优点是对切片不同的拓扑结构判断及处理最佳，打印质量较好。缺点是填充样式单一，仅有线性填充，切片速度较慢，容错性较低，破面或洞有可能造成切片失败。国内杭州先临的 Einstart 即采用该引擎。

③ Slic3r，采用 C++开发，特点是可调参数多，例如填充图案，支持可变层高设定，切片速度较快，容错性较高，但是打印质量不如 Skeinforge。知名的 MakerBot 家的 Makerware 用的就是该引擎，Repeiter-Host 默认也是该引擎。

其他切片引擎还有 KISSlicer、CustomOpen 等。

2.6 后处理

后处理主要包括以下几个方面：

① 去除支撑结构　在打印悬空结构时，额外打印了支撑结构，需要去除。一般采用硬性去除，结合抛光等后处理进行。比较先进的技术有：采用溶解性不同的材料打印支撑结构，在特定溶剂下可溶解支撑结构以得到打印物体、在支撑结构设计时减小连接处的填充率以方便去除等。

② 抛光　3D 打印出来的物品表面可能会比较粗糙（例如 SLS 金属打印），需要抛光。抛光的办法有物理抛光和化学抛光。通常使用的技术有砂纸打磨（sanding）、珠光处理（bead blasting）和蒸汽平滑（vapor smoothing）等。

③ 上色　并非所有常用 3D 打印技术都有成熟的彩色打印技术，同时考虑到成本等因素，可能需要对打印出来的单色物体上色，例如 ABS 塑料、光敏树脂、尼龙、金属等。

④ 增强成形强度　如对于以粉末为材料的 3D 打印，为实现加强物体成形强度及延长保存时间的目的，可进行静置、强制固化、去粉等处理。静置可使成形的粉末和黏结剂之间固化完全，尤其是对于以石膏或者水泥为主要成分的粉末；物体具有初步硬度时，可根据不同类别用外加措施进一步强化作用力，例如通过加热、真空干燥、紫外光照射等方式。之后通过扫、吹、振动等方式去除表面多余粉末。

⑤ 长久保存处理　主要可通过包覆等方式，在物体表面涂以防护材料。

⑥ 表面涂覆　对于三维打印成形工件，典型的涂覆方法有如下几种：喷刷涂料；金属电弧喷镀；等离子喷镀；无电化学沉积。

参考文献

[1] 孙洁，赵慧洁. 投影栅相位法视觉检测标定技术研究//中国光学学会2004年学术大会，2004.

[2] 杨萍，唐亚哲. 结构光三维曲面重构. 科学技术与工程，2006，6（19）：3057-3060.

[3] Huang P，Wang C C L，Chen Y. Algorithms for layered manufacturing in image space. Advances in Computers and Information in Engineering Research，2014，1，377-410.

[4] Zhang X，Le X，Panotopoulou Athina，Whiting Emily，Wang Charlie C L. Perceptual models of preference in 3D printing direction//ACM Transactions on Graphics（SIGGRAPH Asia 2015）. 2015.

[5] Schmidt R，Umetani N. Branching support structures for 3D printing//ACM SIGGRAPH 2014 Studio-ACM，2014.

[6] Qiu J，Wu L，Mao Y. A novel supporting structure generation scheme to 3D printing//Proceedings of the 7th International Conference on Internet Multimedia Computing and Service. ACM，2015.

[7] Dumas J，Hergel J，Lefebvre S. Bridging the gap：automated steady scaffoldings for 3D printing. ACM Transactions on Graphics，2014，33（4）：98-1-98-10.

[8] Lu L，Sharf A，Zhao H，et al. Build-to-last：strength to weight 3D printed objects. ACM Transactions on Graphics，2014，33（4）：97-1-97-10.

[9] Chen Y，Wang C C L. Regulating complex geometries using Layered Depth-Normal Images for rapid prototyping and manufacturing. Rapid Prototyping Journal，2013，19（4）：253-268.

[10] Fuchs H，Kedem Z M，Uselton S P. Optimal surface reconstruction from planar contours. Communications of the ACM，1977，20（10）：693-702.

[11] Lorensen W E. Marching cubes：A high resolution 3D surface construction algorithm. Computer Graphics，1992，21：163-169.

[12] 王上增，宋晓光，孙永强. 骨小梁金属重建棒植入治疗早期股骨头缺血性坏死的近期疗效. 中国修复重建外科杂志，2009，（5）：562-565.

[13] 程文俊，勘武生，郑琼，等. 3D打印钛合金骨小梁金属臼杯全髋关节置换术的短期疗效. 中华骨科杂志，2014，（34）：823.

[14] 杨文静，乌日开西·艾依提，王娟，等. 基于3D打印的CPC人工骨支架流道结构设计. 机械设计与制造，2015，（08）：38-41.

[15] Zhang X，Xia Y，Wang J，et al. Medial axis tree-an internal supporting structure for 3D printing. Computer Aided Geometric Design，2015，35-36：149-162.

[16] Stava O. Adaptive supports for 3D printing：US，20150066178. 2015.

[17] Chen X，Golovinskiy A，Funkhouser T. A benchmark for 3D mesh segmentation. ACM Transactions on Graphics，2009，28（3）：341-352.

[18] 刘鑫，严建华，王洪全，等. 基于3D栅格的点云三角网格模型重构研究. 上海大学学报（自然科学版），2003，（03）：213-216.

[19] Wang W，Wang T Y，Yang Z，et al. Cost-effective printing of 3D objects with skin-frame structures. ACM Transactions on Graphics，2013，32（6）：2504-2507.

[20] Mueller S，Im S，Gurevich S，et al. WirePrint：3D printed previews for fast prototyping//Proceedings of the 27th annual ACM symposium on user interface software and technology. ACM，2014.

[21] Wu J，Wang C C L，Zhang X，et al. Self-supporting rhombic infill structures for additive manufacturing. Computer-Aided Design，2016，80：32-42.

[22] Biermann H，Martin I，Bernardini F，et al. Cut-and-paste editing of multiresolution surfaces. Proc of SIGGRAPH，2002，312（3）：312-321.

[23] Wu J，Aage N，Westermann R，et al. Infill optimization for additive manufacturing-approaching bone-like porous structures. IEEE Transactions on Visualization and Computer Graphics，2017，24（2）：1127-1140.

[24] Mao Y，Wu L，Yan D M，et al. Generating hybrid interior structure for 3D printing. Computer Aided Geometric Design，2018，62：63-72.

[25] 李占利，梁栋，李涤尘，丁玉成. 基于信息继承的快速分层处理算法研究. 西安交通大学学报，2002，（1）：43-46.

[26] 胡德洲，李占利，李涤尘，等. 基于 STL 模型几何特征分类的快速分层处理算法研究. 西安交通大学学报，2000，（01）：40-43，48.

第 3 章
光固化成形技术

立体光固化（stereo lithography，SL）技术又被称为光固化成形（stereo lithography appearance，SLA）技术，它是世界上最早出现并实现商业化应用的快速成形（rapid prototyping，RP）技术。1984年8月，当时在加利福尼亚州的3D Systems公司联合创始人兼首席技术官查尔斯·赫尔（Charles Hull）申请了一项美国专利，名为“通过立体光刻技术生产三维物体的装置”（Apparatus for Production of Three-Dimensional Objects by Stereolithography）。1986年3月获得授权，赫尔（Charles Hull）和雷蒙德·弗里德（Raymond Freed）联合创立了3D Systems公司。1988年4月，美国的3D Systems公司率先将SL技术商业化，制造了世界上第一台SL 3D打印机——SLA250，并在美国开始售卖相关设备，由此使光固化技术（SL）成为第一个取得专利授权和商业应用的3D打印技术。自此，基于SL技术的打印机如雨后春笋般相继出现，国内以清华大学、西安交通大学为代表的高校率先开展了相关研究工作。

作为在增材制造（additive manufacturing）领域最早发展起来的技术，光固化成形技术得到了深入的研究和广泛的应用。简单说来，它基于光敏材料的光聚合原理，多以液态光敏树脂为原料，通过逐层光照固化的方式来构建实体[1]。目前在国外，有些研究机构或组织又将光固化技术称为“槽式光聚合”（vat photopolymerization）技术，源于盛放光敏树脂的液槽。自光固化成形技术面世以来，经过三十多年的发展，根据光源问题提出的解决方案，目前市场上已经出现三种主流技术：

(1) 立体光固化（stereo lithography，SL）技术

SL的光源来自激光，利用紫外光（波长为355nm或405nm）作为光源，用激光振镜控制系统来控制激光产生光斑扫描液态光敏树脂进行选择性固化成形。SL成形过程主要是由点（光源）到线、由线到面逐渐成形。

(2) 数字光处理（digital light processing，DLP）技术

DLP的光源来自高清投影仪，多利用波长为405nm的紫外光源，通过德州仪器公司的数字微镜技术，选择性地将面光源投射到光敏树脂上使之固化。其中DLP技术也包括快速成形的连续液面生产技术（continuous liquid interface production，CLIP）。

(3) 液晶屏投影（liquid crystal display，LCD）技术

该技术的光源选用LCD显示屏，简单说来，该技术就是把DLP的光源用LCD来代替。不同的是，按照光源波长的不同，LCD技术分为两种。第一种是LCD掩膜光固化（LCD masking），即用405nm紫外光（和DLP一样），加上LCD面板作为选择性透光的技术。第二种是400～600nm可见光光固化（visible light cure，VLC），使用普通光（可见光，400～600nm）就可以使树脂固化，实现打印。

3.1 光固化成形原理

光固化成形的基本原理是使用能量光源，利用光敏材料受光照硬化的特点，使其快速凝固成形。以立体光固化技术为例，选用特定波长与强度的激光聚焦到光固化材料表面，使之由点到线、由线到面顺序凝固，完成一个层面的绘图作业，然后升降台在垂直方向移动一个层片的高度，再固化另一个层面，这样层层叠加构成一个三维实体。

因为光敏树脂材料的高黏性，在每层固化之后，液面很难在短时间内迅速流平，这将会影响实体的精度。采用刮板刮切后，所需数量的树脂便会被十分均匀地涂敷在上一叠层上，这样经过激光固化后可以得到较好的精度，使产品表面更加光滑和平整。

3.2 光固化成形设计

以 DLP 光固化 3D 打印机为例，其原理机械结构并不复杂，通常按照模块区分共有以下三个模块：

(1) 固化模块

包括光源和树脂。其中，光源包括上投影和下投影。

(2) 分离模块

包括 z 轴提拉装置和料槽剥离装置（使成形平台更容易脱离料槽）。

(3) 控制模块

包括电路、固件和软件。

① 上投影　光源自上而下直接照射在成形件上，不需要成形件和料槽分离，对树脂流动性要求较高。如果树脂流动不均匀，会影响打印质量，一般需要加装一个刮板，用来刮平树脂。大尺寸的光固化 3D 打印机一般采用这种形式。

② 下投影　光源自下而上照在成形件上，每次换层要使成形件和料槽分离，需要在料槽底部加一个离型膜，成形精度高，缺点是料槽容易损坏，一般几个月就要换一次。下投影

式不适合大尺寸成形，容易损坏成形件。

依据基本原理，下面具体介绍一下立体光固化技术、数字光处理技术、连续液面生产技术、液晶屏投影技术的成形工艺。

3.3 光固化成形工艺

3.3.1 立体光固化技术

光固化成形工艺的成形过程如图 3-1 所示[2]。液槽中盛满液态光敏树脂，氦-镉激光器或氩离子激光器发出的紫外激光束在控制系统的控制下按零件的各分层截面信息在光敏树脂表面进行逐点扫描，使被扫描区域的树脂薄层产生光聚合反应而固化，形成零件的一个薄层。一层固化完毕后，工作台下移一个层厚的距离，以使在原先固化好的树脂表面再敷上一层新的液态树脂，刮板将黏度较大的树脂液面刮平，然后进行下一层的扫描加工。新固化的一层牢固地黏结在前一层上，如此重复直至整个零件制造完毕，得到一个三维实体原型。当实体原型完成后，首先将实体取出，并将多余的树脂排净。之后去掉支撑，进行清洗，然后再将实体原型放在紫外激光下整体后固化。因为树脂材料的高黏性，在每层固化之后，液面很难在短时间内迅速流平，这将会影响实体的精度。采用刮板刮切后，所需数量的树脂便会被十分均匀地涂敷在上一叠层上，这样经过激光固化后可以得到较好的精度，使产品表面更加光滑和平整，并且可以解决残留体积的问题。

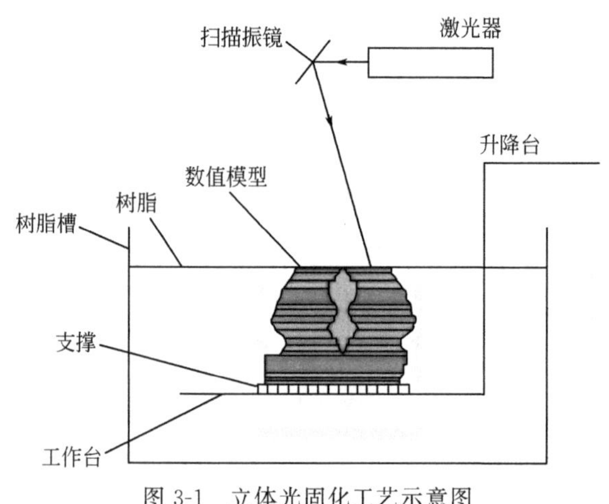

图 3-1　立体光固化工艺示意图

3.3.2 数字光处理技术

DLP（图 3-2）技术于 1993 年由美国 TI 公司发明。该技术最初应用在投影显示方面，相比 CRT、LCD 技术的投影机，具有图像更加清晰、色彩更加丰富、图像亮度及对比度更高等优势。现如今，DLP 技术拓展出各类显示和高级照明控制方面的应用，可用于三维机器视觉测量、PCB 平版印刷、光谱分析、光通信网络组成、多光谱成像、近眼显示器、汽车平视显示及 3D 打印等方向。

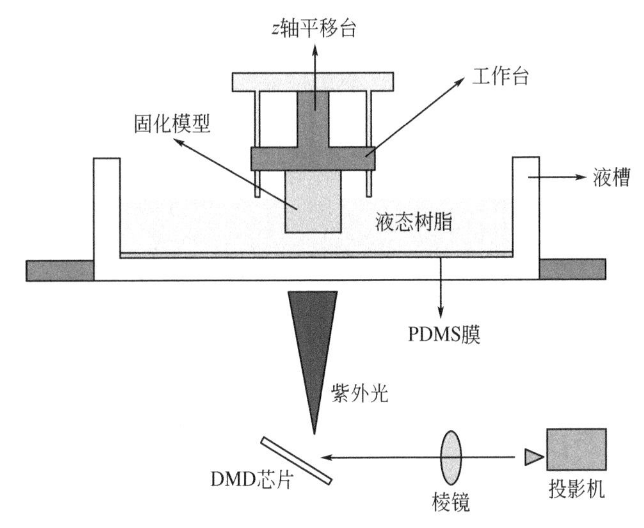

图 3-2　数字光处理工艺示意图

3D 打印应用和 PCB 平版印刷具有相似的原理，在近 2 年内首次诞生并得到快速发展，以 DLP 技术发展出的 3D 打印技术具有打印速度快、打印精度高等特点[3]。

DLP 技术可以实现高清晰图像的投影显示。由于其特殊的显示原理，图像对比度很高，在显示暗背景时，几乎没有光从投影系统中射出，这一特点保证了当该技术应用在光固化成形中，光敏树脂不会在长时间的工作下由于溢出光的持续照射而发生聚合反应，从而确保了 DLP 技术能够实现与掩模板相似的功能并应用于 3D 打印领域。

基于 DLP 技术发展出的 3D 打印系统由以下几部分组成：DLP 投影系统、机械运动系统以及具有控制和运算能力的主控系统。零件的三维模型需要在主控系统上进行切片处理运算，将三维模型分割为一系列二维平面图像，之后控制 DLP 投影系统实现图像的投影，与此同时，控制机械运动完成逐层打印，如此往复最终实现实体零件的制作。这其中 DLP 投影技术中使用的数字微镜器件（digital micro-mirror device，DMD）芯片是该类型 3D 打印的核心，在选择芯片型号时要根据打印尺寸、打印精度、打印速度以及光源波长来选择合适的芯片。

以图 3-3 中上曝光 DLP 型 3D 打印系统为例，介绍系统的工作流程。首先，液槽中盛满液态光敏树脂，主控系统会对模型进行分层计算并根据精度需求生成对应的分层图像，之后将分层图像传递给 DLP 投影设备，投影设备会根据分层图像控制紫外光把分层图像成像在光敏树脂液体的上表面，靠近液体表面的光敏树脂在受到紫外光照射后，会发生光聚合反应进行固化，形成对应分层图像的已固化薄层，此时，单层成形工作完毕，接着工作台向下移动一定距离，让固化好的树脂表面上补充未固化的液态树脂，而后控制工作台移动，使得顶面补充的液体树脂厚度和分层精度保持一致，使用刮板将树脂液面刮平，然后即可进行下一层的成形工作，如此反复直到整个零件制造完成[4,5]。图 3-4 为下曝光 DLP 打印机示意。

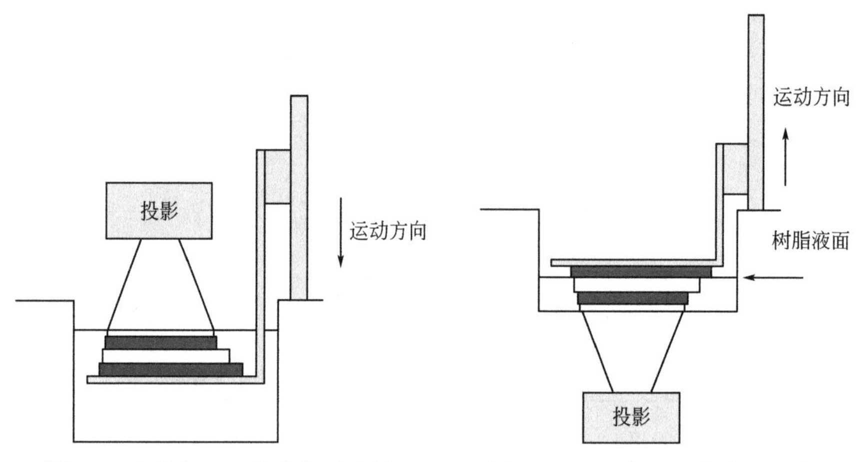

图 3-3　上曝光 DLP 打印机示意图　　图 3-4　下曝光 DLP 打印机示意图

3.3.3　连续液面生产技术

现有的 3D 打印工艺使用液态树脂，在一个缓慢的过程中逐层打印出物品：先打印一层，固化它，补充树脂材料，然后再打印一层，周而复始，直到打印完成。而在 CLIP 工艺（图 3-5）中，底部的紫外光投影让光敏树脂固化，而氧抑制固化，水槽底部的液态树脂由于接触氧气而保持稳定的液态区域，这样就保证了固化的连续性。其中，底部特殊窗口可以透光同时透过氧气。

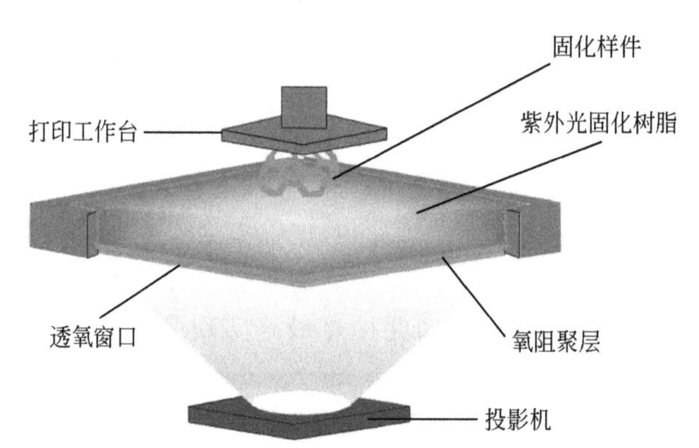

图 3-5　连续液面生产工艺示意图

CLIP 打印机的关键之处位于树脂缸的底部：那里有一个窗口让氧气和紫外线通过。因为氧气可以阻碍固化过程，缸底的树脂连续形成一个"死区"，不会固化。而这个"死区"非常之薄，只有几个红细胞那么厚。因此紫外线可以通过，并固化其上方没有接触氧气的树脂。不会有树脂粘在缸底，而打印速度变得非常快，因为它不是在空气中，而是在树脂里打印的（在空气中打印，由于氧气存在，固化速度就会减缓）。当打印机捞起成形的物品时，吸嘴会往缸底添加低氧树脂[6]。

CLIP 不仅大大加快了固化过程，同时也能打印出更顺滑的 3D 物品。这种工艺不是等待3D物品一层层地固化，而是采取了连续打印的方式，制作出来的物品可以和注塑零件媲美。

3.3.4 液晶屏投影技术

LCD成像的基本原理（图3-6）是利用光学投射穿过红、绿、蓝三原色滤镜过滤掉红外线和紫外线（红外线和紫外线对LCD片有一定的损害作用）后，再将三原色投射穿过三片液晶板上，合成投影成像。

LCD掩膜技术从2013年就有人开始研制。有兴趣可以搜到最早的创客用普通电脑LCD显示器去掉背光板，加上405nm的LED灯珠做背光，试着打印UV树脂。z轴的解决方案是滑块、丝杠和步进电机的组合，电机驱动板都可以用单片机类或者目前FDM最流行的RAMPS板解决方案。LCD的驱动其实和所有显示器的驱动一样，VGA或者HDMI接液晶驱动板再接LCD面板，背光用405nm灯泡或者LED阵列，加菲林镜片来均匀分布光照。

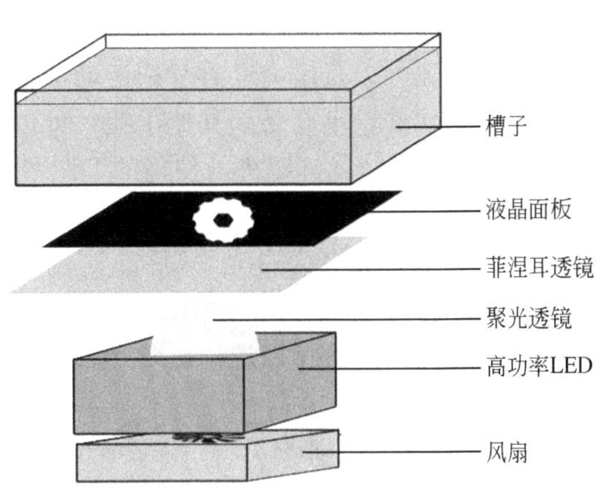

图3-6 液晶屏投影工艺示意图

3.3.5 光固化成形工艺优势

(1) 立体光固化技术

① 光固化成形法是最早出现的快速原型制造工艺，是经过时间检验的成熟度高的成形工艺。

② 由CAD数字模型直接制成原型，加工速度快，产品生产周期短，无需切削工具与模具。使CAD数字模型直观化，降低错误修复的成本。

③ 可以加工结构外形复杂或使用传统手段难于成形的原型和模具。

④ SL打印机的打印范围完全独立于打印对象的分辨率。单个对象打印可以是打印区域内的任何位置的任何大小和任何分辨率。

⑤ 为实验提供试样，可以对计算机仿真计算的结果进行验证与校核。

⑥ 可联机操作，可远程控制，利于生产的自动化。

⑦ 成形过程自动化程度高，SL系统非常稳定，加工开始后，成形过程可以完全自动化，直至原型制作完成。

(2) 数字光处理技术

数字光处理技术最早是由美国德州仪器公司开发，主要是通过投影仪来逐层固化光敏聚合物液体，从而创建出3D打印对象。相比市面上的其他3D打印设备，由于其投影像素块能够做到50μm左右的尺寸，DLP设备能够打印细节精度要求更高的产品，从而确保其加工尺寸精度可以达到20～30μm，面投影的特点也使其在加工同面积截面时更为高效。设备的投影机构多为集成化，使得层面固化成形功能模块更为小巧，因此设备整体尺寸更为小巧。其成形的特点主要体现在以下几点：

① 单层固化速度快。通过单层图像的投影曝光实现树脂的固化并完成打印，不需要扫描过程，单层打印时间与分层图像复杂程度无关，仅与树脂所需曝光时间有关，将打印过程进一步简化。

② 打印精度高于一般技术。DMD芯片微镜尺寸较小，集成度高，经过投影成像系统后，单个镜片光斑尺寸可以控制在100μm以下，实现高精度打印。

③ 系统结构简单，稳定性好，对外界环境要求相对低。DLP型3D打印机使用的DMD芯片作为核心器件，系统内没有复杂运动结构，各部分相对独立，方便维护，光机系统在工作时处于静止状态，不会受到其他干扰，可以提供稳定的打印精度。

④ 易于实现。3D打印机内使用的DLP投影系统与用于显示的DLP投影系统在结构上是基本一致的，主要区别在使用的光源不同。用于3D打印的DLP投影系统光源多为紫外光，而普通显示系统多为白光LED或三色LED。若选用固化峰值在可见光波段的光敏树脂，可以使用普通DLP投影机作为3D打印系统的核心，而且普通DLP投影系统对蓝紫光的损耗相对较低，依然可以选择蓝紫光波长的光敏树脂材料，配合运动系统实现一台初级的DLP型打印机。

以DLP技术为基础的3D打印技术正处于快速发展阶段，目前由于DLP型3D打印机的投影图像分辨率高，所以成形精度普遍高于传统激光扫描型打印机，而且单层固化时间短，制作时间短，在制作小尺寸精细工件时，具有强大优势[4]。

(3) 连续液面生产技术

在3D打印机的帮助下，人们可以在几小时内完成原型制作，但一种全新的3D打印工艺可以大大提升这个速度，把数小时的打印时间缩短为仅仅几分钟。CLIP技术可以在相对很短的时间里打印出顺滑的复杂物品，而且可以使用更多的材料来打印物品。这项技术最重要的三个优势[7]：

① 极快的打印速度。比传统的3D打印机要快25～100倍，理论上有提高到1000倍的潜力。

② CLIP打印精度较高。传统3D打印需要把3D模型切成很多层，类似于叠加幻灯片，这个原理就决定了粗糙无法消除，而连续液面生产模式在底部投影的光图像可以做到连续变化，相当于从叠加幻灯片进化成了叠加视频，虽然毫无疑问这个视频帧数也不是无限大，但是对比幻灯片的进步是巨大的。

③ CLIP打印支持广泛的聚合物材料。其他打印技术不适用的很多聚合物也行，塑料、弹性体和橡胶都可以进行打印。比如打印运动鞋、汽车垫圈等，打印微电子系统、传感器和实验芯片等。

(4) 液晶屏投影技术

① 精度高。很容易达到平面精度100μm，优于第一代SL技术，和目前桌面级DLP技术有可比性。

② 价格便宜。主要对比前代技术的SL和DLP，这个性价比极其突出。

③ 结构简单。因为没有激光振镜或者投影模块，结构很简单，易组装和维修。

④ 树脂通用。由于采用405nm背光，所有DLP类的树脂或者大部分光固化树脂理论上都可以兼容。但注意某些SL专用树脂，不一定兼容性很好，主要怕曝光不足。

⑤ 同时打印多个零件不牺牲速度。和DLP技术一样，都是面成形光源。

3.3.6 光固化成形工艺弱点

(1) 立体光固化技术

① SL系统造价高昂，使用和维护成本过高。

② SL系统是要对液体进行操作的精密设备，对工作环境要求苛刻。

③ 成形件多为树脂类，强度、刚度、耐热性有限，不利于长时间保存。

④ 预处理软件与驱动软件运算量大，与加工效果关联性太高。

⑤ 软件系统操作复杂，入门困难；文件格式不为广大设计人员熟悉。

(2) 数字光处理技术

① DLP使用数字投影屏幕来照射打印平台上每一层的单一影像。因为投影影像是数字屏幕，每层的图像由正方形像素组成，导致每一层由称为像素的小矩形方块所形成。

② 虽然速度更快，但用DLP技术同时打印多个对象的时候可能会影响对象的分辨率或是表面完整性。DLP 3D打印机不适合打印满版的高分辨率部件。例如，DLP打印机能够打印一个完好精细的戒指，并且比SL打印机还要更快。然而，如要一次打印许多精细的戒指，就会需要一台SL 3D打印机，才能够在整个打印区域中保持一致的高分辨率。

③ DLP 3D打印机中的投影机必须聚焦到图像尺寸，以达到给定的x-y分辨率。当需要小像素时，透过缩小整个图像来限制整个打印区域。也就是说，DLP打印机上的精密打印，只能使用整个打印区域的一小部分，而大型模型只能透过低分辨率进行打印。

④ DLP型3D打印技术要求原材料为光敏树脂，材料种类较少而且性能难以取代现有工程塑料，在应用方面受限，而且光敏树脂类材料中只有一部分能用于3D打印，材料价格较为昂贵。

⑤ DLP型的3D打印机虽然对环境要求不高，但仍要有一些基本的要求。首先，空气湿度必须在适宜范围内，暴露在潮湿空气中的树脂会吸收水分而被稀释，改变原材料中各成分的比例，导致成形失败。其次，要求周围环境中不存在紫外光源。一方面，外界环境中的紫外光会逐渐让树脂固化，造成材料浪费。另一方面，设备中的紫外光存在溢出的可能性，虽然较弱但在长时间照射下仍会对人体产生伤害，若疏于防范也会危害人员健康。

(3) 连续液面生产技术

2015年3月，Science期刊封面报道了一种基于氧阻聚效应的连续液面生产（CLIP）技术，该技术利用美国杜邦公司发明的一种特氟龙薄膜（Teflon AF2400）和氧气来构造一层液态“死区”（deadzone），实现了快速的连续光固化3D打印，最高速度达到500mm/h。该项革命性的技术比传统SL技术快100倍以上，有希望广泛应用于三维物体的批量化加工制造。因此CLIP技术引起了科技界以及产业界的高度关注并成为增材制造领域新的研究热点，谷歌、福特等公司为此追加投入数亿美元巨资以加快该技术的产业化进程。但是由于所采用的特氟龙材料价格极其昂贵，且透气率较低，限制了CLIP技术的推广应用以及打印速度的提高[8]。

(4) 液晶屏投影技术

① LCD可选范围很少。这个技术关键部件LCD，需要对405nm紫外光有很好的选择透过性，还要经得住几十瓦405nm LED灯珠的数小时高强度烘烤，还有散热和耐温性能的考验。所以LCD屏的可选择性较少。

② 打印尺寸偏小。第一个商业用的LCD掩膜要追溯到iBox Nano，其配备的屏幕仅为3in（1in=2.54cm，下同）。由于LCD屏幕的分辨率是比较低的，在200μm的平面内打印成品精度较低。

③ 光效率没有DLP高。通过加大405nm灯的亮度来达到更多光通量，或者普通光通量的可见光LCD配合高敏感树脂，得到的固化速度不能和DLP的成形速度相比。在实际中，同样100μm厚固化，DLP是零点几秒到几秒，405nm紫外LCD或者可见光LCD需要十几秒到几十秒来固化。这里引出一个新的解决方案，用DLP以外的投影加上可见光技术达到1s以内的高速度，投影可以同时达到高速度、大尺寸、高精度，还有低成本。目前，这种方案仍在研究当中。

3.4 光固化成形材料

材料是3D打印技术的基础和制约因素，光固化成形技术的核心问题之一是光敏树脂的开发。3D打印用光敏树脂必须是挥发性小、黏度低、稳定性好、固化快、收缩率低，固化后有较好的力学性能及热稳定性；此外，在打印过程中及其成形制品应该无毒、无刺激性气味。

SL设备所使用的液态树脂，在成形机械性能上还无法达到替代传统注塑成形制品，存在韧性差、强度低的问题，所以市场上出现的实用件很少。

在高端应用中，比如对力学性能和精度要求较高的手板模，树脂基本被国外垄断。少有的几家国产树脂材料，有韧性不足、成形模型粗糙、强度差、成形变形收缩大等一系列问题。

在制品成形时，光固化3D打印技术经常也需要支撑结构，所以光固化3D打印材料包括支撑材料和光固化实体材料（光敏树脂），支撑材料又可分为相变蜡和光固化支撑材料。

支撑材料用来填补成形制品的空洞或悬空部位，起到支撑的作用。实体材料即为光固化3D打印用的光敏树脂，由低聚物、活性单体、光引发剂三种主要成分及少量其他助剂组成[9]。

3.4.1 光敏树脂

光敏树脂一般是液化状态，使用该材料打印物体一般具备高强度、耐高温、防水等特点。然而，光敏树脂材料长期不使用容易导致硬化，并且该材料具备一定的毒性，在不使用的状态下需要对其进行封闭保存。

此外，光敏材料价格较贵，由于使用时需要将其倒进器皿内，所以容易导致浪费的现象。

目前，国外生产光敏树脂的有美国3D Systems的Accura系列、DSM的Somos系列、Formlabs公司生产的树脂、以色列OBJET公司生产的树脂、荷兰PolyScope的SMA系列、德国Henkel公司生产的树脂、Ciba的Cibatool系列、Zeneca的Stereocol系列、RPC的RPCure系列等，其中应用较多的是Somos和Accura系列光固化树脂。

DSM公司Somos光固化树脂系列的Somos GP Plus 14122光敏树脂是一种用于SL成形机的高速液态光敏树脂，能制作具有高强度、耐高温、防水等功能的零件。此材料制作的模型外观呈现为乳白色，类似ABS和PBT，适用于汽车、航天及消费产品行业，也可用于生物医学；DSM Somos EvoLVe 128是一种高度耐用的光固化3D打印材料，能够产出高精度、高细节度的部件，易于成形，其外观和质感与传统热塑性塑料成品几乎没有区别，具有高强度和高耐用性，可用于卡扣固定设计、夹具和固定装置；DSM Somos WaterClear Ultra 10122是一种易于使用并可快速做件的高透光光固化成形树脂。该材料可生产无色、精确的功能性部件，并且外观类似有机玻璃。使用DSM Somos WaterClear Ultra 10122生产的部件具有出色的耐高温特性，可用于汽车透镜、光导管；DSM Somos Imagine 8000是一种快速成形光固化3D打印材料，专门设计用于玩具业生产精确、高成本效益的零部件，使用DSM Somos Imagine 8000生产的部件具有出色的耐用性、精确性和低吸湿率，该材料特别适合功能原型、概念模型和小批量生产部件，因此是玩具业的理想材料选择；DSM Somos WaterShed XC 11122具有高透明度和出色的防水性能，可模仿ABS和PBT等透明热塑性塑料的外观，适用于汽车、医疗以及消费电子市场中包括镜片、包装、水流动分析、RTV图案、耐用的概念模型、风洞实验和熔模铸造图案；Somos PerFORM具有极好的细节表现能力、刚度，极好的耐热性，适用于快速模具、电子外壳、风洞测试、汽车部件罩壳、高温测试（耐温可达260℃）。

3D Systems公司生产的Accura系列的光固化树脂Accura Amethyst能耐高温并且制件表面精度高，可在制件表面镀金属，因此可应用于珠宝设计等领域；AccuGen树脂表面光滑、强度高、有极佳的防湿性能，成形后可直接用作模具，也可作为零件使用。

Formlab生产的树脂分为可浇注树脂、柔性树脂和高韧性树脂。可浇注树脂燃烧得很干净，无灰或残渣，捕捉清晰精确的细节的同时也有非常光滑的表面。它允许珠宝商、设计师和工程师直接将3D设计变成适合投资的模型。柔性树脂可变性强，成形出色且耐冲击。突破固有的限制，生产可弯的和可压缩的部件。柔性树脂是优秀的原型设计、产品设计和工程样品材料。高韧性树脂是一款耐用的、适应的以及耐冲击性的材料。它是工程实验的最佳选择，类似ABS塑料的材料，通过研发已经可以承受高应力和高张力。它是卡扣配件以及其他坚固的模型制作的理想材料。

Carbon公司在2016年推出一款原型树脂（prototyping resin），这种树脂打印速度快、具有出色的分辨率、性能良好，足以承受适度的功能测试。它有六种颜色——青色、洋红色、黄色、黑色、白色和灰色。这些颜色也可以通过相互混合来创建出其他自定义颜色。

以色列OBJET公司的材料有三大类实体材料和一种支撑材料，即Vero系列光敏树脂、FullCure系列丙烯酸酯基光敏树脂和Tango系列类橡胶光敏树脂材料，支撑材料是FullCure705水溶性高分子材料。以色列OBJET公司于不同年份公布了四个光固化3D打印光敏树脂专利，其中喷射用光敏树脂的使用温度为70～75℃[10]。

在国内，与SL型设备相配套的专用光固化树脂的研究与开发较少，西安交通大学先进制造技术研究所对光固化树脂做过相应的研究，开发了适合于固体激光器系列（355nm）快速成形机的系列光敏树脂：SPR3010、SPR3001、SPR4000、SPR5000、SPR6000、SPR7000。近期研制出的SPR9100在保证树脂具有较好的刚度的同时也有出色的韧性，已经被许多企业应用。江苏中瑞科技公司也开发了5种不同色彩的光敏树脂：ZR680（精细白）、ZR710（强韧白）、ZR520（高透明）、Real ABS（强韧黄）、Red Wood（代木红）。但是由于国内研究用于快速成形的光敏树脂的机构并不多，因此，产品的更新速度较慢，在树脂性能方面还有很大的距离。

国内也在积极研究高性能的光固化树脂，以减小和国外的差距，也开始应用纳米粒子改性光固化树脂。最近报道深圳eSUN易生公司生产的“eResin-PLA”光固化树脂耗材，适合桌面级光固化机器使用。这款耗材在室内温度下呈低黏度液态，具有良好的流动性；颜色纯正且精度高；固化后产物具有一定强度与韧性，打印时无翘曲及变形情况。

3.4.2 陶瓷

光固化快速成形工艺在制作树脂原型方面已经比较成熟，但利用该工艺直接制造复杂陶瓷件（包括复杂陶瓷铸型）的技术，即陶瓷光固化技术（ceramic stereolithography，CSL），国内仅有清华大学、西安交通大学等少数高等院校对树脂陶瓷浆料的光固化工艺开展了初步研究[11]。

3.4.3 生物材料

光固化水凝胶，如聚乙二醇双丙烯酸酯（PEGDA），具有生物相容性和良好的生物力学性能，可通过人工合成改变其理化性能。改性后可作为细胞的载体，能满足细胞对多水环境的需求，且能完成细胞和细胞质基质的营养交换及细胞代谢产物的排出，是组织工程支架的重要制备材料[12]。

3.5 光固化 3D 打印装备

时至今日，研究和生产 SL 技术的组织、企业、团队众多。国内相关机构有西安交通大学，华中科技大学，陕西恒通智能机器有限公司，上海联泰科技公司，上海普利生机电公司，上海数造科技，北京大业三维科技公司，苏州中瑞科技，珠海西通，香港 SparkMake 公司，台湾 3D 打印机制造商 Layer One、Ackuretta 等；国外有美国 3D Systems 公司、Stratasys 公司、Formlabs 公司，德国 EOS 公司、EnvisionTEC 公司，法国 Prodways 公司，日本 CMET 公司，韩国 Carima 公司等。

3D Systems 公司在 SL 技术研究领域起步最早，相应生产的机型也众多，如：Projet1500、Objet500 Connex3 以及 ProX 800 等。国内有联泰科技 Lite 系列、RS Pro 系列、PILOT SD 系列、FL 系列光固化打印机，西通光固化 3D 打印机等。

3.5.1 国内光固化 3D 打印装备

(1) 陕西恒通

陕西恒通智能机器有限公司以西安交通大学先进制造技术研究所为技术支持，主要经营范围是各种型号的快速成形机、快速模具制造设备以及快速反求设备的生产和销售，并提供快速成形、快速模具制造以及快速反求服务。自 1997 年开发并销售出国内第一台光固化快速成形机 LPS600 以来，已经开发出气体激光快速成形机、固体激光快速成形机、紫外光快速成形机、真空注型机等 7 种型号 10 余个规格的快速成形与模具制造设备以及 9 种型号的配套光敏树脂，并在国内外销售以光固化快速成形机为主的快速成形设备、快速模具制造设备 40 余台套，稳居国内快速成形领域领先地位。

图 3-7　新版 SPS600 光固化快速成形机

SPS600 光固化快速成形机（图 3-7）是恒通公司系列光固化设备 2017 年推出的新版机型。该设备具有以下特点：

① 输出功率最大可达 2kW；

② 配有全数字式高速扫描振镜；

③ 控制软件内嵌控制及检测功能；

④ 定位精确至 0.01mm，配有光栅尺，闭环控制，提高标定效率；

⑤ 文件格式采用恒通定制格式 XJ3D；
⑥ 具备手控和脚控两种门自动开关系统，避免操作不慎对于设备的污染。
SPS600 光固化快速成形机技术参数见表 3-1。

表 3-1 SPS600 光固化快速成形机技术参数

成形范围	600mm×600mm×400mm
精度	±0.1mm(*L*≤100mm)、±0.1mm(*L*>100mm)
最大零件质量	77kg
光斑直径	名义值 0.12～0.2mm
分层厚度	0.06～0.20mm
机器尺寸	1445mm×1175mm×1920mm(2270mm 至警示灯)
额定功率	3kW

(2) 联泰科技

上海联泰科技股份有限公司（简称 UnionTech 联泰科技）成立于 2000 年，是国内较早从事 3D 打印技术应用的企业之一。

通过十余年来在 3D 打印行业的努力耕耘，UnionTech 联泰科技目前拥有国内立体光固化（SL）3D 打印技术较大份额的工业领域客户群，国内市场占有率较高，2015 年设备销量达到 300 台，销售额突破 1 亿人民币，2017 年全年销售金额达 2.47 亿元。当前，联泰科技已实现可在全球范围内供应专业的光固化 3D 打印综合解决方案。联泰科技自主研发了多个系列光固化（SL）3D 打印设备，例如其自主研发出两大适用于全球市场的光固化（SL）3D 打印机：PILOT 系列与 RSPro 系列。其中，PILOT 系列更适用于商用办公环境，而 RSPro 系列则更适用于工厂生产型环境。

图 3-8 RSPro 600 SLA 3D 打印机

以 RSPro 600 SLA 3D 打印机（图 3-8）为例，其产品配有全液晶显示屏，具有自动补液、更换槽池、高速自动扫描等功能，实现了液面自动控制、工艺参数全自动设置，加工效率高，工艺稳定。主要技术参数见表 3-2。

表 3-2 RSPro 600 3D 打印机技术参数

成形范围	600mm×600mm×500mm(全槽) 600mm×600mm×350mm(半槽)
精度	零件尺寸<100mm±0.1mm 零件尺寸≥100mm±0.1%*L* 精度可能因参数、零件几何形状/尺寸、前处理/后处理方式、材料和环境等因素而异
最大零件质量	77kg
光斑直径	名义值 0.12～0.2mm

续表

扫描速度	12m/s(最大) 6～10m/s(典型)
分层厚度	0.05～0.25mm
机器尺寸	1598mm×1612mm×2121mm
激光器(波长)	固态3倍频率YVO4(355nm)
激光寿命	5000h或15个月(以先到者为准)

在大尺寸光固化设备开发方面，G1400（图3-9）是联泰科技针对光固化（SL）3D打印市场大幅面需求而开发的一款全新超大尺寸3D打印机。G1400拥有超大幅面（1400mm×700mm×500mm）、精密拼接、高速扫描、双激光器等特色，使制造大型原型和大批量定制生产成为可能。此款创新的工业级3D打印设备为高质量的大型原型样件量身定制。G1400作为联泰科技产品系列的新成员，秉承了联泰科技一贯坚持的高效率、高精度、高稳定性等打印特性。该设备具有以下技术特色。

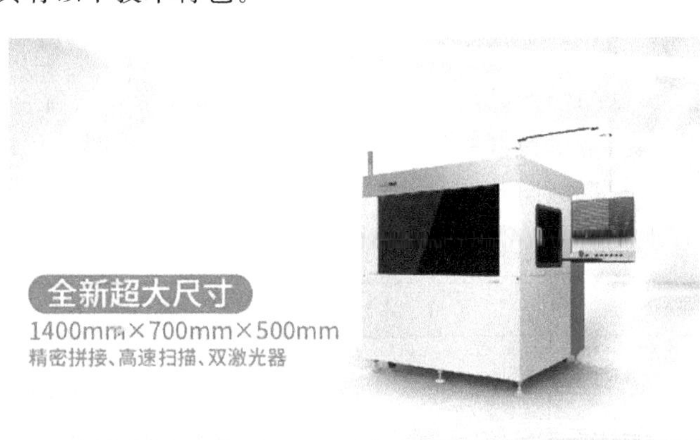

图3-9　G1400 3D打印机

① 自动标定　采用精准定位原理，避开大面积标定板设计及使用难点，可大幅提高自动标定精度及柔性。

② 精密拼接　采用精密的交叉式拼接算法，可保证拼接部位强度及整个零件的精度。拼缝光滑无痕，拼接零件尺寸精准。

③ 变光斑　采用变光斑技术：轮廓采用小光斑，保证精度和表面质量；填充采用大光斑，保证效率。

④ 自动门　前门可自动升降，节约人力，保证了设备自动化水平，且节省前门处占地空间。

⑤ 碳纤维刮刀　碳纤维刮刀支架，保证了整个刮刀体的强度及尺寸稳定性的同时减轻了整个刮刀的重量。

⑥ 大理石涂覆平台　xy平台首创采用分体式大理石作为基板，无变形，精度高，重量轻且方便调节。

⑦ 旋转式旋臂　采用自由旋转式旋臂，极大提高了设备使用的自由度。

(3) 上海普利生

上海普利生机电科技有限公司成立于2005年，是一家集光、机、电、计算机软件、硬件、感光化学于一体的高新技术企业。

图3-10 锐打400 3D打印机

上海普利生机电科技有限公司从事高速光固化3D打印机的研发、生产和销售。公司通过了CE认证。其产品获“台湾金点设计奖”“德国iF设计奖”等殊荣。曾参加在2014年德国Euro-Mold工业3D打印机展会。

2013年开始，普利生自主研发了MFP光固化3D打印技术，并在此基础上生产锐打系列3D快速成形设备和配套光固化树脂，产品具有以下特点：

① 每小时输出量超过1000g，比国内外同类设备快10倍以上；

② 可在600mm量级上实现100μm的工业级成形精度；

③ 同时生产3D打印设备和耗材，可大大降低打印成本；

④ 拥有原创技术，打破国外专利壁垒。

利用普利生原创的面阵曝光技术，可轻易降低3D打印成本，缩短产品加工周期，为3D打印技术开拓新应用领域。

锐打系列产品是普利生旗下主要产品，以锐打400 3D打印机（图3-10）为例，其主要参数见表3-3。

表3-3 锐打400 3D打印机技术参数

成形范围	384mm×216mm×380mm
精度	xy 轴运动精度 100μm/67μm/50μm z 轴运动精度 100μm/50μm
曝光原理	LCD上置式面阵曝光成形
成形材料	光固化树脂
成形速度	1000g/h
机器尺寸	840mm×840mm×1750mm
机身质量	248kg
工作温度	18～28℃

(4) 上海数造

上海数造机电科技股份有限公司成立于2004年，国家高新技术企业，建有院士专家工作站。是一家专注于3D打印机、三维扫描仪等高技术装备的研发、生产和销售，以及提供整体解决方案的专业公司。同时也是美国Stratasys的一级代理商。

数造科技的创始人赵毅博士，在西安交通大学卢秉恒院士的领导下，在1995年研制了国内首台SL设备，在二十多年的潜心研究与实践的基础上，最近对SL软硬件做了重大改进，加上材料性能的进步，使得数造的SL产品性能有了更新换代的表现。公司研发的光固化3D打印设备具有如下特点：

① 设备产能较传统SL设备有大幅提升，最高可达260g/h。

② 采用智能变光斑扫描结构设计，自动识别细节，用细光斑扫描轮廓细节，用粗光斑填充大面积区域，在保证细节精度的前提下，大幅提高打印效率。

③ 专利技术的树脂槽升降式液位控制方式，超大的续航能力，不用中途频繁加料。

④ 可换树脂槽结构设计，一机可打多种材料。

⑤ 可个性化定制树脂槽的深浅。

⑥ 面向批量打印，支持多零件复制与一键式自动排版，提升打印效率。

⑦ 一键式自动打印，打印过程中，可选任一终止打印。

⑧ 结合材料在强度、韧性、耐温性等性能方面的提高，打印件接近工程应用的程度。

⑨ 采用智能涂层技术，结合负压吸附刮刀技术，保障打印的稳定性。

⑩ 完善合理的精度检测标准，能确保 x、y、z 各方向的尺寸及形位精度。

公司代表产品3DSL-360Hi 3D打印机（图3-11）的参数指标见表3-4。

图3-11　3DSL-360Hi 3D打印机

表3-4　3DSL-360Hi 3D打印机主要技术参数

项目	参数
成形范围	360mm(x)×360mm(y) z轴:300mm(标准);50～300mm(定制)
精度	±0.1mm(L≤100mm)或±0.1%L(L>100mm)(最高可达0.05mm)
光斑直径	可变光斑0.1～0.5mm
扫描速度	10m/s(最大值)
分层厚度	0.03～0.25mm
机器尺寸(质量)	1210mm×920mm×1780mm[1000kg(含满缸树脂)]
激光器(波长)	固体激光器(355nm)
激光功率	500mW/1000mW(可选)

(5) 迅实科技

浙江迅实科技有限公司是一家专业从事3D打印设备、3D打印耗材研发及提供先进3D打印综合解决方案的高新科技企业，在浙江绍兴建立了研发和生产中心。迅实科技拥有由多位国内外博士（教授）组成的、国际领先的技术研发团队，与世界著名的美国南加州大学快速成形实验室进行最前沿的3D打印技术对接合作，同时与国内多家高等院校和科研机构建立了紧密的合作关系。现阶段产业化产品包括先进光固化3D打印设备和耗材、3D打印建筑技术以及SIS消费级金属打印技术，应用领域涵盖工业设计、珠宝铸造、义齿牙科、科普教育、艺术创意、建筑设计等领域。

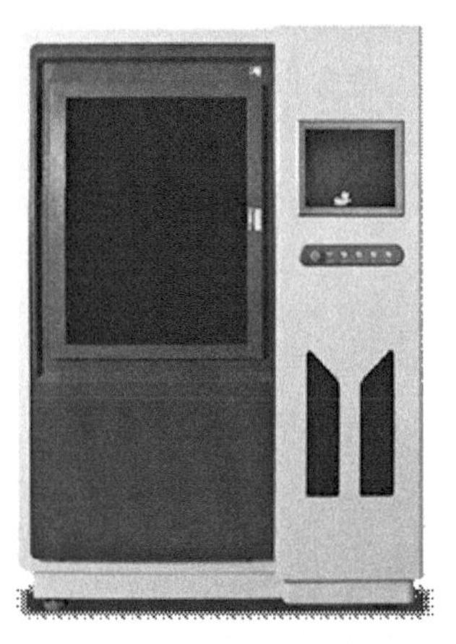
图 3-12　SP-SA600 3D 打印机

迅实科技在美国加利福尼亚州的 Redondo Beach 建立了全球研发中心。另外，迅实科技与武汉纺织大学合作建立了 3D 打印材料研究院，在武汉和常州均建立了 3D 打印材料研发生产基地，负责各种先进的 3D 打印材料的研发和生产。2016 年 11 月，公司与西安交通大学卢秉恒院士团队签约院士专家工作站项目，针对大面积光敏式 3D 打印机进行研发，并建立长期稳定的合作关系。

迅实科技拥有多款型号 SL 系列激光快速打印机，具有以下优势：

① 直接成形高精度表面，无需后期人工打磨处理；

② 树脂槽可以整体快速取出；

③ 不惧停电，来电后可继续原来的工作，成形效果不受影响；

④ 采用水冷大功率激光器，稳定性好，衰减慢，寿命长。

公司旗下 SLA 产品 SP-SA600 3D 打印机（图 3-12）技术参数见表 3-5。

表 3-5　SP-SA600 3D 打印机主要技术参数

成形范围	360mm(x)×360mm(y) z 轴：300mm(标准)；50～300mm(定制)
精度	±0.1mm(L≤100mm)或±0.1%L(L>100mm)(最高可达 0.05mm)
成形速度	80～130g/h
光斑直径	可变光斑 0.1～0.5mm
扫描速度	5m/s(推荐值)
分层厚度	0.05～0.12mm
机器尺寸(质量)	2000mm×1500mm×2000mm[1500kg(含满缸树脂)]
激光器(波长)	二极管泵浦固体激光器 Nd:YVO4(354.7nm)
激光功率	最低 300mW(60kHz)
制作软件	SmartRP3DP

此外，在桌面级 3D 打印机领域，迅实科技最新推出了 MoonRay 桌面型 DLP 3D 打印机。该设备集成了公司多项先进技术，包括 UV LED 光机系统、光强自动校准、去水纹技术、全自动支撑算法等。以 MoonRay 桌面型 DLP 打印机为基础。在齿科行业，迅实科技开发了一款光固化 3D 打印机——MoonRay-D。针对齿科行业要求，使用新型 RayOne 光机，配合自主研发的软件，提高打印精度，控制打印尺寸的稳定性，使其在牙科生产中，优化产品精度，提高生产效率。在珠宝行业开发了高精度的 DLP 光固化打印机——MoonRay-J（图 3-13），其中，MoonRay-J 的基本参数见表 3-6。

图 3-13　MoonRay-J 3D 打印机

表 3-6　MoonRay-J 3D 打印机主要技术参数

产品接口	USB HDMI	
设备尺寸	380mm×380mm×500mm	
环境要求	遮光无尘	
分辨率	0.1mm	0.075mm
分层厚度	0.02～0.10mm	0.02～0.05mm
成形尺寸	128mm×80mm×200mm	96mm×60mm×200mm
打印速度	12～20s/层	
打印精度	0.02mm	

(6) 台湾 Ackuretta

台湾 Ackuretta Technologies 是一家创建于 2013 年、专注于高精度专业消费级数字光处理和基于激光的立体光固化设备的制造商。

2018 年 1 月份推出的桌面级 3D 打印机 Diplo 是该公司的最新产品。Ackuretta Diplo 成形尺寸为 48mm×48mm×49.5mm，分层厚度为 5～100mm，具有高分辨率、开放式材料平台。它的核心是其先进的投影技术，依靠 Ackuretta 的专利保护的多光反射系统（MORS）提供波长为 105nm 的光源，可以在单一平台上同时打印两个区域，每个区域尺寸均为 140mm×78mm（$x \times y$）。这意味着同原来的桌面 DLP 打印机相比，在相同时间内一台打印机的生产率增加了 1 倍。

Diplo 3D 打印机（图 3-14）可以与平板电脑、手机等便携式设备相连接，也可以使用基于浏览器的控制台进行控制，或直接从系统存储的/USB 加载的文件进行控制。

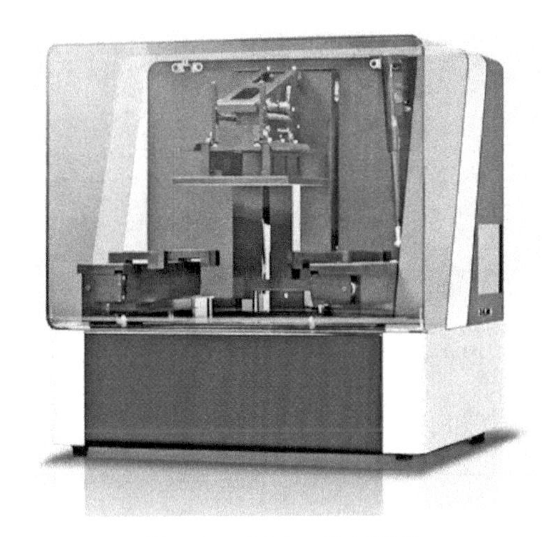
图 3-14　Diplo 3D 打印机

在 3D 打印之前，还可以在内置的 7in 全彩色触摸屏上预览项目，这样可以清楚地划分左侧和右侧的打印区域。通过此界面和基于浏览器的控制面板上的通知，还可以使 3D 打印机易于操作，为不熟悉技术的用户排除故障。

3D 打印的数字设计流程由 Ackuretta Materialize 软件包负责。它可以帮助用户使用预置的材料配置文件，表面修整工具，网格修复和复杂文件的高级切片来准备 3D 打印文件。

(7) 中瑞科技

中瑞科技成立于 2011 年，但早在 1999 年其前身研究团队开发的立体光刻机就采用了二极管泵浦固态激光器。中瑞科技在光固化打印领域拥有近二十年的研发应用经验，拥有多款光固化设备。在 2017 年 12 月份发布的六款新品中，SLA1600D 高铁机车外形 3D 打印系统、SLA550DEx 可交换工作台光固化 3D 打印系统、AMC150 陶瓷 3D 打印机系统三款新产品发布达到国内领先水平。SLA1600D 高铁机车外形 3D 打印系统拥有大幅面、高速度、双激光器、智能拼接四大特点。成形面积达到 1600mm×800mm×(500～800) mm，是目前全球最大的 SLA 工业机，该设备主要应用于高铁模型打印，也可以大量应用于汽车领域等工业设计环节。该设备每台售价 450 万元人民币（约为同类进口设备售价的一半）。

3.5.2 国外光固化 3D 打印装备

(1) 美国 Stratasys

Stratasys 公司成立于 1989 年。Stratasys 公司已在全球安装了大量的原型和直接数字化生产系统，据沃勒斯报告（Wohlers Report 2008）显示，在 2007 年，Stratasys 公司为全球安装的所有增材制造系统提供了 44%，连续六年成为单位市场的领导者。

Stratasys 公司目前最具特色的光固化技术是 PolyJet 技术。PolyJet 3D 打印与喷墨打印类似，但 PolyJet 3D 打印机并非在纸张上喷射墨滴，而是将液体光聚合物层喷射到构建托盘上然后用紫外线将其立即固化。薄层累积成形，直到形成精确的 3D 模型或原型。可直接对 3D 打印机生成的模型进行处理和使用，无需后续固化。3D 打印机还会将特别设计的凝胶类支撑材料与所选的模型材料一起喷射，以支撑悬垂和复杂的几何图形。可用手或用水轻松将其除去。

图 3-15　Connex3 系统 3D 打印机

PolyJet 3D 打印技术可使用多种材料，包括上百种鲜亮颜色的刚性不透明材料、透明和着色的半透明色调材料、橡胶类柔韧材料和专业光聚合物，可用于牙科、医疗和消费产品行业的 3D 打印。应用该技术的 Connex3 系统（图 3-15）是全球首款能够同时以多种颜色和材料进行打印的 3D 打印机。在 Connex3 中可一次加载多种材料，可以打印需要具备各种机械特性、光学特性或热特性的部件，如防滑夹、透明窗或柔性铰链。Connex3 系统内置的 PolyJet 技术支持打印透明性、柔韧性，甚至生物相容性等 100 种材料。其主要技术参数见表 3-7。

表 3-7　Connex3 系统 3D 打印机主要技术参数

成形尺寸	490mm×390mm×200mm
精度	小于 50mm 的模型为 20～85μm，对于全尺寸 200μm
分层厚度	16μm
机器尺寸(质量)	1420mm×1120mm×1130mm(500kg)
喷头数量	8
输入格式	STL、OBJDF、SCL 文件

(2) 美国 UNIZ

UNIZ公司成立于2014年3月，总部位于美国加利福尼亚州，其高速光固化3D打印技术可以实现高精度打印。

目前，在塑料打印领域，曾为阿迪达斯提供量产球鞋3D打印设备的Carbon3D公司在DLP的基础上发明了CLIP技术，相比传统光固化打印速度，在不同精度要求下可将速度提升25～100倍。而毕业于清华大学的UNIZ创始人李厚民发明的液冷光固化打印技术，同样大大提高了传统光固化技术的打印速度。

采取SL技术打印时，必须控制好温度，过热会导致产品难以粘连，失败率飙升。而李厚民的这种液冷面成形技术，首次从能量的角度出发，提出利用冷液系统来解决这个问题，解决打印过程中温度问题的同时，速度得以大幅提升，也未显著影响到打印精度。

目前，该公司的打印机可以达到1000mL/h的成形速度，而精度还可以控制在20～50μm之内。比如，在相同精度下，一般其他3D打印机器需要12h塑造的物品，UNIZ仅耗时7min。其主打产品SLSH光固化3D打印机在Kickstarter成功众筹近400万元，基于专利的液冷LCD光固化技术，对不同的应用行业推出了系列化的3D打印解决方案。

在2018年国际消费类电子产品展览会（CES）上，UNIZ公司又推出一种名为单向剥离（UDP）的新3D打印技术以及五款新型光固化3D打印机（3款桌面机、2款工业机）。UDP技术将传统SL打印过程的剥离时间缩短，并且打印速度达到8300mL/h，这意味着3D打印机可以在5min内制作出6个完整牙科模型。以UNIZ SLASH Online（OL）3D打印机为例（图3-16），这是一款基于液晶屏投影技术且售价低于1000美元的3D打印机。其主要技术参数见表3-8。

图3-16　SLASH Online（OL）3D打印机

表3-8　SLASH Online（OL）3D打印机主要技术参数

成形范围	192mm×120mm×200mm
分辨率	xy 轴 140μm
成形速度	1000mL/h
分层厚度	10μm,25μm,50μm,75μm,100μm,150μm,200μm,300μm
机器尺寸(质量)	350mm×400mm×530mm(12kg)
切片文件格式	STL,OBJ,AMF,3MF,UNIZ
连接	USB,Wifi,Ethernet

(3) 法国 Prodways

Prodways公司位于法国北部最大的城市里尔（Lille）。20世纪90年代，Allanic博士申请了 UV 光固化技术（UV photopolymerization）专利。在 2008 年，他又发明了移动数字光处理技术（Moving Light Technology），并基于此推出了 DLP 3D 打印机：L-series 和 V-series。

与其他 DLP 设备不同的是，法国 Prodways 使用了一种移动数字光处理器，通过 45°反射镜使得所有反射下来的 UV 光能够垂直打在平面上，利用 3cm×6cm 的小方块在平台上垂直 90°扫描。每一个小方块都实现了同等能量、同等波长、同等精度的打印，从而得到高速、高精度、更匀称的产品。这样的打印方式也实现了大尺寸的打印（500mm×500mm×500mm），层厚范围 25～150μm。目前为数不多能够实现批量化 3D 打印生产公司拥有 Moving Light 技术。如果同时打印 100 个齿科模型，在抽检过程中，Moving Light 技术能够在保证高速度打印的前提下确保每一个模型都达到生产标准和检验标准。

图 3-17　ProMaker L7000 D 3D 打印机

ProMaker L7000 D 3D 打印机（图 3-17）设计用于要求大批量生产、对细节要求较高的行业，具有行业领先的速度、精度和可靠性。L7000 D 具有花岗岩构建平台，通过减少对支撑结构的需求，提高了稳定性并提高了生产力。ProMaker L7000 D 工业 3D 打印机具有两个 UVDLP® 头，每个都使用经济型 LED 光源。其主要技术参数见表 3-9。

表 3-9　ProMaker L7000 D 3D 打印机主要技术参数

成形范围	800mm×330mm×200mm
DLP 分辨率	1920pixel×1080pixel
液槽容积	125L
成形速度	2.5kg/h
分层厚度	25～150μm
机器尺寸(质量)	2285mm×1266mm×2230mm(2000kg)
切片文件格式	STL,OBJ,AMF,3MF,UNIZ
成形台	花岗岩

(4) 韩国 Carima

Carima 公司成立于 1983 年，是一家生产光学设备生产商。2009 年开始制造工业级 3D 打印机，迄今为止，该公司提供的系列产品包括用于办公室的 DP110E（构建尺寸为 110mm×82mm×190mm）以及用于工业级 3D 打印的 EV 机型，如 Master EV（构建尺寸 200mm×112mm×200mm）。在 2018 年国际消费展上，该公司正式发布了自己的快速高精度 3D 打印技术 C-CAT。C-CAT 能够以 60cm/h 的打印速度实现 5μm 的打印层厚，而且表面更加光滑。相比之下，其他 DLP 机器每小时只能打 2～3cm。这种生产速度比 Carbon

2016 年推出的 CLIP 技术都快了 30%。

该公司目前推出的光固化设备主要有面向工业级应用的 DM 系列，桌面级 IM、DS 系列。IM-96 3D 打印机（图 3-18）主要技术参数见表 3-10。

图 3-18　IM-96 3D 打印机

表 3-10　IM-96 3D 打印机主要技术参数

成形范围	96mm×54mm×130mm
DLP 分辨率	1920pixel×1080pixel
打印精度	25μm，50μm，75μm，100μm
分层厚度	25～150μm
机器尺寸(质量)	310mm×320mm×650mm(22kg)
输入文件格式	STL，OBJ，3DS，AMF
成形台	花岗岩

(5) 美国 Carbon

美国 Carbon 公司创建于 2013 年，公司的工作涉及光固化 3D 打印硬件、软件和材料科学。目前该公司特有的技术是连续液面生产技术，CLIP 是一种光化学过程，通过利用光线和氧气快速从树脂池中产生物体，消除了传统 3D 打印的缺点。从网球鞋和电子产品等日常用品到工业零部件，再到高度可定制的医疗设备，CLIP 技术可以用于广泛的零件和产品制造过程。

M1 3D 打印机（图 3-19）是第一台采用 Carbon CLIP 技术的打印机，可提供具有卓越表面质量和分辨率的无层次、高分辨率的最终用途部件。M1 的成形尺寸为 141mm×79mm×326mm，分辨率为 75μm 像素，非常适合功能样机和小批量生产。

图 3-19　M1 3D 打印机

3.6 光固化成形技术的应用

3D打印技术在许多领域都得到了广泛的应用，对于研究最早、技术最成熟的光固化技术来说，在许多行业更是大放光彩。光固化成形技术特别适合于新产品的开发、不规则或复杂形状零件制造（如具有复杂形面的飞行器模型和风洞模型）、大型零件的制造、模具设计与制造、产品设计的外观评估和装配检验、快速反求与复制，也适用于难加工材料的制造（如利用SL技术制备碳化硅复合材料构件等）。这项技术不仅在制造业具有广泛的应用，而且在材料科学与工程、医学、文化艺术等领域也有广阔的应用前景。

SL 3D打印有打印形状广泛、成形速度快、精度高的特点，应用的领域几乎包括了制造领域的各个行业，在医疗、人体工程、文物保护等行业也得到了越来越广泛的应用。

目前主要是应用于新产品开发的设计验证和模拟样品的试制上，即完成从产品的概念设计→造型设计→结构设计→基本功能评估→模拟样件试制这段开发过程。对某些以塑料结构为主的产品还可以进行小批量试制，或进行一些物理方面的功能测试、装配验证、实际外观效果审视，甚至将产品小批量组装先行投放市场，达到投石问路的目的。

光固化成形技术的主要应用行业的应用状况如下：

3.6.1 航空航天[1]

模型可直接用于风洞试验，进行可制造性、可装配性检验。航空航天零件往往是在有限空间内运行的复杂系统，在采用光固化成形技术以后，不但可以基于光固化原型技术进行装配干涉检查，还可以进行可制造性讨论评估，确定最佳的合理制造工艺。通过快速熔模铸造、快速翻砂铸造等辅助技术进行特殊复杂零件（如涡轮、叶片、叶轮等）的单件、小批量生产，并进行发动机等部件的试制和试验。

航空领域中发动机上许多零件都是经过精密铸造来制造的，对于高精度的木模制作，传统工艺成本极高且制作时间也很长。采用SL工艺可以直接由CAD数字模型制作熔模铸造的母模，时间和成本可以得到显著的降低。数小时之内，就可以由CAD数字模型得到成本较低、结构又十分复杂的用于熔模铸造的SL快速原型母模。

利用光固化成形技术可以制作出多种弹体外壳，装上传感器后便可直接进行风洞试验。通过这样的方法避免了制作复杂曲面模的成本和时间，从而可以更快地从多种设计方案中筛选出最优的整流方案，在整个开发过程中大大缩短了验证周期和开发成本。此外，利用光固化成形技术制作的导弹全尺寸模型，在模型表面进行相应喷涂后，清晰展示了导弹外观、结构和战斗原理，其展示和讲解效果远远超出了单纯的电脑图纸模拟方式，可在未正式量产之前对其可制造性和可装配性进行检验。

3.6.2 汽车

现代汽车生产的特点就是产品的多型号、短周期。为了满足不同的生产需求，就需要不断地改型。虽然现代计算机模拟技术不断完善，可以完成各种动力、强度、刚度分析，但研究开发中仍需要做成实物以验证其外观形象、工装可安装性和可拆卸性。对于形状、结构十分复杂的零件，可以用光固化成形技术制作零件原型，以验证设计人员的设计思想，并利用零件原型做功能性和装配性检验。光固化快速成形技术还可在发动机的试验研究中用于流动分析。流动分析技术是用来在复杂零件内确定液体或气体的流动模式。将透明的模型安装在一简单的试验台上，中间循环某种液体，在液体内加一些细小粒子或细气泡，以显示液体在流道内的流动情况。该技术已成功地用于发动机冷却系统（气缸盖、机体水箱）、进排气管等的研究。问题的关键是透明模型的制造，用传统方法时间长、花费大且不精确，而用 SL 技术结合 CAD 造型仅仅需要 4～5 周的时间，且花费只为之前的 1/3，制作出的透明模型能完全符合机体水箱和气缸盖的 CAD 数据要求，模型的表面质量也能满足要求。

光固化成形技术在汽车行业除了上述用途外，还可以与逆向工程技术、快速模具制造技术相结合，用于汽车车身设计、前后保险杠总成试制、内饰门板等结构样件/功能样件试制、赛车零件制作等。

3.6.3 牙科

数字牙科是指借助计算机技术和数字设备辅助诊断、设计、治疗、信息追溯。

口腔修复体的设计与制作目前在临床上仍以手工为主，设计效率低。数字化的技术不仅解决了手工作业烦琐的程序，更消除了手工建模精确度及效率低下的瓶颈。

通过三维扫描、CAD/CAM 设计，牙科实验室可以准确、快速、高效地设计牙冠、牙桥、石膏模型和种植导板、矫正器等，将设计的数据通过 3D 打印技术直接制造出可铸造树脂模型，实现整个过程的数字化，3D 打印技术的应用，进一步简化了制造环节的工序，大大缩短了口腔修复的周期。

3.6.4 消费产品（珠宝）

传统工艺中，首饰工匠参照设计图纸手工雕刻出蜡版，再利用失蜡浇铸的方法倒出金属版，并利用金属版压制胶膜并批量生产蜡模，最后使用蜡模进行浇铸，得到首饰的毛坯。制作高质量的金属版是首饰制作工艺中最为关键的工序，而传统方式雕刻蜡版制作银版将完全依赖工匠的水平，并且修改设计也相当烦琐。

采用 3D 打印技术替代传统工艺制作蜡模的工序，将完全改变这一现状，3D 打印技术不仅使设计及生产变得更为高效便捷，更重要的是数字化的制造过程使得制造环节不再成为限制设计师发挥创意的瓶颈。

DLP 技术已经广泛应用于珠宝首饰行业，珠宝首饰行业制造主要集中于广州番禺与深圳水贝，蜡模制造大多数都是使用喷蜡方式，由于国外进口设备及材料价格昂贵，故障率高，大大限制了3D打印技术在该领域的应用。大族激光睿逸系列3D打印设备很好地填补了这一空白，可为客户提供全套的3D蜡型制作方案，可用于蜡模的批量生产。

3.6.5 手板

手板是指产品在定型前少量制造的用来检查外观或结构合理性的功能样板，其制作要求快速、精确。3D打印以其快速生产个性化模型的特点与手板制作不谋而合。目前，手板是光固化3D技术应用最成熟的行业之一。

3.6.6 生物医疗

光固化快速成形技术为不能制作或难以用传统方法制作的人体器官模型提供了一种新的方法，基于CT图像的光固化成形技术是应用于假体制作、复杂外科手术的规划、口腔颌面修复的有效方法。目前在生命科学研究的前沿领域出现的一门新的交叉学科——组织工程是光固化成形技术非常有前景的一个应用领域。基于SL技术可以制作具有生物活性的人工骨支架，该支架具有很好的机械性能和与细胞的生物相容性，且有利于成骨细胞的黏附和生长。用SL技术制作的组织工程支架，在该支架中植入老鼠的预成骨细胞，细胞的植入和黏附效果都很好。此外，将光固化快速成形技术和冷冻干燥技术相结合，能够制造出包含多种复杂微结构的肝组织工程支架，该支架系统可保证多种肝脏细胞的有序分布，可为组织工程肝脏支架材料微观结构的模拟提供参考。

在工业制造、配饰装饰品、家具装潢、房地产等众多领域都将迎来大规模3D打印技术应用场景，SL技术无疑会成为3D打印众多技术中精度、品质与成本不错的选择。

SL技术是一种新型成形方法，虽然问世不久，但已广泛应用于国民经济的许多领域，给许多行业带来了巨大的经济效益。特别是随着科技不断进步，要求制品生产周期越来越短，这为光固化快速成形的生产与发展带来一个绝好机遇。且光固化体系是绿色新技术，符合国家环保政策，将为模具、塑料等行业带来丰厚回报，其自身也将获得更大的发展。目前SL技术在欧美、日本等发达国家和地区应用较为广泛。我国仅一些高等院校及有关厂家在吸收消化国外技术的基础上开发出了光固化快速成形机，但不管是在质量及数量上，还是在应用领域方面，与国外相比都还有较大的差距。只有不断推广SL技术，加以不断完善，才能在该领域赶上并超过发达国家。

参考文献

[1] 王广春，袁圆，刘东旭.光固化快速成形技术的应用及其进展.航空技术，2011，6：26-29.

[2] 王广春，赵国群.快速成形与快速模具制造技术及其应用.北京：机械工业出版社，2004：10-23.

[3] Wu Chenming，Liu Yong jin，He Ying，Wang Charlie C L. Delta 3D printer with large size//IEEE/

RSJ International Conference on Intelligent Robots & Systems. 2016：2155-2160.
[4] 方浩博，陈继民. 基于数字光处理技术的3D打印技术. 北京工业大学学报，2015，41（12）：1775-1782.
[5] Wohlers Report. 2016：10-60.
[6] Tumbleston J R，Shirvanyants D，Ermoshkin N，et al. Additive manufacturing. Continuous liquid interface production of 3D objects. Science，2015，347（6228）：1349.
[7] 杨小娟，余冬梅，张建斌. 3D打印技术的最新进展. 金属世界，2015，3：22-25.
[8] 林宣成，刘华刚. 连续液面成形3D打印技术及建筑模型制作. 光学学报，2016，36（8）：217-220.
[9] 李振，李云波，等. 光敏树脂和光固化3D打印技术的发展及应用. 理化检验-物理分册，2016，50（10）：686-689.
[10] 马凤国，谢彪，王小腾，等. 光固化3D打印材料. 丝网印刷，2014，10：37-39.
[11] 周伟召，李涤尘，陈张伟，卢秉恒. 陶瓷浆料光固化快速成形特性研究及其工程应用. 航空制造技术，2010，8：36-42.
[12] 李志朝，连芩，贾书海，吕毅，李涤尘. 喷墨打印光固化水凝胶工艺研究. 电加工与模具，2015，5：38-42.

第 4 章
材料挤出 3D 打印技术

材料挤出（material extrusion）3D打印技术是一种将材料从喷嘴挤出并选择性沉积的增材制造过程[1]。材料挤出技术是出现较早并且是目前应用最为广泛的3D打印技术[2]。据分析，2018年全球以FDM为代表的材料挤出技术占平台总收入的63.9%[3]。材料挤出3D打印技术具有许多无法比拟的优点：

① 打印成本低　设备造价低并且维护费用也低；对打印环境要求不高，无粉尘、噪声等污染，无须专用场地；成形材料要求比较低，原料相对低廉。

② 适用材料体系多　材料挤出技术不仅适用于ABS、PC、PLA等高分子材料，也适用于无机非金属材料（陶瓷、水泥、玻璃等）、金属材料、生物材料、食品以及以上材料组成的复合材料。

③ 操作简单方便　材料挤出技术原理简单，打印过程易于操作，并且通过采用水溶性支撑材料等方法，使得后处理工序简单。

④ 用途广泛　材料挤出技术已广泛应用于文创、教育教学、工业设计、汽车制造、生物医疗、建筑、食品加工等各个领域。

由于适用材料体系多，材料挤出的实现方式多，所以材料挤出3D打印工艺多种多样。其中，代表性工艺是熔融沉积成形（fused deposition modeling，FDM），于1989年被美国学者、3D打印巨头Stratasys创始人Scott Crump发明。Scott Crump创立的Stratasys公司，于1992年推出了世界上第一台基于FDM技术的3D打印机——3D Modeler，这也标志着以FDM为代表的材料挤出3D打印技术步入商用阶段。

4.1 材料挤出成形原理

材料挤出技术的成形原理是将半流态化的打印材料通过打印头挤出后固化，最后在立体空间上排列形成立体实物。其整个过程［图4-1(a)］与其他3D打印技术基本相同，不同的是材料的叠加方式。

具体打印过程为：经过加热熔融或者材料配制成的具有一定流动性的半流态化材料在挤压头中通过挤压从微细喷嘴中挤出来。喷嘴沿零件的每一截面的轮廓准确运动，将半流动的材料沉积固化成精确的实际部件薄层，覆盖于已建造的零件之上，并在很短时间（与打印材料的凝固硬化机制有关，FDM工艺约1/10s）内迅速凝固，和前一层材料黏合在一起。每

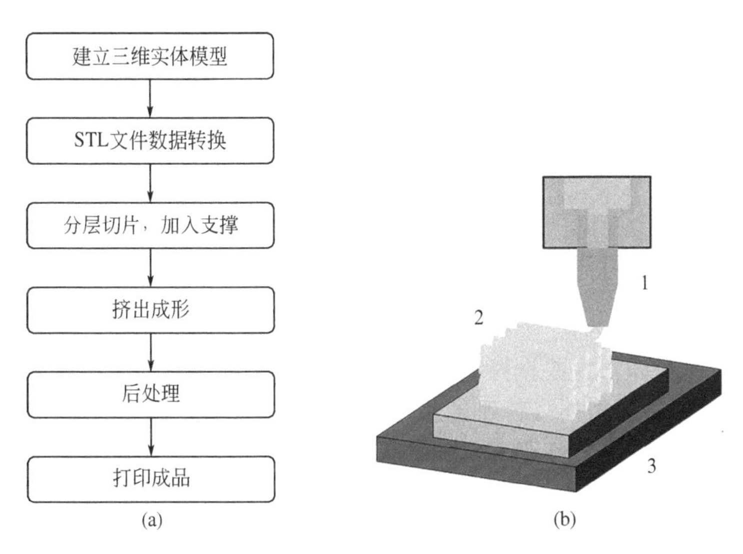

图 4-1　材料挤出 3D 打印过程（a）与材料挤出打印示意图（b）

1—喷嘴；2—沉积材料；3—可以多方向移动的平台

完成一层成形，工作台将按预设值下降一个高度或者喷头提升一个高度，再进行下一层截面的喷丝固化，如此反复逐层沉积，由底到顶地堆积成一个实体模型或零件。根据不同材料类型，打印完成的实体进行表面处理、热处理等后处理工艺，最后形成打印成品［图 4-1（b)］。FDM 工艺（图 4-2）为此类工艺的典型代表。

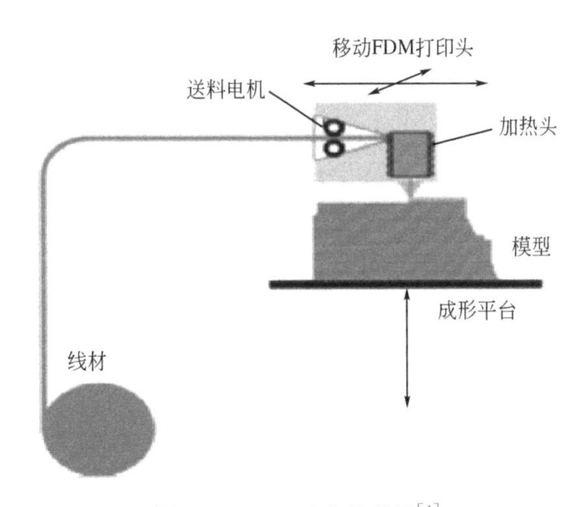

图 4-2　FDM 工艺示意图[4]

4.2 材料挤出3D打印工艺

4.2.1 材料挤出3D打印工艺分类

因为适用材料体系多，高分子材料、无机非金属材料、金属材料、复合材料等都可以通过挤出技术实现三维打印。这些材料物化性能各不相同，应用方向也有区别，所以材料挤出3D打印工艺也相应很多。根据材料固化方式或力学性能产生方式分为两大类：

① 热挤出成形[5] 这类打印工艺需要借助热能使得原材料熔融从而具有流动性。熔体从喷嘴挤出后，由于温度降低，黏度变大，最终实现固化成形。这类3D打印工艺以FDM工艺为代表，还包括熔丝制造（fused filament fabrication，FFF）、熔融堆积成形（melted extrude manufacturing，MEM）等工艺。该类工艺主要打印常温下为固态、加热可以具有一定流动性的材料，如塑料、蜡等高分子材料，金属材料，玻璃材料，复合材料以及巧克力等食品。打印原材料可以为线材，也可以为块体和颗粒物等。打印机加热装置的加热温度根据各种材料的熔点或者软化点不同，从几十摄氏度到上千摄氏度。该加热温度不仅要能保证原材料能够软化，还要具有一定的流动性和黏度，从而确保熔融材料能从喷嘴挤出成丝且不断裂。丝材挤出并且在预定位置沉积后，温度快速降低而实现固化成形。固化时间与材料自身特性以及打印环境温度等相关。

② 常温挤出成形 采用此类方式成形的材料，其固化不是由于温度变化，而是基于化学反应、干燥脱水等方式实现。该类工艺主要打印常温下具有一定流动性的膏体材料或浆体材料，如水泥混凝土材料、陶泥、黏土、石膏材料、生物水泥、含能材料、奶油、凝胶材料等。原则上，能够配制成具有一定流动性和黏度的半流体，并且在成形后能够快速产生力学性能的材料都可以应用此类成形方式。根据各种材料化学反应速率、脱水速率等不同，其固化速率也不同，但一般比热挤压成形方式要慢很多。这里还有一种较为特殊的成形方式，就是挤压冷冻成形（freeze-form extrusion fabrication，FEF）[6~10]。为了确保浆料挤出后快速固化，通过低温冷冻方法使得浆料中水凝结成冰实现固化。

工艺类型也可以根据材料挤出方式（图4-3）分为：活塞式材料挤出工艺、螺杆式材料挤出工艺、气动式材料挤出工艺[11]。

(1) 活塞式材料挤出工艺

活塞式材料挤出工艺是以固态物体作为活塞，通过活塞在腔体中的推进，将流态材料经由喷嘴挤出（图4-4）[12]。活塞式挤出方式最早出现，具有结构简单、能有效地减小挤出机构重量、更好采取隔热措施等特点[13]。活塞式挤出方式也是应用最广泛的材料挤出工艺，其中，FDM一般视作其特殊形式。挤出过程中，未熔融的丝材就起到活塞的作用，通过送丝齿轮的不断传动从而将熔融物料不断挤出。也有研究者[14] 将FDM工艺作为一种独立的

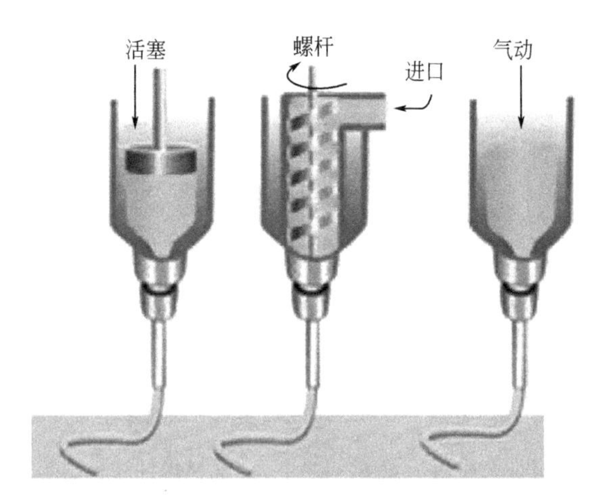

图 4-3　按材料挤出方式分类示意图[11]（见彩图）

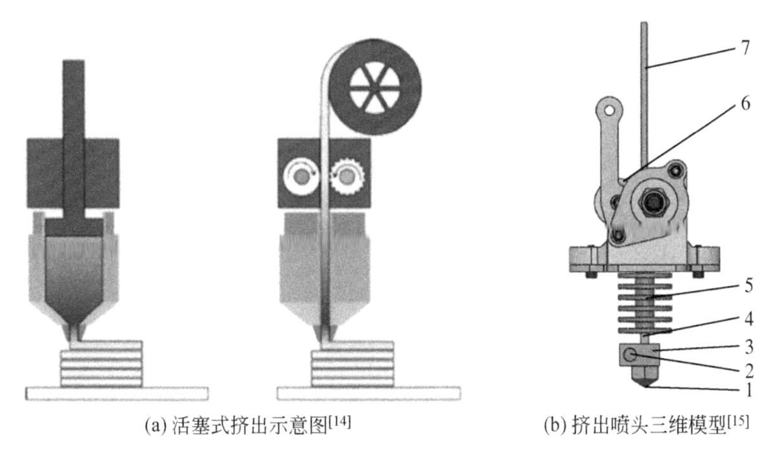

(a) 活塞式挤出示意图[14]　　(b) 挤出喷头三维模型[15]

图 4-4　活塞式材料挤出工艺

1—喷嘴；2—加热棒；3—加热铝块；4—喉管；5—散热片；6—送丝齿轮；7—丝材

物料挤出方式。

以 FDM 工艺为例，活塞式挤出方式也有许多缺点：一是打印材料为高聚物，在熔融状态下具有很强的黏性，部分丝材会在加热腔的流道内残留累积，容易造成挤出机构的堵塞；二是固态丝材在加热过程中发生熔融膨胀，步进电机停止转动后，在熔融丝材产生的体积膨胀力和自身的重力作用下，熔融的丝材仍旧会从喷嘴挤出，发生流涎现象，最终导致工件的打印精度降低。

(2) 螺杆式材料挤出工艺

螺杆式材料挤出工艺是由螺杆旋转产生的驱动力将半流态物料从喷头挤出（图 4-5）。螺杆式挤出方式的优点是喷头出丝稳定，能够加快挤出速率，可以挤出高黏度的材料[16]。但是其结构相对复杂，制造成本高。此类挤出方式，不仅适用于膏体材料，也常用于线材和颗粒类材料的挤出成形。

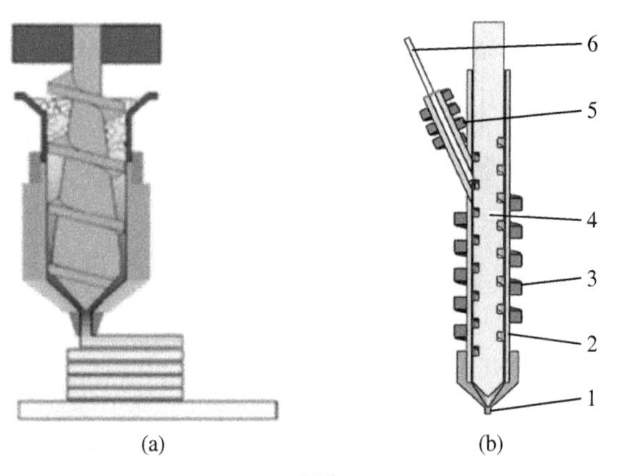

图 4-5　颗粒料螺杆式挤出示意图（a）[14] 和线材螺杆式挤出示意图（b）[15]

1—喷嘴；2—机筒；3—加热器；4—挤出螺杆；5—加热器；6—丝材

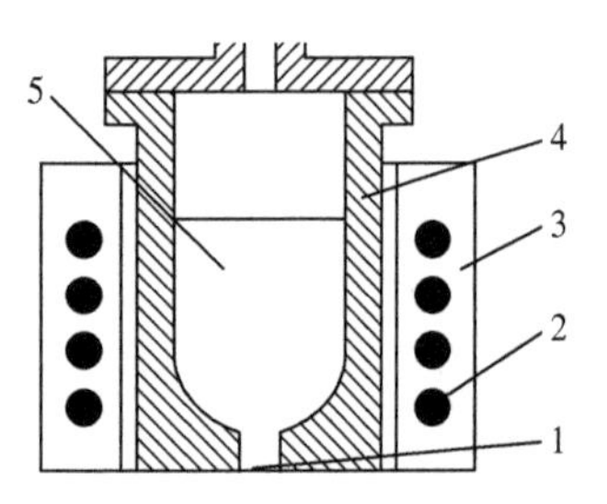

图 4-6　气动挤出模型[15]

1—喷嘴；2—加热棒；3—加热腔；4—坩埚；5—熔融液体

(3) 气动式材料挤出工艺

气动式材料挤出工艺的工作原理为电磁阀控制气体通入机筒内，将机筒内的膏体材料或已熔融的熔体材料从喷嘴处挤出。相较于活塞式挤出喷头和螺杆式挤出喷头，气动式挤出喷头（图 4-6）的结构相对简单，打印速度快，能够挤出高熔点的金属液，拓宽了成形材料的适用范围。但是，该工艺需要很多辅助设备，增加了打印机的整体成本，并且挤出的丝材尺寸不稳定。

除了以上三种常见材料挤出方式外，滑片泵式挤出机构（图 4-7）也有在 3D 打印中应用。

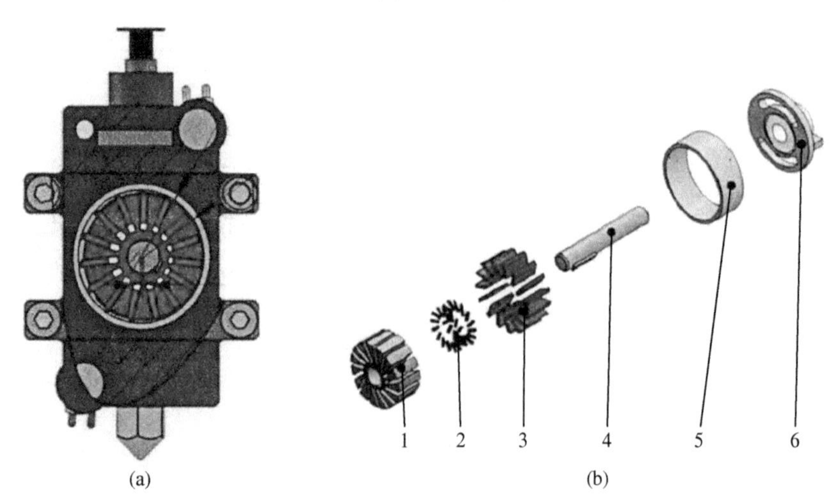

图 4-7　滑片泵式挤出示意图（a）和爆炸视图（b）[17]

1—转子；2—弹簧；3—叶片；4—传动轴；5—定子圈；6—配流盘

滑片式挤出机通过传动轴带动转子，转子带动叶片实现叶轮转动，转子偏心放置在泵体腔内存在正负压差从而实现自吸。叶片通过弹簧与转子连接，实现复位，转子使叶片顶端时刻与定子圈接触，通过叶片带动流体，实现传输，同时稳定流速流量[17]。滑片式自吸泵具备很多优点，其结构较为紧凑，整体外形尺寸较小，且运转平稳、脉动及噪声较小，工作时流量较为均匀，效率较高。但是，结构更复杂，制造成本高。

4.2.2 材料挤出3D打印工艺研究

(1) 支撑

3D打印过程中，每一个层片都是在上一层上堆积而成，上一层对当前层起到定位和支撑的作用。如果当前打印的截面大于对其起支撑作用的截面，而且上层截面没有合理的支撑结构，模型悬空部分就会出现塌陷或变形，影响打印过程以及模型的精度。这就需要设计支撑，以保证成形过程的顺利实现。材料挤出工艺支撑主要有基础支撑、突出部分支撑和悬挂支撑等，主要的支撑形式有斜支撑、直支撑和十字支撑等[18]。

支撑可以用同一种材料建造，也可采用不同材料建造。对于FDM工艺，现在一般都采用双喷头独立加热：一个用来挤出成形材料制造零件，另一个用来挤出支撑材料做支撑结构（图4-8）。一般来说，成形材料丝精细而且成本较高，打印速度慢，而支撑材料丝较粗且成本较低，打印速度也较高。双喷头的优点除了提高打印速度和降低打印成本外，还可以灵活地选择具有特殊性能的支撑材料，以便于后处理过程中支撑材料的去除。对支撑材料的要求是能够承受一定的高温，与原型材料不浸润，具有水溶性或者酸溶性，具有较低的熔融温度，流动性好等。目前有两种类型的支撑材料，即水溶性（water works，WW）类和易剥离性（break away support structure，BASS）类。利用材料特性的差别，在完成成形工作

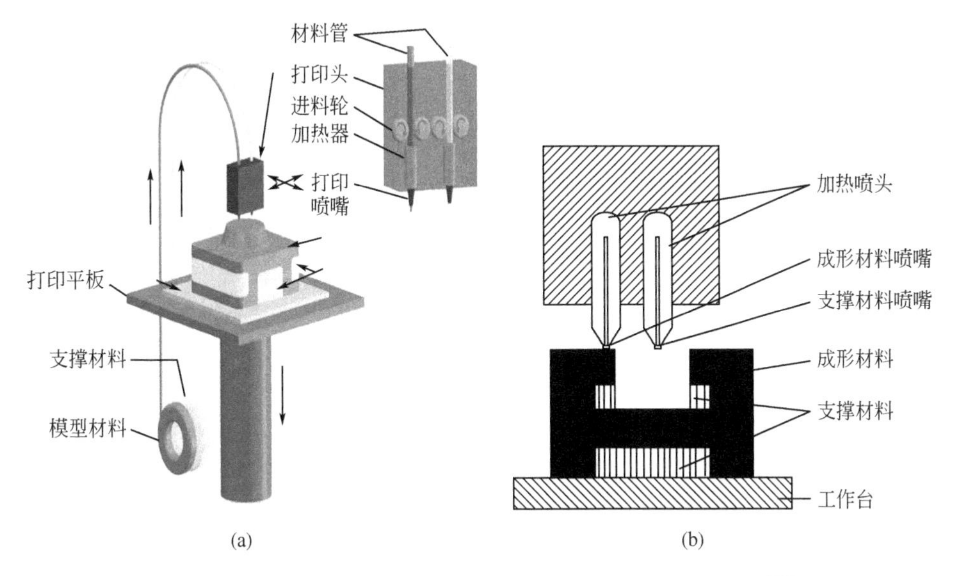

图4-8 双喷头FDM成形装置（a）和双喷头打印原理（b）[19]

后可以采用相应的方法去除支撑。如支撑部分选用水溶性材料，模型部分选用非水溶性材料，将成形后的制件放入水中或某种液体中，支撑材料溶解后，便可得到最终的原型件；或者支撑部分选用低熔点材料，模型部分选用高熔点材料，成形后可在低熔点材料的熔点温度下进行加热，使支撑材料熔化去除，从而得到最终的制品。相比于其他剥离方法，水溶性支撑因为可以不用考虑机械式的移除，可以分解于碱性水溶剂中，保证了原型的细节完整性，因而用得更广泛。虽然现在的支撑材料去除容易，但是完全去除是不可能的，会在一定程度影响制品纯度。此外，支撑材料也相应地提高了打印成本。

(2) 打印速度与精度

打印速度与精度是制约包括材料挤出技术在内的所有 3D 打印成形工艺的两个重要因素，并且这两个因素呈反比关系。成形过程的各个环节都会对成形精度和速度产生影响，材料挤出技术成形精度影响因素如图 4-9。

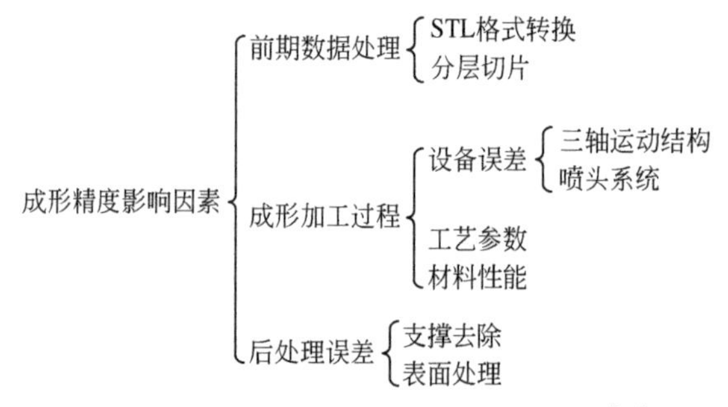

图 4-9　材料挤出技术成形精度影响因素[20]

① 分层切片　影响制品精度最主要的两个参数为分层厚度和切片分层方向。分层厚度大，会产生明显的台阶效应（图 4-10）。但是如果减小分层厚度，加工效率就会降低。通过适应性分层方法，根据模型轮廓参考曲线上的曲率变化情况确定分层厚度，能有效减小台阶效应带来的误差，在保证成形精度的前提下极大地减小成形时间。分层切片的方向将会影响制件的成形精度和成形效率，以及成形时所需要的支撑的多少。在确定切片方向时，应该重点照顾到成形件的用途。如果是用于外观评价，应重点考虑如何保证制件的表面精度。如果是用于装配和测试，应重点保证特定结构的加工精度。根据实际成形加工经验，成形面的摆放原则一般为：上表面优于下表面，水平面优于垂直面，垂直面优于斜面。

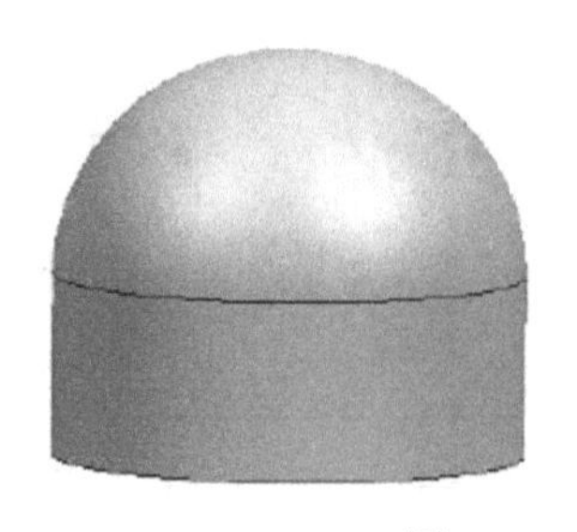

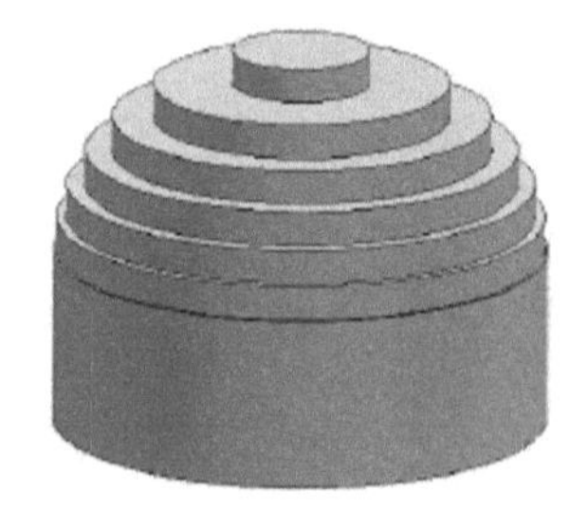

图 4-10　台阶效应

② 喷头系统　喷头是材料挤出成形系统的重要组成部分，影响整个打印过程，决定着制件最后的精度。对此，采用压电式挤出喷头（图 4-11）、螺杆式双喷头等方式可以实现相对稳定地送丝和材料挤出，提高成形精度和速度。另外，喷嘴直径决定着挤出细丝的形状和尺寸。大尺寸喷嘴可以使得材料流动得更快，但是会导致打印件的精度降低。一般地，挤出成形技术更适合构建壁厚大于喷嘴直径两倍的大型构件[21]。

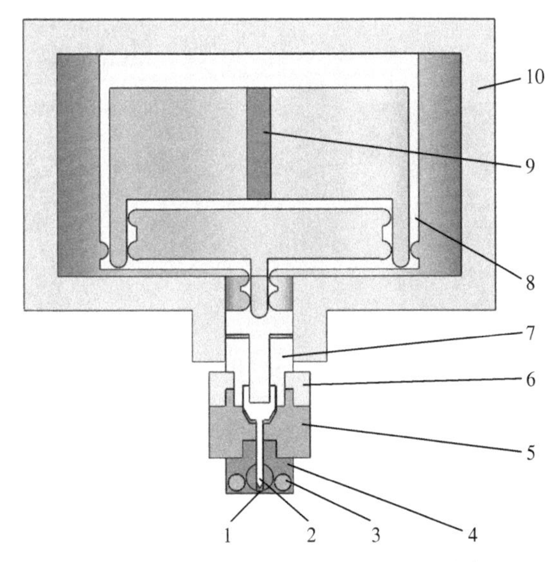

图 4-11　压电式喷头二维模型简图[16]

1—喷嘴；2—挤出撞针；3—加热棒；4—保温腔；5—挤出通道；
6—绝热环；7—连接管；8—柔性铰链放大机构；9—压电陶瓷；10—罩壳

③ 工艺参数　对成形精度有重要影响的工艺参数有层厚、喷嘴和打印平台的温度、填充模式和密度[22]、挤出速度[23] 等。此外，环境温度、空走速度、成形方向、支撑技术等因素的作用同样不可忽视。对于 FDM 工艺[24]，关键是保持半流动成形材料的温度刚好在熔点之上，温度过高易导致出丝不均匀甚至断丝[25]。

④ 材料性能　对于成形材料，其熔融温度、黏度、收缩率和黏结性等都会对制品精度产生重要影响。

(3) 彩色打印

能否实现彩色打印是 3D 打印技术在设计、艺术等领域广泛应用的重要因素。目前，除了石膏材料 3DP 打印工艺、树脂 PolyJet 喷射打印工艺等少数工艺和材料能够实现制品彩色打印外，材料挤出工艺也能实现塑料的彩色打印，并且由于其较低的成本，越来越受到重视。

目前，材料挤出工艺实现彩色打印的途径主要有以下几种[26]：

① 单挤出机单喷头打印，打印过程中暂停，换其他颜色材料续打。

② 通过测量不同长度和颜色的耗材并把它们熔接在一起，形成彩色的耗材，利用单喷头打印。

③ 双喷头或多喷头混色打印。通过控制各个喷头的材料挤出，实现多色材料打印。该工艺虽然只能实现多种材料的简单混色打印，但却可以完成多材料一体化打印（图 4-12）。并且

可以提高打印速率，能够直接得到最终产品，免去组装过程，是真正意义上的一步到位。

④ 螺杆式单挤出机单喷头打印（图 4-13）。挤出机有多个加料口，通过控制几种不同颜色耗材的进料比例，混合出预期的材料颜色并打印。

图 4-12 一体成形的轮胎模型［轮毂部分为丙烯腈-丁二烯-苯乙烯塑料（ABS）硬质材料，轮胎部分为橡胶材料］

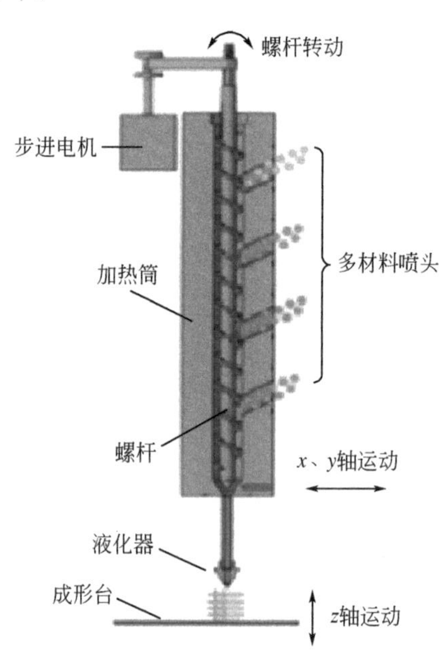

图 4-13 单挤出机单喷头彩色3D打印示意图[27]

⑤ 多个挤出机单个喷头打印（图 4-14）。主要通过控制不同颜色材料的挤出时机来进行混色打印。

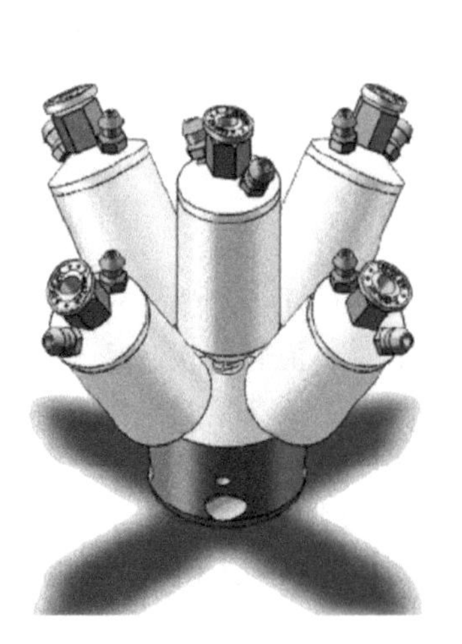

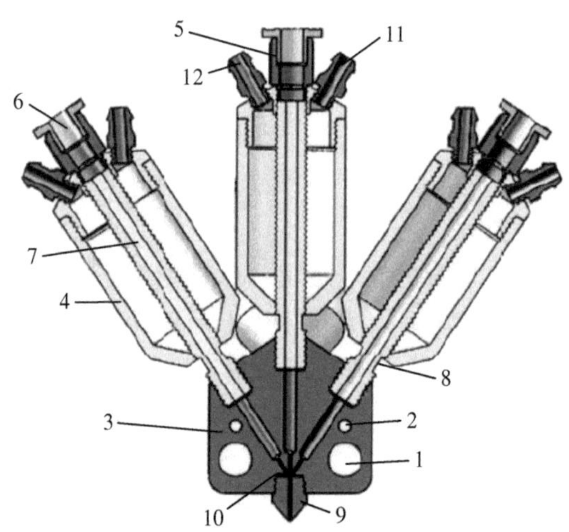

图 4-14 多挤出机单喷头彩色 3D 打印机挤出装置图[28]

1—加热装置；2—测温装置；3—壳体；4—冷却循环水储水罐；5—快速接头；6—进料管；7—输料管；8—喉管；9—可拆卸喷嘴；10—混合腔；11—进水管；12—出水管

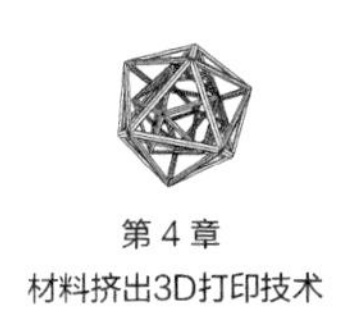

FDM打印彩色制品见图4-15。

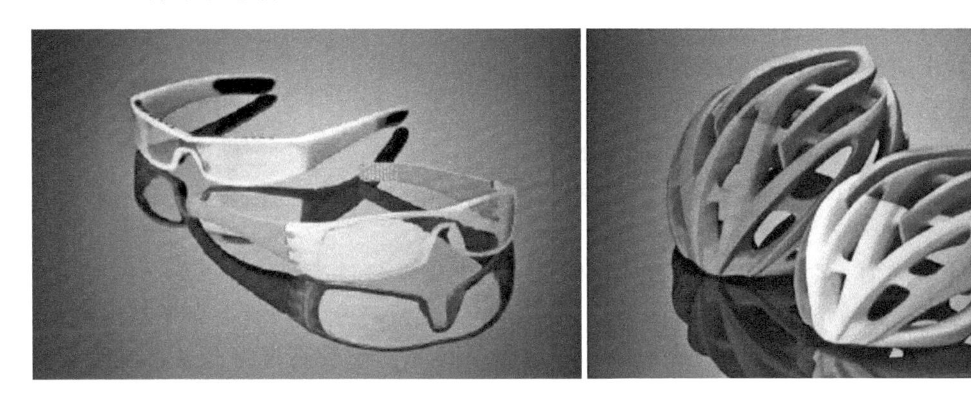

图4-15　FDM打印彩色制品（见彩图）

(4) 打印缺陷（图4-16）

材料挤出打印过程影响因素较多，例如，材料挤出量不足就会造成边缘与填充有缝隙的问题；挤出量过多就会导致边缘溢出。制品除了表面易出现较明显的缺陷，力学性能也呈现各向异性，与截面垂直的方向强度较小。

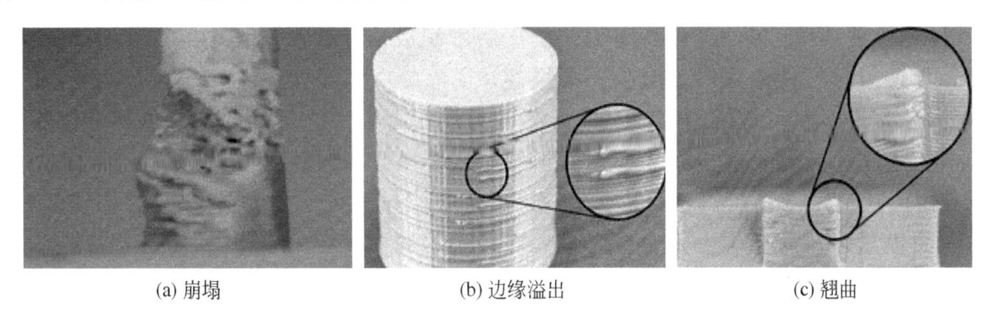

(a) 崩塌　　(b) 边缘溢出　　(c) 翘曲

图4-16　材料挤出打印零件常见的缺陷

4.3 材料挤出3D打印材料

材料挤出技术适应材料体系最多，高分子材料、无机非金属材料、金属材料以及复合材料皆可采用该种工艺成形。所采用的材料状态也各种各样，线材、颗粒料、膏体等都可适用。要实现快速、精确构建三维实体，要求材料挤出过程[29]：

① 材料能够在恒温下连续稳定地挤出；

② 材料挤出应该具有良好的开关响应特性以保证成形精度；

③ 材料挤出应该有足够的速度以保证成形速度。

以上工艺要求对材料提出了以下性能要求[30]：

① 材料黏度　适宜的熔融材料黏度，赋予材料较好的加工流动性，有助于顺利挤出成形。

② 材料的熔融加工温度　对于FDM打印工艺，在保证材料达到最终成形产品使用所要求的一定的耐热性的情况下，较低的熔融温度，可以使材料在较低的温度下挤出成形，提高了挤出喷头和整个机械装备的使用寿命，减少了材料由于较高挤出温度而导致的本身部分小分子的分解挥发，减少了有害物质的产生；同时，较低的熔融温度能够减少材料挤出成形前后温度的差异，有利于减少由于冷却收缩而产生的热应力积累，从而减少制品的缺陷。

③ 材料机械性能　对于FDM工艺，材料是以稳定丝径（1.5mm/3.0mm）的方式进料，从而要求进料丝具备一定的拉伸强度、弯曲强度以及韧性，避免料丝在成形过程中出现断丝现象。

④ 材料的黏结性　由于3D打印工艺是逐层堆积成形，层层材料之间需要具有一定的黏结性能，保证成形零件的强度，减少裂断层现象。

⑤ 材料的收缩率　材料的收缩对成形零件的精度有极大的影响。制品材料和支撑材料，原则上收缩率越小越好，减少制品翘曲变形和熔接不良现象发生。

⑥ 材料的模量　熔融材料挤出成形后，较高的模量保证了材料在打印层数较低时就有较好的弯曲模量，从而减少由于热应力过大而产生的翘曲现象的发生。

4.3.1 高分子材料

材料挤出成形用的高分子材料一般被用来制作模型、工具和工业零件等（图4-17），对材料的强度、耐冲击性、耐热性、硬度及抗老化性都有一定的要求，是材料挤出成形应用最广泛的一类打印材料。最常用的有丙烯腈-丁二烯-苯乙烯（acrylonitrile butadiene styrene，ABS）、聚碳酸酯（polycarbonate，PC）和聚乳酸（polylactic acid，PLA）等。

图4-17　FDM打印的ABS、PC和PC-ABS工业零件

① ABS材料　ABS材料具有强度高、韧性好、耐冲击等优点，ABS打印件的强度可以达到ABS注塑件的80%。而其他属性，如耐热性与抗化学性，也是近似或是相当于注塑件的，这让ABS成为功能性测试应用中广泛使用的材料。通用注塑级和挤出级ABS应用于FDM工艺时，由于韧性不够、流动性较差、成形过程中不均匀收缩以及材料冷却成形后抗挠曲性能较差，导致易断丝、翘曲、开裂等问题的存在，使ABS材料在FDM工艺中的打印效果难以达到理想的应用需求。解决途径就是采用共混、共聚、复合等手段对ABS进行改性[30,31]。

② PC材料　聚碳酸酯[32]是一种非晶、透明、无毒、无味的热塑性工程塑料，具备优良的力学性能、热稳定性、耐候性和尺寸稳定性，及良好的透明性。增强型的PC打印材料比ABS原型材料生产的模型更经得起力量与负载，甚至还可以达到注塑ABS成形件的强度。目前广泛使用的PC-ABS成形材料，具有PC的优异力学性能和耐热性，而且冲击强度高。同时，它还具有ABS的优异抗弯强度、特征细节以及优美外观。

③ PLA材料　PLA材料是从玉米或木薯等植物中提取出的淀粉加工而成脂肪族聚酯类高分子材料。除了具有拉伸强度好、刚度高、熔点和HDT低、良好的化学惰性等特点，PLA材料还具有生物可降解性的特点。因此，PLA材料既可以用于工业制造，也可以用于生物医疗，通常用来制备组织支架或药物载体等。PLA材料在3D打印领域应用空间广阔[33]，但也存在较明显的性能缺陷：玻璃化温度低、脆性大、热稳定性差、功能单一、价格较高。尤其是耐热性能差，限制了该类材料在增材制造领域的进一步推广和应用。对PLA材料进行改性，提高其性能是目前的研究热点：一是通过交联、表面改性或通过共聚引入其他单体改变PLA自身的分子结构来达到性能改善的目的；二是通过共混、填充、纳米复合等方法制备各种类型的复合材料，从而改善PLA的韧性和强度以及提高热稳定性等[34,35]。

④ PEEK材料　PEEK材料是一种性能优异、被广泛研究和关注的特种工程塑料，具有优异的力学性能、良好的自润滑性、耐腐蚀、耐磨、阻燃、抗辐射、耐温高达260℃，可用于航空航天、核工程和高端的机械制造等高技术领域。包括众多3D打印企业在内的公司都希望充分利用PEEK所具有的独特优势，进而实现高性能的零件制造。

但是，由于其熔体黏度太高，不利于成形加工，并且制品缺口敏感性差、易于应力开裂、价格也较高，同样需要进行改性。

⑤ 工业蜡　蜡丝因其较低的成形温度(120～150℃)，是被最先应用于FDM的材料。由于蜡丝表面光洁度高，收缩率低(0.3%)，能够获得较高的打印精度，再加上其无毒害的特点，已经被广泛应用于模具制造领域。用蜡成形的原型零件可以直接用于熔模铸造。材料挤出工艺所用工业蜡可以为丝材，也可以为颗粒或块体[36]。FDM打印的蜡模及铸件见图4-18。

图4-18　FDM打印的蜡模及铸件

4.3.2 无机非金属材料

无机材料种类众多，适用于材料挤出技术并已有应用的无机非金属材料包括无机胶凝材料、陶瓷材料、玻璃材料等。

(1) 无机胶凝材料

用于材料挤出3D打印工艺的无机胶凝材料主要包括水泥、石膏和碱激发胶凝材料等具有胶凝特性的材料。3D打印用胶凝材料的主要性能包括：可挤出性、可建造性、凝结时间、力学性能和耐久性能[37]。其中，材料的流变性影响着材料的挤出性能[38]，早期强度和凝结时间是影响胶凝材料可建造性的重要因素[39]。为了使制品获得较高的早期强度，一般采用高标号普通硅酸盐水泥或采用硫铝酸盐等特种水泥，也可加入一定量的早强剂，激发胶凝材料的活性。石膏材料的凝结速率非常快，如果采用材料挤出工艺，一般需要加入缓凝剂，延长凝结时间。为了减少收缩，提高黏结性，一般通过掺加聚合物等乳液对硅酸盐水泥进行改性[40]。

由于胶凝材料固化反应的不可逆性，因此，无法采用FDM打印工艺，所用材料需要预先配制成具有一定流动性的浆体或膏体[41,42]。

(2) 陶瓷材料

适用于陶瓷材料3D打印工艺很多，如LOM、SLS、SLA、SLM等，材料挤出工艺同样适用于陶瓷坯体的成形。所用的原材料可以为线材，也可以为膏体。膏体料由陶瓷粉末和外加剂配制，并具有一定流动性。线材是将陶瓷粉末与树脂在高温下均匀混合，低温固化制成。陶瓷粉末是打印原材料的主要组分，一般要求粒径尺寸小于1μm，具有较窄的粒径分布，不发生团聚并具有良好的流动性。高纯度、高均匀性、高精细度以及高分散性的精细陶瓷粉末的制备是3D打印原料制备的核心。利用材料挤出工艺制备的陶瓷坯体（图4-19），成形后都需要进行热处理，即脱脂和烧结，最后获得陶瓷制品。

图4-19 陶瓷坯体挤出成形

陶瓷材料挤出成形技术主要有两个应用方向，一类是生物医用领域用的支架等打印，另外就是作为艺术品的打印[43]。

(3) 玻璃材料

玻璃是一种无规则结构的非晶态固体，高温下会熔化，低温时黏度急速增加形成亚稳态固体材料。玻璃材料具有各向同性、无固定熔点、介稳性和渐变性等特点。玻璃按组成特点可分为元素玻璃、氧化物玻璃和非氧化物玻璃三大类。元素玻璃是指由单一元素构成的玻璃，如硫玻璃、硒玻璃等；氧化物玻璃是最常见的玻璃品种，它借助氧桥形成聚合结构，如石英玻璃、硅酸盐玻璃、硼酸盐玻璃、铝酸盐玻璃、磷酸盐玻璃等；非氧化物玻璃主要包括卤化物玻璃和硫族化合物玻璃，如氟化物玻璃（BeF_2 玻璃等）、氯化物玻璃（$ZnCl_2$ 玻璃等），以及硫化物玻璃、硒化物玻璃等。

理论上，所有种类的玻璃都可以采用材料挤出技术进行3D打印。所用的玻璃材料以玻璃熔体为主，也可以为玻璃浆料。不同状态材料打印工艺不同。以玻璃熔体为打印原料，具有一定流变性能的高温玻璃熔体通过喷嘴挤出，温度急剧降低固化，实现成形。以玻璃浆料为打印原料，浆料在常温下挤出，挤出的浆料通过干燥[44]或者冷冻[45]等方式获得一定力学性能的坯体，然后在高温下进行烧结得到玻璃制品（图4-20）。

图4-20　去除黏合剂后FEF技术打印的坯体（a）；
烧结后制品（b）；烧结制品表面的微观结构（c）

对于玻璃熔体挤出成形，其流变性能是影响成形质量的最重要因素，主要指标包括玻璃的黏度、表面张力和弹性。要使得玻璃材料达到挤出所需的流变性能，需要将其加热到一定温度，一般700℃以上，甚至高达1500℃。这对喷嘴的耐温性提出很高要求，一般选用金属喷嘴，高温下成形需要陶瓷喷嘴[46,47]。该工艺挤出的丝材可以为实心玻璃丝，也可改变喷嘴结构（图4-21）挤出空心玻璃丝。

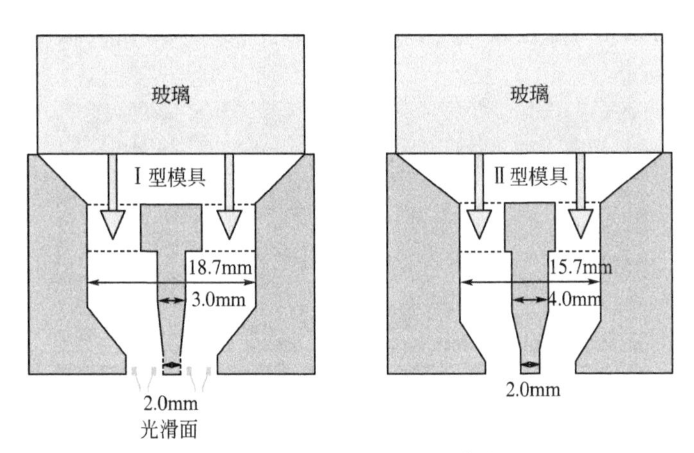

图4-21　喷嘴结构示意图[48]

由于3D打印技术可以在玻璃制品内外部都能打印出复杂表面，这使制品具有一些特殊的光学特性，能够用于光学透镜制造等光学领域应用（图4-22）[49,50]。

图 4-22　具有光学特性的 3D 打印玻璃制品（见彩图）

4.3.3　金属材料

传统的金属材料 3D 打印技术主要包括直接金属粉末激光烧结（DMLS）、激光选区熔化（SLM）技术、激光近净成形（LENS）技术和电子束选区熔化（EBSM）技术等，也有部分金属如对激光反射率高的贵金属金、银、铜等采用选区激光烧结技术（SLS）和材料挤出技术等进行成形。

金属材料挤出成形工艺有三种：第一种是熔融金属材料通过挤出机挤出直接成形[51]；第二种是预制金属-聚合物复合材料线材，然后通过 FDM 技术成形，最后进行烧结等热处理工艺获得金属构件[52]；第三种是制备金属材料浆料[53]，然后常温下挤出成形，最后也通过热处理工艺获得最终产品（图 4-23）。第一种工艺主要用于低熔点金属或合金的成形[54]。通过制备金属-聚合物复合材料线材，使用 FDM 等材料挤出技术打印成形，得到金属制件（图 4-24），比一般的激光熔融金属 3D 打印工艺，成本能够大幅度降低，但存在很大的体积收缩率（40%左右）。

图 4-23　材料挤出技术制备的多孔镁支架及其显微形貌图

图 4-24　BASF 金属（不锈钢和铜）-聚合物线材和用 FDM 打印的金属零件

4.3.4　复合材料

任何一种材料在具有其独特特性的同时，在某些方面也具有不足，应用受到限制。将不同性质的材料按照一定的组成和方式进行复合，形成复合材料，赋予单一材料所不具有的优异性能。材料挤出技术是 3D 打印工艺中最适合于复合材料成形的工艺。

复合材料挤出成形工艺也主要有三类：一是复合材料通过挤出机或毛细血管流变仪做成线材，然后进行打印通过温差凝固成形[31]；二是利用多喷头技术，同时进行多种材料打印，获得各向异性的复合材料制品（图 4-25）；三是材料挤出过程中，将增强材料与基体材料进行复合。

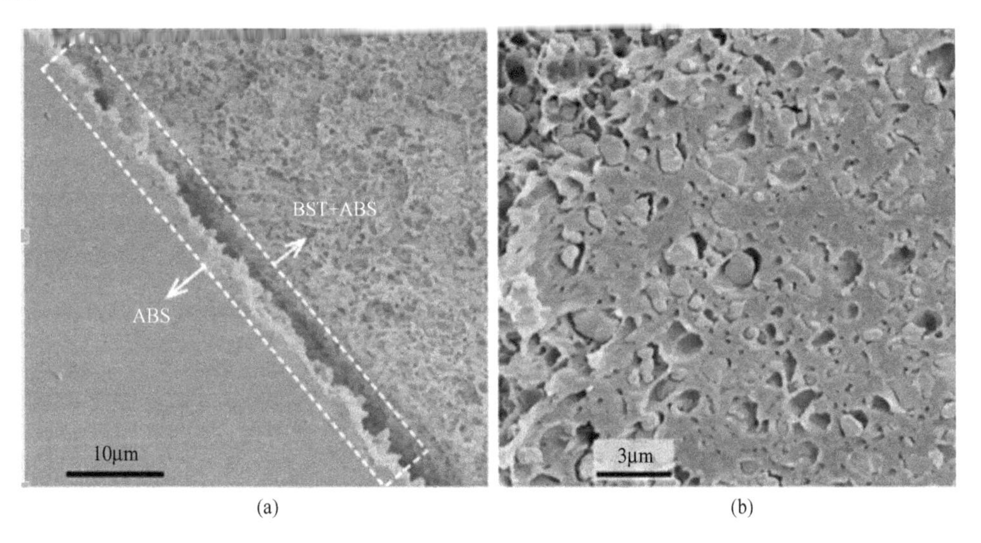

图 4-25　ABS＋30％（体积分数）$Ba_{0.64}Sr_{0.36}TiO_3$ 中 ABS 和 BST/ABS 层之间的边界（a）；$Ba_{0.64}Sr_{0.36}TiO_3$ 颗粒在基体中的分布（b）[55]

目前，材料挤出 3D 打印成形工艺制备的复合材料一般为合成高分子材料（PA、ABS 等）与无机非金属材料［Al_2O_3、Si_3N_4、羟基磷灰石[56]、磷酸三钙[57]、碳纤维、碳纳米管[58]、石墨烯[59,60] 等（图 4-26）］、天然高分子材料（如木材、秸秆[61～64] 等）的复合（图 4-27）。

图 4-26　FDM 制备石墨烯-PLA 圆盘电极

图 4-27　木塑线材及 3D 打印木塑制品

为了获得优良的复合材料，如获得长纤维增强或者提高纤维在复合材料中的定向排列，有的还需要对打印系统进行改造（图 4-28）。

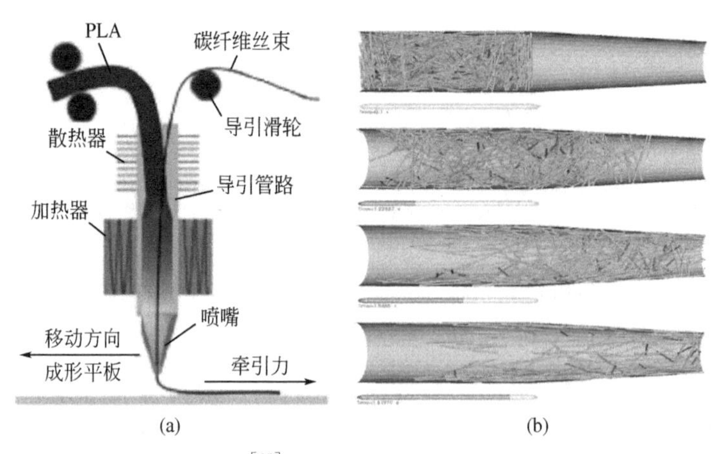

图 4-28　长纤维增强打印机原理[65]（a）和复合材料挤出过程中碳纤维定向排列[66]（b）

4.3.5 食品

与其他热塑性材料相似，巧克力、糖浆以及奶油等食品同样可以利用材料挤出技术在无需使用模具的条件下制出形状复杂的食用产品，使得食品在外观上更加诱人。

根据打印原料的性质，成形原理也不同，主要有 3 种形式：常温挤出、加热熔融挤出和凝胶形成挤出[67]。打印原料状态不同，挤出方式也不同：注射器式挤出、气压式挤出和螺杆式挤出。注射器式食品 3D 打印机适用于半固态和固态物料的挤出，例如土豆泥、豆沙、巧克力等原料。气压式挤出原理的食品 3D 打印机适合打印流体状物料，物料流动性较好。

果酱、奶油、巧克力、面糊、沙拉、糖浆等多种食材能够用于食品 3D 打印[68]（图 4-29）。所用食材的主要成分（碳水化合物、蛋白质和脂肪）及其性质如何影响 3D 打印技术是保证产品质量的关键。目前 3D 打印食品的技术瓶颈，主要在于多种食材混合物的打印。在打印过程中了解食品主要成分的作用和食品结构，有助于对多组分食物混合物打印进行优化[69]。

图 4-29　材料挤出技术打印的糖和巧克力

4.4 材料挤出 3D 打印设备

自 1993 年 Stratasys 公司推出第一台商业化机型 FDM-1650，各种材料挤出 3D 打印设备不断涌现和发展。

4.4.1 FDM 打印机

根据打印精度和打印尺寸，FDM 成形设备可分为桌面级和工业级。桌面级成形设备多用于办公室或家庭中，主要实现概念模型的打印，将生活中所需的简单零件或脑中的文化创意变为现实，这类设备一般打印精度不高，但价格亲民、所用材料丰富，如具有多种颜色的工程塑料，食品 FDM 成形设备也几乎都是桌面级的，因此广受青睐。工业级 FDM 成形设备的打印精度要更高，稳定性也更好，多用于工业零件制造或模具制造等领域，但相对的价格也更高。由于越来越大的市场需求，加上 FDM 成形设备结构简单，制造的门槛不高，国内外 FDM 成形设备的需求近年来呈爆发式增长，特别是桌面级 FDM 成形在设备。国内外研发 FDM 成形设备的公司也越来越多，国外的有美国的 Stratasys、3D Systems、MakerBot、惠普公司，德国的 German RepRap，韩国的 Rokit，以色列的 Object 等；国内以清华大学、浙江大学、华中科技大学和武汉理工大学为技术依托成立科技公司，专门从事 FDM 设备的研发和推广，代表性的有北京太尔时代、南京宝岩和台湾 XYZPrinting 等。

目前，材料挤出 3D 打印机商业化最好的是 FDM 类打印机。Stratasys 公司拥有 FDM 核心技术专利，已在全球安装了大量的原型和直接数字化生产系统。仅 Stratasys 公司目前已经商业化的 FDM 3D 打印机共有 7 种型号（如图 4-30）。

图 4-30　Stratasys 公司的 Stratasys F370TM 和 Stratasys F900TM 3D 打印机

FDM 技术发展方向主要为降低打印成本，提高打印精度、打印速度以及增大打印尺寸。2015 年，德国 BigRep 公司推出了一款超大型 FDM 3D 打印机 BigRepOne. 2［图 4-31（a）］，成形尺寸是 1100mm×1067mm×1097mm，成形体积可达 1.3m^3。2017 年，克罗地亚 Darko Strojevi 公司推出 DRAGON 系列 FDM 3D 打印机［图 4-31（b）］，打印尺寸最大为 2000mm×2000mm×2000mm。

4.4.2 混凝土 3D 打印机

建筑的 3D 打印受到建筑界越来越多的关注，其所用混凝土 3D 打印机主要有两种形式：一种是可移动式打印机，还有一种为龙门式打印机（如图 4-32）。

(a)

(b)

图 4-31　BigRepOne. 2（a）和 DRAGON 系列大尺寸 FDM 打印机（b）

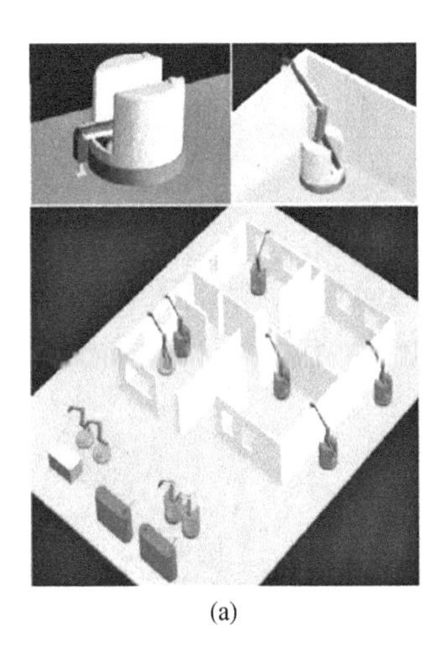

(a)

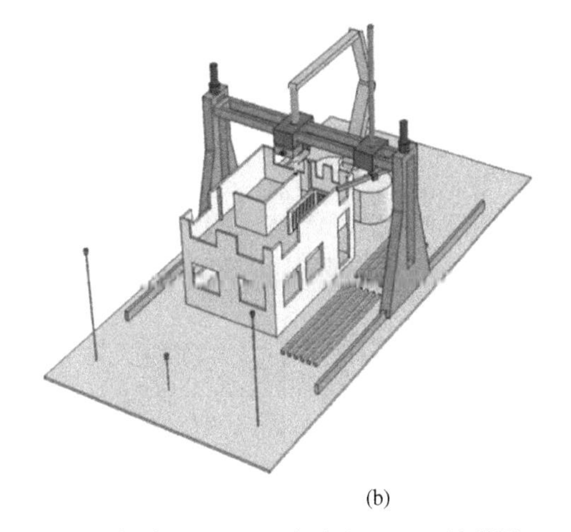

(b)

图 4-32　移动混凝土 3D 打印机（a）和龙门式混凝土 3D 打印机（b）（见彩图）

俄罗斯 Apis Cor 公司推出 Apis Cor 混凝土 3D 打印机［图 4-33（a）］，尺寸 5.5m×1m×1.5m 左右，质量 2.5t。瑞士的 Imprimere 推出的 2156 型混凝土 3D 打印机［图 4-33（b）］，打印尺寸为 5.75m×6m×6.25m。丹麦公司 Cobod 制造的世界上最大的建筑 3D 打印机 Cobod 3D 打印机 BOD 2［图 4-33（c）］能够打印宽达 12m、长 27m、高 9m 的建筑物。盈创建筑科技（上海）有限公司利用其自主开发的装备，于 2015 年打印了一栋高 15m 的 6 层公寓楼。

4.4.3　陶瓷 3D 打印机

目前，商业化的材料挤出型陶瓷 3D 打印机主要是泥料挤出成形坯体。国内外多家公司如，CERAMBOT 3D 公司、荷兰 VormVrij 公司、乌克兰 Kwambio 公司、湖南源创高科等都相继推出了多款型号（图 4-34）。这些打印机主要用于陶瓷工艺品等的打印。

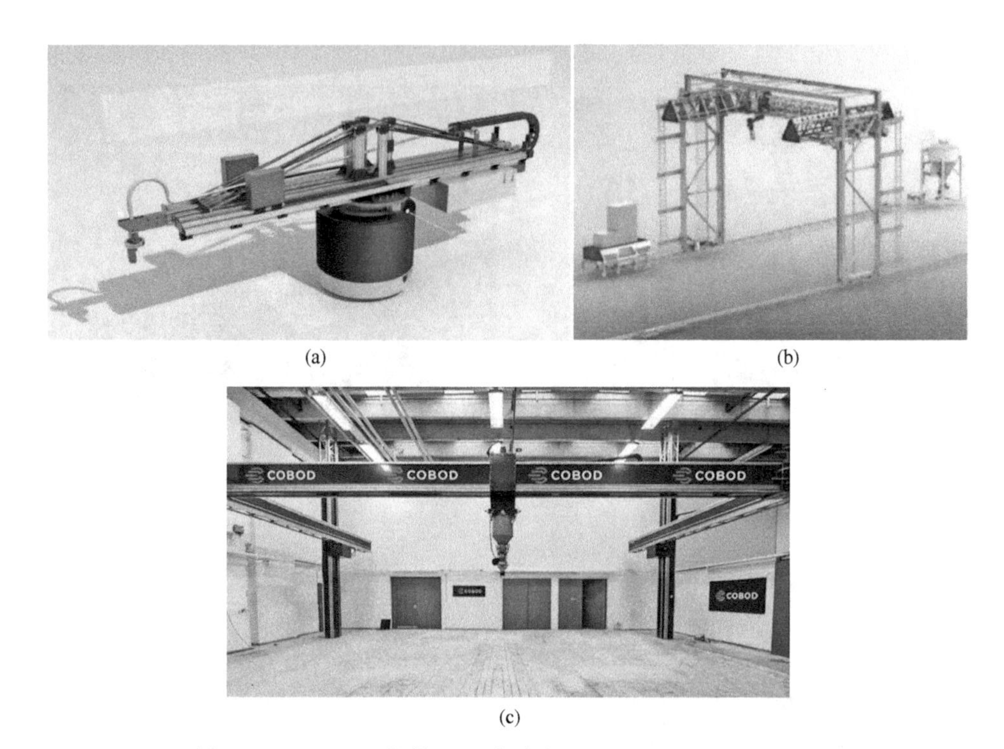

(a) (b) (c)

图 4-33　Apis Cor 混凝土 3D 打印机（a）、Imprimere 2156 型混凝土 3D 打印机（b）和 BOD 2 3D 打印机（c）

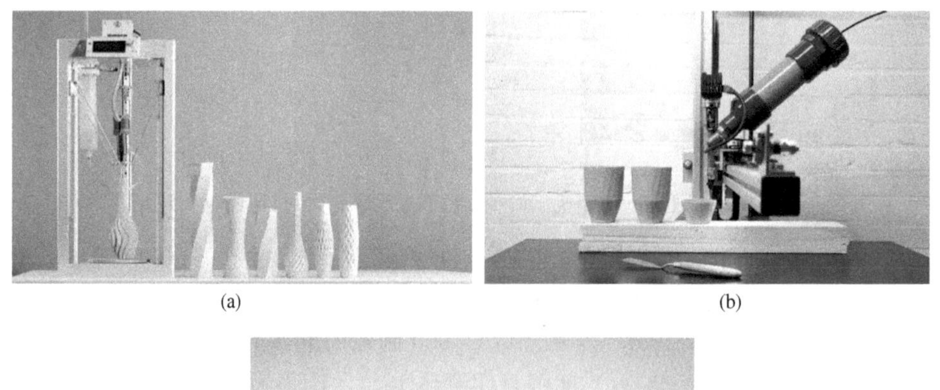

(a) (b)

(c)

图 4-34　商业化陶瓷打印机 CERAMBOT 3D 打印机（a）、VormVrij 打印机（b）和 Kwambio Ceramo One 打印机（c）

除此之外，一些研究机构也一直致力于研发陶瓷-聚合物复合材料的专用成形设备，例如美国罗格斯大学研发的热熔沉积式陶瓷打印机［图4-35（a)］和美国密苏里科技大学研发的冷凝挤压式陶瓷打印机［图4-35（b)］，实现陶瓷零件的挤出成形，但目前仍处于实验室阶段。

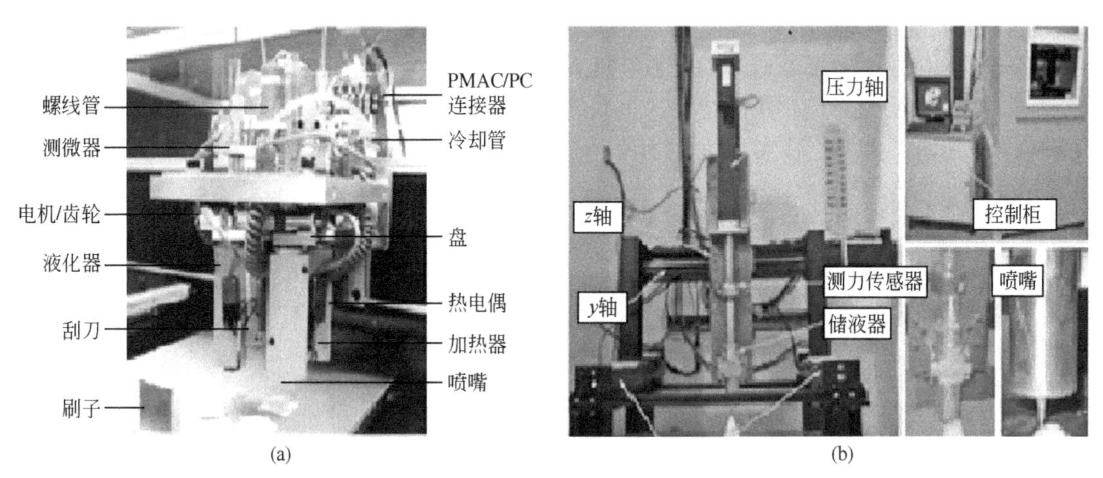

图4-35　热熔沉积式陶瓷打印机（a）和冷凝挤压式陶瓷打印机（b）

4.4.4　复合材料3D打印机

复合材料主要应用在汽车、造船、机械、航空等领域，打印件尺寸一般都比较大，因此，制作复合材料的3D打印机尺寸也越来越大。其中，有代表性的有荷兰CEAD公司2018年推出的CFAM大型复合材料3D打印机［图4-36（a)］，成型尺寸达到4000mm×2000mm×1500mm，能够兼容ABS、PLA、PC、PP、PET、PEEK、玻璃纤维、碳纤维等等材料，打印速度达到15kg/h。2018年，美国Therwood公司为Local Motors公司开发的全球最大复合材料3D打印机［图4-36（b)］，长度12.19m，宽度3.05m，主要用于生产Local Motors的自动驾驶电动汽车。

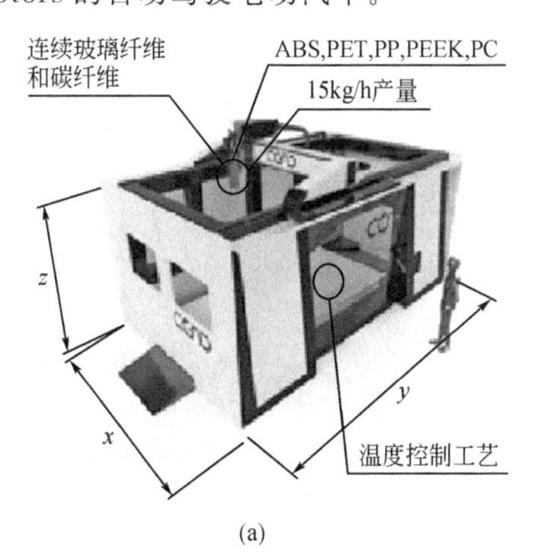

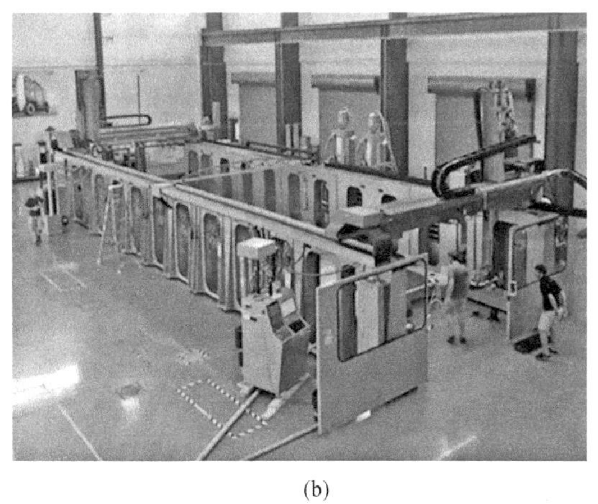

(a)　(b)

图4-36　大型复合材料3D打印机CFAM 3D打印机（a）和Therwood 3D打印机（b）

4.4.5 食品打印机

针对不同的特色食物，各种食品 3D 打印机不断被开发并推出市场。例如西班牙 Natural Machines 公司推出 Foodini 3D 食品 3D 打印机，有别于其他只能打印甜食的打印机，这款打印机可以打印咸的东西，包括多种主食如意大利面和比萨面团等；加拿大 ORD Solutions 推出 RoVaPaste 3D 打印机，是世界上第一台具有膏状物双挤出系统的 3D 打印机。甚至连 3D 打印行业巨头 3D Systems 公司也推出专业食品 3D 打印机——ChefJet Pro（图 4-37），可实现大幅面全彩打印，构建尺寸可以达到 254mm×356mm×203mm。

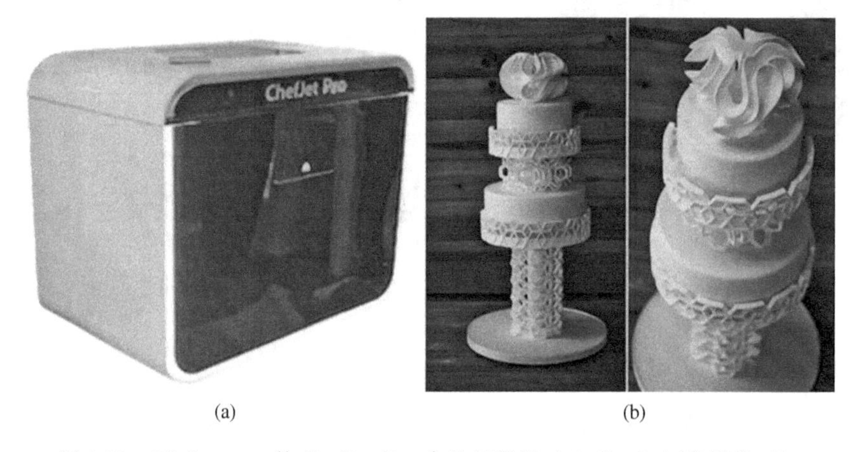

(a) (b)

图 4-37　3D Systems 的 ChefJet Pro 食品打印机（a）和 3D 打印蛋糕（b）

国内的北科光大的巧客食品 3D 打印机［图 4-38（a）］以巧克力为打印材料，无需任何预热就可以生成像埃菲尔铁塔一样可站立的食品形状，价格是市面上普通巧克力 3D 打印机的一半；台湾三维国际的食品 3D 打印机［图 4-38（b）］，其基本款的价格仅为 500 美元，而多功能款的售价也才 4000 美元左右。

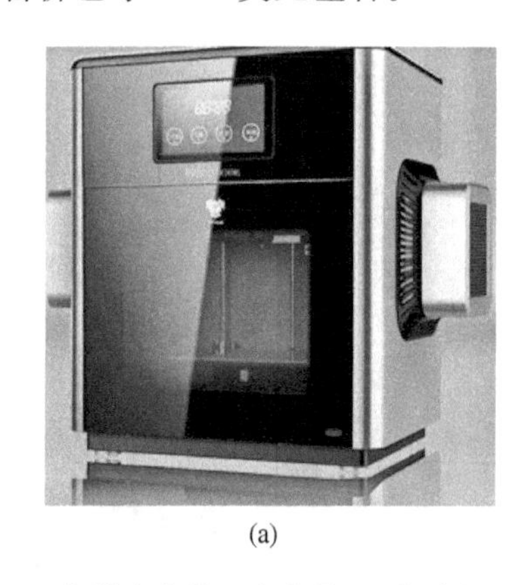

(a)

(b)

图 4-38　北科光大的巧客食品 3D 打印机（a）和台湾三维国际的食品 3D 打印机（b）

4.5 材料挤出 3D 打印应用

材料挤出 3D 打印技术适用材料体系非常广泛，其应用也很广泛。

(1) **教育教学**

很多的高教专业在摸索着创新教学模式，把 3D 打印系统与教学体系相整合（图 4-39）。一方面 3D 打印机可以提高学生在掌握技术方面的优势，提高学生的科技素养。另一方面利用 3D 打印机打印出来的立体模型，显著提高学生的设计创造能力。因为设备和材料低廉，结构简单直观，目前，在教育教学中应用最普遍的就是以 FDM 工艺为代表的材料挤出技术。3D 打印主要用于制作立体教具，辅助学生进行创新设计、强化互动和协作学习，以推动技术驱动的教学创新，使得技术工程教育和艺术人文教育融合成为学校文化的一部分。

图 4-39　FDM 技术走进校园

(2) **汽车工业**

随着汽车工业的快速发展，人们对汽车轻量化、缩短设计周期、节约制造成本等方面提出了更高的要求，这势必增加汽车工业中轻质高强高分子材料的使用比例。在汽车生产过程中，汽车的装饰部件大多是使用热塑性高分子材料制造的，随着高分子材料性能的改善，部分结构零件也开始使用高分子材料制造，而材料挤出技术应用最为广泛的材料就是工程塑料，材料挤出技术的出现为满足这些需求提供了可能。与传统加工方法相比，材料挤出技术可以实现部件的一体化成形，大大减少了连接零件的使用和装配过程，大大缩短了这些部件的制造时间，在制造结构复杂部件方面更是优势明显。图 4-40 是世界首款 3D 打印汽车 Urbee 2。

目前，在汽车零件制造方面，已经有百余种零件能够采用材料挤出技术进行大规模生

图 4-40　世界首款 3D 打印汽车 Urbee 2

产，包括后视镜、仪表盘、出口管、门把手、刹车和冷却水道等。其中，冷却水道采用传统的制造方法几乎无法实现，而采用材料挤出技术制造的冷却系统，冷却速度快，部件质量明显提高。

此外，材料挤出技术不需要工装夹具或模具等辅助工具的设计与加工就可便捷地实现几十件到数百件数量零件的小批量制造，大大降低了生产成本。比如，日本丰田公司利用 FDM 技术在汽车设计制造中获得了巨大收益，利用该项技术仅在 Avalon 汽车 4 个门把手上省下的加工费用就超过了 30 万美元。在赛车等特殊用途汽车制造方面，个性化设计以及车体和部件结构的快速更新的需求也将进一步推动材料挤出技术在汽车制造领域的发展和应用。

(3) 航空航天

随着人类对天空以及地球外空间的逐步探索，进一步减轻飞行器的重量就成为设计、改进与研发的重中之重。在飞机制造方面，波音公司和空客公司已经应用材料挤出技术制造零部件。例如，波音公司应用 FDM 技术制造了包括冷空气导管在内的 300 种不同的飞机零部件，目前正在尝试打印出飞机的大型部件，如机翼等；空客公司利用 FDM 技术制造了 A380 客舱使用的行李架，甚至计划在 2025 年打印出整架透明的“概念飞机”（图 4-41）。

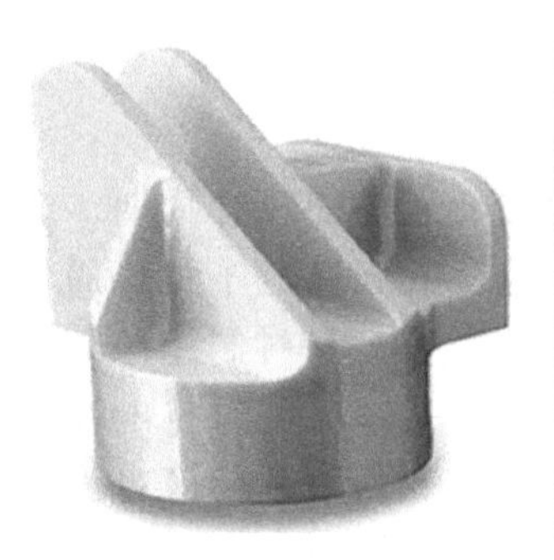

图 4-41　FDM 打印的 ULTEM 9085 飞机零件和空客“概念飞机”

在航天领域，后勤补给资源是长期太空探索任务成功的重要保证，但目前由于技术局限，只能通过地面发射的运载火箭和飞船进行资源运输，以满足太空中的各种需求，不仅周期长，而且成本昂贵。在未来人类探索火星等更远的目的地时，这种资源补给方式是不现实的，而材料挤出技术提供了在太空中直接打印所需部件的可能性。美国太空探索技术公司将采用FDM技术的3D打印机送入空间站，其首要目的是用来测试评估3D打印技术在太空微重力环境下的工作情况（图4-42）。

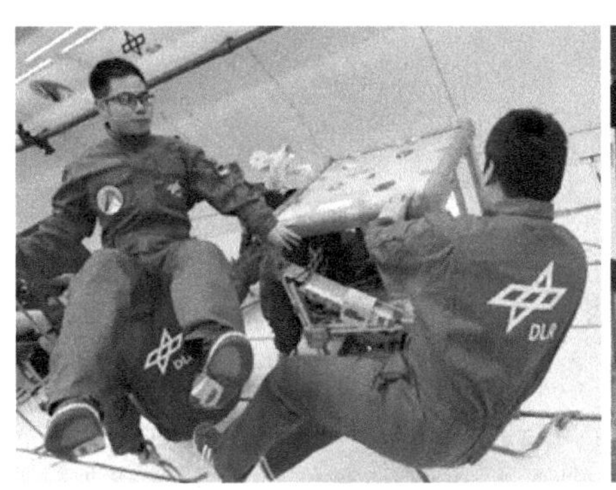

图4-42　失重环境下进行FDM打印实验和FDM打印的“中国科学院”

随着相关技术的进步，更多舱内设备的打印制造，甚至是舱外大尺寸结构部件的打印制造都有可能成为现实。而且，由于FDM 3D打印技术使用的材料为热塑性工程塑料，有望在太空中实现“制品打印-材料回收-材料再次打印利用”这一循环过程，实现太空中废弃材料的回收再利用，解决太空原材料输送成本高、废弃物品形成太空垃圾等诸多问题。2014年9月23日，美国太空探索技术公司将首台FDM打印机送入太空；11月24日，国际空间站的航天员利用FDM打印出第一把“太空扳手”，这意味FDM的研究进入新的阶段，向太空进发，实现严苛条件下的成形。

(4) 生物医疗

由于生物医疗领域的特殊性，对材料要求较高，除了基本的机械性能，还要求材料具有可生物降解性和生物相容性等特点，除了PLA材料，Stratasys公司也已经研发出其他类别的材料挤出技术用医用高分子材料，如ABS-M30i等（图4-43）。

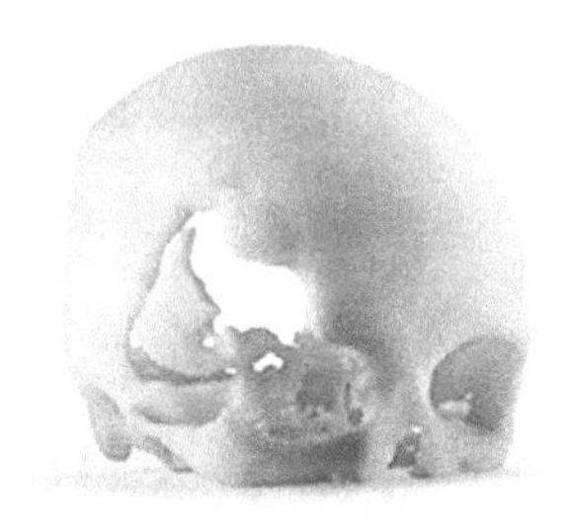
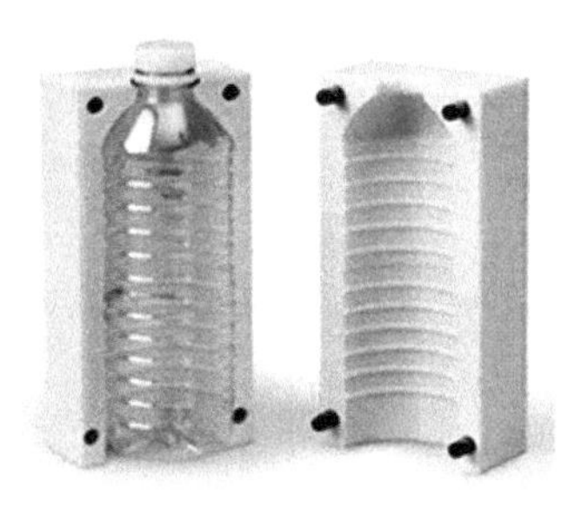

图4-43　FDM打印的ABS-M30i头骨和PC-ISO饮用水模具

另外，材料挤出技术在生物医疗领域的应用以人体模型制造和人造骨移植材料为主。材料挤出成形技术通常可以和CT、核磁共振等扫描方法相结合，在手术前通过精确打印所需治疗部位的器官模型（图4-44），大大提高一些高难度手术的成功概率，增强手术治疗效果。

材料挤出技术在生物医疗领域的应用不仅仅在于提高手术成功率，还可以直接使用生物

图 4-44　FDM 打印的下颚和血管模型（见彩图）

相容性的材料直接打印出外植体。例如，2013 年 3 月，美国 OPM 公司打印出聚醚醚酮（PEEK）材料的骨移植物，并首次成功地替换了一名患者病损的骨组织。荷兰乌特勒支药学研究所利用羟基甲基乙交酯（HMG）与 ε-CL 的共聚物（PHMGCL），通过 FDM 技术得到 3D 组织工程支架（图 4-45），而新加坡南洋理工大学仅用聚 ε-己内酯（PCL）也制造出可降解 3D 组织工程支架。

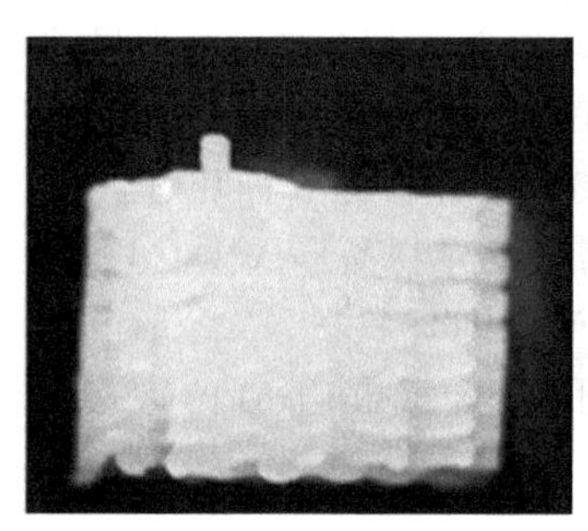
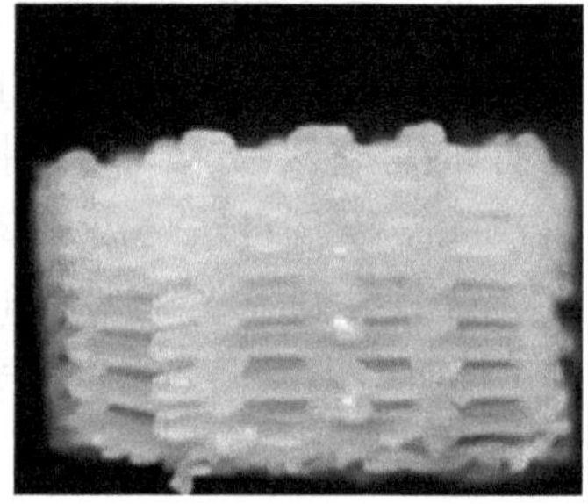

图 4-45　FDM 打印的 PHMGCL 生物支架

(5) 食品行业

食品 3D 打印最早由康奈尔大学 Godoi 等[70] 提出。食品 3D 打印技术不仅能丰富食品样式，改良食品品质，还能满足老年人、儿童和运动员等特殊消费群体需要。3D 打印食品（图 4-46）的优势主要体现在两个方面[71,72]：①定制个性化营养食谱；②通过宏观和微观水平控制食品原料，提高传统食品的外观和口感。

(6) 建筑行业

水泥、混凝土等胶凝材料的 3D 打印（图 4-47）为建筑建造提供了新的手段，近年来受到越来越多的关注和研究。目前，建筑 3D 打印的主要工艺即为材料挤出技术。

(7) 其他应用

材料挤出 3D 打印技术除了在以上行业应用外，其在工艺品打印（图 4-48）、设计行业有或者具有潜在广泛应用。另外，材料挤出技术还可以用于军工领域，进行含能材料的 3D 打印，改变压铸法、压伸法等传统方式过程冗繁，无法加工形状复杂多变的药柱且成形过程安全性低等问题，有利于对火药药柱能量、燃烧、力学、安全等性能具有更高要求的新型弹药武器技术的开发[73]。

图 4-46　材料挤出技术打印的食品

(a)　(b)

图 4-47　混凝土 3D 打印及打印的建筑

图 4-48　材料挤出技术打印的工艺品

参考文献

[1] ISO/ASTM 52900：2015（ASTM F2792）Additive manufacturing-General principles-Terminology.

[2] Turner N，Strong Brian，Gold Robert A，et al. A review of melt extrusion additive manufacturing processes：Ⅰ. Process design and modeling. Rapid Prototyping Journal，2014，20（3）：192-204.

[3] 前瞻产业技术研究院. 2018—2023年全球3D产业市场前瞻与投资战略规划分析报告. https：//www. qianzhan. com/analyst/detail/220/180507-e30f6f77. html.

[4] Chiyen Kim，David Espalin，Alejandro Cuaron，et al. Unobtrusive in situ diagnostics of filament-fed material extrusion additive manufacturing. IEEE Transactions on Components，Packaging and Manufacturing Technology，2018，8（8）：1469-1476.

[5] Satish Prakash K，Nancharaih T，Subba Rao V V. Additive manufacturing techniques in manufacturing an overview. Materials Today：Proceedings，2018，5：3873-3882.

[6] Tan Zhengchu，Parisi Cristian，Lucy Di Silvio，et al. Cryogenic 3D printing of super soft hydrogels. Scientific Reports，2017，7（1）：16293.

[7] Leu Ming C，Garcia Diego A. Development of freeze-form extrusion fabrication with use of sacrificial material. Journal of Manufacturing Science and Engineering-Transactions of the ASME，2014，136（6）：326-345.

[8] Leu Ming C，Deuser Bradley K，Tang Lie，et al. Freeze-form extrusion fabrication of functionally graded materials. CIRP Annals-Manufacturing Technology，2012，61（1）：223-226.

[9] 刘川. 挤出冷冻3D打印ZrO_2陶瓷薄壁件成型性的研究. 兰州：兰州理工大学，2018.

[10] Zhang Qiangqiang，Zhang Feng，Sai Pradeep Medarametla，et al. 3D Printing of graphene aerogels. Small，2016，12（13）：1702-1708.

[11] 朱敏，黄婷，杜晓宇. 生物材料的3D打印研究进展. 上海理工大学学报，2017，39（5）：473-483.

[12] 葛庆，汪崟. 基于FDM技术的3D打印机挤出机构研究与设计. 现代电子技术，2016，39（22）：100-103，107.

[13] 张洋. 基于FDM技术的3D打印机机械结构设计及控制系统研究. 长春：长春工业大学，2017.

[14] Joamin Gonzalez-Gutierrez，Santiago Cano，Stephan Schuschnigg. Additive manufacturing of metallic and ceramic components by the material extrusion of highly-filled polymers：A Review and Future Perspectives. Materials，2018，11：840.

[15] 高山山. 基于FDM-3D打印机压电式喷头的研究与设计. 长春：长春理工大学，2018.

[16] 田静，薛平，孙华. 微型螺杆挤出式3D打印机的研究进展. 塑料，2018，4（1）：46-51.

[17] 张自强. 基于FDM技术3D打印机的设计与研究. 长春：长春工业大学，2015.

[18] 马亚雄，李论，周波. 基于FDM技术的3D打印支撑结构自动生成算法研究. 制造业自动化，2018，40（5）：64-68.

[19] 王龙飞. 熔融沉积成型3D打印材料及水溶性支撑材料的制备与研究. 杭州：浙江工业大学，2017.

[20] 李传帅. 基于FDM工艺的3D打印机成型精度研究. 华北电力大学，2017.

[21] Ian Gibson，David Rosen，Brent Stucker. Additive manufacturing technology 3d printing，rapid proto-

typing，and direct digital manufacturing. Second Edition. Springer，2015.

[22] 刘峰. FDM 成型关键装备及工艺试验研究. 青岛：青岛科技大学，2017.

[23] 刘晓军，迟百宏，刘丰丰. ABS/GF 大型制品 3D 打印成型工艺研究. 中国塑料，2016，30（12）：47-51.

[24] 毕永豹，杨兆哲，许民. 打印方式对熔融沉积成型制品性能的影响. 塑料科技，2017，45（4）：59-64.

[25] Alaimo G，Marconi S，Costato L，et al. Influence of meso-structure and chemical composition on FDM 3D-printed parts. Composites Part B-Enginerring，2017，113：371-380.

[26] 陆亮亮. 基于 FDM 技术的混色 3D 打印机喷头研究. 杭州：电子科技大学，2018.

[27] Zhou Zuoxin，Salaoru Iulia，Morris Peter，et al. Additive manufacturing of heat-sensitive polymer melt using a pellet-fed material extrusion. Additive Manufacturing，2018，(24)：552-559.

[28] 黄子帆，郑喜贵，李俊美，等. FDM 彩色 3D 打印机挤出装置结构设计. 现代制造工程，2018，1：35-39.

[29] 吴任东，颜永年，魏大中，等. 熔融堆积成形材料挤出技术研究. 中国机械工程，2001，(S1)：225-227.

[30] 方禄辉. 基于 FDM 的 ABS 类 3D 打印材料的研究. 广州：华南理工大学，2016.

[31] 乔雯钰，徐欢，马超，等. 3D 打印用 ABS 丝材性能研究. 工程塑料应用，2016，44（3）：18-23.

[32] 李振. 适用于 FDM 的聚碳酸酯材料研究. 上海：上海材料研究所，2017.

[33] 唐通鸣，陆燕，聂富强. 环境友好型 3D 打印材料聚乳酸的制备及性能. 合成树脂及塑料，2015，32（6）：21-23.

[34] 王成成，李梦倩，雷文. 3D 打印用聚乳酸及其复合材料的研究进展. 塑料科技，2016，44（6）：88-91.

[35] 李雄豪. 纤维增强 PLA 的 3D 打印材料制备及力学性能分析. 杭州：浙江农林大学，2018.

[36] 曹林强. 精密铸造蜡模 3D 打印机设计研究. 北京：中国石油大学，2016.

[37] 薛龙. 3D 打印水泥基材料的制备与性能研究. 北京：北京工业大学，2017.

[38] 刘志远，王振地，王玲. 3D 打印水泥基材料工作性分析与表征. 低温建筑技术，2018，40（6）：5-10.

[39] 刘晓瑜，杨立荣，宋扬. 3D 打印建筑用水泥基材料的研究进展. 华北理工大学学报，2018，40（3）：46-49.

[40] 雷斌，马勇，熊悦辰，等. 3D 打印混凝土材料制备方法研究. 混凝土，2018，(2)：145-149.

[41] Khoshnevis B，Hwang D，Yao K，Yeh Z. Mega-scale fabrication by contour crafting. International Journal of Industrial and System Engineering，2006，3：301-320.

[42] Lim S，Buswell R A，Le T T，Austin S A，Gibb A G F，Thorpe T. Developments in construction-scale additive manufacturing processes. Automation in Construction，2012，21：262-268.

[43] 沈鸿桥. 绥棱黑陶 3D 打印工艺及设备的研究. 哈尔滨：东北林业大学，2017.

[44] 尚立艳，伍权，柴永强，等. 硼硅酸盐/氧化铝复合陶瓷基板的打印制备与性能研究. 电子元件与材料，2018，37（2）：64-68.

[45] Huang T S，Rahaman M N，Doiphode N D，et al. Porous and strong bioactive glass（13-93）scaffolds fabricated by freeze extrusion technique. Materials Science and Engineering：C，2011，31（7）：1482-1489.

[46] 郭建军. 宁波材料所玻璃 3D 打印技术及装备研究取得最新进展 [2015-04-07]. http：//www.

cnitech. cas. cn/news/progress/201504/t20150407 _ 4332692. html.

[47] John Klein. Additive manufacturing of optically transparent glass. Cambridge：Massachusetts Institute of Technology，2015.

[48] Dowler A，Ebendorffheidepriem H，Schuppich J，et al. 3D-printed extrusion dies：a versatile approach to optical material processing. Optical Materials Express，2014，4（8）：1494-1504.

[49] MIT can 3D print transparent glass. The Chemical Engineer，2015，（892）：20-21.

[50] Klein J，Stern M，Franchin G，et al. Additive manufacturing of optically transparent glass. European Neuropsychopharmacology，2015，2（3）：S301-S302.

[51] 廖道坤.气动式金属3D打印系统的搭建及实验研究.武汉：武汉大学，2018.

[52] 李莹，伍权，汤耿.镁骨组织工程支架的打印制备及性能特征.中国组织工程研究，2018，22（6）：827-832.

[53] 侯同伟.铜浆料挤出3D打印技术的成型和烧结工艺研究.太原：中北大学，2016.

[54] 王兴迪.FDM铋锡合金3D打印机结构设计及优化研究.西安：西京学院，2017.

[55] Isakov D V，Lei Q，Castles F，et al. 3D printed anisotropic dielectric composite with meta-material features. Materials and Design，2016，（93）：423-430.

[56] 张海峰，杜子婧，姜闻博，等.3D打印PLA-HA复合材料与骨髓基质细胞的相容性研究.组织工程与重建外科杂志，2015，（6）：349-353.

[57] 连芩，庄佩，李常海，等.3-D打印双管道聚乳酸/β-磷酸三钙生物陶瓷复合材料支架的力学性能研究. 中国修复重建外科杂志，2014，（3）：309-313.

[58] Postiglione G，Natale G，Griffini G，et al. Conductive 3D microstructures by direct 3D printing of polymer/carbon nanotube nanocomposites via，liquid deposition modeling. Composites Part A：Applied Science & Manufacturing，2015，76：110-114.

[59] Wei X，Li D，Wei J，et al. 3D Printable Graphene Composite. Scientific Reports，2014，（5）：10-14.

[60] 张迪.基于3D打印的高导电石墨烯基柔性电路的构建与性能研究.北京：北京化工大学，2016.

[61] 王莹，梁硕，孙百威.聚乳酸/木粉3D打印复合材料的制备与性能研究.塑料科技，2017，45（10）：79-85.

[62] 董倩倩，李凯夫，蔡奇龙.3D打印用聚乳酸/松木粉/纳米二氧化硅木塑复合材料性能研究.塑料科技，2019，47（1）：85-89.

[63] 王晓峰.基于木塑挤出3D打印成型的结构优化与传热模拟分析.青岛：青岛科技大学，2017.

[64] 毕永豹，杨兆哲，许民.3D打印PLA/麦秸粉复合材料的力学性能优化.工程塑料应用，2017，45（4）：24-28.

[65] 刘晓军，Yessimkhan Shalka R，李飞.纤维增强复合材料3D打印研究进展.塑料，2017，46（6）：61-66.

[66] Lewicki James P，Rodriguez Jennifer N，Zhu Cheng，et al. 3D-printing of meso-structurally ordered carbon fiber/polymer composites with unprecedented orthotropic physical properties. Scientific Reports，2017，7：43401.

[67] 刘倩楠，张春江，张良.食品3D打印技术的发展现状.农业工程学报，2018，34（16）：265-273.

[68] 褚雪松.3D食品打印关键技术研究.银川：宁夏大学，2016.

[69] 王琪，李慧，王赛.3D打印技术在食品行业中的应用研究进展.粮食与油脂，2019，32（1）：16-19.

[70] Godoi F C，Prakash S，Bhandari B R. 3D printing technologies applied for food design：Status and

prospects. Journal of Food Engineering，2016，179（6）：44-54.

[71] 杜姗姗，周爱军，陈洪，等. 3D打印技术在食品中的应用进展. 中国农业科技导报，2018，20（3）：87-93.

[72] Sun J，Peng Z，Zhou W B，et al. A review on 3D printing for customized food fabrication. Procedia Manufacturing，2015，1：308-319.

[73] 丁骁垚. 含能材料3D打印实验系统喷头的设计和分析. 南京：南京理工大学，2016.

第 5 章
喷射式 3D 打印技术

喷射式3D打印按材料的物理形态不同可分为粉末喷射式和微滴喷射式两种，由于粉末喷射主要见于SLM工艺，在本书其他章节进行了详细介绍，这里只做简要介绍，本章着重介绍微滴喷射式3D打印原理、工艺和装备。

5.1 粉末喷射式成形技术概述

粉末喷射式3D打印机的喷射材料主要是金属粉末和陶瓷粉末，其中金属粉末喷射的工艺较为成熟，市场上已有比较成熟的产品。现简要介绍金属粉末喷射。

激光金属直接成形是将增材制造与激光熔覆技术相结合，按照预先设置的加工轨迹，采用同轴送粉的方式实现逐层累加直接成形，工作原理如图5-1所示。

北京航空航天大学王华明等人采用激光直接成形制造大型钛合金结构件，对其的热物理性、冶金动力学开展了相关研究，并制造了大型飞机主承力构件加强框。西北工业大学黄卫东等人从材料成形的微观角度，研究了混合元素法激光金属直接成形样件的力学性能；西安交通大学以高温合金粉末为原料，采用激光金属直接成形技术制造出空心涡轮叶片，如图5-2所示。南京航空航天大学顾冬冬等人开展了针对中小型精密金属结构件的激光熔覆直接近净成形相关研究。

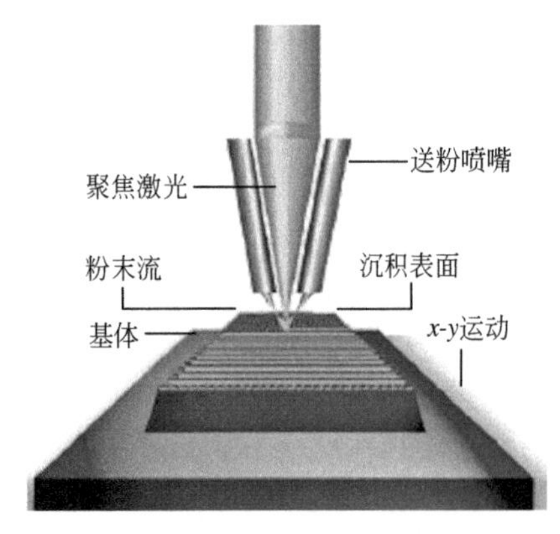

图5-1 激光金属直接成形原理图

图5-2 空心涡轮叶片

传统粉末冶金工艺，难以制造形状复杂的零件。受塑料喷射成形的启发，在20世纪80年代后期，金属粉末界也开始探索喷射成形技术。经过40多年的研发，金属喷射成形技术

取得了很大的进展。从国外的统计资料来看，欧洲、亚洲、美洲金属喷射成形生产都已初具规模，详见表5-1。

表5-1 世界2018年、2019年金属喷射成形生产用粉末量

应用行业	欧洲/t		亚洲/t		美洲/t		总计/t		所占比例/%	
	2018年	2019年	2018年	2019年	2018年	2019年	2018年	2019年	2018年	2019年
汽车制造	1929	2100	1117	1241	859	859	3905	4200	25	25
医疗器械	188	210	172	207	761	828	1121	1245	7	7
机械工程	1022	1096	3180	3501	1289	1253	5491	5850	35	35
IT	28	45	3781	4138	264	286	4073	4469	26	26
消费品	605	668	338	382	131	156	1074	1206	7	7
总计	3772	4119	8588	9469	3304	3382	15664	16970		
各洲所占比例/%	24	24	55	56	21	20				

欧洲金属粉末喷射成形使用的各种原料所占的比例如下：不锈钢50%、低合金钢25%、软磁材料5%、钛1%、其他材料19%。

在过去的10年中，欧洲金属粉末喷射成形的产品产量平均每年增长10%左右。据国外统计，2019年金属粉末喷射成形生产使用的金属粉末接近17000t，而全球粉末冶金生产消耗的金属粉末是283万吨。普通的粉末金属市场主要由汽车制造业的需求支配。但是，世界各地金属粉末喷射成形的产品市场不完全相同。在美洲，用粉末金属喷射成形技术生产的零部件产量最大当属机械工程行业，其次是汽车制造业、医疗器械制造业；在欧洲，汽车制造业是主要市场，机械制造业则属第二；而亚洲主要市场是信息行业，机械制造业排第二。

从表5-1可以看出，全球金属粉末喷射成形制品的最大市场，是机械工程行业，占35%；信息行业居第二位，占26%；第三位是汽车制造行业，占25%。各行业消费的金属粉末喷射成形的典型制品包括：机械工程行业用的主要是小齿轮、园林机械零件、手工工具以及更简易的物品等；信息行业主要是笔记本电脑、移动电话等的结构零件，磁盘驱动的组成部件，光纤连接器组成部件和热能管理组成部件；汽车制造行业的金属粉末喷射成形制品，主要是涡轮增压器系统的组成部件和其他发动机的组成部件。在欧洲，汽车行业的衰退虽然有可能继续，但是应用金属粉末喷射成形方法制造零部件，是发展最快的行业。医疗行业使用的金属粉末喷射成形制品有：植入人体内的植入物、外科用的各种工具、牙科用的牙托；金属粉末喷射成形技术已经成为制造上述制品的理想技术，特别是在美国，医疗行业已成为使用金属粉末喷射成形制品的重要行业。英国的埃基德（Egide）公司业务量的25%就是向医疗行业提供医疗设备。该公司认为，在英国健康与临床协会的指导下，医疗行业使用金属粉末喷射成形制品的势头，还会有更进一步的发展。因为那些与人体细胞组织接触的器械，应该是一次性用品。

金属粉末喷射成形用的粉末，也像标准粉末冶金工艺一样，以铁合金为主。但现在，不锈钢显示出了它的重要性，在欧洲，现在不锈钢粉末的使用量，已占总需要量的50%，低合金钢粉占25%，磁性材料占5%，其他如铜粉、镍粉、钴粉、钨粉等占19%。

除了上述金属粉末外，钨是必须要用粉末冶金方法加工成形的金属，因为它的熔点在3400℃以上。现在硬质合金领域应用金属喷射成形方法生产制品的量也有明显增长。

目前，金属喷射成形使用钛粉的数量还不大，但将来可能会增大，因为金属钛将在各行业起更大的作用。但是，在钛粉的制造上还有很多的工作要做，因为金属喷射成形要的钛粉，与标准粉末冶金工艺要的低合金钢粉不一样。汽车工业用的低合金钢粉的粒度比较大，一般是150μm，金属喷射成形所需要的钛粉的粒度要在38μm以下，而且粉末的形状主要是球形的。生产所用的钛粉末，80%以上要求其直径在5μm以下。这样细的粉末很适用于制造微型制品。据报道，英国的埃基德公司用金属喷射成形制出了一个1.85mm×1.6mm×0.835mm的制品。埃基德公司认为，用金属喷射成形方法制造的零部件和机加工制造的产品相比，其优点是产品质量更加一流、尺寸稳定，而且价格更加便宜。全球金属粉末喷射成形制品的销售量一直在上升。

5.2 微滴喷射式3D打印技术

5.2.1 微滴喷射式成形技术概述

自从Hull于1984年提出快速成形（rapid prototyping，RP）的思想以来，RP技术经历了十多年的高速发展期，并先后出现了几十种工艺。根据成形工艺所采用的使能技术，可以将现有的RP技术分为两大类：基于激光的RP技术和基于数字微滴喷射的RP技术。后者出现得较晚，但发展速度却很快[1~6]。根据美国Wohlers Associates咨询公司的RP市场2002年度调查报告：该年度全世界总共销售了1298台RP设备，其中基于数字微滴喷射技术的设备台数为788台，超过了总数的一半以上。这从一个方面反映了快速成形技术发展的趋势。

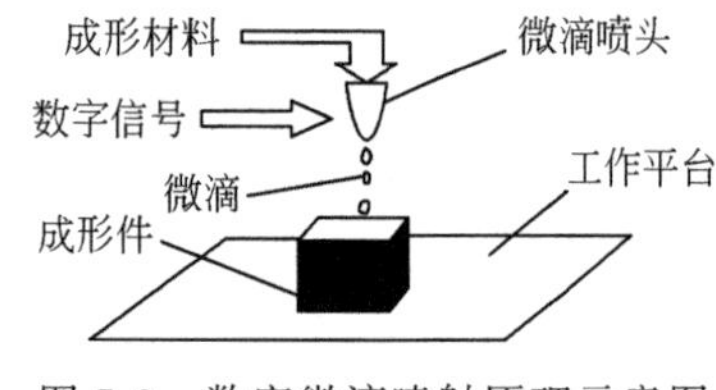

图5-3 数字微滴喷射原理示意图

数字微滴喷射成形是指在数字信号的激励下，采用物理手段，使工作腔内的流体材料的一部分在短时间内脱离母体，成为一个（组）微滴（Droplets）或者一段连续的射流，以一定的响应率和速度从喷嘴喷出，并以一定的形态喷射到指定位置，按照一定的序列堆积，形成三维实体零件[7~11]。图5-3示出了数字微滴喷射成形技术的原理。

(1) 代表性工艺

按照成形机理可以将数字微滴喷射技术分为2类：第1类是直接喷射成形材料；第2类是喷射黏结剂将其他材料黏结起来[12~16]。第2类将在第6章中着重介绍，本章主要介绍第1类，第1类的代表性研究单位和工艺有：

① 热塑性材料连续喷射工艺 国内外都发展得比较成熟。应用最广泛的是美国Stratasys公司的FDM工艺，以及清华大学的MEM工艺。其原理都是通过加热热塑性塑料，如ABS等，使之达到熔融态，然后挤出，利用熔融材料的自黏结性逐层堆积成形。

② 阵列扫描多喷头工艺 1999年3D Systems公司开发了Thermojet实体打印机，利用352股细小的喷墨射流，熔化热塑性塑料堆积成形，成形速度高。

③ 喷射和冷加工集成的工艺 喷出热塑性塑料，以蜡作支撑，加工完一层后，经铣削再进入下一层。工件完成后放入充满煤油的加热搅拌器中，利用磁场带动煤油将蜡除去。该工艺成形精度较高。

④ 低温喷射成形工艺 清华大学和美国新泽西工学院于1998年联合提出一种快速冷冻成形（REP）的新技术，以水作为成形材料、冰点较低的盐水作为支撑材料，通过选区沉积和快速冰冻制造成形零件。清华大学在此基础上提出了生物材料冷冻/干燥喷射成形工艺，制造出了具有复杂孔隙结构的组织工程细胞载体支架，孔隙率高达85%～90%。目前已完成动物实验验证，正在进行临床前研究。

⑤ 金属微滴喷射成形 美国MIT等单位研究了直接金属微滴喷射成形工艺，其原理是将金属熔化后，采用某种方式（如超声波）振动熔腔，在喷嘴处得到金属微滴，然后在电场的作用下定点定时喷射出来，堆积成形。该方法可以制造金属微器件。

(2) 喷射方法及装置

材料喷射技术是微滴喷射成形工艺的关键。流体喷射的实现可以有许多方式，运用到不同的喷射原理和驱动器件。笔者研究了国内外大量流体喷射和控制的技术，现加以总结和比较。按照主要驱动器件在喷射喷头中所起的作用，可以将喷射方法分为3类：

① 阀式 驱动器件只起开关作用，流体喷出的动力由气压或其他方式提供。

② 泵式 主要驱动器件，同时提供给流体喷射动力和启停控制。

③ 形态控制 主要驱动器既不提供喷射的动力，也不控制启停，而是控制喷射出的流体形态和尺寸，如雾化、细化等。

下面简要阐述一下3类喷射方法的原理和装置：

① 阀式喷射方法及装置 在阀式流体喷射装置中，最为常见的是电磁阀。目前高速电磁阀的开关频率可以达到200Hz左右。低温冰成形采用了高速电磁阀作为水喷射的开关元件，并以气压为背压。另外一种是气动阀，即由气压控制活塞的运动，从而控制阀门的开启和关闭。美国EFD公司开发了多种气动电磁阀，具有很高的控制精度；缺点是要求气压控制非常精确，并且要进一步减小流体直径，对阀体的加工要求很高。此外，磁致伸缩材料作为阀控制元件在流体喷射装置中的应用，是国内外最近研究的热点之一。超磁致伸缩棒作为喷射阀的控制器件，在线圈产生的磁场作用下伸长或缩短，从而控制阀门开闭。和电磁阀相比，其优势在于可以省去机械部件的连接，实现更快速、更准确的流体无级控制。另外磁致伸缩薄膜材料也可以作为微型阀的控制元件。

② 泵式喷射方法及装置　按照射流形成的原理，泵式喷射装置又可以分为两类：

a. 喷射是由于腔体压力变化引起的；

b. 喷射是由驱动器产生振动，使流体形成涡环引起的。

利用腔体压力变化产生喷射是目前微滴喷射成形采用最多的方式[17~24]。如 FDM 工艺采用了摩擦轮送丝方式，在熔腔内建立压力，将熔化的热塑性塑料等成形材料挤压出来。清华的 MEM 工艺采用螺杆增压方式，可以提供较大的挤出力，成形速度快，响应性好。阵列扫描式喷头一般都采用了压电晶体驱动的方式。管状压电晶体的变形导致内部腔体体积的变化，从而产生压力的变化，将成形材料液滴喷射出去。微滴的尺寸和初始速度由流体性质、小孔尺寸和压电晶体的特性等参数决定。

清华大学周兆英等研究的压电驱动微型喷雾器的基本原理也是压力变化，压电驱动微喷系统如图 5-4 所示。

其中压电换能器与喷嘴面合成一个液体腔，构成微喷头部分。喷嘴面上有若干微小孔作为喷嘴，换能器由压电片与弹性薄膜组合而成。在某谐振频率的电信号驱动下压电换能器产生弯曲振动，液腔大小的变化迫使腔内液体被挤出喷口形成雾滴。雾滴的大小由微孔直径决定，可达 $\phi=5\mu m$。这种结构和加工方法可以大大缩小喷头的体积，降低液滴的直径，是微滴喷头设计时很值得借鉴的。

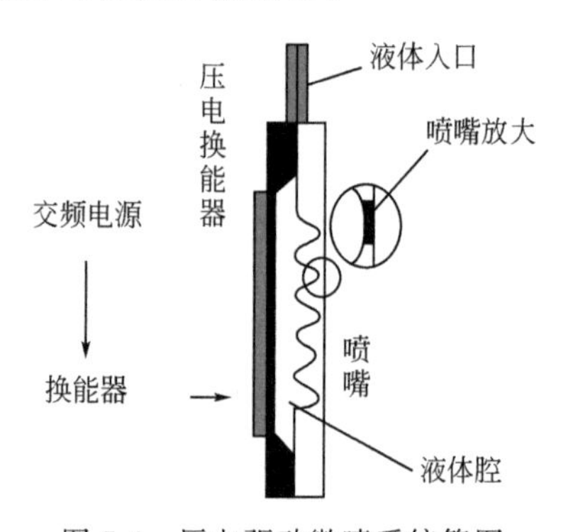

图 5-4　压电驱动微喷系统简图

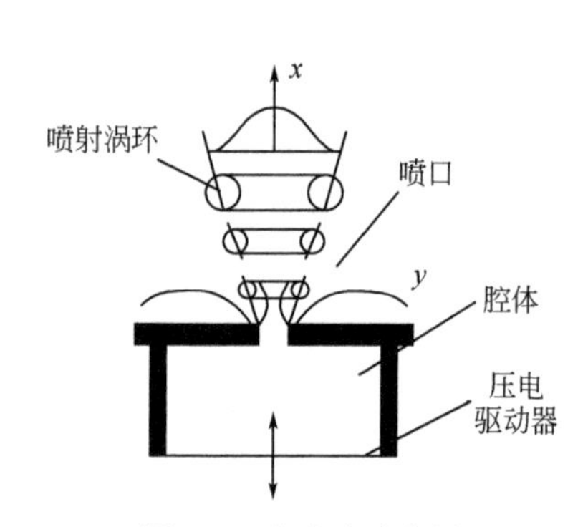

图 5-5　合成喷示意图

某些喷墨打印机中采用了热泡喷射法，构思巧妙。目前这种方法还没有用到三维成形中。因流体的涡环效应形成喷射涡的典型应用是合成喷。清华大学罗小兵等研究了压电驱动式的合成喷技术，如图 5-5 所示。压电薄膜驱动器产生振动，形成腔体内压力的波动，使流体流出和吸入腔体。在流体流出时，与周围流体间形成剪切层，卷绕形成涡环，在自引作用下离开腔体，形成定向的紊流喷。这种喷射方式不能实现定量定点的喷射，主要应用在主动流的控制、流动的宏观控制以及电子器件的热管理上。

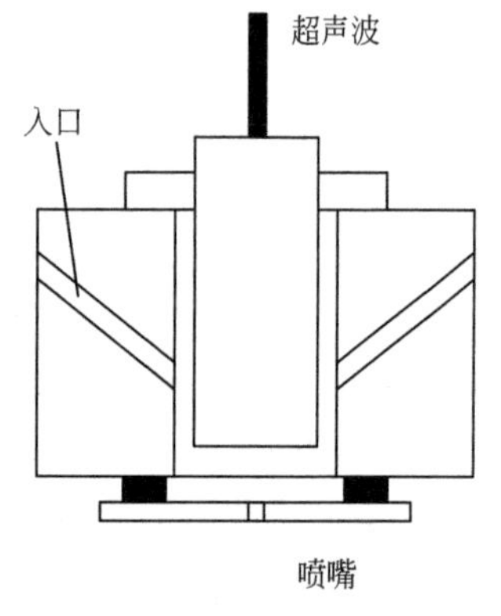

图 5-6　超声波喷嘴示意图

③ 形态控制喷射方法及装置　形态控制在某些领域具有重要作用。图 5-6 所示是一种超声波喷嘴。流体由入口注入，并具有一定的压力，在喷射出时形成一定初速度。超声换能器发射超声波，利用超声波的空化效应使射流破碎成为间距相等、

尺寸均匀的液滴群，从而产生雾化喷射的效果。喷嘴这种设计的流体管道直径为 400μm 左右，喷口直径则为从 25μm 至 300μm。充入的高压气体使流体在喷口处缩小，形成稳定的毛细管液流，直径可由喷口直径和高压气体的压力来进行调节，可以达到几至几十微米。

5.2.2 微滴喷射式 3D 打印的特点

微滴喷射式 3D 打印的特点主要有以下几点：

(1) 分辨率高

主要体现在制品成形精度的分辨率，而它取决于喷射成滴的大小。影响微滴尺寸的主要因素包括喷嘴的直径、喷射材料的属性、喷射量的控制等。现阶段由于喷墨打印技术的长足发展，微滴喷射技术已经可实现喷射飞升量级的液滴，分辨率可高达 1000dpi 以上（dpi 为每 25.4mm 长度内喷射的液滴数目）。

(2) 喷射频率高

现有的成熟喷射用喷头，如点胶机所用胶体喷射喷头，频率可高达几百赫兹，因此理论上可实现快速喷射打印。

(3) 喷射液滴高，精度可控

在已有的微滴喷射设备系统中，液滴直径已经可控制在几十微米的数量级，而且具有高度均一性，可用于精密图文打印和呈维图形的喷射成形。

(4) 尺寸小，集成度高

以现有压电式喷头举例，500 个喷嘴的总体尺寸仅为 110mm×94mm×39.7mm。

(5) 可用材料广泛

用于喷射的材料可为溶液、熔体、悬浮液、胶体等。既包括牛顿流体，也包含非牛顿流体。此外，可以实现多种材料同时打印、多色彩打印一体成形。

5.2.3 微滴喷射自由成形系统的基本组成

微滴喷射自由成形系统能成形二维或三维形体，因此，微滴喷射自由成形系统又可分为二维微滴喷射自由成形系统与三维微滴喷射自由成形系统两大类，这两类喷射自由成形系统都包括以下基本组成部分。

① 喷头（jet-head 或 print-head） 可以是连续喷射式喷头或按需喷射式喷头。

② 供料系统 它用于供应喷射液、粉材等原材料。这里所谓“喷射液”应该是能喷射的多种类型的流态材料，为简化起见，常称为液。

③ 工作台 用于安置底材（substrate，又称为基底、打印媒体，如纸，高分子材料、金属、玻璃、织物、粉材等），底材接受从喷头射出的微滴。

④ 驱动系统 一般是用伺服（或步进）电机驱动喷头/工作台并使其沿 x-y 平面运动的系统。对于三维微滴喷射自由系统，除 x-y 平面驱动系统之外，还必须有高度方向 z 上的驱动系统，以实现三维喷射自由成形。

⑤ 辅助装置　不同用途的系统可能有不同的辅助装置。

⑥ 控制器　一般是计算机数控系统。

在上述六个组成部分中，前两个部分所用技术是微滴喷射特有的技术，是系统的核心，而后四个部分所用技术一般属于通用技术。

5.2.4 微滴喷射自由成形的设计过程

三维黏结剂快速成形技术制作模型的过程与其他技术的三维快速成形技术类似。下面以三维黏结剂喷射快速成形技术在陶瓷制品中的应用为例，介绍黏结剂喷射的设计过程[25～28]。

① 利用CAD系统（如UG、Pro/E、I-DEAS、Solidworks等）完成所需要生产的零件的模型设计，或将已有产品的二维三视图转换成三维模型；或在逆向工程中，用测量仪对已有的产品实体进行扫描，得到数据点云，进行三维重构。

② 设计完成后，在计算机中将模型生成STL文件，并利用专用软件将其切成薄片（三维模型的近似处理，由于产品上往往有一些不规则的自由曲面，加工前必须对其进行近似处理。经过近似处理获得的三维模型文件称为STL格式文件，它由一系列相连空间三角形组成）。每层的厚度由操作者决定，在需要高精度的区域通常切得很薄。典型的CAD软件都有转换和输出STL格式文件的接口，但有时输出的三角形会有少量错误，需要进行局部修改。

③ 计算机将每一层分成适量数据，用以控制材料喷头移动的走向和速度。三维模型的分层（slicing）处理由于RP工艺是按一层层截面轮廓来进行加工的，因此加工前须将三维模型上沿成形高度方向离散成一系列有序的二维层片，即每隔一定的间距分一层片，以便提取截面的轮廓。间隔的大小按精度和生产率要求选定。间隔越小，精度越高，但成形时间越长。间隔范围为0.05～0.5mm，常用0.1mm，能得到相当光滑的成形曲面。层片间隔选定后，成形时每层叠加的材料厚度应与其相适应。各种成形系统都带有Slicing处理软件，能自动提取模型的截面轮廓。

④ 喷头喷射成形材料（加热成黏度较低的光敏树脂流体，例如全硬化-510-MTY丙烯酸树脂流体）或支撑材料（例如可加热成黏度较低的凝胶状聚合物），每个喷头上有许多喷嘴一次可喷出宽度为毫米量级的微滴，不会由于个别喷嘴堵塞而影响成形品质。

⑤ 喷头喷射的成形材料经过紫外光照射固化（光敏树脂）或冷却（熔融热塑性塑料和蜡）固化。

⑥ 由于每次喷射得到的沉积层的厚度 T_d 不可能很精确，表面也可能不够平整，为此设置平整辊或铣刀，通过平整辊或铣刀去除多余的沉积层厚度，并使其表面平整，以利于下一层的沉积。

⑦ 计算机控制活塞使之下降一定的高度（等于片层厚度）。

⑧ 重复步骤④～⑦四步，一层层地将整个零件坯体制作出来。

⑨ 取出零件坯体，去除支撑材料。

⑩ 对零件坯体进行后续处理。

5.2.5 材料喷射技术的设计参数

① 液滴直径 喷射的液滴直径应处于微米数量级水平。

② 液滴体积 喷射的液滴体积应处于微升至飞升数量级水平。

③ 液滴形貌 喷射的液滴形貌应完整、无缺陷，截面最好近似圆形。

④ 液滴均一性 喷射的一系列液滴在其直径、体积与形貌等方面，彼此应无明显的差别。液滴均一性按变异系数（CV）计算，通常应处于百分之几的范围内。

⑤ 喷射分辨率 喷射分辨率表示相邻液滴之间的距离，其值愈大，分辨率愈高。

⑥ 喷射频率 喷射频率按每秒喷射的次数计算，通常为几十至上千赫兹。

⑦ 喷头/喷嘴数量 喷射系统通常有一个或多个喷头，每个喷头上有一个或多个喷嘴。

⑧ 喷头/工作台运动速度 喷头/工作台运动速度是沿 x、y/z 方向，喷头相对工作台的运动速度。

5.2.6 材料喷射自由成形工艺中的主要影响因素

(1) 扫描方式、像素与液滴位置

通常，期望喷头沿 x 方向做光栅式扫描，喷射成形材料，并在每次扫描后，沿 y 方向产生增量 L_r（例如为 0.084mm），从而得到期望的光栅线 R_1，R_2，…，R_($n-1$)，R_n。但是，由于结构的原因，相邻喷嘴之间的距离 L（例如为 0.677mm）远远大于增量 L_r，因此，喷头须沿 x 方向多次扫描，才能得到期望数量的光栅线。例如，在第一道次的扫描中，喷头用喷嘴 1，2，3…喷射光栅线 R_1，R_9，R_17；然后，喷头沿 y 方向产生一个增量 L，再进行第二道次的扫描，用喷嘴 1，2，3…喷射光栅线 R_2，R_10，R_18…。由于光栅线 R_1 与 R_9 之间的距离为 8×0.084mm＝0.672mm，此值近似于相邻喷嘴之间的距离 L，所以，喷头还需进行 6 个道次的类似扫描，直到完成总共 8 个道次的扫描，才能获得全部期望的光栅线。

可以用主向像素（MDP）来定义主扫描方向（例如 x 方向）的数据分辨率，它用像素长度或单位长度上的像素来表征。同样，可用次向像素（SDP）来定义次扫描方向（例如 y 方向）的数据分辨率。

可以用主液滴位置（MDL）来定义沿每一光栅线相邻液滴之间的距离；用次液滴位置（SDL）来定义相邻光栅线之间对应液滴之间的距离。MDL 与 SDL 都用液滴间距或单位长度上的液滴数来表征。

如果次向像素 SDP 等于次液滴位置 SDL，则表明沿次扫描方向，数据与液滴位置一一对应，并且像素间距等于光栅间距。如果主向像素 MDP 等于主液滴位置 MDL，则表明沿主扫描方向，数据与液滴位置一一对应。

如果次液滴位置 SDL 与（或）主液滴位置 MDL 大于次向像素 SDP 与主向像素 MDP，则表明所需发射的液滴比数据描绘的多，因此，每个像素须用多于一个液滴来生成。这些额外的液滴可用以下两种方法产生：①在相邻像素中心之间的中点喷射液滴，即“中间滴落”，简称为 ID；②直接在像素的中心上喷射液滴，即“直接滴落”，简称为 DD。这两种方法都

称为“添印（overprinting）”，采用这种技术后，能加快成形，因为即使喷头与（或）工作台移动较慢，也能有较大的 z 向材料增长。第一种情况是：喷头运动时，正在沉积单个液滴 1，围绕液滴 1 形成沉积区Ⅰ。第二种情况是：当喷头运动时，采用 ID 添印技术，相应于单个数据点沉积两个液滴 1 与 2，形成沉积区Ⅱ。第三种情况是：有 4 个液滴的添印状况，此时形成沉积区Ⅲ。最后一种情况是有 6 个像素，即 5、6、7、8、9 与 10。不采用添印技术时，沉积区的长度为两个数字 11 之间的距离；采用 ID 添印技术后，沉积区的长度为两个数字 12 之间的距离。这说明，采用 ID 添印技术会使沉积区增加 1 个附加像素长度。显然，添印的液滴愈多，工件的 z 向增长愈快。

当 SDP＝300 像素/in、SDL＝300 液滴/in、MDP＝300 像素/in 时，MDL 可有以下几个值：300 液滴/in、600 液滴/in、1200 液滴/in。显然，当 MDL/MDP＞1 时，在像素中心的中点有额外的液滴，即采用了 ID 添印技术。

在喷射系统中，每个液滴的体积约可为 100pL，直径可为 50μm，最大发射频率可为 20kHz。

(2) 随机化处理

所谓随机化处理指的是，对于工件相邻的两层截面，采用不同的材料分配方式，能使材料的堆积更均匀，从而可选取更大的层厚，缩短成形时间，还可减小因喷嘴不能正确发射而造成的影响。改变材料分配方式的办法有以下几种：①相对前一层的沉积，改变现时层相应部分的沉积；②相对任何层，改变该层任何既定部分的沉积时间顺序或空间顺序；③改变主扫描方向或次扫描方向。

(3) 工件内部空间的填充

可以用较小的珠滴来成形工件的壁部，而用较大（如两倍尺寸）的珠滴来填充工件的内部空间，以减少成形时间，而又不降低工件的表面品质。

(4) 层增长控制

为控制 z 向尺寸，可在每隔一选定间距，用铣刀切削工件的顶面，这样有利于消除成形时层间产生的应力。

为减小因铣削壁部而产生的应力，应先用粗切去除大部分需切除的材料，然后精切去除小于 0.01mm 厚的材料。

(5) 翘曲变形控制

为克服因材料收缩而导致的翘曲变形，应控制工件的几何形状、材料的温度、喷射液滴的间距、液滴飞越的距离（或时间）、壁的间距、成形表面的温度以及层顶面的铣削方式。

工件内部的填充形式对翘曲变形有很大的影响。采用双向网格式填充可加强工件的截面，有利于减少非均匀翘曲变形。均匀一致的填充形式有利于增强对尺寸精度和翘曲程序的控制。

喷射液滴的间隔是一个可设定的参数，为减少翘曲变形，第一个液滴应喷射在第一个给定的位置，第二个液滴应喷射在与第一个液滴有一定间隔的位置，如此重复，直到一层成形完毕。当以半个液滴完成一层成形时，错移一个液滴间距，再进行下一层的成形。这样安排液滴位置可使每一个液滴都能充分地收缩，不会影响这一层其他液滴的收缩。

当工件为空心薄壳状时，采用有双向壁的网格式内支撑能有效地控制翘曲变形。除此以外，这种支撑还有如下优点：①可减小工件密度，因此可节省材料、降低成本和缩短成形时间；②用于熔模铸造时，能减少陶瓷型壳上蜡模的应变；③可使工件更快地冷却。

5.3 国内外喷射式3D打印主要设备厂商

5.3.1 国外设备厂商及其设备

(1) 以色列XJET公司

以色列XJET公司是纳米喷射3D打印技术的开发者。纳米喷射是一种全新的3D打印技术，采用喷射方法来3D打印金属材质，类似我们熟悉的2D喷墨打印。接着XJET公司又将该技术应用于陶瓷材料3D打印。XJET公司在法兰克福Formnext增材制造展览会上，展出最新的XJET CarmelAM 3D打印系统，同时支持金属和陶瓷材料的纳米喷射3D打印。如图5-7所示。

XJET CarmelAM系统由两台3D打印机组成：Carmel700和Carmel1400。虽然都使用纳米喷射技术，但是两台3D打印机有不同的作用：分别用不同的墨水材料打印模型和支撑结构。二者的成形尺寸也有所不同，Carmel700为500mm×140mm×200mm，Carmel1400的成形尺寸则是500mm×280mm×200mm。这两台3D打印机能够实现出色的细节、表面光洁度和精度。操作简单、灵活，支撑易于拆除。另外触摸操作的控制面板、移动端App操控都大大方便使用者的操作和查看。

图5-7 在2016年Formnext展会上的XJET 3D打印机

XJET CarmelAM系统适用于保健和医疗器械、牙科、汽车、航空航天、消费品、珠宝和服饰、能源、工装等多个行业，实现短期制造、按需制造、快速原型等作用。见图5-8、图5-9。

图 5-8 XJET 金属 3D 打印成品

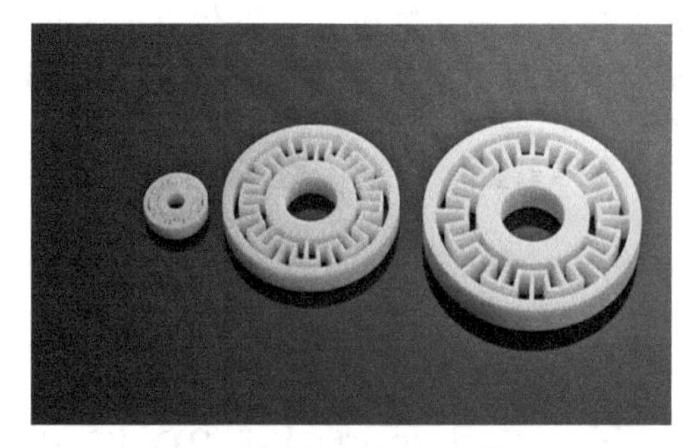

图 5-9 XJET 陶瓷 3D 打印成品

(2) Objet Geometries 公司

Objet Geometries 公司是感光聚合材料喷射领域的先锋，致力于超薄层、高分辨率的三维印刷解决方案的开发、制造与推广，为全球快速原型制作与快速制造市场提供技术最领先的解决方案。

Objet 系统的解决方案帮助工厂和企业的设计人员大大缩短产品设计的开发周期，大大降低新产品问世的时间成本。

Objet 系统被各行各业的世界级领导企业所采用，包括汽车制造、电子、玩具、消费类产品、制鞋等，遍布北美、欧洲、亚洲等世界各地。

Objet 公司成立于 1998 年，拥有 50 多个专利及专利申请中的发明创造。通过其美国、欧洲和香港的各办事处，及全球经销商合作伙伴为全球日益增长的客户提供全面周到的服务。

Objet1000 Plus 是世界上最大的多材料 3D 打印机，能直接根据 CAD 数据制造多材料零件，在无人值守的情况下最大限度地提高生产力，实现任何精致细节和复杂形状的原型或工件。

在汽车或航空航天等行业，Objet1000 Plus 可简化 1∶1 模型、模子、模具、卡具以及其他制造工具的生产流程。在单次自动化作业中结合打印多达 14 种基础材料，快速制作出具有橡胶手柄、透明仪表或耐高温表面的耐用工具，或以 3D 打印方式直接制作与最终产品几乎毫无差别的 1∶1 原型，无需任何组装工序。具体参数见表 5-2。

表 5-2 Objet1000 Plus 3D 打印机详细参数表

成形材料	刚性不透明的材料(VeroWhitePlus、VeroBlackPlus、VeroGray 和 VeroBlue)、类橡胶材料(Tango 系列)、透明材料(RGD720 和 VeroClear)、类聚丙烯(Rigur)、数字 ABS 和数字 ABS2、融合各种邵氏 A 硬度值的类橡胶材料、耐热性得到大幅提升的类聚丙烯材料
支撑材料	FullCure705 无毒类凝胶类光聚合物支撑
材料盒	6 个密封的 18kg 材料盒，可装入两种不同的模型材料，可在打印过程中即时交换
最大成形尺寸	1000mm×800mm×500mm
打印层厚	最薄 16μm 水平构建层
打印分辨率	x 轴方向：300dpi；y 轴方向：300dpi；z 轴方向：1600dpi
打印模式	数字材料(DM)：34μm；高质量(HQ)：16μm；高速(HS)：34μm
成形精度	对于小于 50mm 的模型最大为 85μm；对于全尺寸模型最大为 600μm(仅适用于刚性材料，视几何形状、建模参数和模型方向而定)

续表

打印文件输入格式	STL、OBJDF 和 SLC 文件
工作站兼容性	Windows7 64 位和 Windows8
网络连通性	LAN-TCP/IP
尺寸和重量	1960mm×2868mm×2102mm，2200kg
喷头	8 个；SHR(单个更换)
电源要求	230VAC 50/60Hz；8A 单相
操作环境	温度 18℃；相对湿度 30%～70%

Objet1000 Plus 3D 打印机的应用领域有：大型多彩色创意模型、多材料测试件、汽车行业、医疗模型、装配测试等。见图 5-10。

图 5-10　Objet1000 Plus 3D 打印机打印的成品

5.3.2　国内设备厂商及其设备

(1) 先临三维公司

先临三维公司成立于 2004 年，于 2014 年 8 月 8 日在新三板挂牌（830978），是中国 3D 数字化与 3D 打印第一股，致力于建设 3D 数字化与 3D 打印技术生态系统，业务领域涵盖 3D 扫描、3D 打印、3D 材料、3D 设计与制造服务、3D 网络云平台，在综合实力、销售规模、技术种类、服务保障能力等多方面均处于行业领先水平。

截至 2016 年 12 月 31 日，公司共有已授权和申请中的发明专利 104 项，授权实用新型专利 87 项，授权外观专利 46 项，软件著作权 62 项，总数超过 305 项。

EP-M250 3D 打印机（表 5-3、图 5-11）是最新发布的金属粉末材料 3D 打印机，在无需刀具和模具条件下可成形出任意复杂结构和接近 100%致密度的金属零件。

表 5-3　EP-M250 3D 打印机详细参数表

产品型号	EP-M250
激光器	光纤激光器 200W/400W
扫描系统	高精度扫描振镜
扫描速度	8m/s
成形尺寸	250mm×250mm×300mm
分层厚度	0.02～0.1mm
成形材料	不锈钢、钴铬合金、钛合金、高温镍基合金粉末
操作系统	Windows7
控制软件	Eplus 3D 打印软件系统
气体供给	Ar/N_2 保护
数据格式	STL 文件或其他可转换格式
电源与耗电功率	380V/6kW
设备外形尺寸	2500mm(L)×1000mm(W)×2100mm(H)
环境温度	工作温度 15～30℃

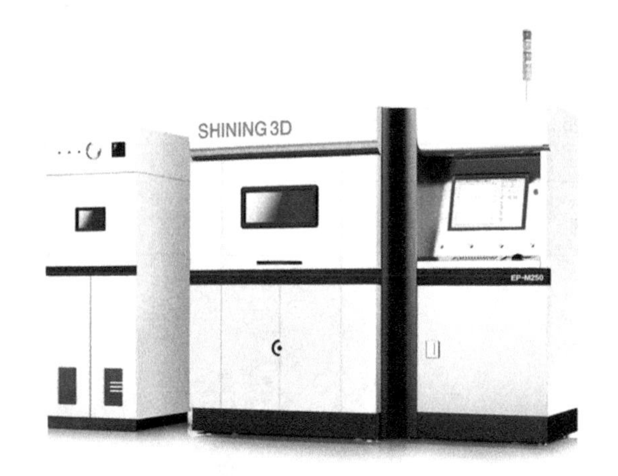

图 5-11　EP-M250 3D 打印机

图 5-12　EP-M250 3D 打印机打印的成品

① 采用激光选区熔化（SLM）技术　利用较小功率激光直接熔化单质或合金金属粉末材料，在无需刀具和模具条件下成形出任意复杂结构和接近 100%致密度的金属零件。

② 材料利用率高，降低成本　利用粉末材料叠层成形，材料利用率超过了 90%，特别适合于钛合金、镍合金等贵重和难加工金属零部件的成形制造。

③ 应用领域广泛　在航空航天、生物医疗、汽车制造、家用电器等领域具有广泛的应用前景。见图 5-12。

(2) 捷诺飞生物科技股份有限公司

杭州捷诺飞生物科技股份有限公司（Regenovo）成立于 2013 年 1 月，是一家专业提供生物医学领域 3D 打印技术综合解决方案的高科技企业，致力于开发面向生物医学领域的 3D 打印设备、材料和软件，为再生医学、组织工程、药物开发和医疗辅具等生物医学领域提供新的技术解决方案，为开发突破性的治疗手段提供技术可能。

公司入选为“中国 3D 打印技术产业联盟”副理事长单位、“浙江省 3D 打印技术产业联盟”副理事长单位、“浙江省转化医学学会”副理事长单位等。在 2014 年 10 月，捷诺飞公司荣获第三届中国创新创业大赛第三名。

Regenovo Bio-Architect®（表 5-4、图 5-13、图 5-14）是由先临三维旗下控股子公司捷诺飞生物科技有限公司研发生产的，是世界领先的生物 3D 打印机，能在用户自由设计或由医学影像数据重建的三维模型指导下，将生物材料/活细胞 3D 打印成形。具有打印生物材料种类多、对细胞损伤率低、打印精度高、集成度好的特点。采用模块化的高洁净性以保证设备简洁易操作，采用模块化设计的高扩展性以保证研究方案多样性。Regenovo Bio-Architect®可以用于科学研究、组织工程、新药创制和个性化医疗等多个领域的材料成形，使之具备自由设计的良好外形和复杂的内部微观结构，目前已使用过的材料种类包括活细胞、有机高分子材料、天然生物材料和无机材料等。

表 5-4　Regenovo Bio-Architect® 系列 3D 打印机参数

产品型号	Bio-Printer-Lite	Bio-Printer-Pro	Bio-Printer-WS
研究需求	单喷头打印， 高温或常温打印， 适合无机和高分子材料	双喷头设计、单喷头打印， 低温材料和高温材料， 支持多材料打印	多喷头切换系统，高温和低温， 精确的喷头校准系统， 适用于多材料打印
运动控制			
成形空间	160mm×160mm×150mm	160mm×160mm×150mm	170mm×170mm×150mm
成形速度	0～120mm/s	0～170mm/s	0～190mm/s
成形系统			
喷头切换	手动快速切换	手动快速切换	Regen-MTSTM 多喷头自动切换系统
打印喷头配置	高温喷头	高温/低温/光固化喷头	高温/低温/光固化喷头
针尖自动校准	不支持	需选配高级控制系统	标配
自动清洁系统	可选配	标配	标配

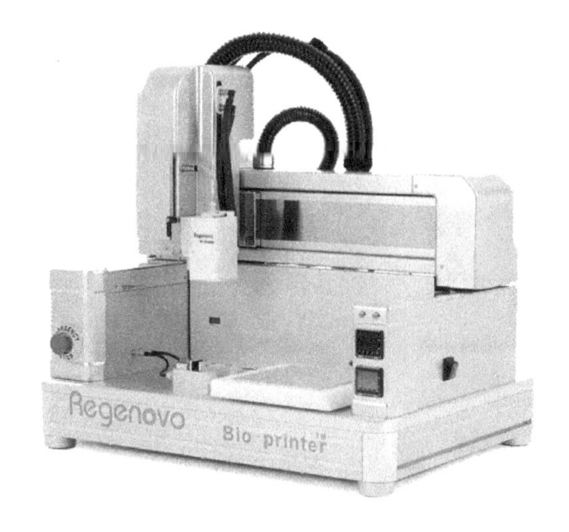

图 5-13　Regenovo Bio-Architect® 系列 3D 打印机

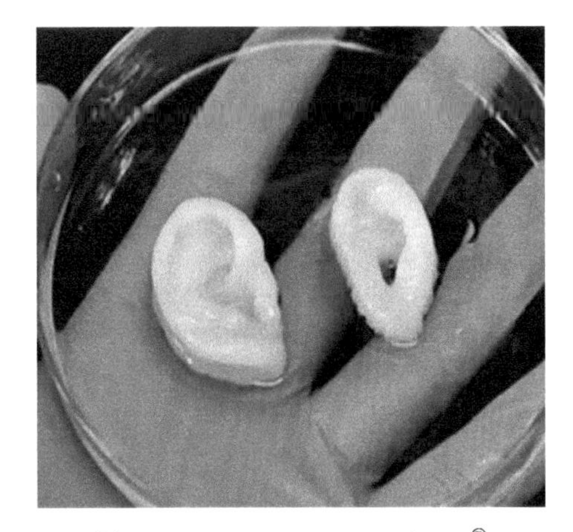

图 5-14　Regenovo Bio-Architect® 系列 3D 打印机打印的成品

典型材料有：胚胎干细胞（embryonic stem cell）、脂肪干细胞（adipose derived stem cell）、骨髓间充质干细胞（bone marrow stem cell）、肝细胞（liver cells）、肿瘤细胞（tumor cell）、聚乳酸（PLA）、乳酸-羟基乙酸共聚物（PLGA）、聚乙酸内酯（PCL）、羟基乙酸淀粉钠（sodium starch glycolate）、羟基丁酸酯-羟基戊酸酯共聚物（PHBV）、聚对二氧环已酮（PPDO）、明胶（gelatin）、藻朊酸盐（alginate）、纤维蛋白（fibrin）、胶原（collagen）、琼脂（agar）、聚氨基葡萄糖（chitosan）、丝素蛋白（silk fibroin）、羟基磷灰石（hydroxyapatite）、磷酸三钙（tricalcium phosphate）、珍珠质（nacre）。

5.4 喷射式 3D 打印技术展望

5.4.1 微滴喷射技术展望

微滴喷射应用的广泛性是基于其喷射材料的多样性，包括从墨水到水性溶液，到固体可熔金属，再到生物活性溶液。它主要应用于机械工程、微电子工程、医学等领域。

相对于减材料制造的增材料制造技术微滴喷射成形，通过将复杂的三维形体切片处理转化为简单的二维截面，即三维至二维的转化，无需模具，能有效解决材料对加工工具和模具的依赖性，使工件的成形大为简化，加工工艺周期减短，材料废弃量少，利用率高，成本降低。因其具有极大的柔性，理论上可以制造任何复杂形状、大小的物体，这是传统机械加工工艺所无法达到和实现的。采用三维微滴喷射成形能够及时、方便地制作原型件，特别是形状复杂的原型件。原型件的形状愈复杂，微滴喷射快速成形增材料加工技术的优势愈明显。如三维金属微构件、陶瓷模型、首饰蜡模、建筑模型。图 5-15 为采用三维打印技术打印的一些机械工程领域的模型和构件。

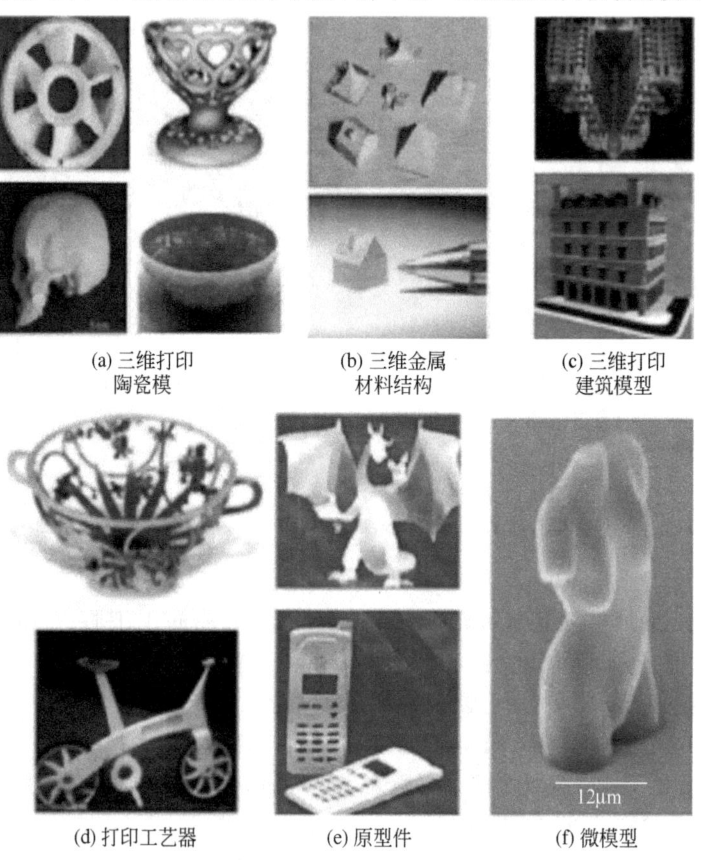

(a) 三维打印陶瓷模　(b) 三维金属材料结构　(c) 三维打印建筑模型

(d) 打印工艺器　(e) 原型件　(f) 微模型

图 5-15　微滴喷射在机械工程领域的应用

在微电子领域中，人们对电子产品的性能和质量也提出了更高的要求。电子元器件越来越趋于集成化、精密化和微型化，集成电路对半导体封装技术也提出了更高的要求。而流体点胶因其使用的流体材料种类多、黏度范围大且有喷射液滴小、定位精准性高、响应速度快等优势越来越广泛地被应用于微电子领域，如微电子制造、微电子封装。流体点胶技术在微元器件制造及微电子封装中的一些应用实例如图 5-16 所示。

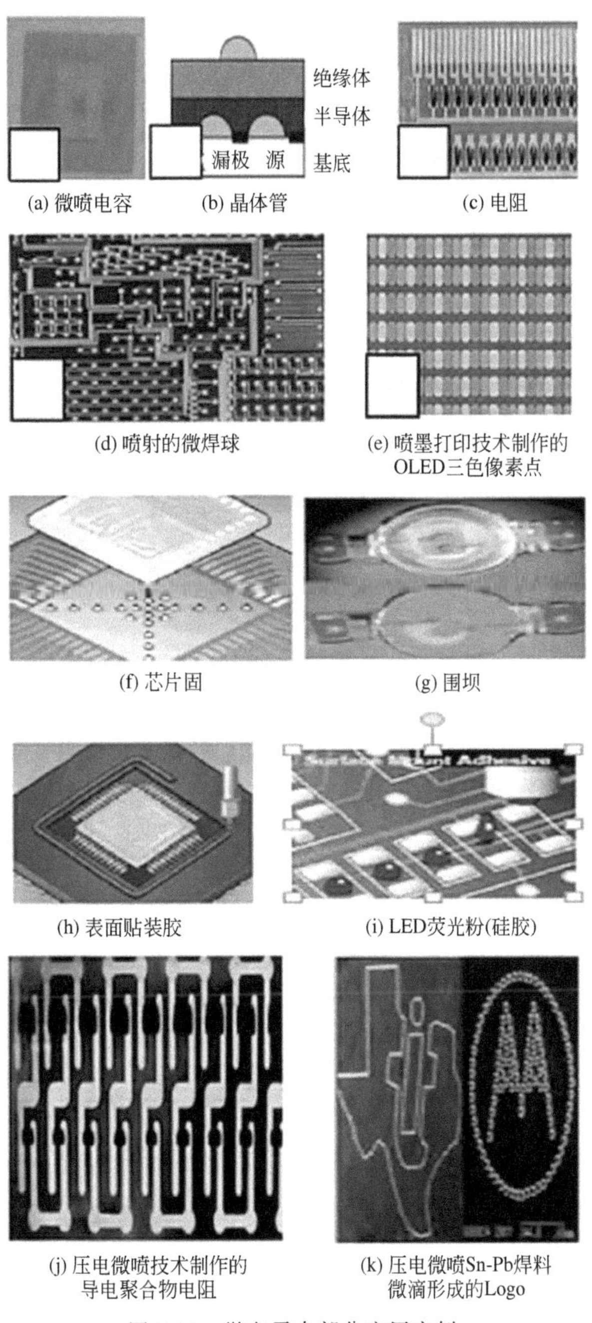

图 5-16　微电子中部分应用实例

在医学领域中，医疗设备、医疗药物和医疗技术的提高得到了广泛关注。在体外模仿构建具有一定生物功能的组织和结构，对于生产疫苗预防疾病、替代损伤组织恢复组织功能以及治疗疾病康复身体具有重要的意义。微滴喷射技术可用于无损伤微量地递送稀少药物，从而降低生产成本；也可用于遗传物质及临床应用的假体、可降解组织工程支架、含有细胞的三维结构体、微胶囊、精细生物支架、复杂器官的三维构建等。图 5-17 为喷墨打印技术在医疗领域的一些应用。

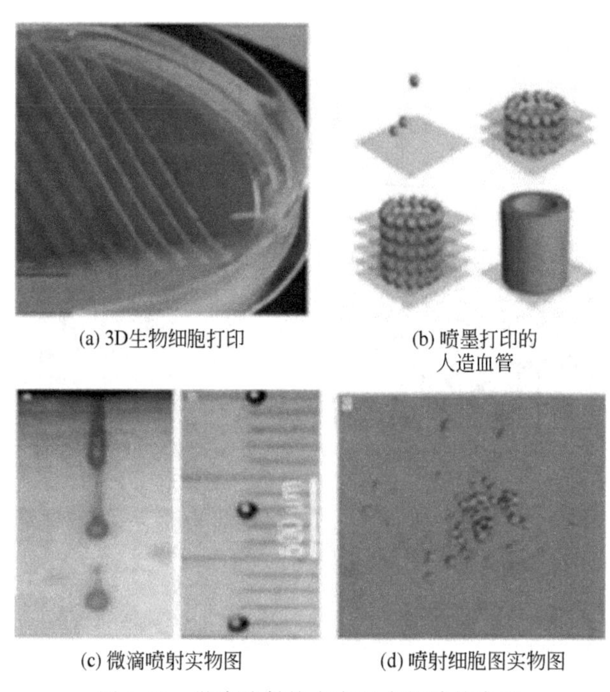

(a) 3D生物细胞打印　(b) 喷墨打印的人造血管

(c) 微滴喷射实物图　(d) 喷射细胞图实物图

图 5-17　微滴喷射技术在医疗领域的应用

基于微滴喷射的 3D 打印技术具有喷射材料范围广、无约束自由成形和无需昂贵专用设备等优点，是一种极具发展潜力的增材制造技术。目前，该技术已应用于金属件直接成形、微电子封装和焊球制备等领域，在非均质材料及其制件制备、结构功能一体化制造以及航空、航天等高技术领域也具有重要的应用前景。

然而，要进一步推进微滴喷射 3D 打印技术的应用和发展，尚需在以下几个方面开展深入研究。

① 面向不同应用领域的喷射沉积装备研究，特别是用于喷射不同高温金属材料喷射装置的开发。微滴稳定喷射沉积是该技术能否得到广泛应用的关键。由于不同金属材料的物性相差很大，为实现其稳定喷射，需在研究工艺参数对不同材料喷射过程影响规律的基础上，设计合适的喷射装置，开发出适用于不同金属材料喷射的柔性化 3D 打印装备。

② 非均质材料、梯度功能材料及其制件打印与控制系统研究。由于微滴喷射技术具有微量定点精确沉积的特点，在非均质材料、功能材料及其制件成形方面具有独特优势。传统均质材料喷射成形系统及其控制软件很难直接应用，因此，需要研究多材料喷射沉积机理及其控制方案，开发多喷头联动沉积系统、多材质材料/零件模型处理软件和轨迹规划算法，以实现依据用户需求而设计的非均质材料及制件的打印成形。

③ 结构功能一体化集成件喷射沉积打印机理、工艺与成形设备研究。实现结构性能和热、电、磁等特殊功能集成的结构功能一体化件的成形，需在研究不同材质打印、结合机理、集成方式的基础上，设计具有熔滴喷射沉积功能与异质组元添加功能的智能化柔性打印设备及其相应软件与控制系统。可以预见，该技术将随着高新技术的迅猛发展而发挥愈来愈重要的作用。

5.4.2 粉末喷射技术展望

① 在现有的金属增材制造方法中，激光束产生的高温会使部分成形材料温度超过过冷液态温区，导致部分材料晶化、翘曲变形，降低了非晶合金零件综合力学性能。需研究可解决非晶合金材料成形尺寸问题，拓宽材料应用领域，充分发挥非晶合金的性能优势的新工艺。

② 从装置结构上，设计可更换式喷头，完成不同材料的交替式多材料式喷射，实现非均质材料、梯度材料和功能性材料的增材制造。

5.5 喷射式3D打印技术发展趋势

(1) 成形技术和加工技术日趋精密化

① 成形精密化

a. 外形尺寸的精密化：即零件毛坯的生产正在从接近零件形状向直接制成零件的净成形方向发展。

b. 内部成分、组织性能的精密化：向近无缺陷方向发展，包括成分准确均匀、组织缜密、消除内部缺陷。根据国际机械加工协会预测，21世纪中期，快速成形与磨削加工相结合，将取代大部分中小零件的切削加工。

② 加工超精密、超高速化

a. 超精密加工：实现亚微米级加工，并正在向纳米级加工时代迈进，加工材料也由金属扩大到非金属。

b. 超高速切削：用于铝合金的切削速度已超过1600m/min，铸铁为1500m/min，钢为2000m/min，钛为800m/min，镍基合金为180m/min，能近十倍地提高加工效率和加工件的质量性能。

(2) 制造工艺、设备和工厂的柔性与可重性将成为制造业的显著特点

① 个性化需求和不确定的市场环境，使得制造资源的柔性和可重构性，将成为 21 世纪企业装备的显著特点。

② 先进的制造工艺、智能化的软件和柔性的自动化设备、柔性的发展战略，构成未来竞争的软、硬件资源。

(3) 虚拟制造技术和网络制造技术将广泛应用

① 虚拟制造技术：以计算机支持的仿真技术为前提，形成虚拟的环境、虚拟的制造过程、虚拟的产品、虚拟的企业，从而大大缩短产品开发周期，提高一次成功率。

② 网络制造技术：网络技术的高速发展使企业可以通过国际互联网、局域网和内部网完成世界上任何一地用户的订单而组建动态联盟企业，进行异地设计、异地制造，在最接近用户的生产基地制造成产品。

(4) 智能化、数字化是先进制造的发展方向

① 将智能化技术注入先进制造技术和产品，可使之具有“智慧”，能部分代替人的劳动。

② 将数字化技术用于制造过程，可大大提高制造过程的柔性和加工过程的集成性，从而提高工业生产过程的质量和效率，增强工业产品的市场竞争力。

③ 将数字化技术“融入”工业产品，可提高其性能，使之升级，以满足国民经济和人民生活日益增长的要求。

(5) 提高对市场快速反应能力的制造技术将超速发展和应用

瞬息万变的市场促使交货期成为竞争力诸因素中的首要因素。为此，许多与此有关的新观念、新技术在 21 世纪将得到迅速的发展和应用。其中有代表性的是：并行工程技术、模块化设计技术、快速原型成形技术、快速资源重组技术、客户化生产方式等。

(6) 信息技术在先进制造领域发挥越来越重要的作用

信息技术促进着设计技术的现代化；成形与加工制造的精密化、快速化、数字化；自动化技术的柔性化、集成化、智能化；整个过程的虚拟化、网络化、全球化，各种先进生产模式的发展，如 CIMS、并行工程、精益生产、敏捷制造、虚拟企业与虚拟制造，也无不以信息技术的发展为支撑。

(7) 企业面临管理创新

高速发展的信息和国际化及激烈的市场竞争环境，彻底动摇了 20 世纪的管理理论和管理方法，也改变了制造业的传统观念和生产组织方式，加速了现代管理理论的发展和创新。因此，全球正在兴起“管理革命”。在我国，管理的革新比技术和设备的革新更迫切、更重要。

参考文献

[1] 熊韩，焦志伟，迟百宏，刘晓军，杨卫民. 阀控式熔体微分 3D 打印机工作特性的研究. 中国塑料，2017，31 (07)：126-131.

[2] 肖渊，刘金玲，申松，陈兰. 织物表面微滴喷射打印沉积过程试验研究. 纺织学报，2017，38 (05)：

139-144.
[3] 申松，肖渊，张津瑞，刘金玲，吴姗.液滴喷射沉积中流场的数值模拟.西安工程大学学报，2017，31(01)：101-106.
[4] 张津瑞，肖渊，申松，刘金玲，吴姗.气动式微滴喷射控制系统的设计与实现.西安工程大学学报，2017，31(01)：95-100.
[5] 肖渊，蒋龙，陈兰，罗俊.微滴喷射打印银导线基础研究.功能材料，2016，47(11)：11231-11236.
[6] 张磊，朱云龙，程晓鼎，王驰远.纳米银均匀喷射过程的数值计算与仿真.机械设计与制造，2016，(10)：125-127，131.
[7] 解利杨，马润梅，迟百宏，焦志伟，杨卫民.工艺参数对聚合物熔体喷射成滴的影响.中国塑料，2016，30(08)：55-59.
[8] 顾守东，刘建芳，杨志刚，焦晓阳，江海，路崧.压电式锡膏喷射阀特性.吉林大学学报(工学版)，2017，47(02)：510-517.
[9] 刘羽.微量液滴压电式分配与图像监测实验平台研究.哈尔滨：哈尔滨工业大学，2016.
[10] 解利杨.高聚物熔体微滴喷射成型特性研究.北京：北京化工大学，2016.
[11] 魏宇婷.脉冲微孔液滴喷射沉积成型技术研究.大连：大连理工大学，2016.
[12] 杨洋.压电驱动式热溶胶喷射阀机理及实验研究.吉林：吉林大学，2016.
[13] 姜杰.基于三维打印的组织工程支架成型工艺及其性能研究.南京：南京师范大学，2016.
[14] 蒋龙.气动式双喷头喷射装置开发及银导线打印基础研究.西安：西安工程大学，2016.
[15] 钟宋义.均匀金属微滴气动按需喷射行为及表面形貌控制研究.西安：西北工业大学，2016.
[16] 张丹，肖渊，申松，蒋龙.微滴喷射碰撞沉积形态的数值模拟与分析.西安工程大学学报，2016，30(01)：112-117.
[17] 陈从平，黄杰光，王小云.基于正交试验设计的喷射式3D打印过程微滴可成形性研究.三峡大学学报(自然科学版)，2016，38(01)：93-96.
[18] 焦晓阳.压电式非接触喷射焊锡膏体机理及实验研究.吉林：吉林大学，2015.
[19] 解利杨，迟百宏，焦志伟，杨卫民.聚合物熔体微滴喷射装置设计.机械设计与制造，2015，(07)：55-57.
[20] 罗志伟，赵小双，罗莹莹，李志红.微滴喷射技术的研究现状及应用.重庆理工大学学报(自然科学)，2015，29(05)：27-32.
[21] 齐乐华，钟宋义，罗俊.基于均匀金属微滴喷射的3D打印技术.中国科学：信息科学，2015，45(02)：212-223.
[22] 未永，吕玉山.收缩管型压电微滴喷射理论分析与实验研究.压电与声光，2014，36(03)：476-479.
[23] 杨伟东，檀润华，颜永年，徐安平.基于微滴喷射技术的快速铸造方法探讨.铸造技术，2005，(01)：1-4.
[24] 魏大忠，张人佶，吴任东，周浩颖.压电微滴喷射装置的设计.清华大学学报(自然科学版)，2004，(08)：1107-1110.
[25] Mohammad Hassan Shojaeefard，Vahid Mousapour Khaneshan，Mohammad Reza Yosri，Mohammad Ali Ehteram，Ehsan Allymehr. Investigation of engine oil micro-droplets deposition using a round impinging jet. Journal of the Brazilian Society of Mechanical Sciences and Engineering，2016，38(3).
[26] Masaru Ishizuka，Shinji Nakagawa，Yoshio Ishimori，Koichiro Kawano. Experimental investigation on the behavior of a microdroplet jet. SPIE Optics East，2004.
[27] 齐乐华，蒋小珊，罗俊，侯向辉，李贺军.微滴沉积制造金属射流断裂状态的影响因素研究.Chinese Journal of Aeronautics，2010，23(04)：495-500.
[28] 罗小兵，李志信，过增元.一种新型无阀微泵的原理和模拟.中国机械工程，2002，15：1261-1263.

第 6 章
黏结剂喷射技术

6.1 黏结剂喷射技术的原理

黏结剂喷射（binder jetting）技术的发明要追溯到20世纪80年代末和90年代初，主要归功于麻省理工学院（MIT）的两个教授（Emanuel Sachs & Michael Cima）。起初这项技术的专利名称叫作"three-dimensional printing"，推测可能是由于黏结剂喷射的过程与普通家用喷墨打印机的过程极为相似，只是打印材料由纸变为了粉末，才有了这样一个名字。由于3D打印这个名字后来被广泛地用到了其他增材制造技术的身上，更多人选择使用ASTM标准所定制的名字——binder jetting，但这也导致一些人对这个名字感到陌生。然而，很快这种黏结塑料粉末的技术就不流行了，取而代之的是黏结砂子和金属。

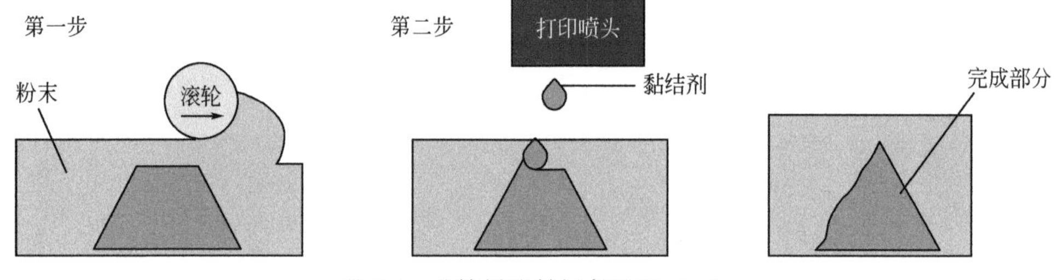

图 6-1　黏结剂喷射打印原理（一）

黏结剂喷射3D打印技术顾名思义是一种通过喷射黏结剂使粉末成形的增材制造技术[1]。和许多激光烧结技术类似，黏结剂喷射3D打印技术也使用粉床（powder bed）作为基础；但不同的是，该技术使用喷墨打印头将黏结剂喷到粉末里，从而将一层粉末在选择的区域内黏合，每一层粉末又会同之前的粉层通过黏结剂的渗透而结合为一体，如此层层叠加制造出三维结构的物体。也就是说，首先铺粉机构在加工平台上精确地铺上一薄层粉末材料，然后喷墨打印头根据这一层的截面形状在粉末上喷出一层特殊的胶水，喷到胶水的薄层粉末发生固化。然后在这一层上再铺上一层一定厚度的粉末，打印头按下一截面的形状喷胶水。如此层层叠加，从下到上，直到把一个零件的所有层打印完毕。然后把未固化的粉末清理掉，得到一个三维实物原型，成形精度可达0.09mm。具体打印过程如图6-1及图6-2所示。

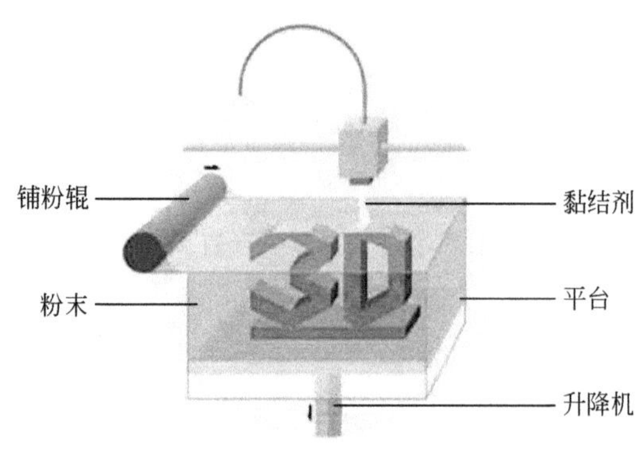

图 6-2　黏结剂喷射打印原理（二）

打印机打出的截面的厚度（即 z 方向）以及平面方向即 x-y 方向的分辨率是以dpi（像素每英寸）或者微米来计算的。一般的厚度为 100μm，即 0.1mm，也有部分打印机如 Objet 系列还有三维 Systems' Project 系列可以打印出 16μm 薄的一层。而平面方向则可以打印出跟激光打印机相近的分辨率。打印出来的黏结剂材料的直径通常为 50～100μm。用传统方法制造出一个模型通常需要数小时到数天，根据模型的尺寸以及复杂程度而定。而用三维打印的技术则可以将时间缩短为数个小时，当然其是由打印机的性能以及模型的尺寸和复杂程度而定的[2]。

黏结剂喷射 3D 打印技术可以用于高分子材料、金属、陶瓷材料的制造，当用于金属和陶瓷材料时，通过喷墨打印（inkjet printing）成形的原型件（green part）需要通过高温烧结（sintering）将黏合剂去除并实现粉末颗粒之间的融合与连接，从而得到有一定密度与强度的成品。这种技术将原本只能在成形车间才能进行的工艺搬到了普通办公室，增加了应用面。

6.2 黏结剂喷射技术的设计过程

6.2.1 黏结剂喷射的设计过程

① 三维黏结剂快速成形技术制作模型的过程与其他技术的三维快速成形技术类似。下面以三维黏结剂喷射快速成形技术在陶瓷制品中的应用为例，介绍黏结剂喷射的设计过程。

② 利用 CAD 系统（如 UG、Pro/E、I-DEAS、Solidworks 等）完成所需要生产的零件的模型设计，或将已有产品的二维三视图转换成三维模型；或在逆向工程中，用测量仪对已有的产品实体进行扫描，得到数据点云，进行三维重构[3]。

③ 设计完成后，在计算机中将模型生成 STL 文件，并利用专用软件将其切成薄片（三维模型的近似处理 由于产品上往往有一些不规则的自由曲面，加工前必须对其进行近似处理[4]。经过近似处理获得的三维模型文件称为 STL 格式文件，它由一系列相连空间三角形组成）。每层的厚度由操作者决定，在需要高精度的区域通常切得很薄。典型的 CAD 软件都有转换和输出 STL 格式文件的接口，但有时输出的三角形会有少量错误，需要进行局部修改。

④ 计算机将每一层分成适量数据，用以控制黏结剂喷头移动的走向和速度。三维模型的分层（slicing）处理由于 RP 工艺是按一层层截面轮廓来进行加工的，因此加工前须将三维模型上沿成形高度方向离散成一系列有序的二维层片，即每隔一定的间距分一层片，以便提取截面的轮廓。间隔的大小按精度和生产率要求选定。间隔越小，精度越高，但成形时间

越长。间隔范围为0.05～0.5mm，常用0.1mm，能得到相当光滑的成形曲面。层片间隔选定后，成形时每层叠加的材料厚度应与其相适应。各种成形系统都带有slicing处理软件，能自动提取模型的截面轮廓。

⑤ 用专用铺粉装置将陶瓷粉末铺在活塞台面上。

⑥ 用校平鼓将粉末铺平，粉末的厚度应等于计算机切片处理中片层的厚度。

⑦ 计算机控制的喷射头按照步骤③的要求进行扫描喷涂黏结，有黏结剂的部位，陶瓷粉末黏结成实体的陶瓷体，周围无黏结的粉末则起支撑黏结层的作用。

⑧ 计算机控制活塞使之下降一定的高度（等于片层厚度），打印过程如图6-3所示。

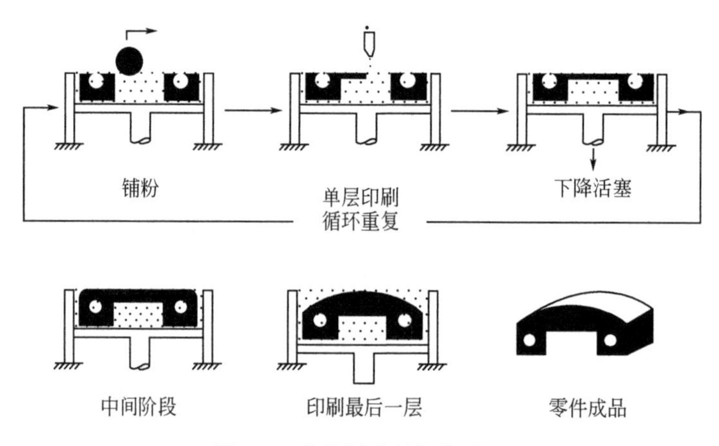

图6-3　黏结剂喷射打印过程

⑨ 重复步骤⑥～⑨四步，一层层地将整个零件坯体制作出来。

取出零件坯体，去除黏结剂的粉末，并将这些粉末回收。

⑩ 对零件坯体进行后续处理，在温控炉中进行焙烧，焙烧温度按要求随时间变化。后续处理的目的是为了保证零件有足够的机械强度和耐热强度。

6.2.2　黏结剂喷射技术的设计参数

① 三维黏结剂喷射快速成形技术的基本设计参数　包括：喷头到粉末层的距离，粉末层厚度，喷射的扫描速度，辊子的运动参数，每层间隔时间等。当制件精度及强度要求较高时，层厚度应取较小值。黏结剂与粉末空隙体积比即为饱和度，其程度取决于层厚、喷射量以及扫描速度的大小，对制作件的性能和质量具有较大的影响。喷射与扫描速度应根据制作件的精度与质量以及时间的要求与层厚度等因素综合考虑。

② 成形速度　三维黏结剂喷射快速成形技术的成形速度受黏结剂喷射量的限制。典型的喷嘴以$1cm^3/min$的流量喷射黏结剂，若有100个喷嘴，则模型制作速度为$200cm^3/min$。美国麻省理工学院开发了两种形式的喷射系统：点滴式与连续式。点滴式喷嘴系统的成形速度已经达到了每层仅用5s的时间（每层面积为0.5m×0.5m），而连续式则达到每层0.025s的时间。

③ 成形精度　三维黏结剂喷射快速成形技术制作的模型精度由两个方面决定：一是喷涂黏结剂时制作的模型坯体的精度；二是模型坯体经过后续处理（焙烧）后的精度。

6.3 黏结剂喷射的技术工艺

6.3.1 黏结剂喷射技术的工艺流程

喷墨打印头将黏结剂喷到粉末里，从而将一层粉末在选择的区域内黏合，每一层粉末又会同之前的粉层通过黏结剂的渗透而结合为一体。上一层黏结完毕后，成形缸下降一个距离（等于层厚：约为0.013～0.1mm），供粉缸上升一高度，推出若干粉末，并被铺粉辊推到成形缸，铺平并被压实。喷头在计算机控制下，按下一建造截面的成形数据有选择地喷射黏结剂建造层面。铺粉辊铺粉时多余的粉末被集粉装置收集。如此周而复始地送粉、铺粉和喷射黏结剂，最终完成一个三维粉体的黏结，黏结剂喷射3D打印技术工艺流程图如图6-4所示。未被喷射黏结剂的地方为干粉，在成形过程中起支撑作用，且成形结束后，比较容易去除。

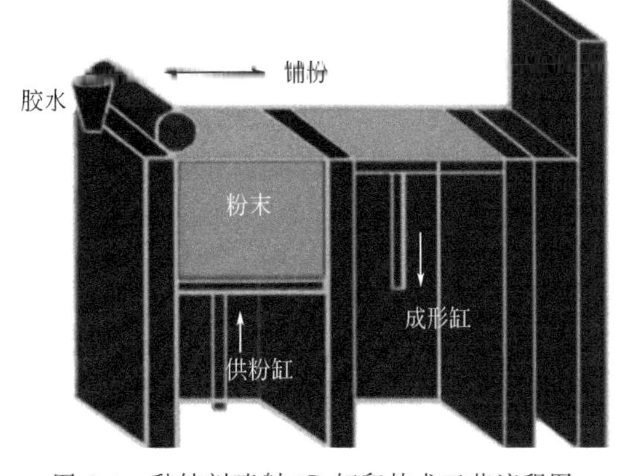

图6-4　黏结剂喷射3D打印技术工艺流程图

黏结剂喷射3D打印技术是最早出现的可以用于金属和陶瓷材料增材制造的技术之一。如今在众多金属激光或电子束烧结的3D打印机主导市场的情况下，黏结剂喷射3D打印机虽然占有市场份额较小，但却依然在金属增材制造中扮演着重要的角色。然而也经常有声音质疑，在激光烧结等技术愈发成熟的情况下，黏结剂喷射3D打印技术是否还有竞争力，还是应该遭到淘汰。黏结剂喷射3D打印技术具备的一些特点导致这项技术很好地弥补了一些其他技术的不足，并填补了金属增材制造的一些空白，因此很有价值。

6.3.2 黏结剂喷射的后处理过程

打印过程完成之后，需要一些后续处理措施来达到加强模具成形强度及延长保存时间的目的，其中主要包括静置、强制固化、去粉、包覆等。

打印过程结束之后，需要将打印的模具静置一段时间，使得成形的粉末和黏结剂之间通过交联反应、分子间作用力等作用固化完全，尤其是对于以石膏或者水泥为主要成分的粉末。成形的首要条件是粉末与水之间作用硬化，之后才是黏结剂部分的加强作用，一定时间的静置对最后的成形效果有重要影响[5]。

当模具具有初步硬度时，可根据不同类别用外加措施进一步强化作用力，例如通过加热、真空干燥、紫外光照射等方式。此工序完成之后所制备模具具备较强硬度，需要将表面其他粉末除去，用刷子将周围大部分粉末扫去，剩余较少粉末可通过机械振动、微波振动、不同方向风吹等除去。也有报道将模具浸入特制溶剂中，此溶剂能溶解散落的粉末，但是对固化成形的模具不能溶解，可达到除去多余粉末的目的。对于去粉完毕的模具，特别是石膏基、陶瓷基等易吸水材料制成的模具，还需要考虑其长久保存问题，常见的方法是在模具外面刷一层防水固化胶，增加其强度，防止因吸水而减弱强度。或者将模具浸入能起保护作用的聚合物中，比如环氧树脂、氰基丙烯酸酯、熔融石蜡等，最后的模具可兼具防水、坚固、美观、不易变形等特点。

6.3.3 黏结剂喷射工艺的技术优势

① 黏结剂喷射 3D 打印技术可选择的材料种类很多，并且开发新材料的过程相对简单。由于黏结剂喷射 3D 打印技术的成形过程主要依靠黏合剂和粉末之间的黏合，因此众多材料都可以被黏合剂黏成形。同时，在传统粉末冶金中可以烧结的金属和陶瓷材料又有很多，因此很多材料都具备可以使用黏结剂喷射 3D 打印技术制造的潜力。同时黏结剂喷射 3D 打印技术的打印机可以具有很大的材料选择灵活性，不需要为材料而改变设备或者主要参数。目前可以使用黏结剂喷射 3D 打印技术直接制造的金属材料包括多种不锈钢、铜合金、镍合金、钛合金等。

② 黏结剂喷射 3D 打印技术适合制造一些使用激光或电子束烧结（或熔融）有难度的材料。例如，一些材料有很强的表面反射性从而很难吸收激光能量或对激光波长有严格的要求；再如一些材料导热性极强，很难控制熔融区域的形成，从而影响成品的品质。而这些材料在黏结剂喷射 3D 打印的应用中都成功避免了。

③ 与激光烧结等属于粉末床熔融范畴的金属制造技术相比，黏结剂喷射 3D 打印技术虽然具有粉床，但却没有粉床熔融的过程，而是将粉末的三维成形过程与金属烧结的过程相剥离。由此带来的最大的好处就是黏结剂喷射 3D 打印技术的成形过程中不会产生任何残余应力，因此，黏结剂喷射 3D 打印技术便可完全通过粉床来支撑悬空结构，而不需要任何额外的支撑结构，也不需要在打印过程中将整个零件固定（anchor）在粉末底部的基座上，这一点和 SLS 很相似。这就意味着黏结剂喷射 3D 打印技术中的结构设计具备了更大的自由度，不受其他金属增材制造中常见的支撑材料去除对结构复杂度的限制。打印完成后的结构也省去了去除支撑材料这个复杂的过程。

④ 黏结剂喷射 3D 打印技术非常适合用于大尺寸的制造和大批量的零件生产。由于黏结剂喷射 3D 打印技术的打印机不需要被置于一个密封空间中，而且喷头相对便宜，从而在不

大幅增加成本的基础上可以制造具有非常大尺寸的粉床和大尺寸的喷头。外加喷头可以进行阵列式（2D array）扫描而非激光点到点的扫描（raster scan），因此进行大尺寸零件打印时打印速度也是可以接受的，并且可以通过使用多个喷头而进一步提高速度。例如，ExOne公司用于铸造模具打印的Exerial打印机就具有2.2m×1.2m×0.7m的制造尺寸。Voxeljet公司甚至通过一种倾斜式粉床的设计从而可以制造在一个维度上无限延伸的零件，Voxeljet VXC 800 3D打印机连续成形过程如图6-5所示。

⑤ 黏结剂喷射3D打印技术可以得到高精度的零件。例如Hoganas公司的产品具有很高的精度和光滑度（经过处理后），可以做非常精致的首饰品。使用黏结剂喷射技术打印出的首饰品如图6-6所示。

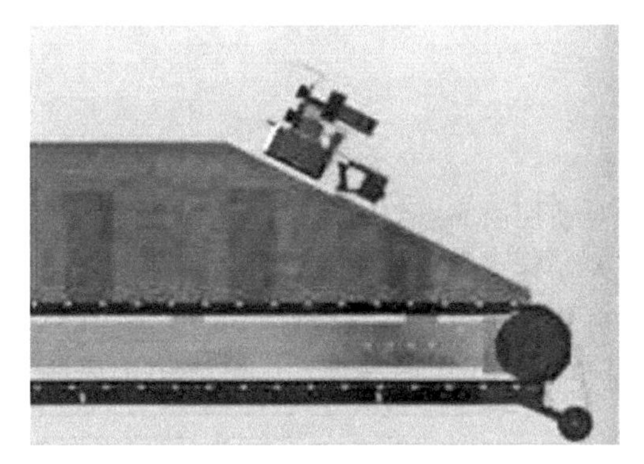
图6-5　Voxeljet VXC 800 3D打印机连续成形过程

图6-6　黏结剂喷射的首饰品

⑥ 黏结剂喷射3D打印技术的设备成本相对低廉，比起动辄百万美元级的金属3D打印机，黏结剂喷射3D打印技术的打印机售价则低很多。

6.3.4　黏结剂喷射工艺的技术限制

以上说了黏结剂喷射3D打印技术的优势所在，当然这项技术也存在一些不足。

① 这当中最主要的当属直接制造金属或陶瓷材料时的低密度问题。与金属喷射铸模（metal injection molding）或挤压成形（die pressing）等粉末冶金工艺相比，黏结剂喷射3D打印技术成形的初始密度（green density）较低，因此最终产品经过烧结后密度也很难达到100%。尽管这种特性对于一些需要疏松结构的应用有益处（如人造骨骼，自动润滑轴承等），但对于多数要求高强度的应用却是不令人满意的。但是在借助一些后处理的手段情况下，很多金属材料还是可以达到100%的密度的。

② 黏结剂喷射3D打印技术中先打印成形之后再烧结的烦琐过程与很多直接成形的金属增材制造技术相比经常受到诟病，而且整个流程耗时较长。因此当制造小批量的零件时黏结剂喷射3D打印技术在耗时上与其他技术相比就没有优势。

总之，黏结剂喷射3D打印技术作为一项虽然目前不是很主流的金属增材制造技术，但却因为以上提到的特点而在一些领域极具竞争力，当然这项技术的一些自身不足也限制了其更广泛的应用。通过对黏结剂喷射3D打印技术的长时间的研究，对这项技术的前景非常看好，并且期待有新的技术进步会将黏结剂喷射3D打印技术的特点更加发扬光大。世界上没有所谓的最好的增材制造技术，关键是如何将各项技术各取所长并应用在最合适的领域上。

6.4 黏结剂喷射的材料

黏结材料三维打印成形技术的原理和工作过程是使用喷头喷出黏结剂，选择性地将粉末材料黏结起来。由于设备原料采用粉末材料，不需要制作支撑，成本远远低于其他的快速成形技术，是其他快速成形技术的一半以上；它可以制作出具有石膏、塑料、橡胶、陶瓷等原料属性的产品模型。不仅可以制作概念模型，而且可以制作产品模型，广泛应用于成形工业、建筑设计、医用器械制备、汽车等方面[6]。

黏结剂喷射3D打印技术可选择的材料种类很多，并且开发新材料的过程相对简单。由于黏结剂喷射3D打印技术的成形过程主要依靠黏合剂和粉末之间的黏合，因此众多材料都可以被黏合剂黏成形。同时，在传统粉末冶金中可以烧结的金属和陶瓷材料又有很多，因此很多材料都具备可以使用黏结剂喷射3D打印技术制造的潜力[7]。

用于打印头喷射的黏结剂要求性能稳定，能长期储存，对喷头无腐蚀作用，黏度低，表面张力适宜，以便按预期的流量从喷头中挤出。且不易干涸，能延长喷头抗堵塞时间，低毒环保等。液体黏结剂分为以下几种类型：本身不起黏结作用的液体，本身会与粉末反应的液体及本身有部分黏结作用的液体。本身不起黏结作用的黏结剂只起到为粉末相互结合提供介质的作用，其本身在模具制作完毕之后会挥发到几乎不剩下任何物质，对于本身就可以通过自反应硬化的粉末适用，此液体可以为氯仿、乙醇等。对于本身会参与粉末成形的黏结剂，如粉末与液体黏结剂的酸碱性的不同，可以通过液体黏结剂与粉末的反应达到凝固成形的目的。

而目前最常用的是以水为主要成分的水基黏结剂，对于可以利用水中氢键作用相互连接的石膏、水泥等粉末适用，黏结剂为粉末相互结合提供介质和氢键作用力，成形之后挥发。或者是相互之间能反应的，如以氧化铝为主要成分的粉末，可通过酸性黏结剂的喷射反应固化。对于金属粉末，常常是在黏结剂中加入一些金属盐来诱发其反应。对于本身不与粉末反应的黏结剂，还有一些是通过加入一些起黏结作用的物质实现，通过液体挥发，剩下起黏结作用的关键组分。其中可添加的黏结组分包括聚乙烯醇缩丁醛树脂、聚氯乙烯、聚碳硅烷、聚乙烯吡咯烷酮以及一些其他高分子树脂等。选择与这些黏结剂相溶的溶液作为主体介质可应用，虽然根据粉末种类不同可以用水、丙酮、醋酸、乙酰乙酸乙酯等作为黏结剂溶剂，但目前均以水基黏结剂报道较多。

如前所述，要达到液体黏结剂所需条件，除了主体介质和黏结剂外，还需要加入保湿剂、快干剂、润滑剂、促凝剂、增流剂、pH 调节剂及其他添加剂（如染料、消泡剂）等，所选液体均不能与打印头材质发生反应。加入的保湿剂如聚乙二醇、丙三醇等可以起到很好的保持水分的作用，便于黏结剂长期稳定储存。可加入一些沸点较低的溶液如乙醇、甲醇等来增加黏结剂多余部分的挥发速度，另外，丙三醇的加入还可以起到润滑作用，减少打印头的堵塞。对于一些以胶体二氧化硅或类似物质为凝胶物质的粉末，可加入柠檬酸等促凝剂强化其凝固效果。添加少量其他溶剂（如甲醇等）或者通过加入分子量不同的有机物可调节其表面张力和黏度以满足打印头所需条件。

表面张力和黏度对打印时液滴成形有很大影响，合适的形状和液滴大小直接影响打印过程成形精度的好坏。为提高液体黏结剂流动性，可加入二乙二醇丁醚、聚乙二醇、硫酸铝钾、异丙酮、聚丙烯酸钠等作为增流剂，加快打印速度。另外，对于那些对溶液 pH 值有特殊要求的黏结剂部分，可通过加入三乙醇胺、四甲基氢氧化铵、柠檬酸等调节 pH 为最优值。加入百里酚蓝指示，以保持黏结剂条件的最优化。对打印头液滴的形状也有影响，挥发剩下的物质还可以起到一定的固化作用。另外，出于打印过程美观或者产品需求，需要加入能分散均匀的染料等。要注意的是，添加助剂的用量不宜太多，质量分数一般小于 10%，助剂太多会影响粉末打印后的效果及打印头的力学性能。

6.4.1 黏结剂喷射石膏打印

使用石膏（plaster）作为主要的材料，依靠石膏和以水为主要成分的黏合剂之间的反应而成形。与 2D 平面打印机在打印头下送纸不同，3D 黏结剂喷射打印机是在一层粉末的上方移动打印头，并打印横截面数据。彩色 3D 黏结剂喷射打印机打印成形的样品模型与实际产品具有同样丰富的色彩，如图 6-7 所示。因为石膏成形品十分易碎，因此后期还可采用“浸渍”处理，比如采用盐水或加固胶水，使之变得坚硬。

图 6-7　黏结剂喷射彩色石膏打印

黏结剂喷射石膏打印的优点有：

① 无须激光器等高成本元器件。成形速度非常快（相比于 FDM 和 SLA），耗材很便宜，一般的石膏粉都可以。

② 成形过程不需要支撑，多余粉末的去除比较方便，特别适合于做内腔复杂的原型。

③ 此技术最大的优点是能直接打印彩色，无须后期上色。目前市面上打印彩色人像基本采用此技术。

黏结剂喷射石膏打印的缺点有：

① 石膏强度较低，只能做概念型模型，而不能做功能性试验。

② 因为是粉末黏结在一起，所以表面手感稍有些粗糙。

6.4.2 黏结剂喷射陶瓷打印

这项技术将黏结剂通过打印喷头喷射到陶瓷粉末上，用来将粉末颗粒黏结在一起，打印的成品如图 6-8 所示。然而，根据有限的文献报道，这种技术产生的陶瓷致密度并不高。可能的解释是其受到了粉末铺设的密度的限制。黏结剂喷射技术成形的陶瓷坯体由松散的粉末黏结在一起，密度比较低，很难直接烧结，一般采用后处理工艺使其致密化烧结[8]。

(a) 结构陶瓷制品

(b) 注射模具

图 6-8 采用黏结剂喷射制作的结构陶瓷制品和注射模具

1993 年，Yoo 等最早采用黏结剂喷射的方法成形陶瓷坯体，成形后陶瓷坯体的致密度只有 33%～36%，通过对陶瓷坯体进行等静压处理，可获得致密度达到 99.2%的氧化铝陶瓷件，其弯曲强度为 324MPa。翁作海等以硅粉为原料、糊精为黏结剂制备了多孔氮化硅陶瓷，该工艺首先采用 3DP 技术制备出多孔硅坯体，然后经氮化烧结处理后，获得了孔隙率高达 74%、弯曲强度为 5.1MPa 的多孔氮化硅陶瓷，烧结后陶瓷件的线收缩率比较小，不到 2%，打印时如图 6-9 所示。

图 6-9 黏结剂陶瓷制品打印

美国麻省理工学院 Teng 等采用 3DP 技术制备了 ZTA 陶瓷件，通过将 ZrO_2 颗粒选择性添加到 Al_2O_3 的基体上，得到成分梯度变化的试样，烧结后 t-ZTA 陶瓷的弯曲强度为 670MPa，断裂韧性为 $4MPa \cdot m^{1/2}$，陶瓷部件的性能与传统方法制得的 ZTA 陶瓷性能类似。W. Sun 等采用 3DP 技术制备的孔隙率高达 50%的 $AETi_3SiC_2$ 陶瓷件。Nahum Travitzky 等以氧化铝为原料、糊精为黏结剂，采用黏结剂喷射技术制备了多孔氧化铝预制体，陶瓷的孔隙率可通过调整浆料的固相含量控制，料浆的固相含量为 33%～44%（体积分数）时，成形坯体弯曲强度的范围为 4～55MPa，1600℃烧结后氧化铝陶瓷的收缩率为 17%，通过对烧结后坯体与 Cu-O 合金在 1300℃进行浸渗处理，复合材料的断裂韧性可达到 (5.5±0.3) $MPa \cdot m^{1/2}$，弯曲强度为 (236±32)MPa。

6.4.3 黏结剂喷射新型材料打印

尽管黏结剂喷射打印技术已经获得很广泛的应用，但是黏结剂技术当前还不是非常成熟，存在设备成本投入高、生产效率较低、成形产品综合质量差强人意等不足；其中黏结剂喷射打印材料的稀缺是制约黏结剂喷射技术应用和发展的最主要瓶颈之一。

目前适合黏结剂喷射打印材料种类非常有限，多为一些具备某些特殊性质的塑料、金属、石膏以及光敏树脂等材料。它们的成本不仅比较高昂，而且制造精度、复合强度以及质感都有所欠缺，严重制约了黏结剂喷射技术的应用和发展。其中，黏结剂喷射打印材料一般包括实体成形的粉末材料和黏结材料（黏结材料一般是胶黏作用的黏结溶液）。现有用于黏结剂喷射打印实体成形的塑料一般是经过化学结构改性的丙烯腈-丁二烯-苯乙烯塑料、聚乳酸树脂以及聚对苯二甲酸乙二酯等，由它们经黏结剂喷射技术打印成形的产品不仅硬度较高，容易破损，而且黏结强度较低，比较容易发生脱层的现象，同时成形精度不高，微小构造难以被高清晰地打印出来，所以研发新型的黏结剂喷射打印材料已经迫在眉睫。

德国 Additive Elements 公司近日推出了一款适用于黏结剂喷射的三维快速成形技术的新材料 AE12。该材料是以丙烯酸为主要成分的塑料，最大亮点就是打印件孔隙率很低，十分坚固耐用，可以直接使用。

“我们不奢望 AE12 的三维快速成形件能用于极端的机械应用，但我们仍认为这种质密的材料是黏结剂喷射 3D 打印技术的一大进步。” Additive Elements 公司表示：“另外，它还能被回收再利用从而减少浪费，最大限度帮助企业降低成本。” Additive Elements 公司表示，虽然 AE12 是他们专为 Voxeljet 公司的黏结剂喷射三维打印机开发的，但它其实也能用于其他同类型设备。AE12 的 Beta 测试已经于 2017 年中旬开始了，测试之后便会正式上市。用新材料 AE12 黏结剂喷射打印的制作件如图 6-10 以及图 6-11 所示。

图 6-10　黏结剂新材料制品打印（一）

图 6-11　黏结剂新材料制品打印（二）

除了黏结剂喷射石膏打印、黏结剂喷射陶瓷打印，还有其他的黏结剂喷射技术，比如黏结剂喷射砂型铸造[9]、黏结剂喷射金属打印（如图 6-12 所示）、黏结剂喷射高分子化合物（例如：橡胶、塑料等）打印[10]、黏结剂喷射玻璃打印等等，采用的都是类似的原理，只不过选择的原材料不同。

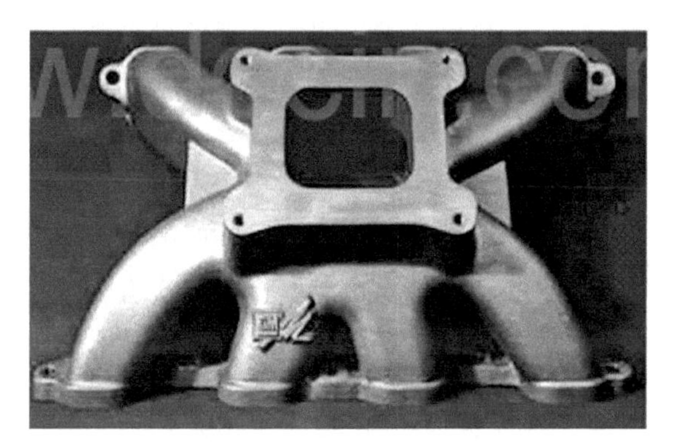

图 6-12　黏结剂金属制品打印

6.5 黏结剂喷射技术的设备

黏结剂喷射成形系统的关键部件——黏结剂喷嘴。

喷嘴的作用就是把黏结剂以微粒的形式准确地喷在铺平的粉末表面上。成形过程中的成形速度、成形物体的尺寸、误差控制、成形物体的表面质量等各方面都与喷嘴有很大的关系。喷嘴的喷射效率由喷嘴的数量决定。成形的速度、喷嘴内径的大小，影响喷射出的黏结剂微粒的大小从而影响“基本体”的尺寸。喷嘴的状况决定着黏结剂微粒喷射出时的方向，影响黏结剂微粒在粉末材料表面的定位精度。

从喷嘴工作的形式上看，有间断式喷嘴和连续式喷嘴两种。间断式喷嘴一次只能喷射一粒黏结剂微粒，而连续式喷嘴则能一直喷射，喷出的黏结剂形成一条线。间断式喷嘴由于易于控制而表现出较好的性能。间断式喷嘴可根据其工作原理的不同而分成气泡式和压电式两种。气泡式喷嘴靠加热使黏结剂汽化膨胀而将喷嘴内的黏结剂喷出来，压电式喷嘴由于黏结剂受热后容易凝结堵住喷嘴，使喷嘴不能正常工作。相对而言，压电式喷嘴控制简单且不易堵塞，表现出较好的特性。

如图 6-13(a) 所示，在圆片式压电晶体的两面镀有一层薄的金属作为两个电极，将圆片

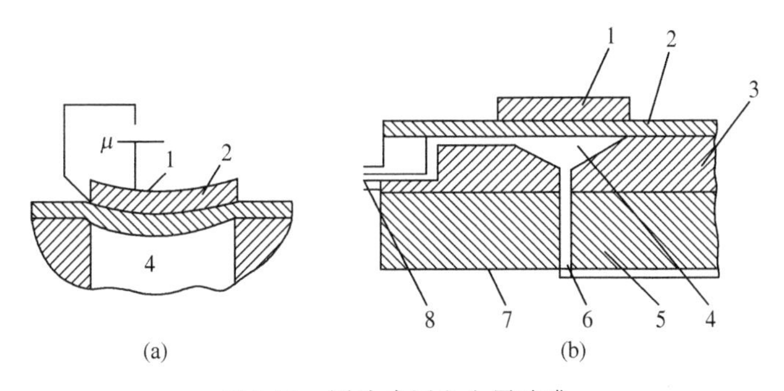

图 6-13 圆片式压电金属喷嘴

1—压电片；2—薄膜；3—基底；4—腔室；5—喷嘴；6—喷孔；7—底面；8—黏结剂进口

贴在金属薄膜上，此金属薄膜直接与黏结剂接触。在电极上加电压脉冲 μ 时，圆片式压电晶体即在垂直于电场方向发生变形，但平行于电场方向的变化很小，可忽略不计。由于垂直于电场方向的变形使金属薄膜向液体腔弯曲，因而在液体腔中产生压力将一粒黏结剂微粒挤出。

图 6-13(b) 为一种带圆片压电晶体的喷嘴结构的剖面图。金属薄膜和粘在其上的压电晶体一起固定在金属板上。在此板上有一个锥形液体腔和液体通道。黏结剂即从此处进入液体腔。与金属相连的是塑料零件，其上有通道与喷嘴板上的喷嘴相连。为了更好地形成黏结剂微粒并防止气泡进入黏结剂中，采用锥形液体腔结构，并且让黏结剂从顶部切向进入液体腔，这样有利于将气泡从喷嘴中赶出来。如图 6-14 所示。

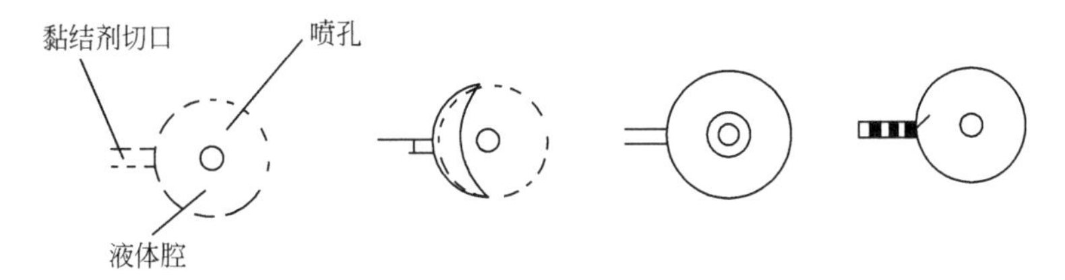

图 6-14 黏结剂切向进入液体腔挤出空气

压电晶体的固有频率是影响微粒形成频率的因素之一，且对微粒形成的状态也有影响。固有频率很低时，柱形液流的缩颈很迟才发生，这样微粒形成的位置距喷嘴较远，形成微粒的体积也较大，其直径远大于喷嘴的直径，而且黏结剂较长时间地湿润嘴孔。若喷孔为非旋转对称湿润，则微粒偏转的可能性增大，固有频率增加时，缩颈将较早地发生。此时，所形成的微粒直径和湿润时间都将减小，这样，即使喷嘴孔口为非旋转对称湿润，微粒偏转的可能性也将大为减小。尽管如此，由于液体还可能与周围环境中的尘埃接触，同样会引起非旋转对称湿润和微粒偏转。故而必须设计一种特殊形状的喷嘴，以避免上述不良现象发生。

6.5.1 黏结剂喷射技术的工业设备

三维打印成形（three dimensional printing，3DP），又称为喷墨粘粉式技术、黏结剂喷射成形，美国材料与测试协会增材制造技术委员会（ASTM F42）将3DP的学名定为黏结剂喷射（binder jetting）。黏结剂喷射技术由美国麻省理工学院1989年提交专利申请，1993年被授权专利。1995年，麻省理工学院把黏结剂喷射技术授权给Z Corporation公司进行商业应用。Z Corporation公司在得到黏结剂喷射技术的授权后，自1997年以来陆续推出了一系列黏结剂喷射打印机，后来该公司被3D Systems收购，并被开发成为3D Systems的Color Jet系列打印机，黏结剂喷射技术打印设备的内部构造图如图6-15所示。

图6-15　黏结剂喷射技术打印机的内部构造

黏结剂喷射打印技术使用的原材料主要是粉末材料，如陶瓷、金属、石膏、塑料粉末等。利用黏结剂将每一层粉末黏合到一起，通过层层叠加而成形。与普通的平面喷墨打印机类似，在黏结粉末材料的同时，加上有颜色的颜料，就可以打印出彩色的东西了，Z Corporation公司于2005年推出的世界第一台彩色3D打印机Spectrum Z510，如图6-16所示。黏结剂喷射打印技术是目前比较成熟的彩色3D打印技术，其他技术一般难以做到彩色打印[11]。和许多激光烧结技术类似，黏结剂喷射打印也使用粉末床（powder-bed）作为基础，但不同的是，黏结剂喷射打印使用喷墨打印头将黏合剂喷到粉末里，而不是利用高能量激光来熔化烧结。

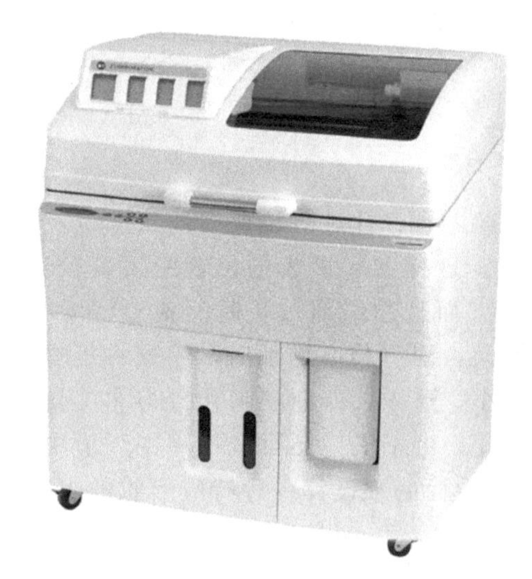

图6-16　Z Corporation公司于2005年推出的世界第一台彩色3D打印机Spectrum Z510

黏结剂喷射打印的设备根据打印材料的不同，也有很多种类。例如图6-17所示，此黏结剂喷射打印设备是Z Corporation公司的一款产品，是以淀粉掺蜡或环氧树脂为粉末原料的打印设备，打印出的成品也如图6-17所示。

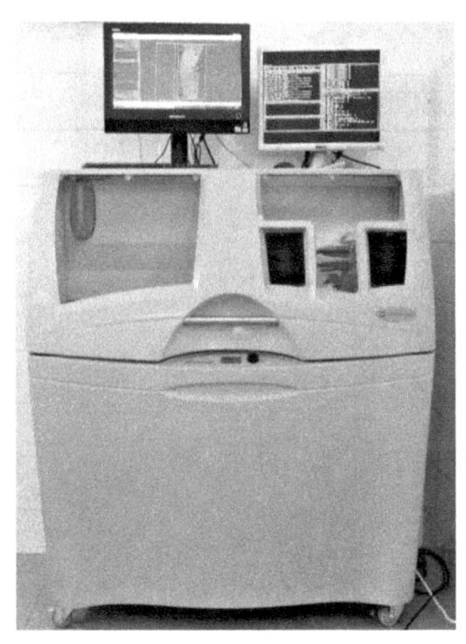

图 6-17　Z Corporation 的黏结剂喷射打印设备及产品

6.5.2 黏结剂喷射技术的设备研发

2014 年，荷兰工程师 Yvo de Haas 开发出了一种开源的、基于黏结剂喷射原理的三维打印机（如图 6-18 所示），他称之为 B 计划（plan B）。

图 6-18　开源的黏结剂喷射技术打印机

plan B 使用标准的三维打印件、电子电路、现成的喷墨组件和激光切割铝合金框架。据了解，plan B 主要使用基于黏结剂喷射技术的特殊打印用石膏粉以及相应的黏结剂进行打印。打印完毕后，打印机还会利用热量强化三维打印出来的模型。打印后模型需要小心取出，清除附着的粉末，使用蘸蜡、环氧树脂或 CA 胶对其进行渗透并固化它，打印过程如图 6-19 所示。这个过程说起来就像那些昂贵工业级 3D 打印机的打印过程，比如 Z Corporation 系列 3D 打印机。

目前，plan B 只能打印一种颜色。如果装上全彩的打印头还能进行全彩打印，但这只是

图 6-19　开源的黏结剂喷射打印机的打印过程

今后研究内容的一部分。而除此之外，这台3D打印机的机械性能是实实在在的：它具有高达0.05mm的步进精度，并有96dpi的打印精度（原因在于它使用了HP C6602喷墨墨盒）。墨盒可使用注射器反复填充黏结剂，过程如图6-20所示。Plan B的喷墨技术来自Ink Shield（这是一种开源的喷墨打印喷头）。Plan B的最大打印尺寸为150mm×150mm×100mm，层厚为0.15～0.2mm。打印速度为60mm/s，不过de Haas称如果有更好的固件的话，速度可以轻松翻倍。

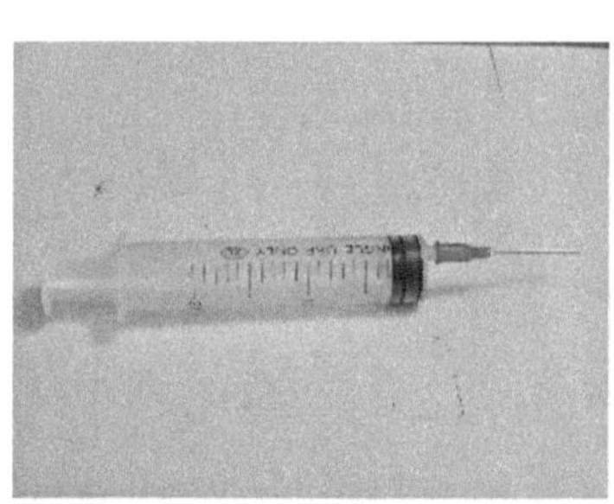
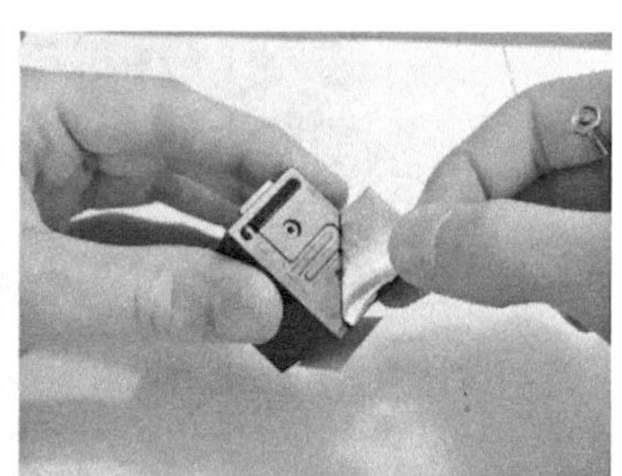
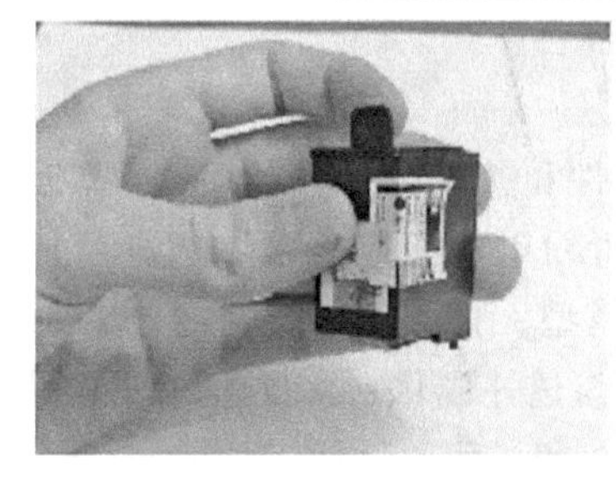
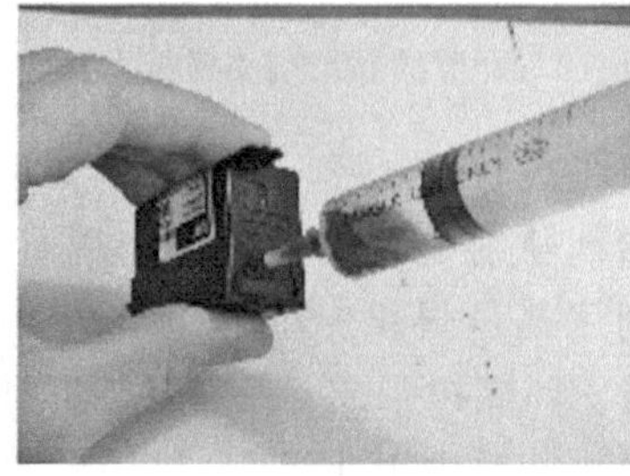

图 6-20　在墨盒中用注射器填充黏结剂的过程

96dpi分辨率的plan B 3D打印机的制造费用大约为1000欧元。它目前还只能打印一种材料，就是用在Z Corporation 3D打印机上的特制石膏粉末，而且只能打印一种颜色。“我目前正在进行试验，使其能够打印更多的材料，比如陶瓷或石墨粉末等。”de Haas称。

对于de Haas而言，这个项目开发过程最困难的事情是，很少有人在研究基于粉末黏结剂喷射打印的原理的开源3D打印技术，特别是喷墨打印。2012年，荷兰的Twente大学展示了他们的Pwdr Model 0.1，这是一台开源的基于粉末黏合的快速成形机。但是，该机器仍处于发展的早期阶段，至今也未完成。与FDM技术相比，黏结剂喷射打印技术有很多优势：由于喷嘴的可控精度更高，打印出来的对象更精细。由于不用打印支撑，黏结剂喷射打印技术比FDM更适宜于三维打印更加复杂的物品。黏结剂喷射打印技术还能很容易地使用更多独特的材料进行打印：糖粉、陶瓷、不锈钢、石墨等。

6.6 黏结剂喷射技术的应用

黏结剂喷射打印技术除了在快速设计方面有很大好处之外，还可用于工业生产（如自行车、小型机械制造等）和医学等方面，结合生物细胞学可应用于人工骨头打印、器官打印等。而在材料的品种方面，可根据所要制备的模具特点用石膏、陶瓷、淀粉、聚合物等多种打印成形材料，并且可以根据材料所需特点开发更多材料，适用性非常强，前景非常广大。但在国内未受重视，国外产品价格较贵，需进一步探索条件降低成形材料所需成本以及三维打印机的成本，改进材料性能，加快模具硬化干燥速度，简化后处理过程，进一步体现“快”的特点，并且将此技术向生产更大规模的产品发展，充分发挥其作用。

6.6.1 应用领域

(1) 黏结剂喷射技术在考古与古生物学方面的应用

众所周知，很多文物非常珍贵，所以不可能经常地搬动，黏结剂喷射打印技术，则可以复制这些文物，比如陶瓷器、青铜器等，用户可以知道其准确的三维形状，这对于提高文物的鉴赏水平是有帮助的，因为在某个特定历史时期，只会有一些特定的器形。在古生物学领域，可以通过黏结剂喷射打印来复制整个古生物的骨架和造型。

中国是文物大国，但是在历次战乱中，大量的中国文物去了国外，尤其是佛教的造像，很多都身首分离，身子还在国内，但是头首却要么被抢劫，要么被盗卖到了国外，通过黏结剂喷射打印技术，则可以对两部分分别进行三维扫描，通过计算机技术拼接成一整个佛教造像，再通过黏结剂喷射技术打印出来，形成完整的形状，还原历史的原貌，如图 6-21 所示。

(2) 黏结剂喷射技术在医学方面的应用

黏结剂喷射技术在医学方面的应用很多，主要是复杂的手术和牙科。人体本身结构的复杂往往超出我们的想象，有时候外科医生，对一些复杂的手术，往往只能通过 CT、核磁共振等医学影像学资料进行可能的判断，进而进行手术，但是有的时候，复杂程度超出想象，手术成功率低。黏结剂喷射打印技术，可以利用已有的医学影像资料，使用石膏等材料先打印一个三维的病人模型出来，通过在模型上进行模拟，进而确定可行的手术方案。

牙医也是另外一个黏结剂喷射技术应用的热门领域。在欧美，牙医是一个需要凭借经验的工作，很多人在镶牙的时候，都咬过齿模，牙医再凭借经验进行修正。但是如果对患者的口腔进行三维扫描和三维建模、再通过制作假牙的一些材料进行黏结剂技术的喷射打印，那么就能够很高精度地打印出病人的口腔结构，帮助牙医制造出准确的假牙，如图 6-22 所示。

图 6-21　黏结剂喷射技术打印文物

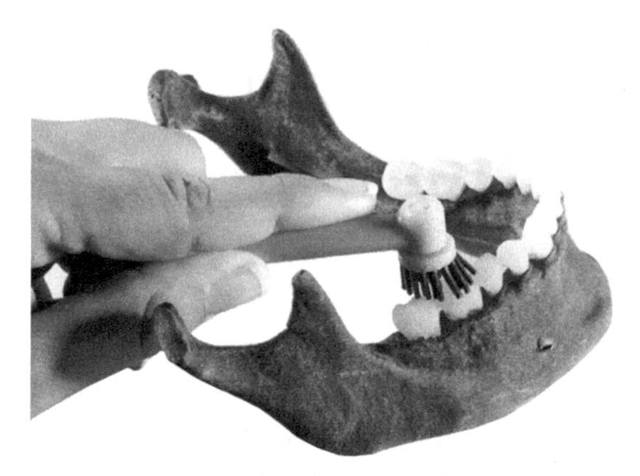

图 6-22　黏结剂喷射技术打印的假牙

(3) 黏结剂喷射技术在建筑、工业等方面的应用

如果不是建筑学专业的人，恐怕没有几个人能够在看建筑图纸的时候就在头脑中构想出建筑物的三维立体形状。而通过人手工制作建筑模型则往往成本很高。而黏结剂喷射打印技术，通过使用石膏、塑料等材料则可以很容易、很快地就能在短时间内打印出一个建筑模型，即便客户有修改意见，同样可以短时间内就完成一个模型，提高设计阶段的效率。通过黏结剂喷射打印技术完成的某街区规划模型图如图 6-23 所示[12]。

工业是黏结剂喷射技术打印应用的核心领域。现如今工业设计非常重要，往往是一款产品成败的关键。在从设计到产品化的过程当中，三维快速成形打印技术的参与，加速了工业设计的步伐，因为三维快速成形打印技术能够快速地实现工业设计的实物化，尤其是汽车等领域，现在已经可以打印出很大的实物，而实物化是设计必不可少的一步，可以让无论是设计师还是企业的决策者非常直观地看到产品的形状，进而做出是否量产的决策[13]。当然，由于选择性激光烧结等技术的存在，还能够进行小批量的生产，因为这一技术可以成形金属，有些时候小批量的黏结剂喷射技术打印，在成本上是优于数字机床切削或是开模铸造、

图 6-23　黏结剂喷射技术打印的某街区规划模型图

冲压的。先 3D 打印一个等比缩小的实物再生产已经是很多家具企业的标准流程，例如图 6-24 所示，是一款利用黏结剂喷射技术等比缩小的一把椅子[14]。

(4) 黏结剂喷射技术在娱乐方面的应用

在电影中，我们看到过很多演员扮演的类人形的怪物，传统上，诸如好莱坞这样的制片基地，大多是通过手工技术来进行这些特殊的造型，但是现如今已经基本都是三维打印模型的天下，利用黏结剂喷射技术很方便就能打印出一个个性化的怪物头套和全身装备，如图 6-25 所示就是利用黏结剂喷射技术打印出来的《蜘蛛侠 2》的手部道具，效果可以乱真，设备的材质还可以根据我们的喜好而有所改变调整。

图 6-24　黏结剂喷射技术打印的等比缩小的椅子

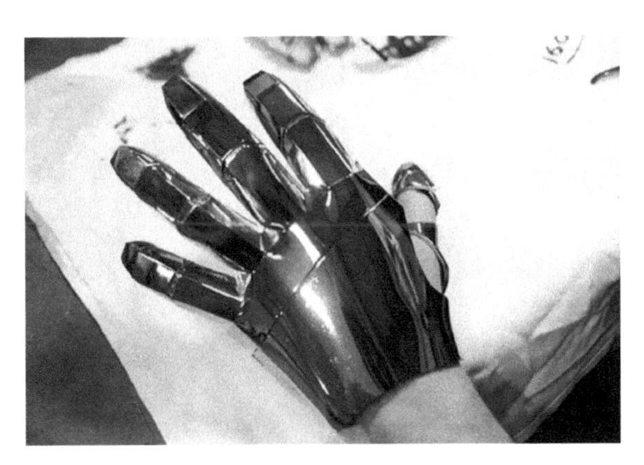

图 6-25　黏结剂喷射技术打印的电影道具

6.6.2 新技术进展

(1) 原型全彩打印

当黏结剂喷射技术在MIT的实验室实现之后便被迅速地转化为了专利，在20世纪90年代被多家公司根据不同材料取得使用权（license）并商业化。在取得非金属材料技术的公司中比较有名的是Z Corporation，他们使用石膏（plaster）作为主要的材料，依靠石膏和以水为主要成分的黏合剂之间的反应而成形。Z Corporation产品最大的亮点当属全彩色(full color printing)，这在Objet等公司尚未出现的时候成为唯一可以打印全色彩的技术。如同纸张喷墨打印机一样，黏合剂可以被着色并且依靠基础色混合（CMYK）而将粉末着色，从而制造出在三维空间内都具备多种颜色的模型，如图6-26所示。这种方式制造出的模型多用于快速成形和产品设计时所制造的模型。Z Corporation在2012年被3D Systems收购，并被开发成为3DS的Colorjet系列打印机。

(2) 全密度金属直接成形

使用黏结剂喷射3D打印金属的技术被ExOne公司（之前叫Pro Metal）所商业化。当制造金属零件时，金属粉末被一种主要功能成分为热固性高分子的黏合剂所黏合而成形为初型，之后初型被从3D打印机中取出并放到熔炉中烧结得到金属成品。由于烧结后的零件一般密度较低，因此为了得到高密度的成品，ExOne还会将一种低熔点的合金（如铜合金）在烧结过程中渗透到零件中。尽管最初ExOne制造的产品多以不锈钢为主，但如今已有多种金属材料（如镍合金Inconel），以及陶瓷材料（如Tungsten Carbide）可供选择，并在经过一些特殊的后处理技术处理后可以达到100%的密度。全密度金属直接成形后的产品如图6-27所示[15]。

图6-26 原型全彩打印（见彩图）

图6-27 全密度金属直接成形

(3) 砂模铸造成形

黏结剂喷射制造金属还有一种非直接的方式——铸造（sandcasting）。铸造用砂通过黏结剂喷射成形形成模具，之后便可用于传统的金属铸造，如图6-28所示[16]。这种制造方式的特点是在继承了传统铸造的特点和材料选项的同时，还具备增材制造的特点（如可制造复杂结构等）。

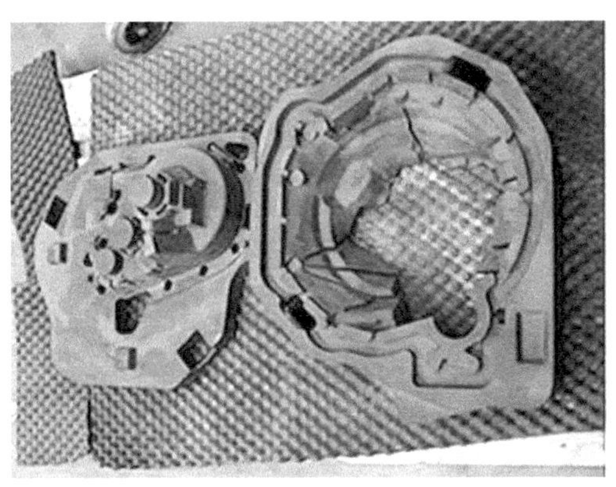
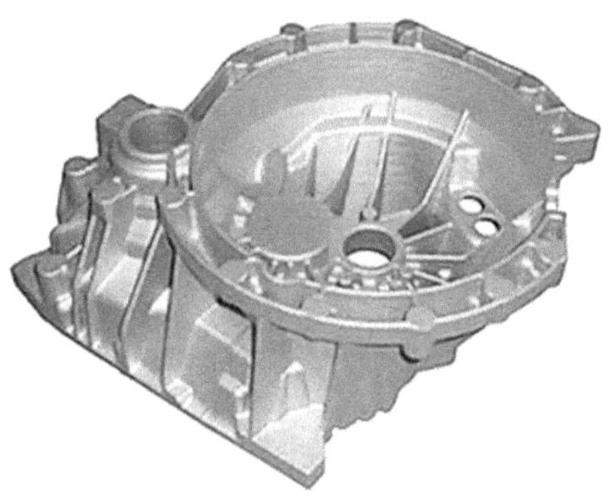

图 6-28 制造的砂模以及利用砂模铸造成形的金属零件

参考文献

[1] 刘进，马海，范细秋，等.喷射粘接快速成型技术的原理、成型特性及关键部件.机械设计与制造，1998，(1)：39-40.
[2] 梁建海.粘接成型三维打印技术研究.西安：西安电子科技大学，2014.
[3] 杨伟东，贾鹏飞，马媛媛，等.3D打印工艺中粘结剂渗透建模与仿真.纳米技术与精密工程，2017，15（4）：246-253.
[4] 肖翔.微喷射粘结快速成形系统控制软件的研究与实现.武汉：华中科技大学，2015.
[5] 吴皎皎.三维打印快速成型石膏聚氨酯基粉末材料及后处理研究.广州：华南理工大学，2015.
[6] 王位.三维快速成型打印技术成型材料及粘结剂研制.广州：华南理工大学，2012.
[7] 聂建华，李洲祥，林跃华.SLS工艺三维打印用高性能快速成型粉末材料和粘接溶液的研制.塑料工业，2014，42（2）：60-64.
[8] Gonzalez J A，Mireles J，Lin Y，et al. Characterization of ceramic components fabricated using binder jetting additive manufacturing technology. Ceramics International，2016，42（9）：10559-10564.
[9] 赵火平，叶春生，樊自田，等.粘结剂体系对微喷射粘结成形砂型精度和性能的影响.铸造，2017，66（3）：223-227.
[10] 邢金龙，何龙，韩文，等.3D砂型打印用无机粘结剂的合成及其使用性能研究.铸造，2016，65（9）：851-854.
[11] 董莘，赵寒涛，李麒，等.粉末粘结式彩色3D打印机的研究与应用.自动化技术与应用，2017，36（2）：92-95.
[12] 李飞.三维喷射打印技术（3DP）在铸造行业的应用//2016重庆市铸造年会论文集.2016.
[13] 赵火平.微喷射粘结快速成形铸造型芯关键技术研究.武汉：华中科技大学，2015.
[14] 杨伟东，徐宵伟，贾鹏飞.3DP工艺中粘结剂渗透过程的仿真与研究.制造技术与机床，2016，(10)：102-106.
[15] Nandwana P，Elliott A M，Siddel D，et al. Powder bed binder jet 3D printing of Inconel 718：Densification，microstructural evolution and challenges. Current Opinion in Solid State & Materials Science，2017，21（4）.
[16] Do T，Kwon P，Chang S S. Process development toward full-density stainless steel parts with binder jetting printing. International Journal of Machine Tools & Manufacture，2017，121：50-60.

第 7 章
粉末床熔融技术

7.1 激光选区烧结技术

激光选区烧结（selective laser sintering，SLS）技术[1] 是一种利用激光与粉体交互作用并逐层堆积成形零件的增材制造技术，通常采用 CO_2 激光器作为激光源，根据计算机输入的分层数据选择性地扫描分层，是一种具有高度柔性和应变能力的增材制造技术，它突破了材料变形成形和减材成形的技术局限，无需模具和支撑结构，“增加”材料进行成形，在制备复杂形状零件方面具有设计自由度高、产品研发周期短及制造成本低等优势，可快速制备复杂形状的聚合物、金属及陶瓷零件。

7.1.1 技术背景

激光选区烧结技术是近 30 年才开始起步的快速制造技术，在此之前绝大多数制造技术均以减材制造以及变形制造为主，此技术的提出对制造业的发展具有划时代的意义，是制造方式的巨大变革。

激光选区烧结概念首次由美国得克萨斯大学奥斯汀分校的 Carl Deckard[2] 提出，后由美国 DTM 公司于 1992 年研发了第一台可应用于实际操作的激光选区烧结机器 Sinterstation 2000，随后 DTM 公司又于 1996 年和 1999 年先后推出了 Sinterstation 2500 和 Sinterstation 2500Plus 等机型，并开发出多种烧结材料用于制造蜡模、塑料、陶瓷和金属零件，该公司于 2001 年被 3D Systems[3] 公司收购。2016 年 1 月 3D Systems 公司推出了 DMP（直接金属打印）320 系列设备，该设备的特点是精度高、速度快、输出稳定，并且换粉效率更高。日本沙迪克公司研发生产的 OPM250L 混合式打印机将 3D 打印的增材制造与传统的减材制造相结合，实现金属件的高精度制造。丹麦 Blueprinter 公司开发了一种名为选择性热烧结（SHS）的新技术，该技术利用低廉的热打印头取代昂贵的激光器，大大地降低了设备成本。EOS 公司先后推出了三个系列的 SLS 成形机，其中 EOS INT P 用于烧结热塑性塑料粉末，制造塑料功能件及熔模铸造和真空铸造的原型；EOS INT M 用于金属粉末的直接烧结，制造金属模具和金属零件；EOS INT S 用于直接烧结树脂砂，制造复杂的铸造砂型和砂芯。EOS 公司对这些成形设备的硬件和软件进行了不断的改进和升级，使得设备的成形速度更快、成形精度更高、操作更方便，并能制造尺寸更大的烧结件。

我国的激光选区烧结技术起始于 1994 年，由留学于美国得克萨斯大学奥斯汀分校的宗贵升博士将该技术引入中国，并成立了北京隆源自动成形系统有限公司，主要进行 SLS 装备的研发，于 1995 年初研制成功第一台国产化激光快速成形机。国内研究 SLS 技术的还有华中科技大学、西安交通大学、南京航空航天大学、西北工业大学华北工学院（现中北大学）和湖南华曙高科等单位。华中科技大学从 1999 年开始自主研发具有自主知识产权的

SLS装备与材料，生产出了HRPS系列的SLS成形机，其SLS装备工作台面可达1.2m×1.2m，是目前国际上应用于SLS技术最大的装备。中北大学自行研发出HLP-3501系SLS快速成形机，该成形机可满足多数粉末对加工的要求。清华大学以W/Ni合金为原材料通过激光快速成形直接制备了一种新型太空望远镜准直器。2015年11月北京NST新材料科技有限公司联合其他企业开发了碳纤维增强纳米复合材料，将该材料利用SLS工艺制造出的零件对航天航空及新能源都具有广泛的应用前景。广东银禧科技股份有限公司推出PA粉末及其复合材料，有着粉末挥发性物质少、重复利用率高、质量稳定和通用性强等优点，在一定程度上解决了SLS工艺之困。2016年3月西安铂力特公司基于SLS工艺研发出BLT-S200系列设备，该设备可对金属粉末进行加工，这一设备的研发将航空航天和医疗的金属3D打印推向一个新高度。

7.1.2 激光选区烧结成形原理与烧结机理

7.1.2.1 激光选区烧结成形原理

激光选区烧结（SLS）的成形原理[4] 如图7-1所示，在扫描前需将粉末预热至低于熔点的温度，以减少激光扫描时的热变形及粘粉问题，也便于层与层之间的结合。由计算机软件控制激光器工作与功率调节，激光打印过程，粉体预热以及铺粉辊、粉缸移动。在确定激光工艺参数（激光功率、扫描速度、扫描间距、分层层厚等）后，计算机控制激光器发射高精度激光束按照输入的三维分层模型数据选择性地扫描粉层，粉层上被扫描区域吸收激光能量，温度开始升高，当其温度升到粉末材料的软化点或熔点后，被扫描粉末逐渐开始流动使得单独的粉末颗粒开始互相接触形成烧结颈而黏结成形，而未扫描区域仍保持粉末状态并成为扫描区域的支撑部分。当激光完成指定区域的扫描后，部分热量由于热传导向下层粉层传递，使得被扫描粉层与下层粉层之间形成黏结，其余热量因表面的对流和辐射而慢慢消失，

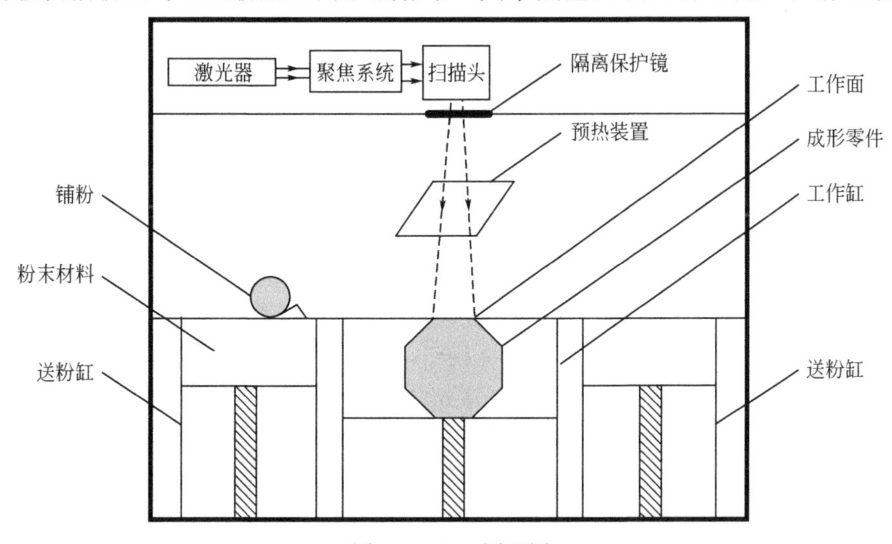

图7-1　SLS原理图

温度开始下降，粉末颗粒逐渐冷却固化，处在扫描区域的粉末颗粒互相黏结出所需的轮廓。激光束在完成一层切片的扫描后，工作缸会下降一个切片层厚的高度，而对应粉缸则会上升一个与切片层厚存在比例关系的高度。然后铺粉辊向工作缸方向进行平动与转动，将粉缸中超出工作平面高度的粉层推移并填补到工作缸粉末的表面，使前一层扫描区域被覆盖，粉末厚度为切片层厚，然后开始第二层的烧结，如此反复，逐层叠加，直至完成整体零件的烧结成形。当全部截面烧结完成后将打印零件从粉床中取出，仔细清理表面及复杂内部构型中未被烧结的粉末，再进行打磨、烘干等后处理工序，便得到所需的三维实体零件。

SLS 作为一种与传统减材制造完全不同的快速制造技术，在制造零件方面具有许多突出的优势：

① 材料来源广泛。从理论上说，所有激光烧结后可实现颗粒黏结的粉末材料都可以作为 SLS 的成形材料。

② 制造工艺简单。由于制作过程全由计算机控制，只需要进行模型设计和原料制作便可在 SLS 装备中成形，制造工艺相对简化。

③ 成形精度较高。成形件的精度取决于激光扫描精度及热影响区的大小，这可通过改变成形工艺参数进行调控。

④ 适于生产复杂形状的零件，且无需支撑结构和模具。激光扫描过后未扫描区域的粉末并未消失，可对悬空层起支撑作用，且无需考虑模具，即使设计出复杂形状的零件也可成形。

⑤ 材料利用率高。一次成形后未利用的粉末还可以进行二次使用，提高了材料的利用率，也降低了成本。

7.1.2.2 激光烧结机理

SLS 是在零剪切力应力下进行的，热力学原理证明了 SLS 成形的驱动力为粉末颗粒的表面张力。目前有如下两种理论模型解释 SLS 激光烧结机理：

(1) Frenkel 两液滴模型[5]

SLS 工艺运用激光熔化粉体使得粉体产生黏性流动并相互接触实现颗粒的黏结。黏性流动烧结机理最早是由学者 Frenkel 在 1945 年提出，此机理认为黏性流动烧结的驱动力为粉末颗粒的表面张力，而粉末颗粒黏度是阻碍其烧结的，并且作用于液滴表面的表面张力 γ 在单位时间内做的功与流体黏性流动造成的能量弥散速率相互平衡，这是 Frenkel 黏性流动烧结机理的理论基础。由于颗粒的形态异常复杂，不可能精确地计算颗粒间的“黏结”速率，因此简化为两球形液滴对心运动来模拟粉末颗粒间的黏结过程。如图 7-2 所示，两个等半径的球形液滴开始点接触 t 时间后，液滴靠近形成一个圆形接触面，而其余部分仍保持为球形。

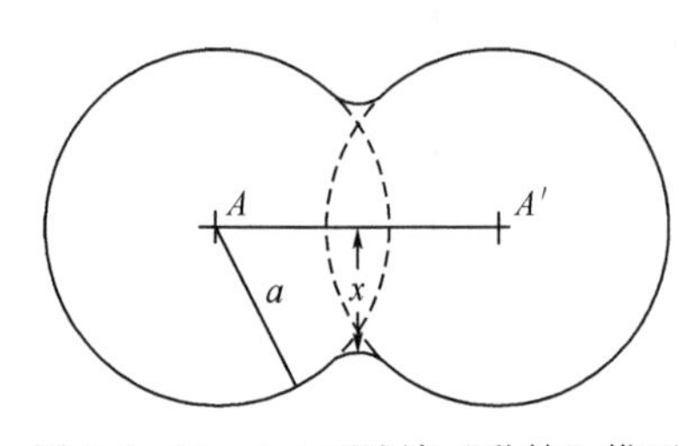

图 7-2 Frenkel 两液滴“黏结”模型

Frenkel 在两球形液滴“黏结”模型基础上，运用表面张力 γ 在单位时间内做的功与流体黏性流动造成的能量弥散速率相平衡的理论基础，推导得出 Frenkel 烧结颈长方程：

$$\left(\frac{x}{a}\right)^2=\frac{3}{2\pi}\times\frac{\gamma}{a\eta}t \tag{7-1}$$

式中，x 为 t 时间时圆形接触面颈长即烧结颈半径；γ 是材料的表面张力；η 是材料的相对黏度；a 为颗粒半径。

Frenkel 黏性流动机理首先被成功地应用于玻璃和陶瓷材料的烧结中，有学者证明了聚合物材料在烧结时，受到零的剪切应力，熔体接近牛顿流体，Frenkel 黏性流动机理也是适用于聚合物材料的烧结的，并得出烧结颈生长速率正比于材料的表面张力，而反比于颗粒半径和熔融黏度的结论。

(2)“烧结立方体”模型[6]

由于 Frenkel 模型只是描述两球形液滴烧结过程，而 SLS 是大量粉末颗粒堆积而成的粉末床体的烧结，所以 Frenkel 模型用来描述 SLS 成形过程是有局限性的。“烧结立方体”模型是在 Frenkel 假设的基础上提出的。该模型认为 SLS 成形系统中粉末堆积与一个立方体堆积粉末床体结构（如图 7-3 所示）较为相似，并有如下假设：

① 立方体堆积粉末是由半径相等（半径为 a）的最初彼此接触的球体组成。

② 致密化过程使得颗粒变形，但是始终保持半径为 r 的球形。这样颗粒之间接触部位为圆形，其半径为$\sqrt{r^2+x^2}$，其中 x 代表两个颗粒之间的距离。

单个粉末颗粒的变形过程如图 7-4 所示。“烧结立方体”模型应用了作用于液滴表面的表面张力 γ 在单位时间内做的功与流体黏性流动造成的能量弥散速率相互平衡的原理。

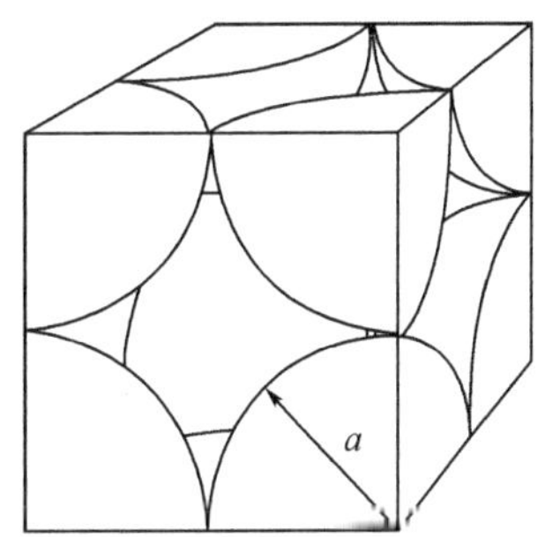

图 7-3　立方体堆积粉末床体结构

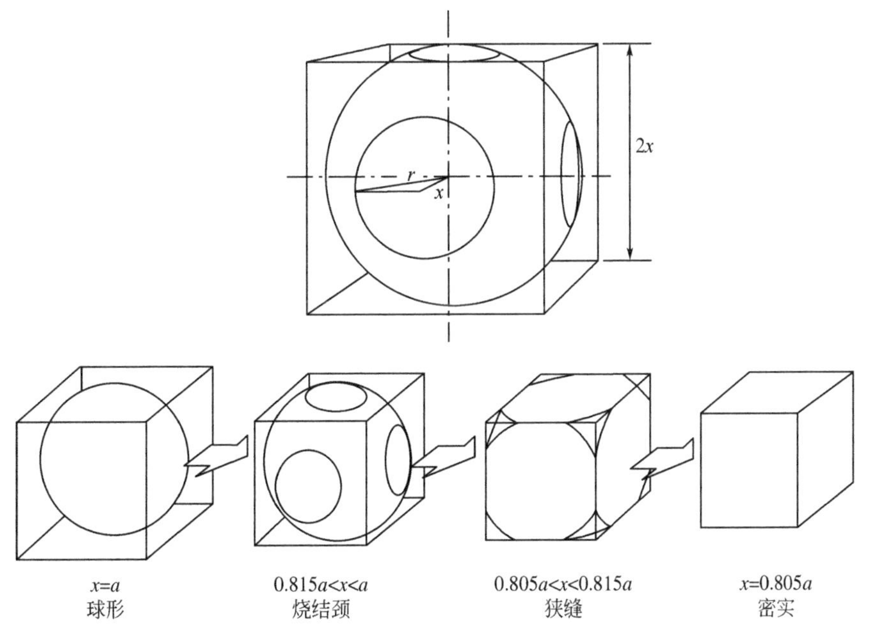

图 7-4　烧结过程单个粉末颗粒的变形过程

现在假设粉末床体中有部分粉末颗粒是不烧结的。定义烧结颗粒所占的分数为ξ，即烧结分数，ξ在0到1之间变化，代表任意两个粉末颗粒形成一个烧结颈的概率。$\xi=1$意味着所有的粉末颗粒都烧结；$\xi=0$意味着没有粉末颗粒参加烧结。

推导出烧结速率用粉末相对密度随时间的变化表示为：

$$\bar{\rho}=-\frac{9\gamma}{4\eta a p}\left\{p-(1-\xi)+\left[1-\left(\xi+\frac{1}{3}\right)p\right]\frac{9(1-p^{2})}{18p-12p^{2}}\right\} \tag{7-2}$$

式中，$p=r/x$。从烧结速率方程(7-2)可以看出普遍的烧结行为，可以发现致密化速率与材料的表面张力成正比，与材料的黏度η和粉末颗粒的半径a成反比。

7.1.3 激光选区烧结工艺

7.1.3.1 预热温度

在SLS成形过程中，预热温度是一个重要工艺参数，它对SLS成形件致密度、成形精度、成形效率具有重要影响。如果没有预热或者预热不充分，则必须增大激光能量密度才能保证粉末颗粒充分熔化，使SLS成形件具有一定强度，否则，将会使SLS成形件强度较差，无法进行后处理，更无法进行实际使用。反之，当预热温度太高，会使得激光扫描的热量散失较为困难，增大热影响区，过量粉末熔化黏结将未扫描区域粉末黏结起来，造成清粉困难，也会降低成形件的精度。

实现均匀稳定控制预热温度场一直是SLS工艺研究的难点。由于SLS制备零件是通过离散-叠层制造实现零件的制备，在零件分层截面的设计中，不同的零件截面所需的预热温度可能会不同，此时就需要根据截面设计需求调节预热温度，这就需要通过软件设计结合温度场的实际分布状况来实现温度场的稳定、均匀、精确、高效调控。

预热温度控制贯穿零件制作的整个过程，主要分为四种预热过程：初始预热过程、一般预热过程、特殊层预热过程以及制作结束预热过程。初始预热过程和制作结束预热过程主要是针对零件开始制作和制作结束时的特殊预热控制；在零件制作过程中，主要是根据零件的截面进行预热温度设计，预热方式在一般预热过程与特殊层预热过程二者之间切换。

粉体预热主要是通过在SLS装备中设置的加热管的热辐射实现的。粉体预热的目的是使粉体预先吸收一定能量，有利于烧结颈的形成，并可以降低SLS打印的激光能量密度以抑制零件的翘曲变形。粉体初始预热过程不仅要对粉末颗粒的表面进行预热，颗粒内部也需要受热，否则粉末颗粒内外温度不均容易造成热应力影响零件性能。由于粉末的热导性较差，对粉末进行预热时，预热速度不宜过快，否则容易造成局部粉末过热而另外粉末不受热，应该根据实际情况合理进行缓慢加热和快速加热，使得粉末受热能均匀稳定。制作结束预热过程是在零件打印结束后，为防止温度骤降导致零件内外温度不均产生热应力导致翘曲变形，应使得预热系统进行小功率工作直至零件整体温度缓慢降低到室温。

一般预热过程通常用于零件制作过程中截面信息变化不大时的预热，在已有的温度下截面信息变化不多，在相同温度下也不易产生翘曲变形，因此采用一般预热过程就足以完成该截面的扫描。特殊预热过程应用于信息发生突变的截面，突变层在原有温度下容易产生翘曲变形，因此需对突变层采用特殊预热过程进行加热。一般而言，当零件切片面积突然增大时，则认为是关键层，需要特殊加温，而且根据增大面积的大小，设定加热温度以及强度；在加温一定层数后，需要让加热温度回到常规温度。

在激光选区烧结系统运行过程中，温度控制系统与扫描及运动控制系统都是由计算机控制，是分别相对独立却又协同运作的系统。SLS 系统的运行都需要有预热温度才能正常进行，如系统初始化阶段，必须等待粉末被预热到指定温度，扫描才能进行，否则零件会严重翘曲变形，后续制作根本无法进行；零件制作过程中，如果预热温度过高，粉末容易结块，导致零件制作完成后的后处理很难甚至无法进行，因此，一般只在特定的时候对粉末进行特殊加热。初始升温时为了使整个工作腔被充分预热，应该适当地延长预热时间；而在制作过程中，如果为关键层特殊预热，为了不让已烧结层受影响以及提高效率，则需要尽快升温到设定温度。

7.1.3.2 激光工艺参数

优良的 SLS 成形件需要有足够的精度和强度。成形件的精度不足，则会造成最终成品无法满足要求；成形件的强度太低，就无法保持复杂形状，也不能进行打印后的后处理工艺，导致零件损坏和强度不达标而无法投入使用。只有粉末颗粒软化黏结充分才能提高成形件的强度，这就要求激光烧结区域有足够的热量来使粉末颗粒熔化，同时过大的激光能量密度会导致热传导形成的热影响区比较大，会造成较大的尺寸误差，零件成形精度会变差。因此必须综合考虑激光能量密度对强度和精度的影响，制定合理的工艺参数。激光能量密度[7] 公式如式(7-3) 所示：

$$E=\frac{P}{vH} \tag{7-3}$$

式中，E 是激光能量密度，J/cm^3；P 是激光功率，W；H 是扫描间距，mm；v 是扫描速度，mm/s。

由公式可知，激光功率 P、扫描速度 v、扫描间距 H 均可通过影响激光能量密度 E 成为影响成形件成形质量的重要因素。因此必须严格控制 SLS 工艺参数。

(1) 激光功率

激光能量的输出主要由激光功率决定，激光作用在粉末中的热量，有三种去向，一是选择区粉末吸收，二是通过热传导给周围区域，三是通过对流、辐射、反射到空气中去。入射的总激光能量：

$$E_o=E_r+E_a+E_t \tag{7-4}$$

式中，E_r 是被材料表面反射的激光能量；E_a 是被材料吸收的加工能量；E_t 是透过材料后的激光能量。

按激光进入材料内部的光强随穿透距离的增加是按指数规律衰减，深入表层以下 z 处的光强：

$$I(z)=(1-R)I_0e^{-\alpha} \tag{7-5}$$

式中，R 为材料表面对激光的反射率；$(1-R)I_0$ 为表面 ($z=0$) 处的穿透光强；α 为材料的吸收系数（α 常用单位是 cm^{-1}）；I_0 为 $z=0$ 时入射激光束的强度。激光束是一运动的热源，它与粉末作用的时间一般为几毫秒到几十毫秒，所以粉末的加热和冷却速度较快，在加热过程中，粉末材料对激光的吸收率、反射率及热导率等热物性参数会随温度的升高而变化，粉体内部各点温度值也时刻在变化，这是一个非常复杂的非稳态传热过程。

(2) 扫描速度

在粉末材料激光烧结成形过程中，激光在工作平面内扫描时，粉末颗粒被激光熔化后流动并黏结，激光逐点扫描成线，再逐行扫描成面，最后逐层叠加成体。扫描速度减小时，激光能量密度增加，扫描点附近区域材料吸收的能量密度也相应增加，这将增大熔化区域的宽度和熔化深度，有利于增加成形件的强度。因为熔化区域的宽度和熔化深度对扫描间距和单层层厚的影响很大，所以扫描速度需要和扫描间距和单层层厚两个参数相配合。扫描速度的降低，会降低成形件的制造效率，同时，当激光在边界扫描时，由于熔化区域宽度的增加，热影响区增大，导致成形件精度的降低。

(3) 扫描间距

扫描间距就是两条扫描线之间的距离。激光扫描时，只需其扫描线区的粉末黏结在一起，而扫描区形成的温度场对其周围区域粉末的影响应尽可能小。扫描间距的选择一般略小于激光器的光斑直径，这样既可以使两相邻的扫描线之间有一微小的重叠，而不至于相邻扫描线在选择区单层中产生黏结分界现象，使选择区单层的黏结具有整体性，又可以使扫描区产生的温度场对其周围区域影响不会太大，保证形坯的尺寸精度。

(4) 单层层厚

单层层厚指铺粉厚度，即工作缸下降一层的高度。从公式(7-5) 可知，激光能量密度的分布在厚度方向上是不断减小的，因此激光烧结的层厚很有限，过大的层厚将导致层与层之间黏结不牢靠，形坯可能产生分层或高度方向上的强度减小。而过小的层厚会导致部分已烧结的粉末重新烧结，影响成形件的成形质量。研究表明，铺粉时铺粉辊对粉末有一个向下的压力，这有利于提高粉末的松装密度。因此单层层厚越小，烧结件的密度就越大。另外还有一个水平的力，使得层与层之间会产生微小的偏移，精度降低。尤其对于有曲面的零件，激光烧结时会产生阶梯状曲面，不能平滑过渡，使得形坯的表面精度和形状精度都降低。

对有曲面的零件，在激光烧结加工时产生的误差跟曲面的斜率和单层层厚都有关系，单层层厚增加，将导致阶梯效应更加明显，使得实际烧结的零件和预先设计的零件在体积、形状和尺寸方面误差增大。因此在烧结具有曲面的形坯时，应该考虑适当减小层厚，而且应该慎重选择加工方向，使得到的形坯具有更高的精度。

(5) 光斑直径

当激光器的光束照射到粉末表面时，会形成具有一定大小的光斑。在用激光束烧结粉末时，成形件的轮廓线和光斑中心的扫描轨迹之间有一个偏差，即零件外轮廓有尺寸增大的现象。另外，光斑还会造成成形件的尖角变圆，影响成形件的形状精度。光斑大小对成形件精度的影响在某种程度上掩盖了粉末粒径的影响。激光光斑直径对成形效率也有较大的影响。在同等扫描速度情况下，如果加大光斑直径将会提高能量密度分布的均匀性，可以加大扫描间距，有利于提高效率；如果采用小光斑直径将会有利于提高层间连接强度，提高成形件的机械性能；如果采用变光斑技术，则可以实现边界小光斑扫描、内部大光斑扫描。这样既可提高扫描效率，降低变形，同时也可得到较高强度的成形件。

7.1.3.3　SLS 扫描成形方式

SLS 在成形过程中，振镜的扫描方式如图 7-5 所示，主要有三种：空跳扫描、栅格扫描以及矢量扫描，每种扫描方式对振镜的控制要求都不同。

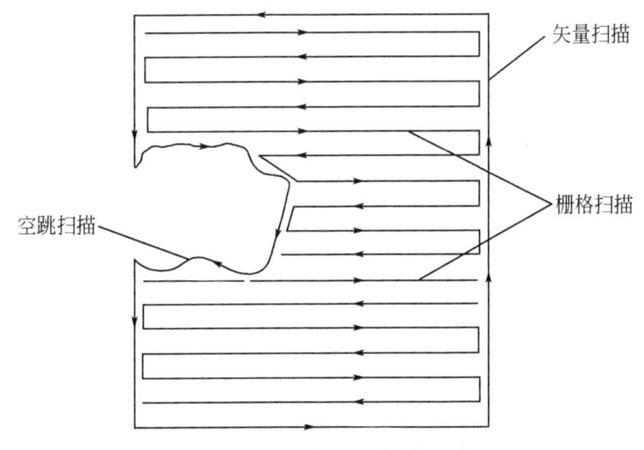

图 7-5　振镜式激光扫描方式

① 空跳扫描　空跳扫描是从一个扫描点到另一个扫描点的快速运动，主要是在从扫描工作面上的一个扫描图形跳跃至另一个扫描图形时发生。空跳扫描需要在运动起点关闭激光，终点开启激光，由于空跳过程中不需要扫描图形，扫描中跳跃运动的速度均匀性和激光功率控制并不重要，而只需要保证跳跃终点的准确定位，因此空跳扫描的振镜扫描速度可以非常快，再结合合适的扫描延时和激光控制延时即可实现空跳扫描的精确控制。

② 栅格扫描　栅格扫描是快速成形中最常用的一种扫描方式，振镜按栅格化的图形扫描路径往复扫描一些平行的线段，扫描过程中要求扫描线尽可能保持匀速，扫描中激光功率均匀，以保证扫描质量，这就需要结合振镜式激光扫描系统的动态响应性能对扫描线进行合理的插补，形成一系列的扫描插补点，通过一定的中断周期输出插补点来实现匀速扫描。

③ 矢量扫描　矢量扫描一般在扫描图形轮廓时使用。不同于栅格扫描方式的平行线扫描，矢量扫描主要进行曲线扫描，需要着重考虑振镜式激光扫描系统在精确定位的同时保证扫描线的均匀性，通常需要辅以合适的曲线延时。

在位置伺服控制系统中，执行机构接受的控制命令主要是两种：增量位移和绝对位移。增量位移的控制量为目标位置相对于当前位置的增量，绝对位移的控制量为目标位置相对于坐标中心的绝对位置。增量位移的每一次增量控制都有可能引入误差，而其误差累计效应将使整个扫描的精度很差。因此振镜式激光扫描系统中，其控制方式采用绝对位移控制。同时，振镜式激光扫描系统是一个高精度的数控系统，不管是何种扫描方式，其运动控制都必须通过对扫描路径的插补来实现。高效、高精度的插补算法是振镜式激光扫描系统实现高精度扫描的基础。

7.1.4 激光选区烧结成形材料

SLS技术是一种基于粉末床的增材制造技术，因此粉末材料的特性对SLS成形件的性能影响较大，其中粉末颗粒的粒径、粒径分布、粉末颗粒形状等最为重要。SLS技术成形材料广泛，目前国内外已开发出多种SLS成形材料，按材料性质可分为以下几类：金属基材料、陶瓷基材料、覆膜砂、聚合物材料等。

7.1.4.1 SLS对粉末材料特性的要求

① 粉末颗粒形状　粉末颗粒形状对SLS成形件的形状精度、铺粉效果及烧结速率都有影响。由于规则的球形粉末比不规则粉末具有更好的流动性，因而球形粉末的铺粉效果较好，尤其是当温度升高、粉末流动性下降的情况下，这种差别更加明显。研究表明，在相同平均粒径的情况下，不规则粉末颗粒的烧结速率是球形粉末的5倍，这可能是因为不规则颗粒间的接触点处的有效半径要比球形颗粒的半径小得多，因而表现出更快的烧结速率，但是不规则颗粒的SLS制件的成形精度却不如球形颗粒的制件。

② 粒径　粉末的粒径会影响到SLS成形件的表面光洁度、精度、烧结速率及粉床密度等。SLS用粉末的平均粒径一般在10～100μm之间，当粒径小于10μm时，粉末在铺粉过程中由于摩擦产生的静电使粉末吸附在辊筒上，会造成铺粉困难；当粒径大于100μm时，成形件会存在非常明显的阶梯效应，而且表面非常粗糙。

粒径的大小也会影响聚合物粉末的烧结速率。一般来说，较小的粒径有利于烧结，最后的制件强度也会较高。研究表明，粉床密度越大，SLS成形件的致密度、强度及尺寸精度越高。粉末粒径对粉床密度有较大影响。一般而言，粉床密度是随粒径减小而增大，这是由于小粒径颗粒更有利于堆积的缘故。但是当粉末的粒径太小时（如纳米级粉末），材料的比表面积显著增大，粉末颗粒间的摩擦力、黏附力以及其他表面作用力变得越来越大，因而影响到粉末颗粒系统的堆积，粉床密度反而会随着粒径的减小而降低。

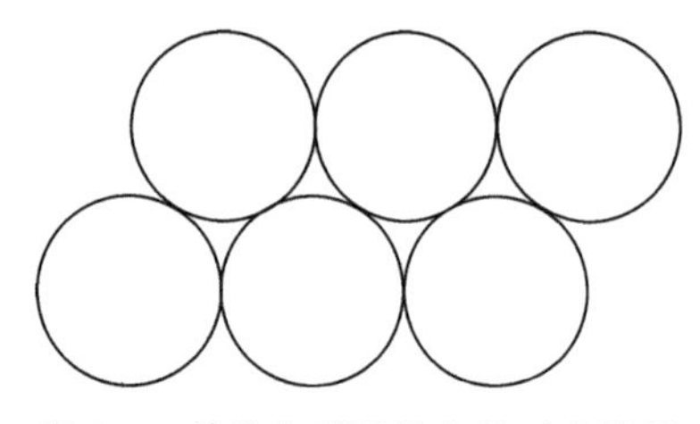

图7-6　单分布球形粉末的正交堆积

③ 粒径分布　粉末粒径分布会影响固体颗粒的堆积，从而影响到粉床密度。一个最佳的堆积相对密度是和一个特定的粒径分布相联系的，如将单分布球形颗粒进行正交堆积（如图7-6）时，其堆积相对密度为60.5%（即空隙率为39.5%）。

正交堆积或其他堆积方式的单分布颗粒间存在一定体积的空隙，如果将更小的颗粒放于这些空隙中，那么堆积结构的空隙率就会下降，堆积相对密度就会增加，增加粉床密度的一个方法是将几种不同粒径分布的粉末进行复合。图7-7(a)和(b)分别为大粒径粉末A的单粉末堆积和大粒径粉末A与小粒径粉末B的复合堆积。可以看出，单粉末堆积存在较大的空隙，而在复合粉末堆积中，由于小粒径粉末占据了大粒径粉末堆积中的空隙，因而其堆积相对密度得到提高。

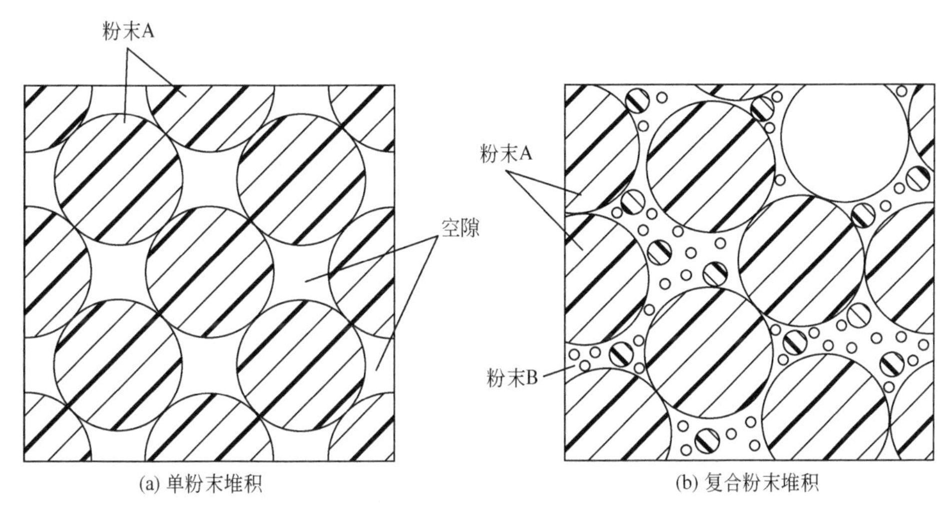

图 7-7　单粉末堆积及复合粉末堆积

7.1.4.2　聚合物材料

SLS技术的突出优点是该技术可以处理多种材料包括聚合物、金属和陶瓷。由于聚合物材料与金属及陶瓷材料相比，具有成形温度低、烧结激光功率小、精度高等优点，成为应用最早，也是应用最多、最成功的SLS成形材料，在SLS成形材料中占有重要地位，其品种和性能的多样性以及各种改性技术也为它在SLS方面的应用提供了广阔的空间。SLS技术要求聚合物材料能被制成平均粒径在10～100μm之间的固体粉末材料，在吸收激光后熔融（或软化、反应）而黏结，且不会发生剧烈降解。目前，用于SLS的聚合物材料主要是热塑性聚合物及其复合材料，热塑性聚合物又可分为晶态和非晶态两种。

① 非晶态聚合物　非晶态聚合物在玻璃化转变温度（T_g）时，大分子链段运动开始活跃，粉末开始黏结、流动性降低。因而，在SLS过程中，非晶态聚合物粉末的预热温度不能超过T_g，为了减小烧结件的翘曲，通常略低于T_g。当材料吸收激光能量后，温度上升到T_g以上而发生烧结。非晶态聚合物在T_g时的黏度较大，而根据聚合物烧结机理Frenkel模型的烧结颈长方程可知烧结速率是与材料的黏度成反比的，这样就造成非晶态聚合物的烧结速率很低，烧结件的致密度、强度较低，呈多孔状，但具有较高的尺寸精度。在理论上，通过提高激光能量密度可以增加烧结件的致密度，但实际上过高的激光能量密度往往会使聚合物材料剧烈分解，烧结件的致密度反而下降；另一方面，也使次级烧结现象加剧，烧结件的精度下降。因而，非晶态聚合物通常用于制备对强度要求不高但具有较高尺寸精度的制件。常用于SLS的非晶态聚合物包括：聚碳酸酯（polycarbonate，PC），聚苯乙烯（polystyrene，PS），高抗冲聚苯乙烯（high impact polystyrene，HIPS），聚甲基丙酸甲酯［poly(methyl methacrylate)，PMMA］。

② 晶态聚合物　晶态聚合物的烧结温度在熔融温度（T_m）以上，由于在T_m以上晶态聚合物的熔融黏度非常低，因而其烧结速率较高，烧结件的致密度非常高，一般在95%以

上。因此，当材料的本体强度较高时，晶态聚合物烧结件具有较高的强度。然而，晶态聚合物在熔融、结晶过程中有较大的收缩，同时烧结引起的体积收缩也非常大，这就造成晶态聚合物在烧结过程中容易产生翘曲变形，烧结件的尺寸精度较差。目前，尼龙是 SLS 最为常用的晶态聚合物，另外也有其他一些晶态聚合物包括聚丙烯、高密度聚乙烯、聚醚醚酮等用于 SLS 技术。

热塑性聚合物的工业化产品一般为粒料，粒状的聚合物必须制成粉料，才能用于 SLS 工艺。聚合物材料具有黏弹性，在常温下粉碎时，产生的粉碎热会增加其黏弹性，使粉碎困难，同时被粉碎的粒子还会重新黏合而使粉碎效率降低，甚至会出现熔融拉丝现象，因此，采用常规的粉碎方法不能制得适合 SLS 工艺要求的粉料。一般制备微米级聚合物粉末的方法主要有两种。一是采用低温粉碎法：低温粉碎法正是利用聚合物材料的这种低温脆性来制备粉末材料的。常见的聚合物材料如聚苯乙烯、聚碳酸酯、聚乙烯、聚丙烯、聚甲基丙烯酸酯类、尼龙、ABS、聚酯等都可采用低温粉碎法制备粉末材料。二是采用溶剂沉淀法：溶剂沉淀法是将聚合物溶解在适当的溶剂中，然后采用改变温度或加入第二种非溶剂（这种溶剂不能溶解聚合物，但可以和前一种溶剂互溶）等方法使聚合物以粉末状沉淀出来。这种方法特别适合于像尼龙一样具有低温柔韧性的聚合物材料，这类材料较难低温粉碎，细粉回收率很低。

7.1.4.3 覆膜砂材料

采用酚醛树脂等热固性树脂包覆锆砂、石英砂的方法制备适于 SLS 成形的粉末材料。在激光烧结过程中，激光加热使酚醛树脂受热产生软化、固化，黏结覆膜砂进行成形。由于激光加热时间很短，酚醛树脂在短时间内不能完全固化，烧结件的强度较低，须对烧结件进行加热处理，处理后的烧结件可用作铸造用砂型或砂芯来制造金属铸件。

7.1.4.4 陶瓷基粉末材料

由于陶瓷材料的熔点很高，很难采用激光直接熔化陶瓷材料进行成形，在 SLS 工艺中，陶瓷零件同样是通过间接法制造的。在 SLS 成形过程中，激光扫描使黏结剂熔化，从而将陶瓷粉末黏结在一起，获得所需的形状，然后通过后处理工序，如浸渗、等静压等，使陶瓷制件获得足够的密度和强度。若黏结剂加入量较少，则很难将陶瓷基体颗粒黏结起来，易产生分层；但加入量过大，则容易导致坯体中陶瓷的体积分数过小，在去除黏结剂的脱脂过程中容易产生开裂、收缩、变形等缺陷。黏结剂的加入方式主要有机械混合法和覆膜法两种，其中，覆膜法主要通过溶解沉淀法和溶剂蒸发法等方式实现。

① 机械混合法　将造粒 α-Al_2O_3 陶瓷粉末与粉碎至 $50\mu m$ 的黏结剂以 100∶8 的质量比加入球磨机中，并采用体积比为 1∶3 的球料比在球磨机中混合 2h，制得混合均匀的复合粉体。

图 7-8 为黏结剂环氧树脂 E06 和造粒 Al_2O_3 均匀混合粉末的微观形貌。图中具有不规则表面的颗粒或颗粒聚集体是环氧树脂 E06，其大多呈带棱角的多面体；具有光滑表面的颗

粒为经过造粒后的 Al_2O_3 颗粒。由于粉末粒径大多分布在 74～150μm 范围内，因此粉末的流动性好，有利于成形。

图 7-8 造粒氧化铝粉末-黏结剂复合粉末

如图 7-9(a) 所示，堇青石陶瓷粉末呈现不规则形状。如图 7-9(b) 所示，其粒径分布较广，平均粒径 38.6μm。黏结剂采用环氧树脂 E12，微观形貌如图 7-10，平均粒径 8.4μm。在行星球磨机上将堇青石陶瓷粉末与 10%（质量分数）环氧树脂 E12 粉末充分混合 24h，转速为 150r/min，制得适合于 SLS 成形的复合粉体。

② 溶剂蒸发法 以硬脂酸-纳米氧化锆复合粉末的制备为例，阐述溶剂蒸发法制备复合陶瓷粉体的工艺。硬脂酸是一种饱和脂肪酸，在无水乙

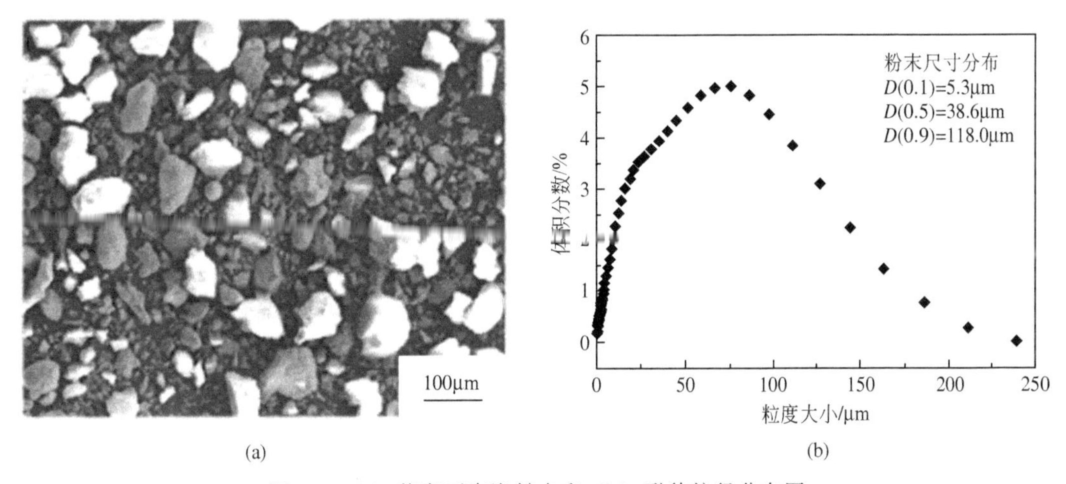

图 7-9 （a）堇青石陶瓷粉末和（b）形貌粒径分布图

图 7-10 环氧树脂 E12 颗粒微观形貌

醇、丙酮、苯、氯仿等溶剂中均有较好的溶解性，其中无水乙醇是一种常见的化学试剂且无毒，较适合作为硬脂酸的溶剂。图 7-11 是使用溶剂蒸发法制备硬脂酸-纳米氧化锆复合粉末的流程。

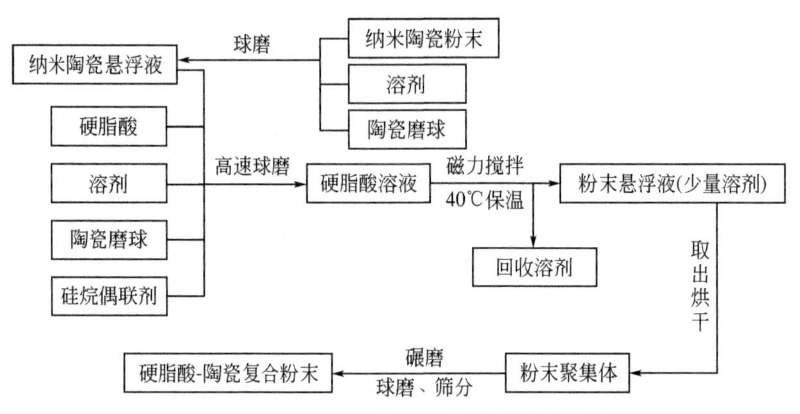

图 7-11　硬脂酸-纳米氧化锆复合粉末制备流程

首先，将纳米 ZrO_2 粉末与无水乙醇混合，并加入 ZrO_2 磨球进行球磨，使 ZrO_2 粉末在溶剂中充分分散；再将分散好的纳米 ZrO_2 粉末混料取出，与硬脂酸和 ZrO_2 磨球按照质量比 4∶1∶10 的比例加入球磨罐中，以无水乙醇为球磨介质，在 300r/min 的转速条件下球磨 4h。球磨完毕后，将混料倒入烧瓶内，与乙醇回收装置相连并置于恒温磁力搅拌器上进行 40℃恒温搅拌。当溶剂蒸发至剩余少量时，取出混料并在恒温箱中进行干燥，烘干后的粉末经轻微碾磨或球磨和过 200 目筛后，获得氧化锆-硬脂酸复合粉末。

③ 溶解沉淀法　溶解沉淀法的制备原理是将聚合物粉末与陶瓷粉末投入到有机溶剂中，通过升温使聚合物溶解于溶剂中，并剧烈搅拌混合溶液，待溶液冷却后，陶瓷粉末颗粒表面会附着由聚合物结晶形成的膜，再通过蒸馏干燥得到覆膜粉末的聚集体，最后通过球磨得到不同粒径的聚合物覆膜复合陶瓷粉体。以 ZrO_2 复合陶瓷粉体的制备为例，使用的纳米 ZrO_2 粉末为四方相，平均粒径为 40nm，比表面积≥$20m^2/g$，添加 3% Y_2O_3 稳定剂。尼龙-纳米氧化锆复合粉末制备流程如图 7-12 所示：a. 将一定量的纳米 ZrO_2 粉末与无水乙醇混合，并加入 ZrO_2 磨球进行球磨，使 ZrO_2 粉末在溶剂中充分分散。b. 取出 ZrO_2 混料，并将之与尼龙 12、溶剂、抗氧化剂及硅烷偶联剂按比例投入带夹套的不锈钢反应釜中，将反应釜密封、抽真空后，通入 N_2 气保护。其中，尼龙 12 与 ZrO_2 纳米粉末的按质量比为 1∶4 和 1∶3 配制两种尼龙含量的复合粉末 PAZ20 和 PAZ25，抗氧化剂含量为尼龙 12 质量的 0.1%～0.3%，硅烷偶联剂为尼龙 12 质量的 0.1%～0.5%。c. 以 1～2℃/min 的速度逐渐升温到 140℃，使尼龙完全溶解于溶剂无水乙醇中，并保温保压 1～2h。d. 在剧烈搅拌下，以 2～4℃速度逐渐冷却至室温，使尼龙逐渐以氧化锆粉末聚集体为核，结晶包覆在氧化锆粉末聚集体外表面，形成尼龙覆膜 ZrO_2 粉末悬浮液。e. 将覆膜氧化锆粉末悬浮液从反应釜中取出，静置数分钟后，悬浮液中的覆膜氧化锆粉末会沉降下来，回收利用剩余的无水乙醇溶剂。f. 将取出的稠状粉末聚集体在 80℃下进行真空干燥 24h，得到干燥的尼龙覆膜氧化锆复合粉末，然后在碾钵中轻微碾磨，并在球磨机中以 200r/min 转速球磨 15min，经 200 目

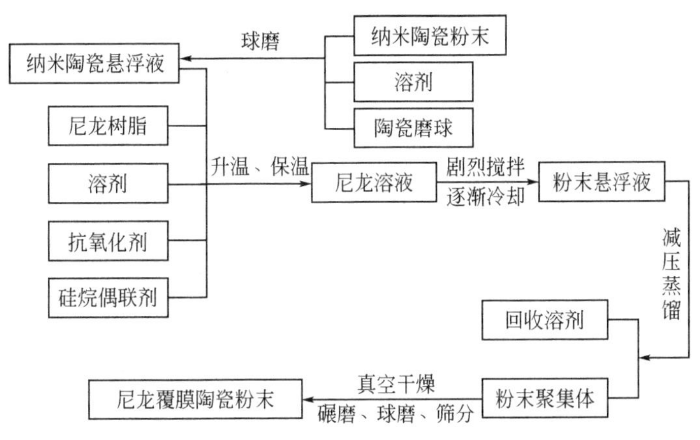

图 7-12　尼龙-纳米氧化锆复合粉末制备流程

过筛后得到尼龙 12 覆膜氧化锆粉末。

7.1.4.5　金属基粉末材料

SLS 间接法成形金属粉末是将金属粉末与高聚物粉末（黏结剂）通过混合的方式均匀分散。激光的能量被粉末材料所吸收，吸收造成的温升导致高聚物黏结剂的软化甚至熔化成黏流态将金属粉末黏结在一起得到金属初始形坯。然后通过脱脂、高温烧结、熔渗金属或浸渍树脂等处理工序来获得所需的金属制件。

此外，另一类是用低熔点金属粉末如 Cu、Sn 等，作为黏结剂来制备复合金属制件（如 EOS 公司的 Direct Steel 和 Direct Metal 系列金属混合粉末材料），此类黏结剂在成形后继续留在零件形坯中。由于低熔点金属黏结剂本身具有较高的强度，形坯件的致密度、强度都较高，因而不需要通过脱脂、高温烧结等后处理步骤就可以得到性能较高的金属零件。随着 SLM 技术的发展，目前采用 SLS 制备金属零件的研究越来越少。

表 7-1、表 7-2 分别是 3D Systems 公司和 EOS 公司公布的 SLS 成形材料及其主要性能指标。

表 7-1　3D Systems 公司的 SLS 成形材料及其主要性能指标

材料型号	材料类型	拉伸强度/MPa	弹性模量/MPa	断裂伸长率/%	主要特点	用途
DuraForm PA	尼龙粉末	44	1600	9	热稳定性和化学稳定性好	塑料功能件
DuraForm GF	玻璃微珠/尼龙粉末	38.1	5910	2	热稳定性和化学稳定性好	塑料功能件
DuraForm AF	添加铝粉的尼龙粉末	35	3960	1.5	金属外观，较高的硬度、尺寸稳定性	塑料功能件
DuraForm EX	—	48	1517	5	较高的硬度、冲击强度	塑料功能件

续表

材料型号	材料类型	拉伸强度/MPa	弹性模量/MPa	断裂伸长率/%	主要特点	用途
DuraForm Flex	—	1.8	7.4	110	抗撕裂性优异、粉末回收率高等	塑料功能件
DuraForm SHT	尼龙复合材料	51	5725	4.5	耐温性高、各向异性的力学性能	塑料功能件
CastForm	聚苯乙烯粉末	2.8	1604	—	成形性能优良	失蜡铸造
SandForm Zr	覆膜锆砂	2.1	—	—	成本低	铸造型壳和型芯
LaserForm ST-200	覆膜不锈钢粉末	435(渗铜)	137000	6	与不锈钢性能相近	金属模具和零件
LaserForm A6	覆膜A6钢和碳化钨末	610(渗铜)	138000	2～4	与工具钢性能相近	金属模具

表 7-2　EOS 公司的 SLS 成形材料及其主要性能指标

材料型号	材料类型	拉伸强度/MPa	弹性模量/MPa	断裂伸长率/%	主要特点	用途
PA2200	尼龙粉末	45	1700	20	热稳定性和化学稳定性好	塑料功能件
CarbonMide	碳纤维/尼龙复合粉末	—	—	—	非常高的硬度及强度	塑料功能件
PA3200GF	玻璃微珠/尼龙复合粉	48	3200	6	热稳定性和化学稳定性好	塑料功能件
PrimeCast 100	聚苯乙烯粉末	1.2～5.5	1600	0.4	成形性能优良	失蜡铸造
Quartz 4.2/5.7	酚醛树脂覆膜砂	—	—	—	成本低	铸造型壳和型芯
Alumide	加铝粉的尼龙粉	45	3600	3	刚性好，金属外观	金属模具和零件
DirectSteel 20	不锈钢细粉末	600	130000	—	注塑模、金属件	金属模具和零件
DirectSteel H20	合金钢粉末	1100	180000	—	与工具钢性能相近	金属模具和零件
DirectMetal 20	青铜粉	400	80000	—	—	金属模具和零件

7.1.5 激光选区烧结成形装备

目前，世界范围内已有多系列和多规格的商品化 SLS 装备，智能化程度高，运行稳定。目前 SLS 装备最大成形尺寸约为 1400mm。SLS 除了成形铸造用蜡模和砂型外，还可直接成形多种类高性能塑料零件。在 SLS 装备生产方面，最知名的当属美国 3D Systems 和德国 EOS 两家公司。2001 年，3D Systems 公司兼并了专业生产 SLS 装备的美国 DTM 公司，继承了 DTM 系列 SLS 产品。目前，主要提供 sPro 系列 SLS 装备。采用了可移除制造模块和组合粉末收集系统，提高制造的可操作性和智能化程度。SLS 装备采用 30～200W 二氧化碳激光器，采用高速振镜扫描系统，扫描速度达 5～15m/s。最大成形空间达 550mm×550mm×750mm，粉末层厚为 0.08～0.15mm。

德国 EOS 公司是近年来 SLS 装备销售最多、增长速度最快的制造商，其装备的制造精度、成形效率及材料种类也是同类产品的世界领先水平。具体包括 P 型和 S 型多系列 SLS 装备。其中，4 个系列的 P 型 SLS 装备，主要用于成形尼龙等高性能塑料零件。采用 30～50W 低功率二氧化碳激光器，最大成形空间达 700mm×380mm×580mm，采用双激光扫描系统提高了成形效率，扫描速度为 5～8m/s，层厚为 0.06～0.18mm。最新研发的 P800 型

SLS 装备，可提供超过 200℃的稳定预热环境，能直接成形耐高温的高强度 PEEK 塑料，成为世界上唯一可成形该类材料的 SLS 装备。另外，还生产一款专门用于铸造砂型成形的 S750 型双激光 SLS 装备，成形台面达 720mm×720mm×380mm。

国内生产和销售 SLS 装备的制造商主要依托高校等研究单位。由于产品价格上的明显优势，目前占据了超过 80%的国内市场份额。但是，生产和销售的 SLS 装备类型不多、规格少，设备的稳定性较国外先进水平低。1994 年在美国得克萨斯大学奥斯汀分校留学的宗贵升博士将美国的 SLS 技术引入中国。与美国桑尼通材料有限公司联合成立了北京隆源自动成形系统有限公司，专门生产基于 SLS 装备。目前，最大成形空间达 0.7m×0.7m，整体性能与国外先进水平相当。华中科技大学从 20 世纪 90 年代末开始研发具有自主知识产权的 SLS 装备与工艺，并通过武汉华科三维科技有限公司实现商品化生产和销售。最早研制了 0.4m×0.4m 工作面的 SLS 装备，2002 年将工作台面升至 0.5m×0.5m，已超过当时国外 SLS 装备的最大成形范围（美国 DTM 公司研制的 SLS 设备最大工作台面为 0.375m×0.33m）。生产的 SLS 设备可直接成形低熔点塑料，间接成形金属、陶瓷和覆膜砂等材料。在 2005 年，该单位通过对高强度成形材料、大台面预热技术以及多激光高效扫描等关键技术的研究，陆续推出了 1m×1m、1.2m×1.2m、1.4m×0.7m 等系列大台面 SLS 装备，在成形尺寸方面远超国外同类技术（目前，国外最大成形空间为德国 EOS，仅有 700mm 左右），在成形大尺寸零件方面具有世界领先水平，形成了一定的产品特色。

典型商业 SLS 成形设备的参数对比见表 7-3。

表 7-3　国内外主要的商品化 SLS 设备

国内外	单位	型号	外观图片	成形尺寸	激光器	成形效率	扫描速度/(m/s)	针对材料
国外	EOS（德国）	FORMIGA P 110		200mm×250mm×330mm	30W，CO_2 激光器	20mm/h	5	尼龙 11、尼龙 12 及其复合材料，PS，TPA 等
		EOS P 396		340mm×340mm×600mm	70W，CO_2 激光器	48mm/h	6	
		EOSINT P 760	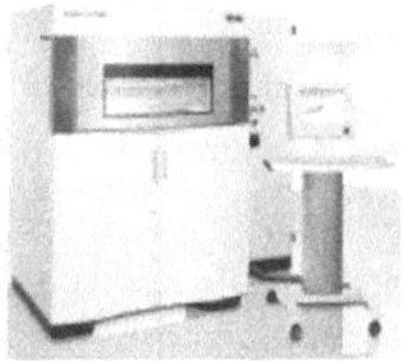	700mm×380mm×580mm	50W，双 CO_2 激光器	32mm/h	6	

续表

国内外	单位	型号	外观图片	成形尺寸	激光器	成形效率	扫描速度/(m/s)	针对材料
国外	EOS（德国）	EOSINT P 800		700mm×380mm×560mm	50W，双 CO_2 激光器	7mm/h	6	尼龙 11、尼龙 12 及其复合材料，PS，TPA，PEEK 等
	3D Systems（美国）	ProX SLS 500		381mm×330mm×460mm	CO_2 激光器	1.8L/h	—	尼龙
		sPro 60 HD-HS		381mm×330mm×460mm	CO_2 激光器	1.8L/h	—	尼龙及其复合材料、PS、TPU 等
		sPro 140		550mm×550mm×460mm	CO_2 激光器	3.0L/h	—	尼龙及其复合材料、PP、ABS、PS 等
		sPro 230		550mm×550mm×750mm	CO_2 激光器	3.0L/h	—	尼龙及其复合材料、PP、ABS、PS 等

续表

国内外	单位	型号	外观图片	成形尺寸	激光器	成形效率	扫描速度/(m/s)	针对材料
国内	武汉华科三维科技有限公司	HK S500		500mm×500mm×400mm	55W，CO_2 激光器	—	5	PS，覆膜砂
		HK S1400		1400mm×1400mm×500mm	4×100W，CO_2 激光器	—	5	
		HK P500		500mm×500mm×400mm	55W，CO_2 激光器	—	6	
	湖南华曙高科	Farsoon 251 P		250mm×250mm×320mm	60W，CO_2 激光器	0.6L/h	7.6	尼龙12、尼龙6及其复合材料等
		Farsoon 402 P		400mm×400mm×450mm	100W，CO_2 激光器	3L/h	12.7	尼龙12、尼龙6及其复合材料等

7.1.6 激光选区烧结成形技术的应用

(1) 铸造砂型（芯）/熔模的成形

首先将熔模或者砂型材料通过大台面的激光选区烧结（SLS）装备在数天甚至数小时成形出大型复杂精密熔模与砂型。成形时，在事先设定的预热温度下，先在工作台上用铺粉辊铺一层粉末材料，然后激光束在计算机的控制下，按照熔模与砂型截面轮廓的信息，对其实心部分所在的粉末进行扫描，使粉末的温度升高至熔化点，粉末颗粒交界处熔化，粉末相互

(a) 航空零件铸造用蜡模，外围尺寸大于1m，壁厚仅3～4mm

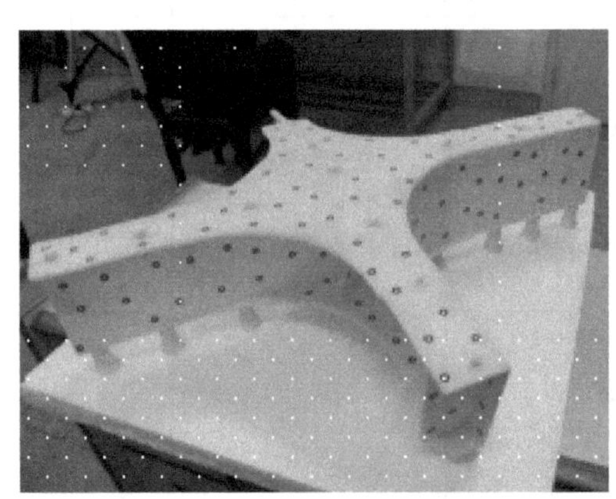
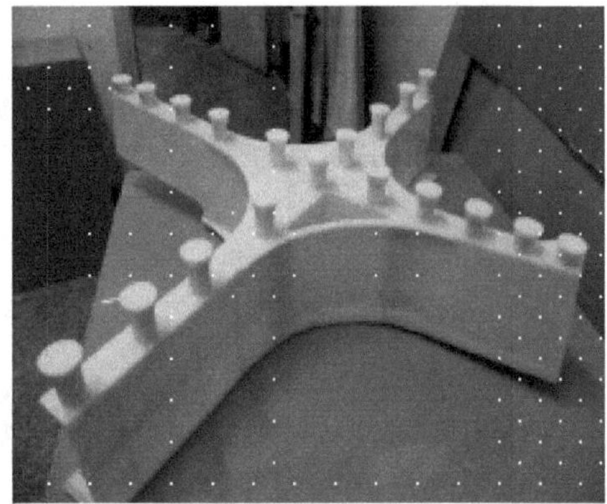

(b) 航空十字接头蜡模，外围尺寸大于1m，具有内部复杂结构

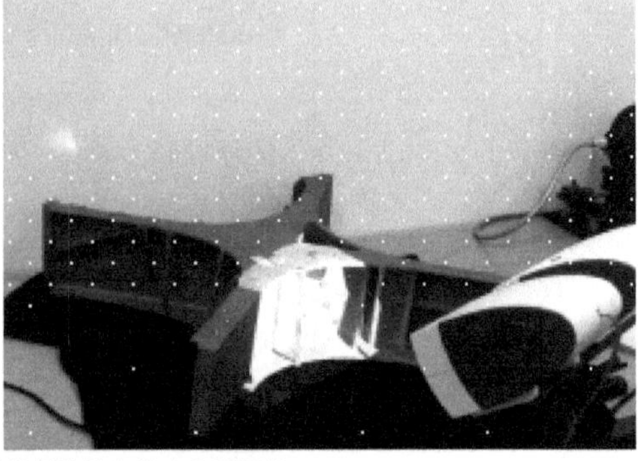

(c) 由大尺寸复杂蜡模铸造获得的航空钛合金零部件

图 7-13 为空中客车公司制造的航空大型钛合金零件铸造蜡模及其铸件

黏结。在非烧结区的粉末仍然呈松散状，作为工件和下一层粉末的支撑。一层成形完成后，工作台下降一个截面层高度，再进行下一层的铺粉和烧结。如此循环，最后形成三维熔模与砂型。将快速成形的熔模与砂型通过熔模精密铸造与砂型铸造制造出符合我国航空航天、军工、船舶、汽车、机床等有重大需求领域的关键零部件。减少工艺流程，缩短周期，降低成本，可实现铸造工艺“成本与周期双降一半”的目的，极大提升传统铸造工艺水平。因此，用 SLS 技术制造覆膜砂型（芯），在铸造中有着广阔的前景。图 7-13～图 7-16 所示为利用 SLS 技术制造的覆膜砂型（芯）/熔模的典型例子。

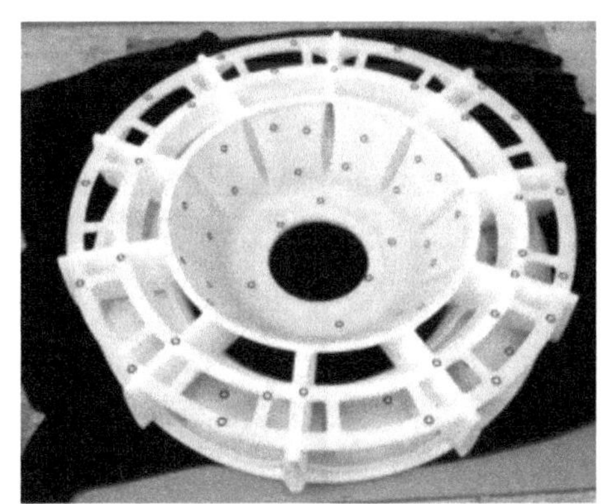

图 7-14　大型复杂发动机机匣

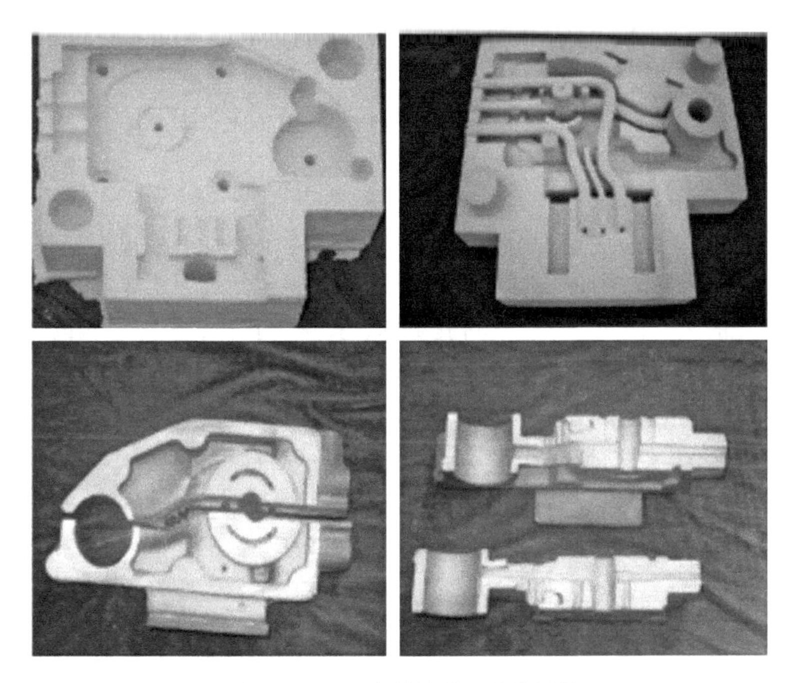

图 7-15　SLS 成形的砂型及其铸件

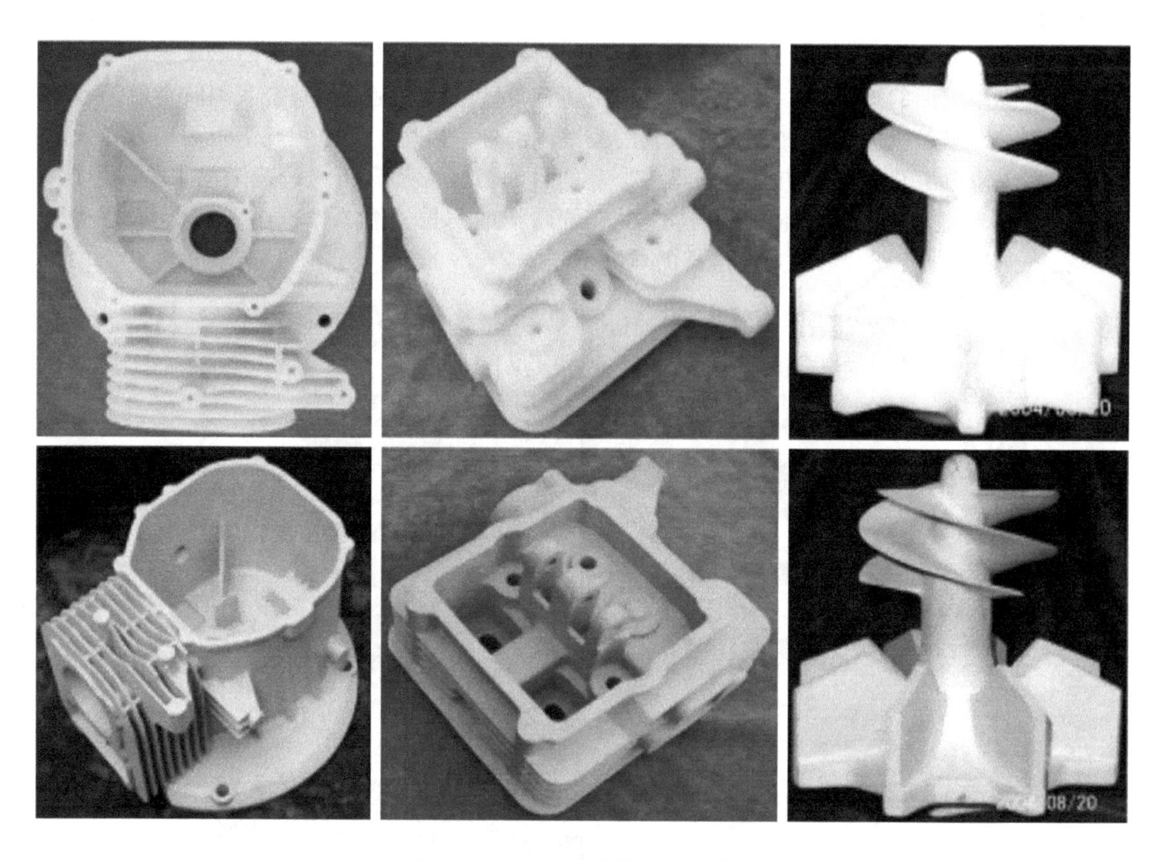

图 7-16　SLS 成形的熔模及其铸件

(2) 生物制造

对生物聚合物进行 SLS 成形，制造个性化医用植入体和组织工程支架是目前 SLS 领域的研究热点之一。SLS 技术通过计算机辅助设计，可制备结构、力学性能可控的三维通孔组织支架及个性化的生物植入体，实现对孔隙率、孔型、孔径、外形结构的有效控制，从而促进细胞的黏附、分化与增殖，提高支架的生物相容性。目前，适用于 SLS 技术的生物聚合物主要为合成聚合物材料，包括左旋聚乳酸（PLLA）、聚己内酯（PCL）、聚醚醚酮（PEEK）、聚乙烯醇（PVA）等，并多与生物活性陶瓷材料如羟基磷灰石（hydroxyapatite，HAp）或 β-磷酸三钙（β-tricacium phosphate，β-TCP）复合，以获得良好的生物活性。采用 SLS 技术制备了纯 PVA 的支架材料，优化工艺参数后制得三维正交周期多孔结构四面体支架，如图 7-17 所示。

(3) 聚合物功能件制造

通过 SLS 成形的聚合物制件具有较好的性能，可直接用作塑料功能件。用于 SLS 成形的材料主要是热塑性聚合物及其复合材料。热塑性聚合物又可以分为晶态和非晶态两种，由于晶态和非晶态聚合物在热性能上的截然不同，造成了它们在激光烧结参数设置及制件性能上存在巨大的差异。图 7-18、图 7-19 为采用 SLS 制造的功能件。

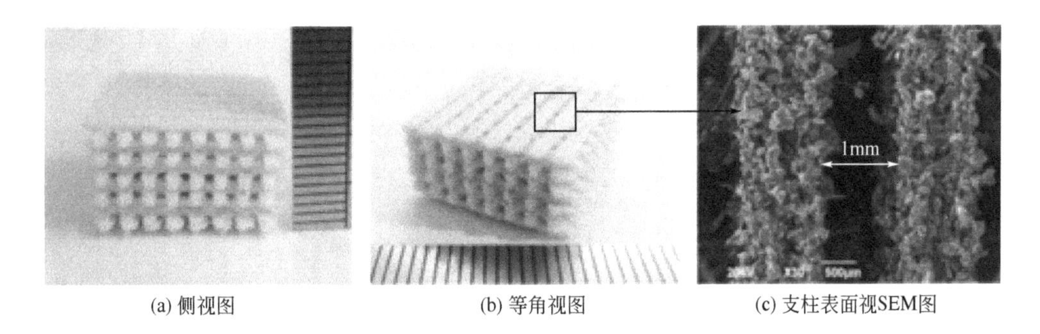

(a) 侧视图　(b) 等角视图　(c) 支柱表面视SEM图

图 7-17　SLS 技术制备 PVA 多孔支架

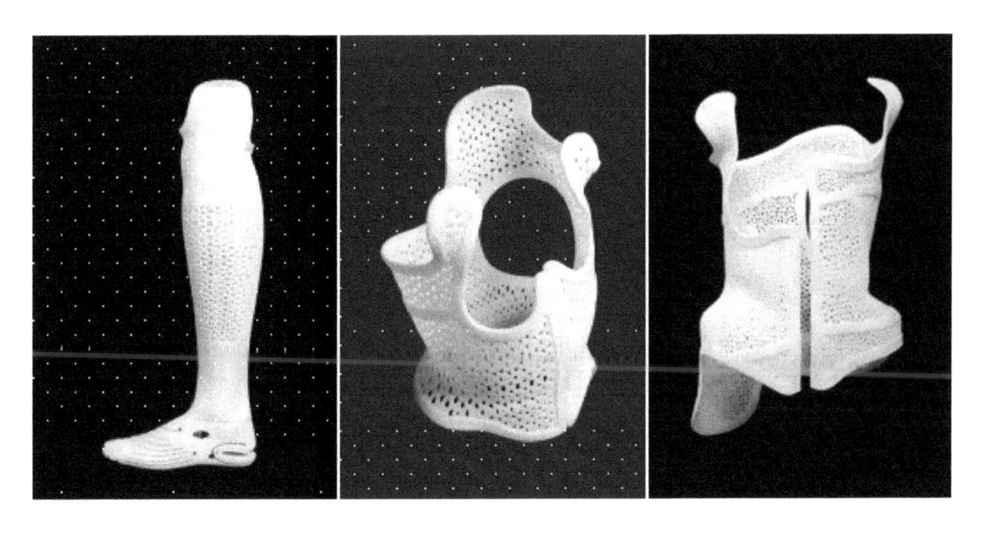

图 7-18　采用 SLS 技术打印的假肢

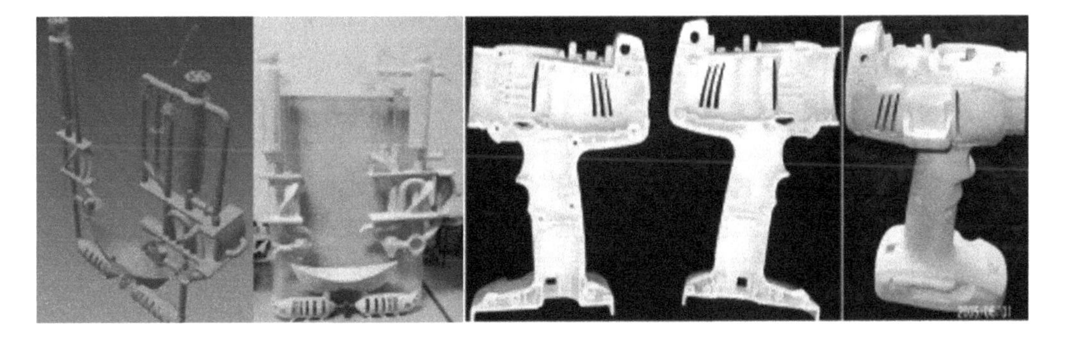

图 7-19　SLS 成形尼龙零件

7.2 激光选区熔化技术

7.2.1 技术背景

激光选区熔化（selective laser melting，SLM）技术[8] 是 20 世纪 90 年代发展出现的一种新型的增材制造技术，它利用高能激光选择性熔化金属粉末，经过快速冷却凝固直接成形出金属零件，不受零件形状复杂度的限制，不需要其他后处理工艺，可以解决兼顾复杂形状和高性能金属构件快速制造的技术难题。其思想来源于 SLS，是由 SLS 技术发展演变而来的一种新技术，它克服了 SLS 技术间接制造金属零部件的复杂工艺难题。该技术最大的优势在于无需后处理工序就可以获得结构与性能兼备的实体零件，制造周期较短。

德国 Fraunhofer 激光技术研究所（Fraunhofer Institute for Laser Technology，ILT）最早深入地探索了激光完全熔化金属粉末的成形，并于 1995 年首次提出了 SLM 技术。由于该研究所的技术支持，德国 EOS 公司于 1995 年底制造了第一台 SLM 设备。随后，英国、德国、美国等欧美众多的商业化公司都开始生产商品化的 SLM 设备。随着激光技术的不断发展，2002 年，德国成功研制了可成形接近全致密的精细金属零件和模具的 SLM 装备，其性能可达到同质锻件水平。目前欧美等发达国家和地区在 SLM 设备的研发及商业化进程上处于世界领先地位。德国 EOS GmbH 公司现在已经成为全球最大同时也是技术最领先的激光粉末烧结增材制造系统的制造商。英国 MCP 公司、美国 3D Systems 和 PHENIX 公司、德国 Concept Laser 公司及日本的 TRUMPF 等公司的 SLM 设备均已商业化。除了以上几大公司进行 SLM 设备商业化生产外，国外还有很多高校及科研机构进行 SLM 设备的自主研发，比如比利时鲁汶大学、日本大阪大学等。国内 SLM 设备的研发与欧美发达国家和地区相比，整体性能相当，但在设备的稳定性方面略微落后。目前国内 SLM 设备研发单位主要包括华中科技大学、华南理工大学、西北工业大学和北京航空制造研究所等。

SLM 增材制造技术可以近净成形复杂形状的金属零件和模具，致密度和精度高，已在人工义齿及复杂模具镶块的快速制造方面获得工业应用。相对于传统铣、削、锻及电加工等方法，SLM 技术在生产形状复杂、小批量的零件中，具有制备工艺简单、节约材料、开发周期短和综合性能优良等显著的优势。在快速精密加工、汽车零配件、快速模具制造、武器装备、个性化医学、航空航天零部件等高端制造领域，SLM 技术解决了传统制造工艺难以加工甚至无法加工的一些结构和材料的制造难题，为制造业的发展带来了无限活力。

7.2.2 激光选区熔化成形原理

SLM 技术和其他增材制造技术一样，基于离散-分层-叠加的原理，借助计算机辅助设

计和制造，利用高能束激光选择性地逐行、逐层熔化金属粉体，金属粉体迅速冷却，从而直接成形出致密的三维实体零件（如图7-20）。这个过程是激光与粉体之间的相互作用，包括激光能量传递、物态变化等一系列物理化学过程。

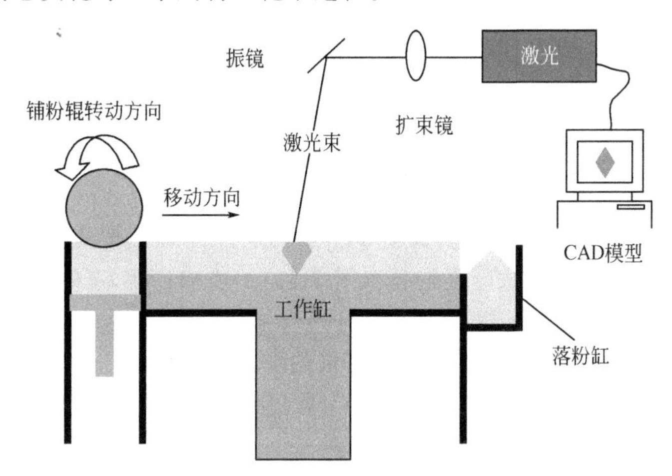

图7-20　激光选区熔化成形基本原理

激光能量传递是将光能转变为热能，并由此引起材料的物态转变。金属粉体吸收不同的激光能量会发生不同的物态改变。激光能量低，金属粉体只能升高表面温度，发生软化变形；随着激光能量的升高，金属粉体熔化，快速冷却后，形成细小晶粒的固态零件；当激光能量过高时，金属粉体在熔化过程中会发生气化，也会造成最终成形的零件发生热应力、翘曲变形等缺陷。

金属粉体在SLM成形过程中的激光吸收率对材料的成形性能和激光利用率有很大影响，从而直接影响最终成形的零件性能。目前使用的SLM粉体，都为钛基合金、铁基合金和镍基合金等对激光吸收率较高的金属粉体。由于金属粉体一般为不透明粉体，对激光的作用表现为吸收和反射两种形式。当粉体的激光吸收率较低时，只有很小一部分激光能量能够被吸收，大部分则被反射，导致金属粉体无法熔化成形；当粉体的激光吸收率高时，大部分激光能量都被吸收，使材料容易成形，激光利用率得到提高。所以，如何提高SLM所用粉体的激光利用率是促进该技术发展的重要因素之一。

在SLM过程中，零件成形是一个由线到面、由面到体的增材制造过程，金属粉末在高能束的激光作用下熔化，从而连续不断地形成熔池。在高能激光束作用下形成的金属熔体能否稳定连续存在，熔池内流体动力学状态和传热传质状态都对成形过程的稳定性和零件的最终成形质量有决定性的影响。

具体成形过程如下：根据实际需求，在计算机上利用CAD技术优化设计出目标零件的三维实体模型，并且由切片软件处理后保存为STL格式等文件，将文件的数据信息导入成形设备的计算机中，得到三维模型各截面的数据信息。在计算机的控制下，激光束将根据设置的扫描方式，按照三维模型的截面信息一层一层地选择性熔化该区域的粉末，每扫描一层，成形出零件的一个二维截面。随后，工作缸下降一个切片层厚的距离，送粉缸上升相应的高度，通过铺粉辊的滚动，在成形的截面上层均匀地铺上一个层厚的粉体。计算机调入下

一个层面的二维轮廓信息，成形出零件的下一个二维截面。反复进行这一过程，直至整个零件加工完成。

7.2.3 激光选区熔化成形工艺

SLM是由SLS技术发展演变而来的一种新技术，SLM工艺流程包括材料准备、工作腔准备、模型准备、零件加工、零件后处理等步骤。

(1) 材料准备

包括了SLM用粉末、基板以及工具箱等准备工作。SLM主要应用于金属材料，也可应用于陶瓷材料。SLM用粉末的球形度较高（图7-21），成形所需粉末尽量保持在5kg以上。基板需要根据成形粉末种类选择相近成分的材料，根据零件的最大截面尺寸选择合适的基板，将基板调整到与工作台面水平的位置，基板的加工和定位尺寸需要与设备的工作平台相匹配（图7-22），并清洁干净。准备一套工具箱用于基板的紧固和设备的密封。

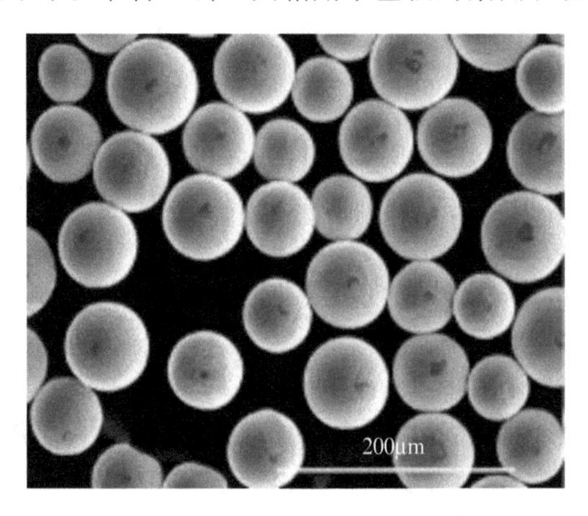

图7-21 SLM成形用Ti6Al4V球形粉末

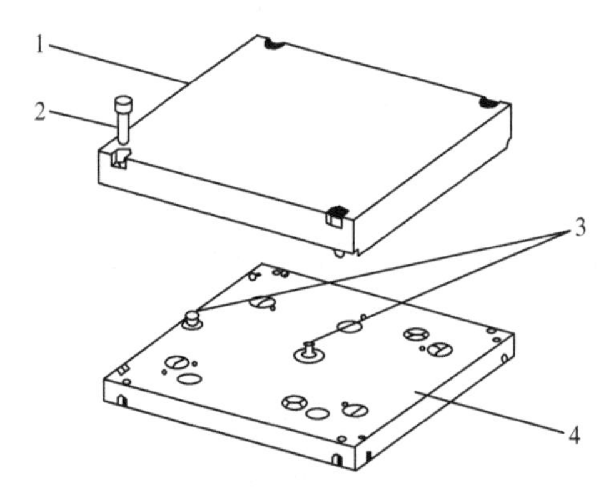

图7-22 成形用基板示意图

1—工作基板；2—紧固螺栓；3—定位销；4—放置基板载体

(2) **工作腔准备**

在放入粉末前需要将工作腔（成形腔）清理干净，包括缸体、腔壁、透镜、铺粉辊/刮刀等。最后将需要接触粉末的地方用脱脂棉和酒精擦拭干净，尽量保证粉末不被污染，尽量使成形的零件里面无杂质。将基板安装在工作缸上表面并紧固。

(3) **模型准备**

将 CAD 模型转换成 STL 文件，传输至 SLM 设备 PC 端，在设备配置的工作软件中导入 STL 文件进行切片处理，生成每一层的二维信息。数据传输过程如图 7-23 所示。

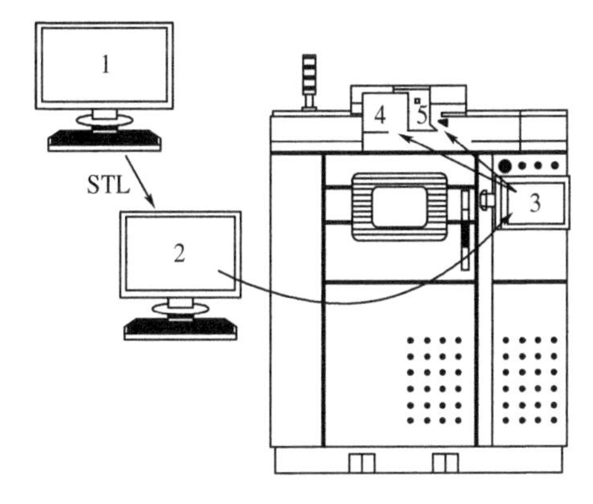

图 7-23　数据传输示意图

1—准备 CAD 数据；2—生成工作任务；3—传输到机器控制端；4—激光偏转头；5—激光

(4) **零件加工**

数据导入完毕后，将设备腔门密封。抽真空后通入保护气氛，设置基底预热温度（若粉末需要预热）。将工艺参数输入控制面板，包括激光功率、扫描速度、铺粉层厚、扫描间距、扫描路径等。计算机控制振镜将激光束按当前层的二维轮廓数据选择性地熔化基板上的粉末，当该层轮廓扫描完毕后，工作缸下降一个切片层厚的距离。送粉缸再上升一定高度，铺粉辊滚动将粉末送到已经熔化的金属层上部，形成一个层厚的均匀粉层。在加工过程中涉及工艺参数描述如下。

① 熔覆道　指激光熔化粉末凝固后形成的熔池，如图 7-24 所示。

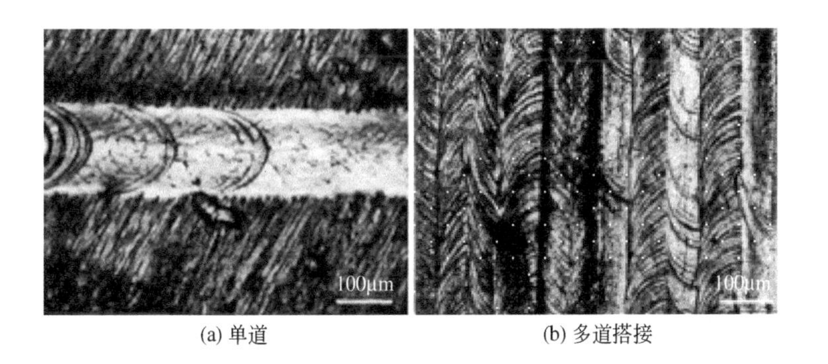

(a) 单道　　(b) 多道搭接

图 7-24　熔覆道形貌

② 激光功率　指激光器的实际输出功率，输入值不超过激光器的额定功率，单位为瓦特（W）。

③ 扫描速度　指激光光斑沿扫描轨迹运动的速度，单位一般为 mm/s。

④ 铺粉层厚　指每一次铺粉前工作缸下降的高度，单位为 mm。

⑤ 扫描间距　指激光扫描相邻两条熔覆道时光斑移动的距离，如图 7-25 所示，单位为 mm。

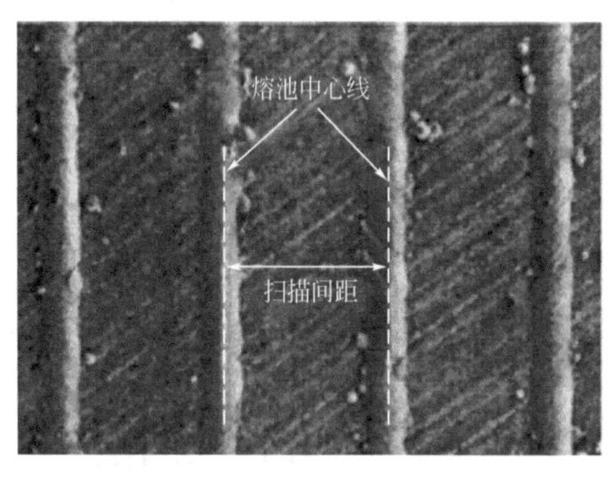

图 7-25　扫描间距示意图

⑥ 扫描路径　指激光光斑的移动方式。常见的扫描路径有逐行扫描（每一层沿 x 或 y 方向交替扫描）、分块扫描（根据设置的方块尺寸将截面信息分成若干个小方块进行扫描）、带状扫描（根据设置的带状尺寸将截面信息分成若干个小长方体进行扫描）、分区扫描（将截面信息分成若干个大小不等的区域进行扫描）、螺旋扫描（激光扫描轨迹呈螺旋线）等，如图 7-26 所示。

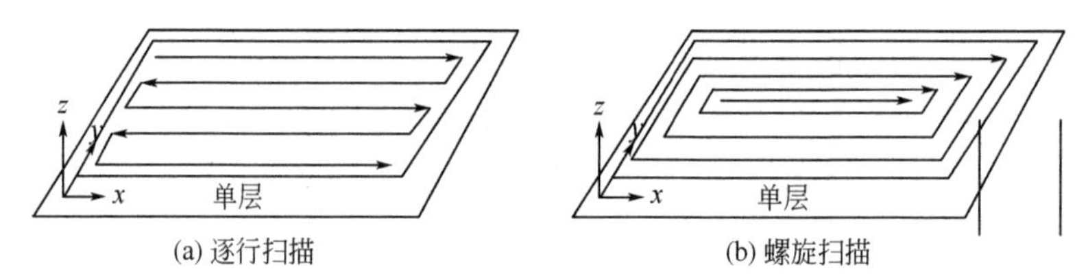

图 7-26　扫描路径示意图

⑦ 扫描边框　由于粉末熔化、热量传递与累积导致熔覆道边缘会变高，对零件边框进行扫描熔化可以减小零件成形过程中边缘高度增加的影响，如图 7-27 所示。

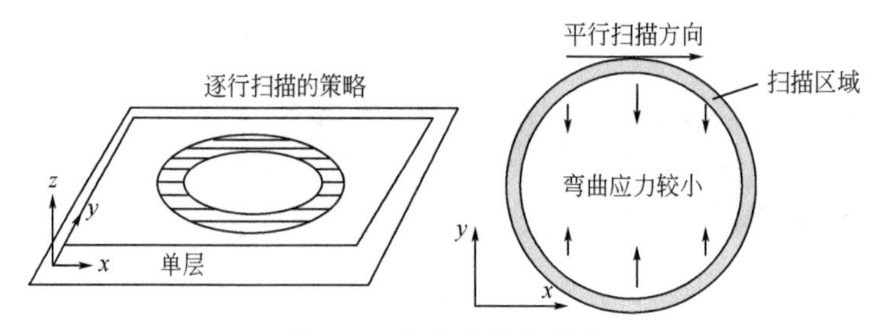

图 7-27　扫描边框示意图

⑧ 搭接率　指相邻两条熔覆道重合的区域宽度占单条熔覆道宽度的比率，直接影响在垂直于制造方向的 x-y 面上的单层粉末成形效果，其示意图如图 7-28 所示。

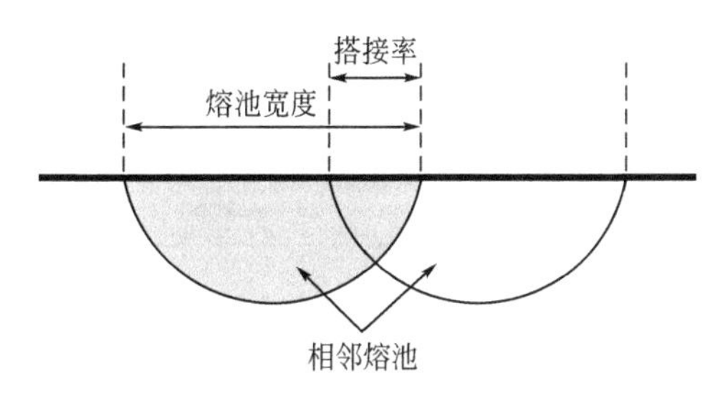

图 7-28　搭接率示意图

⑨ 重复扫描　指对每层已熔化的区域重新扫描一次，可以提高零件层与层之间冶金结合，增加表面光洁度。

⑩ 能量密度　分为线能量密度和体能量密度，是用来表征工艺特点的指标。前者指激光功率与扫描速度之比，单位为 J/mm；后者指激光功率与扫描速度、扫描间距和铺粉层厚之比，单位为 J/mm^3。

⑪ 支撑结构　施加在零件悬臂结构、大平面、一定角度下的斜面等位置，可以防止零件局部翘曲与变形，保持加工的稳定性，便于加工完成后去除，如图 7-29 所示。

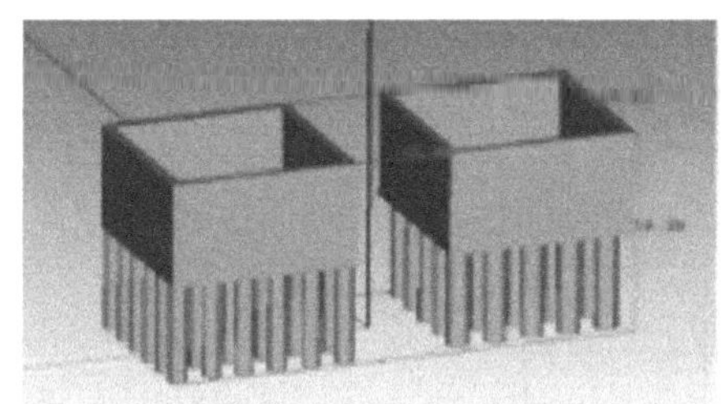

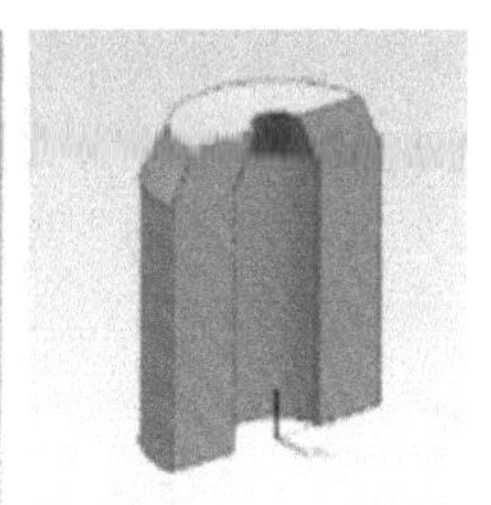

图 7-29　支撑结构示意图

(5) 零件后处理

零件加工完毕后，需要通过喷砂或高压气处理来去除表面或内部残留的粉末。有支撑结构的零件需要进行机加工去除支撑，最后用乙醇清洗干净。

7.2.4　激光选区熔化成形材料

成形材料是 SLM 技术发展中的关键环节之一，它对制件的物理机械性能、化学性能、精度及其应用领域起着决定性作用，直接影响到 SLM 制件的用途以及 SLM 技术与其他 3D 打印技术的竞争力。SLM 技术的特征是材料的完全熔化和凝固。粉末通过吸收高能量激光束的热量而处于熔融状态，从而达到完全的冶金状态，然后经快速冷却凝固成形为实体零件。主要适合于金属材料的成形，包括纯金属、合金以及金属基复合材料等，也适用于陶瓷材料的成形。表 7-4 为目前 SLM 技术用到的主要金属材料种类及其制备方法。

表 7-4　用于 SLM 技术的金属材料种类及制备方法

粉末种类	铁基(316L、420、M2)、钛及钛基(Ti6Al4V、TiAl)、镍基(Inconel625、718)、铝基(AlSi、AlCu、AlZn)、铜等
制备方法	水雾化、气雾化、旋转电极法
粒径分布/μm	20～50
氧含量/$\times10^{-6}$	≤1000

金属粉末材料特性对 SLM 成形质量的影响较大，粉末材料的堆积特性、粒径分布、颗粒形状、流动性、氧含量及对激光的吸收率等均会影响 SLS 成形件的性能。

(1) 粉末堆积特性

粉末装入容器时，不同的装法会使颗粒间的空隙率不同。未摇实的粉末密度为松装密度，经振动摇实后的粉末密度为振实密度。对于 SLM 而言，由于铺粉辊垂直方向上的振动和轻压作用，所以一般采用振实密度。粉末铺粉密度越高，成形件的致密度也会越高。

床层中颗粒之间的空隙体积与整个床层体积之比称为空隙率（或称为空隙度），以 ε 表示，即

$$\varepsilon=\frac{床层体积-颗粒体积}{床层体积} \tag{7-6}$$

式中，ε 表示床层的空隙率。

空隙率的大小与颗粒形状、表面粗糙度、粒径及粒径分布、颗粒直径与床层直径的比值、床层的填充方式等因素有关。一般说来空隙率随着颗粒球形度的增加而降低，颗粒表面愈光滑，床层的空隙率亦愈小。见图 7-30。

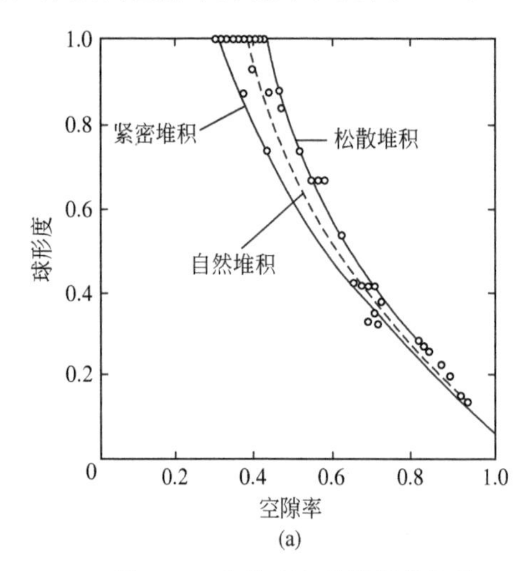

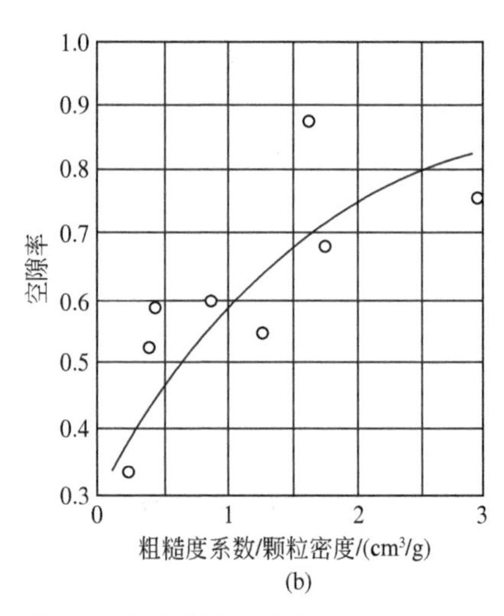

图 7-30　空隙率与球形度的关系（a）及空隙率与表面粗糙度的关系（b）

一般采用雾化法和旋转电极法来制备 SLM 用金属粉末。雾化法是将熔融金属雾化成细小液滴，在冷却介质中凝固成粉末；工业上一般采用二流雾化法，即水雾化法及气雾化法。水雾化粉末为条形，气雾化粉末接近球形，所以气雾化法制备的粉末球形度远高于水雾化法。但是水雾化粉末表面粗糙度值高于气雾化法。旋转电极法是以金属或合金制成自耗电

极，其端面受电弧加热而熔融为液体，通过电极高速旋转的离心力将液体抛出并粉碎为细小液滴，继而冷凝为粉末的制粉方法。与雾化法相比，旋转电极法制备的粉末非常接近球形，表面更光洁，空隙率更低。Ti6Al4V 粉末见图 7-31。

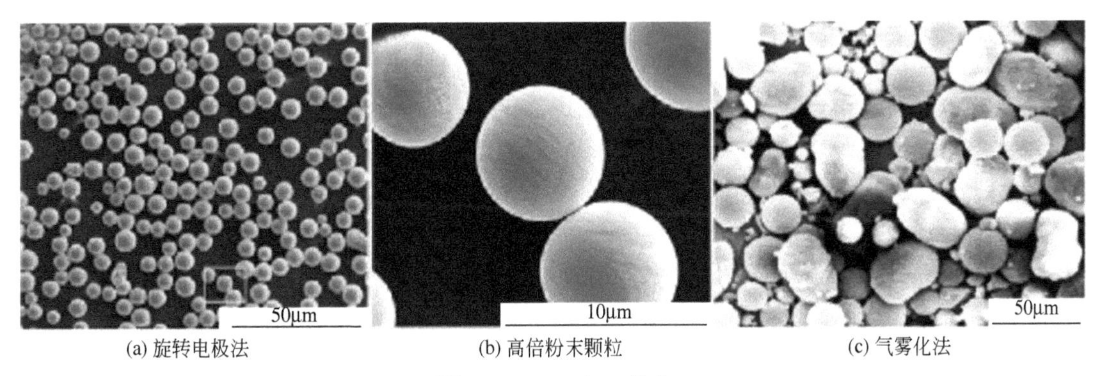

(a) 旋转电极法　　(b) 高倍粉末颗粒　　(c) 气雾化法

图 7-31　Ti6Al4V 粉末

(2) 粒径分布

粒径是金属粉末诸多物性中最重要和最基本的特性值，它是用来表示粉末颗粒尺寸大小的几何参数。粒度的表示方法由于颗粒的形状、大小和组成的不同而不同，粒度值通常用颗粒平均粒径表示。对于颗粒群，除了平均粒径指标外，粒度分布也是关键指标。理论上可用多种级别的粉末，使颗粒群的空隙率接近零，然而实际上是不可能的。由大小不一（多分散）的颗粒所填充成的床层，小颗粒可以嵌入大颗粒之间的空隙中，因此床层空隙率比单分散颗粒填充的床层小。可以通过筛分的方法分出不同粒级，然后再将不同粒级粉末按照优化比例配合来达到高致密度粉床的目的。

对于 SLM 技术来说，适合采用二组分体系级配来达到高的铺粉致密度。例如，通过旋转电极法制备的 Ti6Al4V 粉末能保持约 65%理论密度的稳定振实密度，通过气雾化制备的 Ti6Al4V 粉末的振实密度约为 62%。若将两种粉末进行级配实验，将达到高于 65%的振实密度，有利于制造完全密实的接近最终形状的复杂形状零件。

(3) 粉末流动性

粉末的流动性是粉末的重要特性之一，影响铺粉的均匀性。在多层成形过程中，铺粉不均将导致扫描区域内各部位的金属熔化量不均，使成形制件内部组织结构不均。有可能出现部分区域结构致密，而其他区域存在较多空隙。粉末流动时的阻力是由于粉末颗粒相互直接或间接接触而妨碍其他颗粒自由运动所引起的，这主要是由颗粒间的摩擦系数决定。由于颗粒间暂时黏着或聚合在一起，从而妨碍相互间运动。这种流动时的阻力与粉末种类、粒度、粒度分布、形状、松装密度、所吸收的水分、气体及颗粒的流动方法等有很大关系。例如，通过旋转电极法制备的 Ti6Al4V 粉末呈现标准球形，主要粒度分布在 4～10μm 之间，颗粒之间的摩擦多为滚动摩擦，摩擦系数小，流动性能好。而气雾化粉末的流动性稍差，但是可将两种粉末混合，可利用旋转电极法粉末的滚珠效应提高混合粉末流动性，从而提高铺粉致密度。

(4) 粉末氧含量

粉末的氧含量也是粉末的重要特性，特别需要注意粉末表面的氧化物或氧化膜。在成形过程中，金属粉末在激光作用下短时间内吸收高密度的激光能量，温度急剧上升。如果有氧的存在，则制件极易被氧化。因为粉末表面的氧化膜降低了SLM成形过程中液态金属与基板或已凝固部分的润湿性，导致成形件出现分层和裂纹，降低其致密度。此外，粉末中残杂的氧化物在高温作用下也会导致液相金属发生氧化，从而使液相熔池的表面张力增大，加大了球化效应，直接降低了成形制件的致密度，影响了制件的内部组织。因此，对用于SLM成形的金属粉末其氧含量一般要求在1000×10^{-6}以下。

(5) 粉末对激光的吸收率

SLM技术是激光与粉末相互作用，从而产生粉末熔化与凝固的过程，因此，粉末对激光的吸收率非常重要。表7-5为几种常见金属对不同波长的激光吸收率，可以看出激光波长越短，金属对其吸收率越高。对于目前配有波长为1060nm激光器的SLM而言，其中Ag、Cu和Al等对激光的吸收率非常低，因此，SLM成形上述金属时存在一定的困难。

表7-5 几种金属材料对三种不同波长激光的吸收率 单位：%

金属	CO_2 (10600nm)	Nd:YAG (1060nm)	准分子 (193～351nm)
Al	2	10	18
Fe	4	35	60
Cu	1	8	70
Mo	4	42	60
Ni	5	25	58
Ag	1	3	77

7.2.5 激光选区熔化成形装备

SLM的核心器件包括主机、激光器、光路传输系统、控制系统和软件系统等几个部分。下面分别介绍各个组成部分的功能、构成及特点。

(1) 主机

SLM全过程均集中在一台机床中，主机是构成SLM设备的最基本部件。从功能上分类，主机又由机架（包括各类支架、底座和外壳等）、成形腔、传动机构、工作缸/送粉缸、铺粉机构、气体净化系统（部分SLM设备配备）等部分构成。

① 机架　主要起到支撑作用，一般采取型材拼接而成，但由于SLM中金属材料重量大，一些承力部分通常采取焊接成形。

② 成形腔　是实现SLM成形的空间，在里面需要完成激光逐道逐层熔化和送铺粉等关键步骤。成形腔一般需要设计成密封状态，有些情况下（如成形纯钛等易氧化材料）还需要设计成可抽真空的容器。

③ 传动机构　实现送粉、铺粉和零件的上下运动，通常采用电机驱动丝杠的传动方式，但铺粉装置为了获得更快的运动速度，也可采用皮带方式。

④ 工作缸/送粉缸　主要是储存粉末和零件，通常设计成方形或圆形缸体，内部设计可

上下运动的水平平台，实现SLM过程中的送粉和零件上下运动功能。

⑤ 铺粉机构　实现SLM加工过程中逐层粉末的铺放，通常采用铺粉辊或刮刀（金属、陶瓷和橡胶等）的形式，如图7-32所示。每层激光扫描前，铺粉机构在传动机构驱动下将送粉缸提供的粉末铺送到工作缸平台上。铺粉机构的工作特性（如振动幅度、速度和长期稳定性等）直接影响零件成形质量。

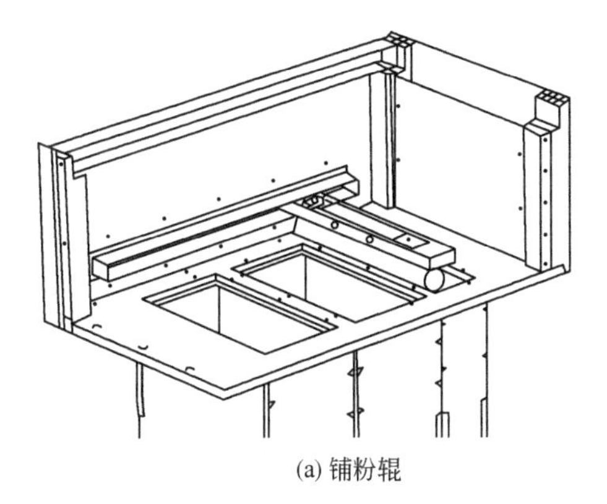
(a) 铺粉辊

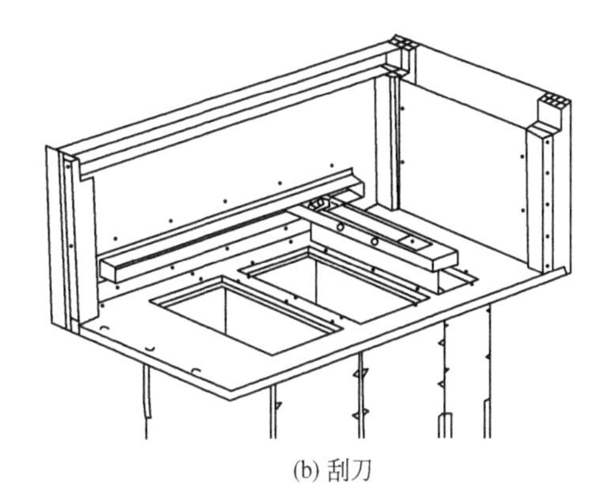
(b) 刮刀

图7-32　铺粉机构

⑥ 气体净化系统　主要是实时去除成形腔中的烟气，保证成形气氛的清洁度。另外，为了控制氧含量，还需要不断补充保护气体，有些还需要控制环境湿度。

(2) 激光器

激光器是SLM设备提供能量的核心功能部件，直接决定SLM零件的成形质量。SLM设备主要采用光纤激光器，光束直径内的能量呈高斯分布。光纤激光器指用掺稀土元素玻璃光纤作为增益介质的激光器。光纤激光器作为输出光源，主要技术参数有输出功率、波长、空间模式、光束尺寸及光束质量。图7-33为光纤激光器结构示意图，掺有稀土离子的光纤芯作为增益介质，掺杂光纤固定在两个反射镜间构成谐振腔，泵浦光从M1入射到光纤中，从M2输出激光。具有工作效率高、使用寿命长和维护成本低等特点。主要工作参数包括：

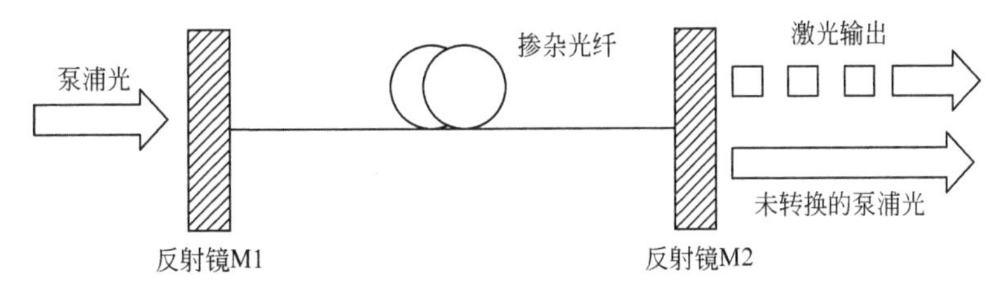

图7-33　光纤激光器结构示意图

① 激光功率　连续激光的功率或者脉冲激光在某一段时间的输出能量，通常以W为单位。如果激光器在时间t（单位s）内输出能量为E（单位J），则输出功率P为$P=E/t$。

② 激光波长　光具有波粒二象性，也就是光既可以看作是一种粒子，也可以看作是一种波。波是具有周期性的，一个波长是一个周期下光波的长度，一般用λ表示。

③ 激光光斑　激光光斑是激光器参数，指的是激光器发出激光的光束直径大小。

④ 光束质量　光束质量因子是激光光束质量的评估和控制理论基础，其表示方式为

M^2。其定义为 $M^2=R\theta/(R_0\theta_0)$，其中：$R$ 为实际光束的束腰半径；R_0 为基膜高斯光束的束腰半径；θ 为实际光束的远场发散角；θ_0 为基模高斯光束的远场发散角。光束质量因子为 1 时，具有最好的光束质量。

商品化光纤激光器主要有德国 IPG 和英国 SPI 两家公司的产品，其主要性能如表 7-6、表 7-7 所示。

表 7-6　SPI 公司 400W 光纤激光器主要参数表

序号	参数	参数范围
1	型号	SP-400C-W-S6-A-A
2	功率	400W
3	中心波长	(1070±10)nm
4	出口光斑	(5.0±0.7)mm
5	工作模式	CW/Modulated
6	光束质量 M^2	<1.1
7	调制频率	100kHz
8	功率稳定性(8h)	<2%
9	红光指示	波长 630～680nm,1mW
10	工作电压	200～240(±10%)VAC,47～63Hz,13A
11	冷却方式	水冷,冷却量 2500W

表 7-7　IPG 公司 400W 光纤激光器参数表

序号	参数	参数范围
1	型号	YLR-400-WC-Y11
2	功率	400W
3	中心波长	(1070±5)nm
4	出口光斑	(5.0±0.5)mm
5	工作模式	CW/Modulated
6	光束质量 M^2	<1.1
7	调制频率	50kHz
8	功率稳定性(4h)	<3%
9	红光指示	同光路指引
10	工作电压	200～240VAC,50/60Hz,7A
11	冷却方式	水冷,冷却量 1100W

(3) 光路传输系统

光路传输系统主要实现激光的扩束、扫描、聚焦和保护等功能，包括扩束镜、f-θ 聚焦镜（或三维动态聚焦镜）、振镜、保护镜。各部分组成原理及功能分别说明如下。

① 扩束镜　工作原理类似于逆置的望远镜（图 7-34），起着对入射光束扩大或准直作

用。激光束经扩束镜后发散角减小，提升光束质量（如能量密度）。光束经过扩束镜后，直径变为输入直径与扩束倍数的乘积。在选用扩束镜时，其入射镜片直径应大于输入光束直径，输出的光束直径应小于与其连接的下一组光路组件的输入直径。例如：激光器光束直径为5mm，选用的扩束镜输入镜片直径应大于5mm，经扩束镜放大3倍后激光束直径变为15mm，后续选用的振镜（扫描系统）其输入直径应大于15mm。

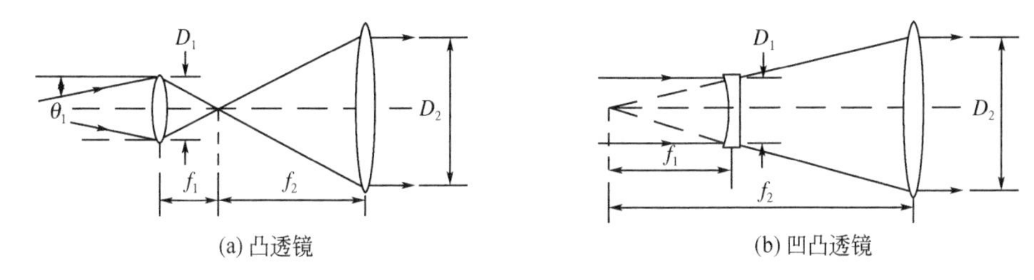

图 7-34　扩束镜光路原理图

D_1 为输入光斑直径，D_2 输出光斑直径，θ_1 为入射发散角，f_1，f_2 为焦距

② 振镜扫描系统　SLM成形致密金属零件要求成形过程中固液界面连续，这就要求扫描间距更为精细。因此，所采用的扫描策略数据较多，数据处理量大，要求振镜系统的驱动卡对数据处理能力强、反应速度快。振镜扫描系统的工作原理如图7-35所示。入射激光束经过两块镜片（扫描镜1和2）反射，实现激光束在x、y平面内的运动。扫描镜1和2分别由相应检流计1和2控制并偏转。检流计1驱动扫描镜1，使激光束沿y轴方向移动。检流计2驱动扫描镜2，使激光束被反射且沿x轴方向移动。两片扫描镜的联动，可实现激光束在x、y平面内复杂曲线运动轨迹。

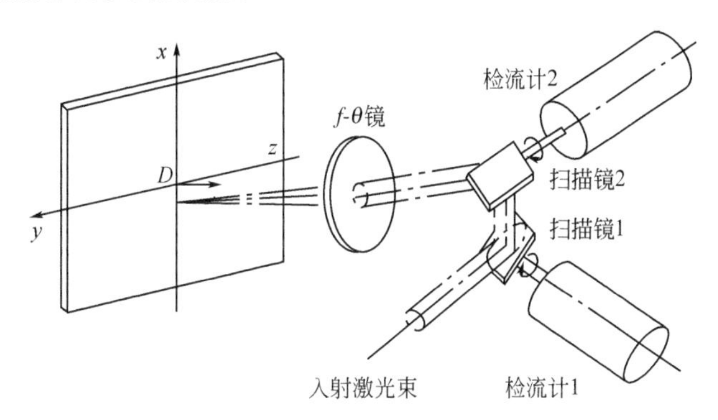

图 7-35　振镜扫描系统示意图

③ 聚焦系统　常用的聚焦系统包括动态聚焦和静态聚焦。动态聚焦是通过马达驱动负透镜沿光轴移动实时补偿聚焦误差（焦点扫描场与工作场之间的误差）。所采用的动态聚焦系统由聚焦物镜、负透镜、水冷孔径光阑及空冷模块等组成，其结构如图7-36(a)所示。静态聚焦镜为f-θ镜［图7-36(b)］，而非一般光学透镜。对于一般光学透镜，当准直激光束经过反射镜和透射镜后聚焦于像场，其理想像高y与入射角θ的正切成正比，因此以等角速度偏转的入射光在像场内的扫描速度不是常数。为实现等速扫描，使用f-θ镜可以获得$y=f\theta$关系式，即扫描速度与等角速度偏转的入射光成线性变化。

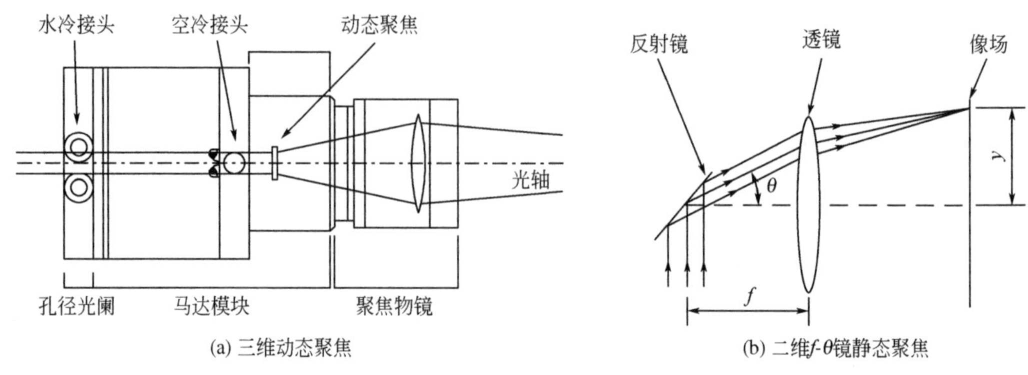

图 7-36 聚焦系统结构示意图

④ 保护镜 起到隔离成形腔与激光器、振镜等光学器件的作用，防止粉尘对光学器件的影响。选择保护镜时要考虑减少特定波长激光能量通过保护镜时的损耗。SLM 设备如果采用光纤激光器，则应选择透射波长为 1000nm 左右的保护镜片，同时还应考虑耐温性能。激光穿透镜片会有部分被吸收产生热量，如果 SLM 成形时间较长，其热积累有可能会损坏镜片。

(4) 控制系统

SLM 设备属于典型数控系统，成形过程完全由计算机控制。由于主要用于工业应用，通常采用工控机作用主控单元，主要包括电机控制、振镜控制（实际上也是电机驱动）、温度控制、气氛控制等。电机控制通常采用运动控制卡实现；振镜有配套的控制卡；温度控制采用 A/D（模拟/数字）信号转换单元实现，通过设定温度值和反馈温度值调节加热系统的电流或电压；气氛根据反馈信号值，对比设定值控制阀门的开关（开关量）即可。

(5) 软件系统

SLM 需要专用软件系统实现 CAD 模型处理（纠错、切片、路径生成、支撑结构等）、运动控制（电机、振镜等）、温度控制（基底预热）、反馈信号处理（如氧含量、压力等）等功能。商品化 SLM 设备一般都有自带的软件系统，其中有很多商品化 SLM 设备（包括其他类型的增材制造工艺设备）使用比利时 Materialise 公司的 Magics 通用软件系统。该软件能够将不同格式的 CAD 文件转化输出到增材制造设备，修复优化 3D 模型、分析零件、直接在 STL 模型上做相关的 3D 变更、设计特征和生成报告等，与特定的设备相匹配，可实现设备控制与工艺操作。

7.2.6 激光选区熔化成形技术的应用

激光选区熔化技术可以用来成形各种各样的复杂形状和特殊性能的零件，主要应用在航空航天、生物医学、成形模具及微小结构成形方面。其应用不一而足，下面从几个应用最广的方向进行讨论。

(1) 激光选区熔化成形航空航天零件

镍基合金与钛基合金（如 Inconel625、718 和 Rene41、88DT）因其综合性能（包括拉伸性能、蠕变极限、耐腐蚀、抗氧化性能等）优异，目前已用于制造航空发动机、燃气涡轮机中的高性能部件。然而，由于SLM制造过程中冷却速度较快，在成形的金属零件中存在较大的残余应力，从而导致一些微裂纹的产生，甚至会造成金属零件的开裂。通常，裂纹主要产生于相邻熔化层的叠加区域或单一熔化层的表层区域，故层与层之间的熔合度对裂纹的数量和尺寸具有显著影响。短裂纹的形成主要归因于凝固过程中在拉应力作用下晶界处液膜的断裂，仅仅采用优化激光工艺参数，很难彻底消除短裂纹的产生，这些短裂纹通常需要结合后续热处理工艺（如热等静压HIP）来消除，以改善激光成形合金零件的综合机械性能。图7-37所示为华中科技大学采用SLM/HIP复合技术制造的钛合金零件，成形的钛合金零件致密度接近100%，强度比ASTM标准高，但延性相对较低。

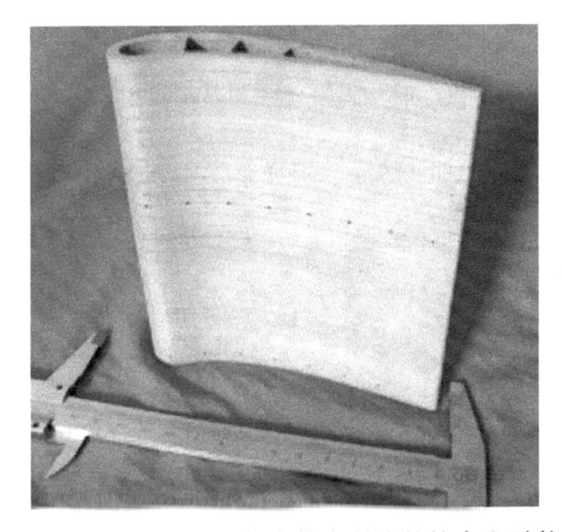

图7-37　SLM/HIP复合技术制造的钛合金零件

(2) 激光选区熔化成形生物零件

钛基合金因其独特的化学、力学性能及良好的生物相容性，主要应用于航空航天和生物医学领域，是SLM成形较常采用的合金材料。而经SLM成形的零件，成形精度高，综合力学性能优，可直接满足实际工程应用，故在生物医学移植体制造领域具有重要的应用。图7-38为SLM个性化定制的钛合金牙齿及临床应用案例。

(3) 激光选区熔化成形随形冷却模具

目前，欧美以及国内科研工作人员陆续开展了一些采用SLM技术制备模具钢的研究工作。目前研究得比较多的工具钢，包括M2、314S-HC、316L和H13。国内华中科技大学史玉升教授团队利用增材制造技术与现有的精密铸造工艺相结合，对一些任务紧、时间急的单件小批量熔模精密铸件的生产，相比传统的精密铸件生产周期减少60%。同时，对于单件、小批量熔模精密铸件的生产可以不用模具，从而节省大量模具加工费用，大大缩短生产周期，而且也使铸造车间精密、铸造水平得到提高。如图7-39所示，增材制造技术制备的注塑模具，由于制备了冷却通道，制备循环时间由原有的14s减少到8s，不仅效率提高，成形产品质量也得到了提高。

在国内，史玉升等在从事随形冷却注塑模及其相关成形技术的研究，目前已经利用激光选区烧结和激光选区熔化（SLM）技术成功成形了内置随形冷却水道的注塑模具（如图7-40所示），并通过了初步的试模，成功注塑出塑料零件。

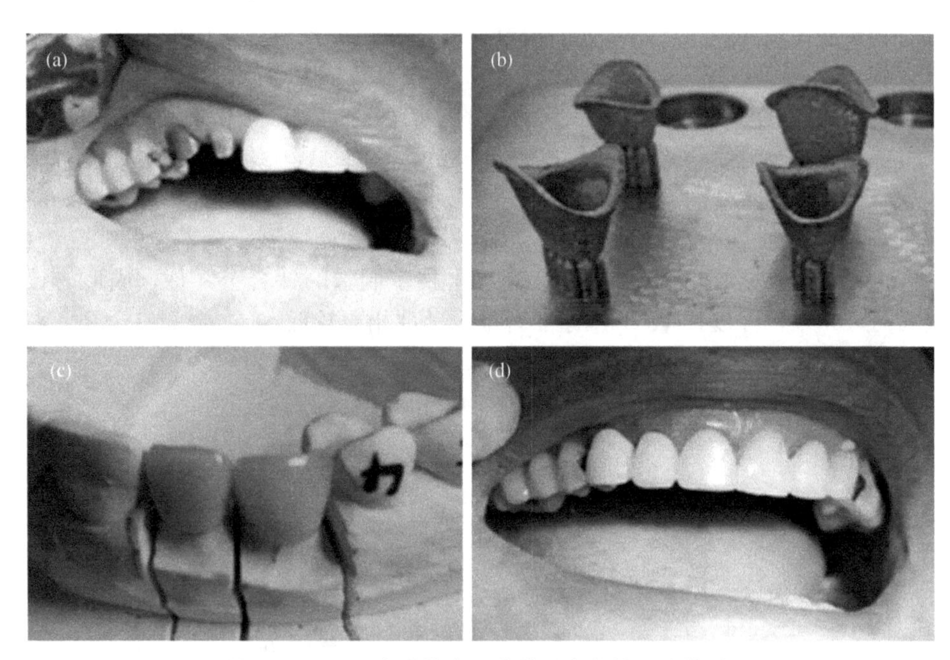

图 7-38　SLM 成形件在口腔及医疗应用（见彩图）

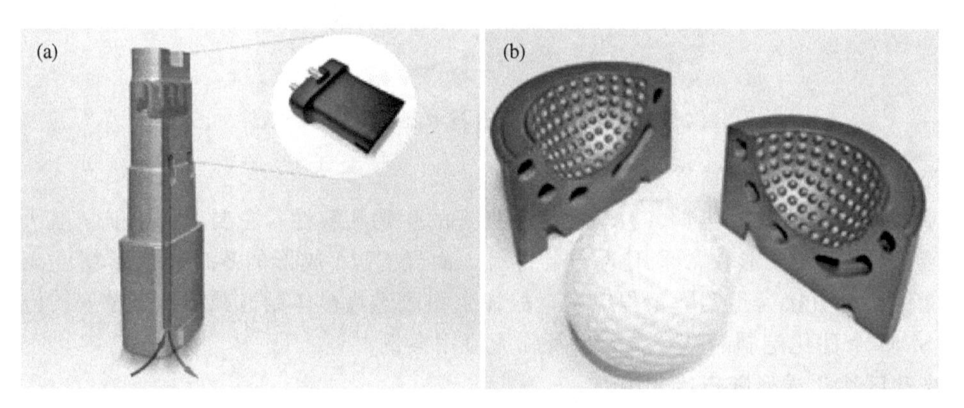

图 7-39　SLM 制造的金属注塑模具

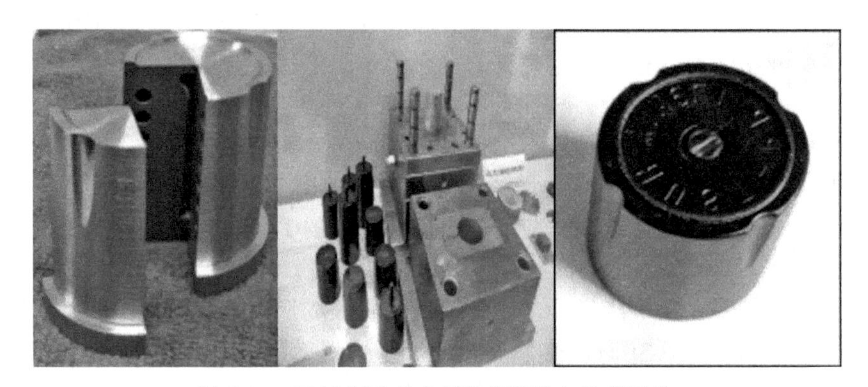

图 7-40　SLM 制造的金属注塑模具与注塑零件

参考文献

[1] Liu J, Zhang B, Yan C, et al. The effect of processing parameters on characteristics of selective laser sintering dental glass-ceramic powder. Rapid Prototyping Journal, 2010, 16 (2): 138-145.

[2] Deckard C R. Method and apparatus for producing parts by selective sintering: US, 4863538A. 1989.

[3] http: //www. 3dsystems. com/.

[4] Liu J, Shi Y, Lu Z, et al. Rapid manufacturing metal parts by laser sintering admixture of epoxy resin/iron powders. Advanced Engineering Materials, 2006, 8 (10): 988-994.

[5] Kerch H M, Burdette H E, Long G G . A High-temperature furnace for in-situ small-angle neutron-scattering during ceramic processing. Journal of Applied Crystallography, 1995, 28 (5): 604-610.

[6] Ondřej Pokluda, Céline T Bellehumeur, Vlachopoulos J . Modification of frenkel′s model for sintering. AIChE Journal, 1997, 43 (12): 3253-3256.

[7] Ho H C H, Gibson I, Cheung W L. Effects of energy density on morphology and properties of selective laser sintered polycarbonate. Journal of Materials Processing Technology, 1999, 89-90: 204-210.

[8] Hagedorn Y C, Wilkes J, Meiners W, et al. Net shaped high performance oxide ceramic parts by selective laser melting. Physics Procedia, 2010, 5: 587-594.

第 8 章
定向能量沉积技术

定向能量沉积（direct energy deposition，DED）技术是一种很重要的金属材料增材制造方法，被誉为21世纪先进制造技术之一。定向能量沉积技术以高能量密度束流（电子束、激光、离子束等）为热源，以金属粉末或金属丝材作为原材料，在高能热源的作用下直接将金属熔化并在基板上逐层堆积成形，进而完成零件快速成形制造。目前，定向能量沉积技术可分为激光直接沉积技术（LENS）、电子束熔丝沉积技术（EBF3）和电弧熔丝沉积技术（WAAM）三种。定向能量沉积技术的最大优点是沉积效率高和可生产大型金属零件，目前已经用于金属零件修复以及航空航天、国防、化工等领域复杂大型金属零件快速成形制造。

定向能量沉积技术具有独特的技术优势，其应用与发展和高能束流束源品质有着密切的关系。随着科学技术的不断发展，无论是电子束还是激光束，束流品质越来越好，能量密度、功率等参数越来越高，加工能力和加工质量均不断提升。

本章主要针对激光直接沉积技术和电子束熔丝沉积技术，介绍其技术原理、工艺方法和工艺装备、所用沉积材料及其技术应用等。

8.1 定向能量沉积技术原理

8.1.1 激光直接沉积技术

激光直接沉积技术是在快速原型技术和激光熔覆技术的基础上发展起来的一种先进制造技术。该技术是基于离散/堆积原理，通过对零件的三维CAD模型进行分层处理，获得各层截面的二维轮廓信息并生成加工路径，在惰性气体保护环境中，以高能量密度的激光作为热源，按照预定的加工路径，将同步送进的粉末或丝材逐层熔化堆积，从而实现金属零件的直接制造或修复再制造。激光直接沉积技术原理如图8-1所示[1]。

激光直接沉积装备系统主要包括：①激光器（YAG激光器、CO_2激光器、光纤激光器等）和光路系统，产生和传输高质量的激光束；②沉积成形操作系统（多自由度工业机器人或多坐标数控机床），按照预设数控程序实现激光束与成形件的相对运动；③沉积材料供给系统（送丝系统或送粉系统），将待沉积的粉末或丝材传输到激光熔池部位。

除上述必备的装置系统外，还可以配有不同功能的辅助装置：①气氛控制系统：保证加工区域的气氛达到一定的气体压力和气体成分纯净度等要求，该系统在进行钛合金、铝合金等一些活泼材料的激光直接沉积成形时是必需的。②监测与反馈控制系统：对成形过程进行

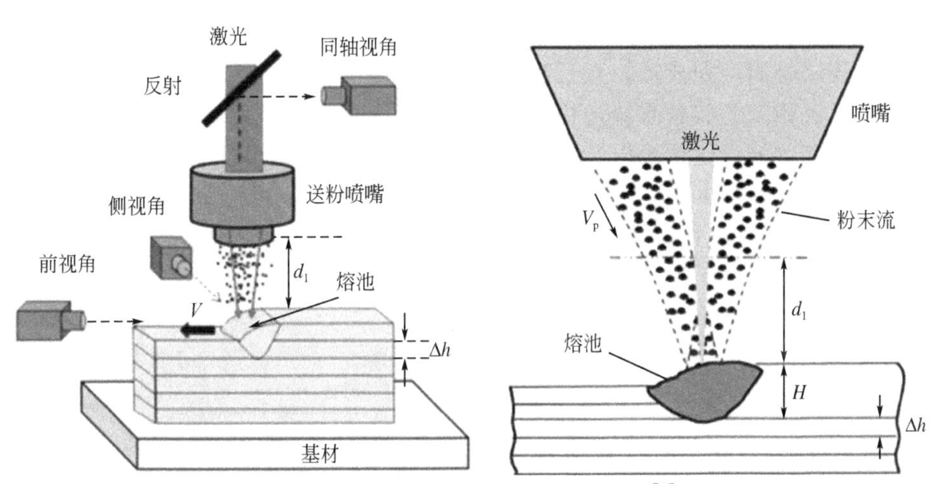

图 8-1　激光直接沉积技术原理示意图[1]

实时监测，并根据监测结果对成形过程进行反馈控制，以保证成形工艺稳定性，这对成形精度和质量有至关重要的影响[2]。

激光定向能量沉积装备系统具有以下一般性特征：能够制造或再制造大尺寸零件，沉积速率较高，能量利用率高；激光束与直接输送到熔池的原料进行强能量耦合，具备直接沉积到现有组件上的能力，以改变现有组件的化学组成及产生功能梯度材料。

8.1.2　电子束熔丝沉积技术

电子束定向能量沉积技术主要是电子束熔丝沉积技术。电子束熔丝沉积技术是一种先进的定向能量沉积成形，又称为电子束自由成形制造技术（electron beam freeform fabrication，EBF3），其基本原理（见图 8-2）为：在真空环境中，高能量密度电子束轰击基板金

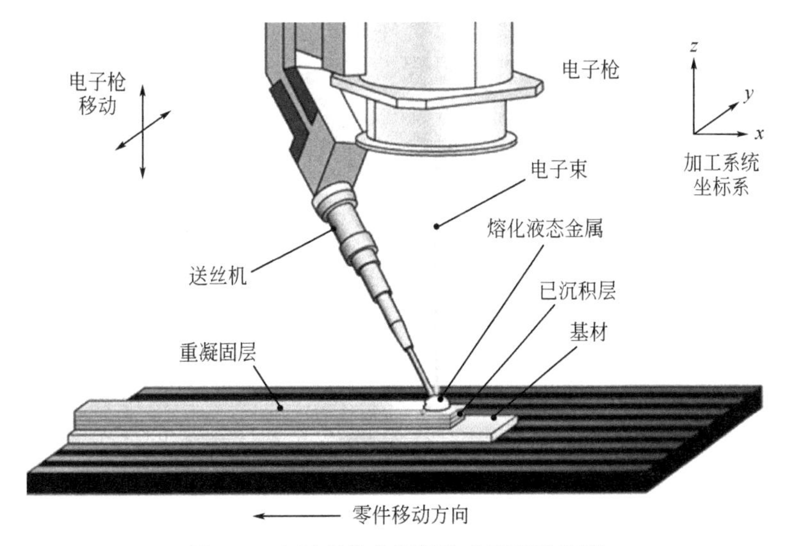

图 8-2　电子束熔丝沉积技术原理示意图

属表面形成熔池，金属丝材通过送丝装置送入熔池并熔化，同时熔池按照预先规划的路径运动，金属材料逐层凝固堆积成形，直至制造出金属零件或毛坯。

电子束熔丝沉积工艺装备系统包括电子枪、高压电源、真空系统、观察系统、三维工作台、含三轴对准装置的送丝系统以及综合控制系统等。图 8-3 为北京航空制造工程研究所研制的 ZD60-10A 型电子束快速成形设备[3]。在电子束直接沉积成形金属件过程中，电子枪、送丝系统和三维工作台通过综合控制系统协调工作，达到自动化操作要求，保证熔化沉积成形过程稳定进行。

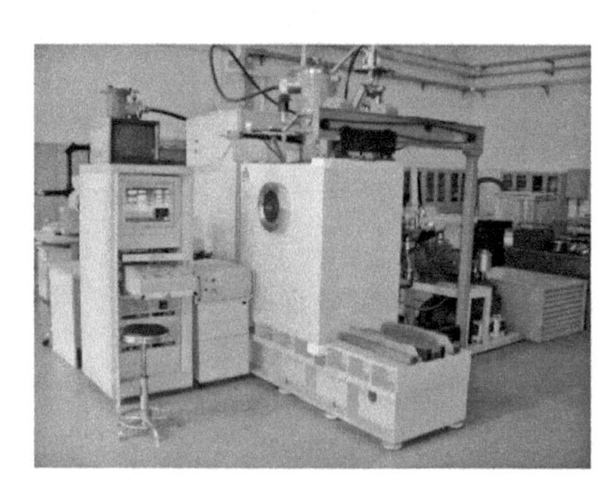
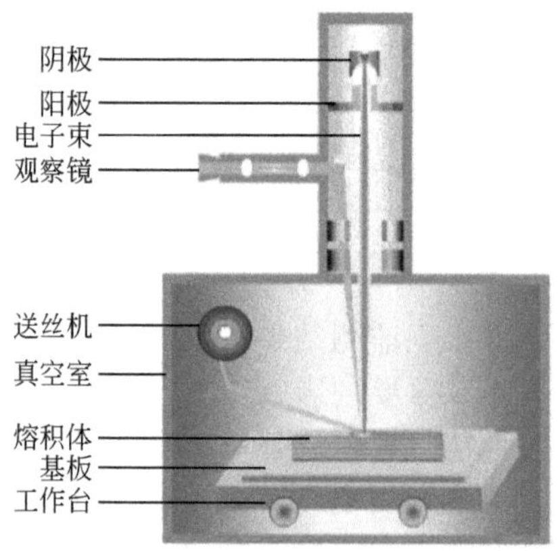

图 8-3　电子束熔丝沉积快速成形设备

电子束流品质主要有两方面的内涵：一是束流和高压的稳定性；二是束流的形态和能量分布。前者主要取决于高压电源及相应控制系统，后者主要取决于电子枪及其电磁聚焦系统。高压电源是电子束加工设备的重要组成部分，自 20 世纪 50 年代以来，高压电源的设计及制造技术经历了 3 个阶段：工频变压器、中频发电机组、高频开关式电源。在每个发展阶段，高压电源性能都得到了很大提高，特别是开关式高压电源，高压调节范围更广，有效功率更高，高压纹波、设备体积更小。目前，高压开关电源的各个部分均实现了高频工作方式，通常在束流满量程的情况下，束流稳定度达到±0.25%，高压的稳定度达到±0.25%。束流形态和能量分布主要取决于电子枪及其所属的电磁聚焦系统，目前没有专属的量化指标，通常可对束流的不同截面进行能量分布的测定，来分析流形态和能量分布是否良好。目前，电子束流发生装置（电子枪）技术发展迅速，已经由低压小功率型发展到高压大功率型，大大提升了加工能力和加工质量，同时拓展了电子束加工技术手段。我国高压电子束焊接设备的研制开发起步较晚，这主要因为高压电子束加工设备中的电子枪和高压电源设计制造技术难度大，测试试验不易开展。目前，国内开展电子束焊接设备的研究较多，但主要局限于中压、小功率电子束焊机的研究，高压、大功率设备的研究相对较少。目前已经解决了大功率高压电源和高压电子枪的问题，国防科技重点实验室对高能束流加工技术进行了系统深入的研究，并取得了一定成果，高压电源的高压、束流稳定度均达到了±0.25%，同时也开发了新型电子束能量密度测量装置，以进行相关电子枪的研究改进[4]。

8.2 定向能量沉积工艺特点

8.2.1 激光直接沉积技术特点

激光直接沉积技术在金属大型复杂结构件制造方面，与“锻压＋机械加工”“锻造＋焊接”等传统制造技术相比，具有以下独特技术优势：

① 高能束原位冶金/快速凝固“高性能金属材料制备”与“大型、复杂构件成形制造”一体化，制造流程短。

② 无需大型锻铸工业装备及其相关配套基础设施，无需锻坯制备和锻造模具制造，后续机械加工余量小、材料利用率高，周期短，成本低。

③ 具有高度的柔性和对构件结构设计变化的“超常快速”响应能力，同时也使结构设计不再受制造技术的制约。摆脱了模具、专用工具和卡具的约束，因而能够方便地实现多品种、变批量零件加工的快速转换。

④ 激光能量密度高，可以方便地实现对包括W、Mo、Nb、Ta、Ti、Zr等在内的各种难熔、难加工、高活性、高性能金属材料的激光冶金快速凝固材料制备和复杂零件的直接“近净成形”。

⑤ 可根据零件的工作条件和服役性能要求，通过灵活改变局部激光直接沉积增材制造材料的化学成分和显微组织，实现多材料、梯度材料等高性能金属材料构件的直接近净成形等，且所制造的零件具有很高的力学性能和化学性能，不但强度高，而且塑性也非常高，耐腐蚀性也十分突出。

⑥ 真正地实现制造的数字化、智能化、无纸化和并行化。零件设计、几何建模、分层和工艺设计全过程均在计算机中完成，实际的制造过程也是在计算机控制下进行。

8.2.2 电子束熔丝沉积技术特点

电子束熔丝沉积技术成形速度快、材料利用率高、无反射、能量转化率高。适用于结构复杂程度低的构件，多用于大型钛合金、铝合金的制造和修复。该技术的主要优、缺点概括如下[5]：

① 沉积效率高。电子束可以很容易实现数十千瓦大功率输出，可以在较高功率下达到很高的沉积速率（15kg/h），对于大型金属结构的成形，电子束熔丝沉积成形速度优势十分明显，沉积速度约为2000～4000cm^3/h，丝材材料利用率能达到100%，是市场上速度最快、成本效益最高的金属增材制造工艺。

② 真空环境有利于零件的保护。电子束熔丝沉积成形在10^{-3}Pa真空环境中进行，能有效避免空气中有害杂质（氧、氮、氢等）在高温状态下混入金属零件，非常适合钛、铝等活

性金属的加工。同时，闭环控制技术，可确保工艺可重复性和可追溯性。真空成形环境特别利于大中型钛合金等高活性金属零件的成形制造。

③ 内部质量好。电子束是“体”热源，熔池相对较深，能够消除层间未熔合现象。同时，利用电子束扫描对熔池进行旋转搅拌，可以明显减少气孔等缺陷。电子束熔丝沉积成形的钛合金零件，其超声波探伤内部质量可以达到 AA 级。与使用粉末的方法相比，EBF3 所生产部件的质量更高、更为致密，此外 EBF3 工艺还可用于高熔点合金制造。

④ 可实现多功能加工。电子束输出功率可在较宽的范围内调整，并可通过电磁场实现对束流运动方式及聚焦的灵活控制，可实现高频率复杂扫描运动。利用面扫描技术，能够实现大面积预热及缓冷，利用多束流分束加工技术，可以实现多束流同时工作，在同一台设备上，既可以实现熔丝沉积成形，也可以实现深熔焊接。利用电子束的多功能加工技术，可以根据零件的结构形式以及使役性能要求，采取多种加工技术组合，实现多种工艺协同优化设计制造，以实现成本效益的最优化。

⑤ 用于生产大型构件，是大型金属件专家，美国西亚基公司能够打印全世界最大的 3D 金属部件构件。此外 EBF3 技术可减少材料成本、交货时间和加工时间（最高 80%）。是相应的市售金属 3D 打印系统中适应范围最广（在工作车间可扩展性方面）的技术。

⑥ EBF3 可以在产品生命周期的任何阶段使用：无论是快速原型设计、部件生产还是维修和再制造应用。

⑦ 电子束自由成形制造技术也有一定的适用范围，该技术主要缺点是制造的构件精度较差，需要后续表面加工。构件表面精度约为±1.27～2.54mm，表面粗糙度约 $Ra\,6.4\mu m$。

8.3 定向能量沉积打印材料

在 3D 打印市场中，虽然激光或者电子束一直在使用，但是合金粉末在增材制造中却是最基础的要素。高能量的激光束熔化了金属粉末，再通过逐层打印出最终的产品。在工业中，它成为生产非常精细零部件的首选媒介，主要应用在航空和医疗设备中，提供高精密度的产品。金属粉末的化学、物理特性对最终产品的持久性影响很大。初期的 3D 打印生产商主要依赖于在当前市场可用的金属粉末。但随着时代的发展，金属粉末生产商要使自己的材料满足现代科技的特殊要求。大多数的 3D 打印科技发展是围绕着金属粉末，金属粉末 3D 打印因为其复杂度已经得到实现，市场也逐渐把目光转移到这一块。为了让这项技术达到更好的效果，就需要高品质的金属粉末作为原材料[6]。

目前全球制生产3D打印金属粉末的主要机构有英国Sandvik公司、美国的Carpenter Technology公司、GKN集团旗下的Hoeganaes公司、英国的LPW公司、德国的H. C. Starck公司。总部设在德国的EOS公司成立于1989年，是激光3D打印市场的佼佼者。该公司主要提供金属制造（材料、系统和设备）等，其M280和M290是很受欢迎的直接金属激光烧结3D打印解决方案，除此之外该公司也提供铝、钴/铬合金和钢等3D打印材料。来自瑞典的Hoeganas公司是世界领先的铁和金属粉末制造商，该公司成立于1797年，主要为化工、零部件制造、焊接和冶金等行业的客户开发产品。其金属粉末可用于3D打印、等离子焊、压制和烧结部件、激光表面熔覆等。2016年4月份的时候，该公司推出了一款专门用于3D打印技术的高强度不锈钢粉末17-4 PH。Sandvik公司成立于1862年。除了生产增材制造材料之外，该公司还生产电线、加热技术等产品。该公司主要使用的材料是特殊合金和先进的不锈钢。该公司旗下的Sandvik Materials Technology主要从事3D打印业务，并在2015年初成立了Sandvik 3D打印中心。另外，该公司还为医学、航天以及快速模具部门生产用于3D打印应用的气体雾化金属粉末。来自布鲁塞尔的化学公司Solvay成立于1863年，该公司通过其旗下的SINTERLINE TECHNYL来提供3D打印解决方案。其3D打印粉末主要用于汽车运输、体育用品、建筑、管道电气等领域。据称该公司在2015年的总销售额达124亿美元，业务遍及53个国家，员工超过30000人[7]。

8.3.1 钛和钛合金

钛合金具有耐高温、高耐蚀性、高强度、低密度以及生物相容性等优点，在航空航天、化工、核工业、运动器材及医疗器械等领域得到了广泛的应用[8]。传统锻造和铸造技术制备的钛合金件已被广泛地应用在高新技术领域，如美国F14、F15、F117、B2和F22军机的用钛比例分别为：24%、27%、25%、26%和42%，一架波音747飞机用钛量达到42.7t。但是传统锻造和铸造方法生产大型钛合金零件，由于产品成本高、工艺复杂、材料利用率低以及后续加工困难等不利因素，阻碍了其更为广泛的应用，而激光直接沉积技术可以从根本上解决这些问题，因此该技术近年来成为一种直接制造钛合金零件的新型技术[9]。

TC4（Ti6Al4V）合金是直接沉积增材制造应用最早、研究最多、用量最大的钛合金材料，除此以外，TA15、TC11、TC18、TC2、TC21、TC17、TB6、纯钛等大部分现有牌号钛合金均有商业化产品，并已投入应用研究。直接沉积增材制造钛合金具有比强度/刚度高、耐蚀性优异、生物相容性好等优点，主要用于航空、航天、化工、核工业、运动器材及医疗器械等领域结构件或功能构件的制造。北京航空航天大学的王华明课题组早就对激光熔化沉积钛合金进行了研究，发现激光熔化沉积快速成形TA15钛合金具有优异的室温及高温拉伸性能，其室温力学性能优于热轧退火TA15钛合金，500℃高温拉伸性能与热轧退火TA15钛合金相当[10]。AeroMet公司在研究钛合金激光沉积制造技术的同时，特别注意到了激光熔化沉积制造技术在钛合金零件的再制造中所具有的发展前景，其中包括了误加工零件的快速再制造、磨损或断裂失效零件的快速再制造，该公司采用激光再制造技术使F15战斗机中机翼梁的检修周期缩短为一周，德国费朗霍夫激光技术研究所对TC4和TC17叶片激光制造也进行了较多的研究。

8.3.2 高温合金

高温合金是指以铁、镍、钴为基，能在600℃以上的高温及一定应力环境下长期工作的一类金属材料。其具有较高的高温强度、良好的抗热腐蚀和抗氧化性能以及良好的塑性和韧性。目前按合金基体种类大致可分为铁基、镍基和钴基合金3类。高温合金主要用于高性能发动机，在现代先进的航空发动机中，高温合金材料的使用量占发动机总质量的40%～60%。现代高性能航空发动机的发展对高温合金的使用温度和性能的要求越来越高。传统的铸锭冶金工艺冷却速度慢，铸锭中某些元素和第二相偏析严重，热加工性能差，组织不均匀，性能不稳定.而3D打印技术在高温合金成形中成为解决技术瓶颈的新方法。美国航空航天局声称，在2014年8月22日进行的高温点火试验中，通过3D打印技术制造的火箭发动机喷嘴产生了创纪录的9t推力[11]。

用于直接沉积增材制造的高温合金主要为镍基高温合金，包括GH4169（IN718）、GH3625（IN625）、FGH96、Rene系列、DZ408、DD98M、DZ125等。该类合金具有高温强度高、抗热腐蚀和抗氧化性能好等特点，但其合金化程度高、成形加工困难，是高性能航空发动机、燃气轮机、核工业等领域必须采用的关键材料，直接沉积增材制造高温合金主要用于制造发动机整体叶盘、导向叶片等。Inconel 718合金是镍基高温合金中应用最早的一种，也是目前航空发动机使用量最多的一种合金。西北工业大学黄卫东课题组对激光立体成形Inconel 718研究中得知激光立体成形件的持久寿命远高于锻件和铸件标准，但是疲劳性能目前仍然较低。同时Rene88DT激光立体成形件在高温下静载力学性能表现较为出色，已经基本达到了粉末冶金（加热等静压）的技术标准[12]。

8.3.3 不锈钢

不锈钢具有抗氧化、耐化学腐蚀、耐高温和力学性能良好等特性，且粉末成形性好、制备工艺简单、成本低廉，是最早用于直接沉积增材制造的金属材料之一。如华中科技大学、南京航空航天大学、中北大学等院校在金属3D打印方面研究比较深入。

目前研究和应用较多的为316L、304L、1Cr18Ni9Ti、17-4PH等不锈钢。同时，AeroMet100、AF1410等高性能难加工超高强度钢具有强度高、断裂韧性好、应力腐蚀抗力高等性能优点，在飞机起落架等关键承力构件以及海洋环境重大装备中获得了典型工程应用。宋建丽等对激光熔覆成形316L不锈钢的成形工艺进行了研究和优化，得到组织细密无缺陷的垂直于结合面的外延生长柱状树枝晶和层间部分转向树枝晶的熔覆层，枝晶间距在8～20μm，其抗拉强度和延伸率均接近或超出传统加工方法，熔覆层与基体呈冶金结合[13]。刘丰刚等开展了激光立体成形修复300M钢的相关工作，修复后沉积态试样的拉伸性能远低于锻件标准，经过热处理后，各项力学性能均得到了改善，另外应力-应变曲线结果显示，超过最大拉伸强度后，局部应变在修复区急剧增加；修复件沉积态显微组织从修复区顶部到基材发生率显著变化，冲击韧性为14.3J/cm^2，远低于300M钢锻件[14]。

8.3.4 铝合金

用于直接沉积增材制造的铝合金主要为 Al-Si-Mg 系和 Al-Si-Cu 系，Al-Li 系合金正处于研究阶段。铝合金具有密度低、比强度高、易切削、耐蚀性好等优良的物理、化学和力学性能，在航空、航天、兵器、能源等许多领域获得了广泛的应用，但是铝合金自身的特性如易氧化、高反射性和导热性等增加了激光熔化制造的难度，并且铝合金的激光增材制造研究大多数集中在选区激光熔化技术中，研究激光直接沉积技术制造铝合金还比较少。陈永城采用激光熔化沉积技术制备了 4045 铝合金薄壁试样，研究了沉积试样热处理前后的显微组织演化，并测试其显微硬度[15]。然而激光直接沉积技术在铝合金修复方面取得了一定进展，澳大利亚的斯文伯尔尼工业大学对 7075 铝合金激光熔覆进行了研究，主要分析了工艺参数对熔覆特性的影响。装备再制造国防科技重点实验室的董世运等采用填丝再制造的方法对铝合金气缸盖进行了再制造，取得了明显的效果[16]。

8.3.5 镁合金

镁合金作为最轻的结构合金，由于其特殊的高强度和阻尼性能，在诸多应用领域镁合金具有替代钢和铝合金的可能，例如镁合金在汽车以及航空器组件方面的轻量化应用，可降低燃料使用量和废气排放。镁合金具有原位降解性并且其杨氏模量低，强度接近人骨，有优异的生物相容性，在外科植入方面比传统合金更有应用前途。目前研究的镁合金主要有 ZK61、AZ91D 两种，Wei 等通过不同功率的激光熔化 AZ91D 金属粉末，发现能量密度在 83～167J/mm^3 之间能够获得无明显宏观缺陷的制件。秦兰兰采用激光熔化沉积技术制造镁合金，发现激光增材制造镁合金的晶粒粒径（约 10μm）比传统铸造法得到的晶粒（约 500μm）更为细小；与此同时，和传统铸造法相比，增材制造试样的硬度也有明显的提高[17]。

EBF3 技术也支持大部分常用金属的增材制造，包括钛及钛合金、不锈钢（300 系列）、镍铬合金、钽、钨、铌等。在一般情况下，可焊接并以线材形式提供的金属均可用于该工艺。最适合 EBF3 应用的材料是（原材料）生产周期较长、可以用线材形式进料加工的高价值金属。

EBF3 技术除了可以直接成形铝、镍、钛或不锈钢等单一金属材料，而且可将两种材料混合在一起，也可将一种材料嵌入另一种，例如可将一部分光纤玻璃嵌入铝制件中，从而使传感器的区域安装成为可能。见图 8-4。

图 8-4　EBF3 技术成形的合金样件

8.4 定向能量沉积技术及装备发展现状

8.4.1 激光直接沉积技术装备

激光直接沉积技术装备的发展是推动技术前进的前提，从20世纪90年代美国Sandia国家实验室首创的LENS系统，激光直接沉积技术装备发展了四十多年，逐步向更稳定、更智能、更大型的方向发展。目前全球生产激光3D打印设备的大型公司主要有GE、通快TRUMPF、3D Systems和EOS。

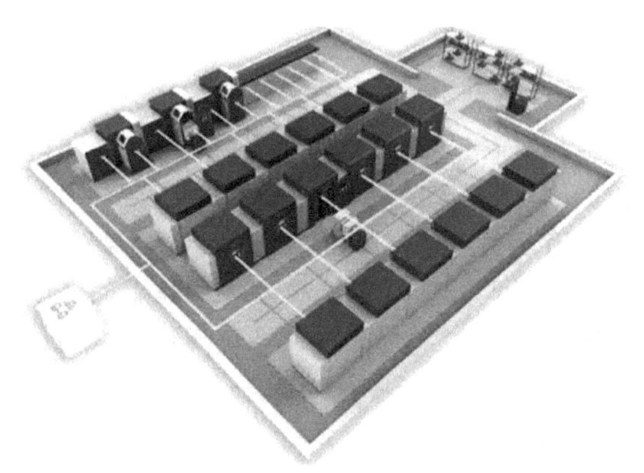

图8-5 DMP 8500平台

其中3D Systems推出了一系列直接金属打印（DMP）3D打印机，提供从入门级到全面的工厂解决方案。其中，入门级金属打印机ProX DMP 100具有100mm×100mm×100mm的构建体积以及手动材料装载，系统支持17-4PH不锈钢和钴铬。该打印机还具有专有的粉末沉积系统，可以在不支持的情况下构建低至20°的角度。2017年11月，3D Systems宣布推出新一代金属添加剂制造生产平台DMP 8500（图8-5），该平台可以轻松地将生产无缝集成到工厂[18]。DMP 8500工厂解决方案的特点是一个有效的和完全集成的工作流，具有较低的总成本和较高的经营高品质。DMP 8500可以构建500mm×500mm×500mm体积，能用于航空航天、工业和汽车行业的部件成形制造。DMP 8500工厂解决方案集成3dxpert软件，可以有效地优化功能部件和直接生产金属零件。这种模块化设计的金属解决方案可以减少设备资本和确保最大限度地利用资源进行规模生产。

在第四届世界3D打印技术产业大会上，工业级3D打印专家悦瑞三维发布了五款DMT打印系统，分别是MX-250、MX-450、MX-1000、MX-Grand四款标准化打印机，备有能体现三轴和五轴联动的两个模型，以及针对矫形外科用植入物表面喷涂（porous coating）定制化设备MPC。DMT最大金属打印尺寸高达4000mm×1000mm×1000mm，是名副其实的行业“巨无霸”[19]。

据了解，DMT金属打印被美国材料实验协会（ASTM）定义为“DED”（directed energy deposition）定向能量沉积技术，它利用大功率激光熔覆金属粉末的方式，使复杂形状的金属制品和金属模具快速制造，并具有优良的机械性能。DMT打印主要应用在模具制造与修复、飞机引擎配件再生及修复、3D 打印冷却水路金属磁芯、高性能多材料配件制造、特殊镀膜及表面改性等高精尖领域，在电子、汽车、医疗、航空航天、军用产业优势明显。

BeAMMachines 是一家领先的欧洲公司，提供定向能量沉积（DED）解决方案，公司生产了一大批激光 3D 打印设备（图 8-6），这些设备结合使用 DED 和 CNC。DED 将金属粉末送入一个沉积喷嘴，用大功率激光器熔化金属粉末，以 CNC 控制的精度逐层构建对象。设备兼容一系列材料，包括不锈钢、钛、镍合金和钴铬，为航空航天、国防、核能、石油天然气等多个行业的客户制造和维修零件。它们有各种尺寸，从 Mobile，一种专为材料研究、小批量生产、维修薄壁的复杂零件而优化的小型 5 轴机器，到 Magic2.0，一款大型 5 轴机床，专为连续生产或修复高价值零部件而设计，用于交货期较长和高买对飞（buy-to-fly）比率的行业[20]。

图 8-6　BeAMMachines 公司定向能量沉积设备

在国内湖南华曙高科、西安铂力特激光成形技术有限公司、南京中科煜宸公司等在激光直接沉积设备占据主要地位。2018 年 3 月南京中科煜宸推出了新一代五轴送金属 3D 打印机，型号为 LDM150100（图 8-7），打印尺寸达到 1500mm×1000mm×1000mm，最大达 1.5m。这款五轴送粉 3D 打印机，采用 LDM 激光直接制造技术，用激光将金属粉末直接熔融，逐层沉积成形，最终打印出金属零件。一共有两个型号，激光器功率 2000～10000W[21]。

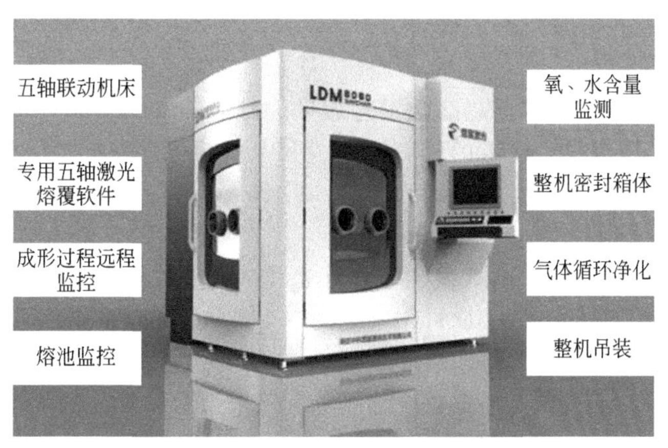

图 8-7　南京中科煜宸 LDM150100 大型金属 3D 打印机

当前激光3D打印设备发展越来越迅速，主要呈现以下几个趋势：①设备的大尺寸、高速化、自动化趋势，众多厂家推出更大打印尺寸、更多激光器、更快打印速度的设备，以满足市场的主流需求；②设备的精细化趋势，这种设备主要面对要求高表面质量和高尺寸精度的小零件；③复合打印兴起，如果解决好定位与效率问题，多轴机床与金属3D打印结合的复合打印，在尺寸精度、表面精度及减少后工序方面具有明显优势。目前的激光3D金属打印技术虽实现了绿色铸造，但因缺乏锻压技术，无法解决裂纹和变形缺陷。为解决这一世界性难题，张海鸥团队经过十多年攻关，独立研制出“微铸锻同步复合”设备，创造性地将金属铸造、锻压技术合二为一，实现了首超西方的微型“边铸边锻技术”，大幅提高制件强度和韧性，确保了构件的疲劳寿命和可靠性，张海鸥教授介绍，运用该技术生产零件，其精细程度比激光3D打印提高50%。同时，零件的形状尺寸和组织性能可控，大大缩小产品周期。该技术以金属丝材为原料，材料利用率达到80%以上，而丝材料价格成本仅为目前普遍使用材料的十分之一左右。

8.4.2 电子束熔丝沉积技术装备

国外最先开始研究电子束快速成形设备。1995年麻省理工学院的V. R. Dave、J. E. Matz和T. W. Eagar等人提出用电子束作为热源，熔化金属粉末进行三维零件快速成形的设想。2001年瑞典的Arcam AB公司开发了电子束熔融成形技术（EBM）并投入商业运作，目前英国剑桥真空工程研究所、英国华威大学、美国南加州大学等多家研究机构使用了该公司的电子束熔融成形设备，并且在航空航天、汽车等领域都得到了良好的应用。2002年，美国航空航天局兰利研究中心的K. M. B. Taminger和R. A Hafley等人研制出了电子束熔丝沉积快速成形（electron beam freeform fabrication）技术，并设计出了在地型（ground-base）和轻便型（on-orbit）两种成形设备，其中在地型熔丝沉积快速成形设备用于制造较大尺寸的航天结构件，轻便型设备是用于制造小尺寸航天结构件。2004年，美国的西亚基（Sciaky）公司开发出了电子束直接成形（electron beam direct manufacturing）设备可实现直接成形零件，沉积速度为$4\times10^6mm^3/h$，机加工时间和材料损耗为传统工艺的20%和5%，与传统工艺相比具有独特的优势。

（1）美国Sciaky公司

Sciaky公司成立于1939年，总部位于芝加哥。目前，Sciaky公司是电子束熔丝成形技术领先的公司，其采用电子束成形的钛合金零件尺寸达到了5.8m×1.2m×1.2m，利用功率高达42kW的电子束枪，可实现超高速打印，每小时可打印7～15kg金属钛，而大多数竞争者仅能达到2.26kg/h。

早在2009年，Sciaky公司就开发出了电子束增材制造（EBAM）工艺。现在，Sciaky公司的子公司又推出了其EBAM 3D打印系统的一个扩展系列，该系列可以满足中型、大型和超大型的零部件制造应用，其打印尺寸可达5.8m，而且可以打印诸多高价值金属，例如钛、铌、钽、钨、铝、不锈钢、铬镍铁合金等等。除了可打印尺寸的范围广泛之外，其沉积金属的速度范围从每小时3.18kg到每小时9.07kg，比传统的制造方式缩短了高达80%生产时间。在专注于大型高价值金属部件3D打印的同时，Sciaky公司的EBAM工艺在小型金属部件的3D打印方面同样有效（可实现最小1mm的特征）[22]。

Sciaky公司将利用其独有的直接制造工艺支持开放制造计划。该加工工艺结合了添加剂制造原理、计算机辅助设计（CAD）和电子束焊接技术。Sciaky公司的全铰接式移动电子束枪根据CAD设计的三维模型来逐层沉积金属，直到部件加工完成。在部件加工过程中，金属沉积速率可以从每小时6.8kg（15lb）提升到18kg（40lb）。这是迄今为止市面上唯一大规模完全可编程的近净成形零件加工工艺。简而言之，从CAD软件设计3D模型开始，Sciaky电子束枪将金属层层沉积（使用线材进料），直到部件达到接近净形的形态并可精加工为止。另外，通过双送丝的功能选项，可以将两种不同的金属在一个单一的熔池里混合，从而打造出“定制合金”部件。而且在打印过程中这两种材料的混合比例还可以改变，以制造出“分级”部件或结构。图8-8给出了Sciaky公司采用EBAM方法制造金属零件的典型照片。Sciaky还表示，他们的EBAM技术可以在产品设计制造周期的任何阶段使用，包括快速原型、制造和维修等。

图8-8　Sciaky公司EBAM制造的钛合金零件

Sciaky公司与美国宾夕法尼亚州立大学应用研究实验室合作，通过美国国防部预先研究计划局（DARPA）资助研发先进直接数字化制造（DDM）技术，将建立一个占地557m^2（6000ft^2）的“创新金属加工-直接数字化沉积（CIMP-3D）”中心。该中心旨在作为制造演示工厂，推进和部署DDM技术为美国国防部和行业制造高度工程化的关键金属系统，重点包括3个主要领域：DDM加工设计和优化期间所需的先进一体化技术，保障生产合格部件和结构；与行业合作完成DDM技术的开发和过渡，包括工艺选择、演示和验证；DDM技术的推广，包括培训、教育和信息宣传。

(2) 瑞典Arcam公司

瑞典Arcam集团公司成立于1997年，为全球顶尖3D打印公司，致力于提供基于EBF电子束增材制造的解决方案，在高端金属材料3D打印领域独具优势，客户遍及全球各大航空航天以及医疗行业。

Arcam集团公司的EBF技术提供一套直接从CAD到金属制品的方案。Arcam EBF技术的核心优势在于：设计自由度高，生产效率高且材料可回收，成品材料性能优异等。目前最典型的应用是钛合金材料，成形零件已通过CE和FDA等认证。

Arcam集团公司目前全球共出售了约130余台设备：主要分布在科研、航空航天、机械制造及医疗等领域。国内的部分客户见表8-1。

表8-1　Arcam公司部分国内客户名单

客户单位名称	机器型号	数量
北京天新福医疗器材有限公司	S12	1
北京有色金属研究院	A2	2

续表

客户单位名称	机器型号	数量
中科院沈阳金属研究所	A1	1
北京航空航天大学	A2XX	1
清华大学天津高端装备研究院	S12	1
中科院重庆绿色智能技术研究院	A1	1
北京航空制造工程研究所	A2X	1
航天三院哈尔滨海鹰	Q20	1
上海九院附属某医疗机构	A1	1
深圳圆梦精密技术研究院	Q10	1
民政部康复医院	A2XX	1

(3) GKN(吉凯恩)集团

GKN(吉凯恩)集团是全球性的工程服务公司，包括航空航天、汽车传动系统、粉末冶金和地面特种车辆四大业务板块。通过多次收购，GKN 航空航天业务板块逐渐建立起世界级的服务能力。围绕着强大的航空航天业务版图，GKN 打造了三个增材制造卓越中心：GKN 美国辛辛那提增材制造卓越中心，GKN 瑞典 Trollhätten 增材制造卓越中心，GKN 英国 Filton 增材制造卓越中心。其通过增材制造中心将集团内部的航空航天零部件制造、增材制造及材料研发的能力进行整合，推进增材制造技术在航空制造业务中的应用。

GKN 美国辛辛那提增材制造卓越中心负责以激光束为能量源，对金属丝材进行熔融沉积成形。在这里，GKN 航空航天部门主要将该技术用于制造大于 50cm 的零部件，包括航空结构件以及一些随着买飞比的显著提升而降低成本的零部件。GKN 美国增材制造卓越中心与美国橡树岭国家实验室合作，增材制造大型零部件，包括法兰的局部制造或整个部件的制造。

GKN 瑞典 Trollhätten 增材制造卓越中心是大型零件制造的主要基地。在这里，GKN 应用这类增材制造技术制造钛合金和镍基合金。GKN 对增材制造技术的应用包括三大方面：高价值零部件的维修、中型航空发动机的制造、航空航天结构件的制造。通过增材制造技术的应用可以减少部件数量，减少零部件在精加工过程中的材料去除率，提高材料利用率。其中，GKN 瑞典 Trollhätten 增材制造卓越中心所拥有的电子束金属丝熔化焊接技术主要用于制造大型 GKN 航空发动机零部件以及航天零部件。其中的一个经典的应用是 Ariane 5 火箭中的 Vulcain 2 喷嘴，该零部件重达 50kg(见图 8-9)。这个大型增材制造零部件增强了结构，节约了制造成本。而 GKN Trollhätten 中心的送粉激光粉末沉积技术主要应用于钛合金和镍基合金零部件的修复。

图 8-9 GKN 公司制造的大型航空部件

中航工业北京航空制造工程研究所（航空 625 所）于 2006 年开始电子束熔丝沉积成形技术研究工作，开发了电子束熔丝沉积成形设备（见图 8-10）。航空 625 所高能束流技术团队突破了电子束熔丝快速成形大型装备研制中长时间稳定工作的电子枪、大功率高压电源、电子束快速成形工艺控制等关键技术，突破了丝材高速稳定熔凝技术、复杂零件路径优化技术、大型结构变形控制技术、力学性能调控技术、专用材料开发等一系列关键技术，将电子束快速成形技术研究不断推向深入，实现了从技术概念到实现装机应用，从小型原理样机到目前世界领先的电子束成形设备，以及从工艺研究到原材料开发的飞跃，逐步形成了涵盖材料、装备、技术服务全方位发展的态势，取得了瞩目的成绩：解决了在高速、高温、高蒸汽沉积环境下的稳定、精确送丝难题，成功研发了国内最大的电子束熔丝成形设备，最大可加工零件尺寸达到 1500mm×500mm×2500mm，具备在线监测、多通道送丝功能，成形速度最大可达 5kg/h，实现送丝量的自动调整，可将成形效率提高 50%以上，具备大型航空钛合金结构的加工能力，其自动化水平、束源品质及加工能力达到国内领先、国际先进水平。另外其真空电子束快速成形设备的抗高温防蒸汽设计、多通道高效送丝系统、快速补给丝材设计、真空环境下重载 z 向工作台设计技术、多自由度数控系统集成技术、高温高蒸汽污染环境下的实时在线观察技术均为独创技术。

图 8-10　中航工业北京航空制造工程研究所的电子束熔丝沉积成形设备

2006 年以来，电子束快速成形技术快速成形钛合金零件已在飞机结构上实现了应用；研制了世界领先的大型电子束快速成形设备；开发了大型整体钛合金零件的电子束快速成形工艺，使中航工业制造所在应用研究及装备开发方面走在了世界先进行列。

装备方面，开发的最大的电子束成形设备真空室容积达 $46m^3$，有效加工范围可达 1.5m×0.8m×3m，可实现五轴联动、双通道送丝。在此基础上，研究了 TC4、TA15、TC11、TC18、TC21 等钛合金以及 A100 超高强度钢的力学性能，研制了大量钛合金零件和试验件。2012 年，采用电子束熔丝成形制造的钛合金零件在国内飞机结构上率先实现了装机应用。

西安智熔金属打印系统有限公司研制成功了我国首台商用熔丝式电子束金属 3D 打印系统，其中高压电源、高品质大功率电子枪等都是自行研发生产，具有完全自主的知识产权。西安智熔金属打印系统有限公司 2017 年向市场推出了基于其领先的 EBVF3® 技术平台的 ZcompleX® 3 型熔丝式电子束金属 3D 打印系统，该系统采用 60kV/15kW 电子枪，全数字参数控制，室外自适应双送丝机构，可打印尺寸为 1000mm×600mm×500mm 的金属零件。ZcompleX® 3 型系统实际上是一台复合系统，具有打印＋焊接＋再制造（修复）功能，可以极大地提高设备利用率，且由于其具有自适应双送丝机构，该系统还可以用来制造梯度材料（GFM）。

2018年3月20日西安智熔金属打印系统有限公司正式推出复合加工系统ZcompleX®3H，该系统的高压电源、高品质大功率电子枪（热源-核心器件）、全数字控制系统及增材制造专用软件等均自行研发生产，具有完全自主知识产权，并申请了20多项核心专利。该复合加工系统属于集成打印和机械加工的复合系统，可以边打印边进行铣削加工也可以打印完毕后加工。该熔丝式电子束金属3D打印系统为真空打印环境，成形金属内在质量好，成形速度快，残余应力小，使用成本低，材料利用率接近100%，用于打印大型复杂金属件，使用金属丝材作为原材料，包括钛合金、铝合金、钽、铌、钨、300系列不锈钢、结构钢等。由于在真空中工作并使用大功率电子枪，特别适用活泼金属、反光金属和难熔金属。该系统广泛应用于航空航天、国防、船舶、核电、医疗器械、化工机械、工程机械、汽车零部件等工业领域。

西安智熔金属打印系统有限公司属于我国少数专注于电子束热源路线的金属3D打印技术公司之一，除了设计生产ZcompleX熔丝式电子束金属3D打印系统外，还设计生产基于其独有的Smart Beam技术平台的ZScan系列粉床式电子束金属3D打印系统。

中国船舶重工集团公司第七二五研究所（洛阳船舶材料研究所）引进德国SST多功能电子束加工设备（加速电压150kV，功率60kW，真空室$61m^3$），并在国内率先开展了舰船钛合金、铜合金、铝合金和高强钢等部件电子束熔丝沉积快速制造技术研究[23]。

8.5 定向能量沉积技术应用

8.5.1 在航空航天领域的应用

直接沉积增材制造技术自20世纪90年代起就成为研究热点，国内外众多研究机构和公司瞄准航空关键构件，开展了大量工作。其中，钛合金激光直接沉积增材制造技术受到美国国防部的高度重视和投巨资支持，自1995年以来，美国国防部先进计划署和海军办公室先后实施了一系列专门研究计划，支持激光直接沉积技术的研究，约翰霍普金斯大学、宾夕法尼亚大学和MTS公司正式在政府的支持下，开展了为期三年的钛合金直接沉积技术研究，开发出了一项以大功率CO_2激光熔覆沉积立体成形技术为基础的“钛合金的柔性制造”技术。在短短的不到6年时间内，2001年就实现了由技术研究到在F/A-18E/F、F-22、JSF等先进歼击机上的次承力结构件的装机应用，图8-11为美国AeroMet公司制造的F-15飞机机翼中的复杂金属构件[2]。美国Sandia国家实验室采用激光近净成形技术实现了某卫星中

TC4 钛合金零件毛坯的成形，成形过程需要 64h，经过最终热处理耗时一周，而采用传统的减材制造方法需要 11 周的时间[24]。

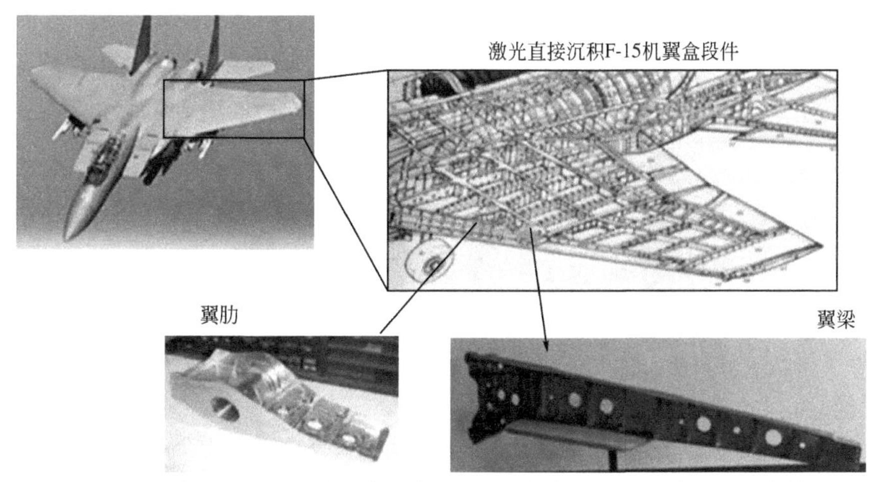

图 8-11　美国 AeroMet 公司激光直接沉积增材制造的飞机大型金属构件

美国 GE 公司正在大力推进增材制造技术在航空发动机制造上的应用，并且已经取得了初步成功。其正在研制中的最先进的 LEAP 发动机的燃油喷嘴已进入批量生产，如图 8-12（a），GE 航空集团计划到 2020 年 3D 打印 10 万个 LEAP 发动机的燃料喷嘴。原技术工艺生产这种喷嘴需要 18 个零件焊接在一起，而采用 3D 打印技术可以直接成形该零件，重量减重四分之一，但是使用寿命却比以前提高了 5 倍。此外，美国 GE 公司还利用直接金属激光熔化技术（DMLM）打印航空发动机的高压涡轮叶片，如图 8-12（b），材料为钴-铬合金。这个叶片包含若干个复杂的冷却凹槽，普通加工方法难以制造，利用增材制造自由成形的特点，能够很好地达到设计要求。

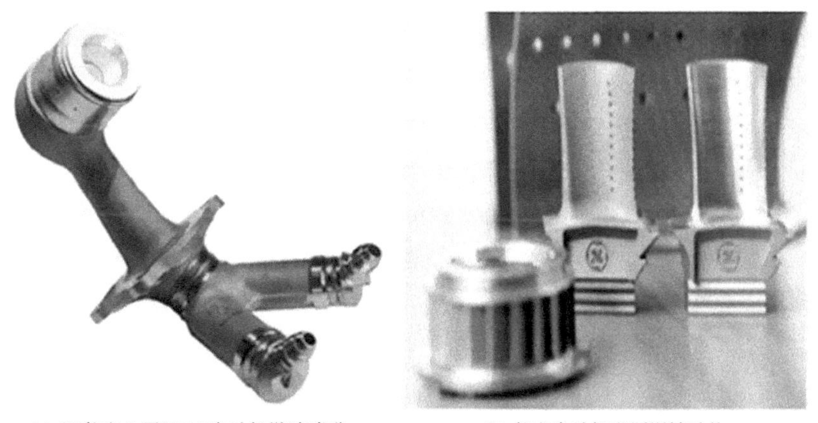

(a) GE航空公司LEAP发动机燃油喷嘴　　(b) 航空发动机高压涡轮叶片

图 8-12　GE 产品

北京航空航天大学和西北工业大学几乎与国外同步开展了大型构件激光直接沉积增材制造的研究工作。其中，北京航空航天大学瞄准先进战机、大型飞机及航空发动机等重大国防武器装备研制和生产需求，在国际上首次全面突破钛合金等高性能难加工金属大型整体主承力结构件直接沉积增材制造技术，建立了相对完整的技术标准体系，研制出迄今世界最大、拥有系列“原创”核心关键技术、大型金属构件激光直接沉积增材制造系列化工程成套装备系统，制造了多种钛合金大型整体关键飞机主承力构件（例如图 8-13 所示的钛合金大型整体框），在飞机研制和生产中得到工程应用[25]。

图 8-13　北京航空航天大学激光直接沉积增材制造的飞机机身钛合金大型整体加强框

8.5.2　在医学领域的应用

近年来，生物医用材料应用需求快速增长，主要应用于恢复组织、器官的结构与功能，植入医用生物材料已成为植入医疗的主要手段，增材制造技术因其能够实现个性化的设计和生产，在生物医疗领域有广泛的应用前景。主要应用于外科手术治疗、口腔牙齿的修正与治疗。此外，由于材料技术的发展，生物组织制造及其应用将是增材制造技术的重要发展方向。

2016 年 8 月，河南省肿瘤医院成功实施了一例“3D 打印胸骨置入手术”，患者因肿瘤覆盖率大，需要大面积切除胸骨，针对患者的情况如果应用传统骨水泥或者钛板，不能完全拟合患者被切除的胸骨的形状，患者在术后运动过程中会感觉不适，所以应用 3D 打印的胸骨，这种胸骨可以完全契合患者胸骨的形状，保证与原有的身体结构相协调。图 8-14 为打印的钛合金胸骨及头盖骨修复[26]。

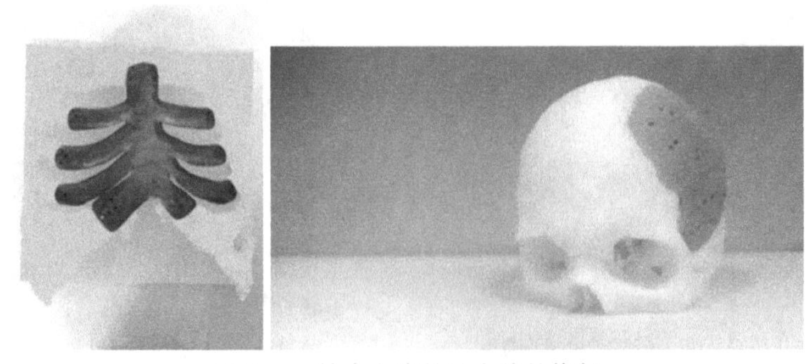

图 8-14　钛合金胸骨及头盖骨修复

3D 打印可以用于患者颌面、头颈部缺损修复重建技术。传统做法是截取患者自身小腿上的腓骨，将竖直的腓骨依据医生的临床经验重新塑造成相对符合颌骨 L 形的结构，这种方法实际应用中不能完全符合患者口腔的形貌，对于术后患者的咀嚼、面部形态都会有较大的影响。2016 年 3 月，在中山大学孙逸仙纪念医院成立了“3D 数字化精准修复重建中心”。中山大学孙逸仙纪念医院，李劲松教授团队应用 3D 打印技术修复颌面骨已经超过了 50 例。

8.5.3 在模具制造领域的应用

激光直接沉积技术由于具有无模具、周期短、低成本的特点，因而特别适用于模具的快速制造，同时也可用于模具的改进，以及损坏模具的修复，由于其分层逐点制造的特点，也可用于制造成分梯度的功能模具，这是传统模具制造方法无法实现的。

Optomec 公司利用激光近净成形系统成形了内部有水冷通道的注塑模具，使用该模具可使产品的制造周期缩短至少 15%，企业效益增加 50%[27]。Sandia 国家实验室同样采用激光近净成形技术制造了两个具有小尺寸空腔和细小深槽结构的模具，槽宽 0.76mm，槽深 25.4mm。J. Mazumder 教授利用直接金属沉积技术制造了具有水冷通道的注射模具，该模具的基体材料为 H13 工具钢，为了提高水冷速度，冷却通道的槽壁选用紫铜制造，理论计算表明，该设计可以使模具的工作循环周期缩短 40%，因此对工业界极具吸引力[28]。

8.5.4 在金属零件再制造修复领域的应用

21 世纪全球经济高速发展，与此同时，对自然资源的任意开发和对环境的无偿利用，造成全球的生态破坏、资源浪费和短缺等重大问题。面对处理大量失效、报废产品这一严峻问题，再制造工程应运而生。激光作为一种清洁热源进入材料加工领域以来，解决了许多常规方法无法加工或难以加工的问题，显著提高了生产效率和加工质量，为再制造提供了一种先进而有效的技术手段。激光直接沉积技术由于加工不受尺寸限制，在装备金属零件再制造修复领域占据重要地位。应用于装备修复和再制造领域的激光金属直接沉积技术，又称为激光增材再制造技术，为装备关重零部件的高性能修复和再制造提供了先进技术途径。

近年来，激光直接沉积技术得到了国防、航空以及冶金等不同领域的高度关注，在国内获得了大量人力和物力投入，中国科学院金属研究所、北京航空航天大学、西北工业大学、西安交通大学、陆军装甲兵学院（原陆军装甲兵工程学院）、航空制造工程研究所、浙江工业大学、苏州大学等国内多家高等院校和科研单位以及多家国有企业和工厂均开展了相关理论和技术研究及其应用研发工作，并创造了显著效益。西北工业大学黄卫东教授和林鑫教授团队重点研究了激光直接沉积修复 TC4 合金性能的问题，发现采用激光直接沉积修复后的零件强塑性均满足锻件标准，在低应变的情况下疲劳寿命还高于锻件水平，实现了关键钛合金件的高性能修复。在保证激光修复区与基体形成致密冶金结合的基础上，通过对零件在修复中的局部应力及变形控制，实现了零件几何性能和力学性能的良好修复。装备再制造国防科技重点实验室在激光直接沉积修复领域处于领先地位，装备再制造技术国防科技重点实验室徐滨士教授和董世运教授团队对激光再制造技术开展了系统研究，并重点针对工业领域保有量最大的钢铁零件的激光再制造进行了多年持续研究，突破了高性能钢和铸铁零件激光增材再制造的一些理论和关键技术难题，成功再制造修复了内燃机凸轮轴、压缩机叶片、重载

车辆和舰船发动机缸体和缸盖、重载齿类件等多领域多年来常规方法未能修复的关重零部件[29]。图 8-15 显示了激光成形修复的汽轮机 17-4PH 马氏体钢整体叶轮和航空发动机高温合金整体叶盘。

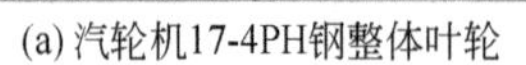

(a) 汽轮机17-4PH钢整体叶轮　　(b) 航空发动机高温合金整体叶盘

图 8-15　激光直接沉积修复整体叶轮和叶盘

电子束熔丝沉积技术主要用于航空航天领域。2002 年在海军、空军、国防部等机构支持下，美国 Sciaky 公司联合 Lockheed Martin、Boeing 公司等也在同时期开展了研究，主要致力于大型航空金属零件的制造。成形钛合金（图 8-16）时，最大成形速度可达 18kg/h，力学性能满足 AMS 4999 标准要求。Lockheed Martin 公司选定了 F-35 飞机的襟副翼梁准备用电子束熔丝沉积成形代替锻造，预期零件成本降低 30%～60%。据报道，装有电子束熔丝沉积成形钛合金零件的 F-35 飞机已于 2013 年年初试飞。2007 年美国 CTC 公司领导了一个综合小组，针对海军无人战斗机计划，制定了“无人战机金属制造技术提升计划”（N-UCAS Metallic Manufacturing Technology Transition Program），选定电子束熔丝沉积成形技术作为未来大型结构低成本高效制造的方案。目标是将无人机金属结构的重量和成本降低 35%。

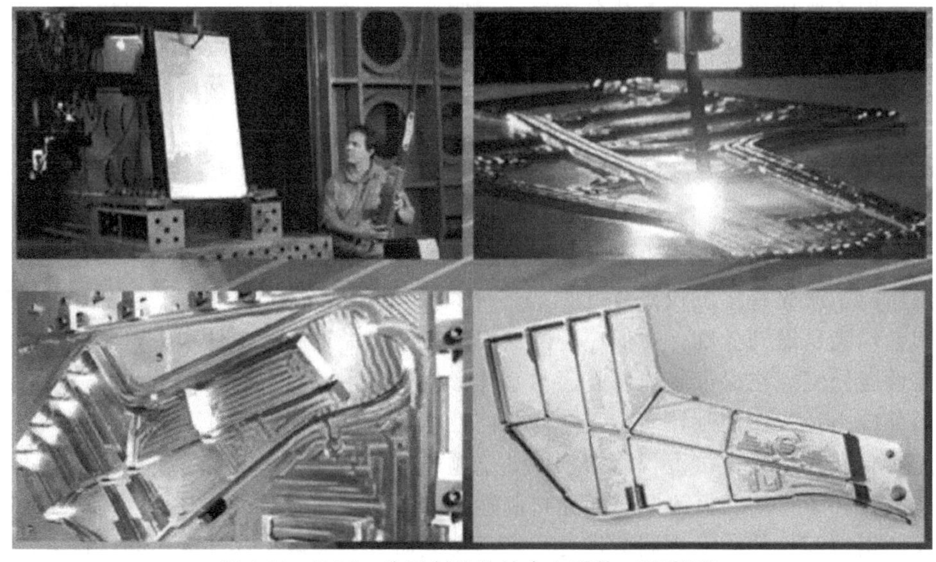

图 8-16　Sciaky 公司制造的钛合金零件（见彩图）

Sciaky将向亚太地区提供其第一个商标电子束增材制造（EBAM）系统。该系统被设计来制造大规模和高价值的金属部件，能处理从镍、铜到航空级钛的材料。

跨国飞机制造商空客（Airbus）也正在与Sciaky合作，同样的EBAM 110系统（图8-17）已被用来为飞机机翼的内部结构制造钛合金翼梁部件（图8-18）。Sciaky公司与洛克希德·马丁公司签订协议，以扩展直接制造技术的应用范围，可能用于F-35战斗机钛部件的加工制造。

图8-17　Sciaky EBAM 110系统

Sciaky公司基于几十年电子束焊接经验，开发出了EBAM机床，通过采用带关节的移动电子束枪熔化金属丝来一层一层地制造金属零件。EBAM 110是目前为止最通用的机床，能够打印和焊接，并且足够大，可以生产机体和发动机结构件，其工作行程为70ft×47ft×63ft（1ft=0.3048m，下同）。

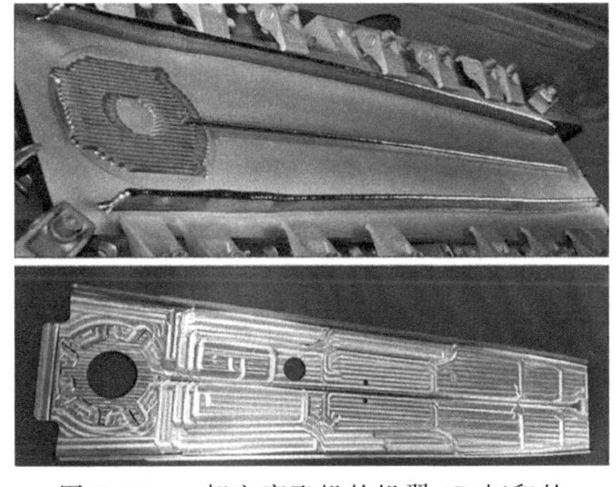

图8-18　一架空客飞机的机翼3D打印的上部翼梁部件

图8-19　电子束增材制造水下航行器

2017年1月，Sciaky也签约为一艘潜艇制造一个钛制沉浮箱。加拿大公司International Submarine Engineering用这个部件建造了一个北极探险家自主水下航行器（Arctic Explorer AUV，图8-19）。该潜艇于2017年夏季进入公海，并将被运送给塔斯马尼亚大学来建造一个新的专业 AUV 设施。

电子束快速成形技术是世界航空制造业的研究热点之一，飞机结构中形状异常复杂的钛合金结构如果采用锻件制造，一方面周期较长，另一方面，锻件毛坯厚度变化很大，难以保证内部质量及力学性能的均匀性；还有一些零件，在设计阶段，结构需要多次修改，而用传统方法难以适应这种快速变化。随着航空制造技术的飞速发展，对零件制造周期及成本的要求越来越高，采用电子束快速成形的方法制造复杂结构钛合金零部件可以大大加快设计-验证迭代循环，降低研制开发成本，它不仅能用于低成本制造和飞机结构件设计，也为宇航员在国际空间站或月球或火星表面加工备用结构件和新型工具制造提供了一种便捷的途径。

随着我国国防科技事业的快速发展，电子束快速成形技术不但在航空航天装备方面，而且在舰船、化工、核能、汽车等领域均具有巨大的应用潜力，发展十分迅速，未来必将有更多应用了电子束快速成形技术的装备出现在捍卫国家利益的前线上。为了促进电子束快速成形技术的推广应用，飞机中一些复杂钛合金零件采用了电子束快速成形技术研制。伴随零件的研制，中航工业制造所完成了大量全尺寸解剖件、随试料性能测试，各项性能指标均满足设计要求，充分验证了电子束快速成形短周期、低成本、高质量、不受零件形状限制、设计思路验证快的特点，保证了型号任务的顺利完成。另一方面，围绕项目的研究，开发出了多种快速成形专用合金材料，申请了发明专利，编制了大量技术规范及标准，初步建立了涵盖原材料、成形工艺、后处理及装备的技术体系，使电子束快速成形技术走上了规范化、专业化的发展道路。2017 年 6 月 30 日，国家质量监督检验检疫总局、国家标准化管理委员会批准《国民经济行业分类》国家标准，编号 GB/T 4754—2017，替代原《国民经济行业分类》(GB/T 4574—2011)，新标准于 2017 年 10 月 1 日正式实施。这是增材制造装备制造首次作为独立的行业列入《国民经济行业分类》之中。在新的国家标准中，增材制造装备制造是指以增材制造技术进行加工的设备制造和零部件制造。根据新的分类，增材制造装备制造（代码 3493）行业小类，归属于其他通用设备制造业行业中类（代码 349），归属于通用设备制造业行业大类（代码 34）。由于原有国家标准没有对增材制造设置独立的分类，因此难以开展产值、收入、利润等方面的统计，导致反映产业全貌的数据缺失，给产业政策的制定、重大专项批复等方面带来了许多问题。而这一修订将对促进增材制造行业和企业的发展具有长远的积极影响。

中国增材制造产业联盟根据新的国家标准，将进一步完善行业数据统计工作，建设行业数据库，形成企业数据定期报送制度，建成权威的行业统计数据库、典型应用案例库和优质项目库，推动增材制造产业健康、有序发展。

参考文献

[1] Gharbi M, Peyre P, Gorny C, et al. Influence of various process conditions on surface finishes induced by the direct metal deposition laser technique on a Ti-6Al-4V alloy. Journal of Materials Processing Technology, 2013, 213 (5): 791-800.

[2] 黄卫东，等. 激光立体成形. 西安：西北工业大学出版社，2007.

[3] 陈哲源，锁红波，李晋炜. 电子束熔丝沉积快速制造成型技术与组织特征. 航天制造技术，2010，(1)：40-43.

[4] 巩水利，李怀学，锁红波，等. 高能束流加工技术的应用与发展. 航空制造技术，2009，(14)：34-39.

[5] 巩水利，锁红波，李怀学. 金属增材制造技术在航空领域的发展与应用. 航空制造技术，2013，433 (13)：66-71.

[6] 马晨璐. 金属粉末是 3D 打印的关键. 中国钛业，2015，(4).

[7] 董世运，闫世兴，冯祥奕，等. 激光增材制造钢粉体材料研究现状. 激光与光电子学进展，2018，(1).

[8] 左铁钏，陈虹. 21 世纪的绿色制造——激光制造技术及应用. 机械工程学报，2009，45 (10)：106-110.

[9] 赵瑶，贺跃辉，江垚. 粉末冶金 Ti6Al4V 合金的研制进展. 粉末冶金材料科学与工程，2008，13 (2)：70-78.

[10] 王华明，李安，张凌云，等. 激光熔化沉积快速成形 TA15 钛合金的力学性能. 航空制造技术，2008，(7)：26-29.

[11] 张义文，杨士仲，李力，等. 我国粉末高温合金的研究现状. 材料导报，2002，16 (5)：1-4.

[12] 黄卫东，林鑫. 激光立体成形高性能金属零件研究进展. 中国材料进展，2010，29 (6)：12-27.

[13] 宋建丽，邓琦林，胡德金，等. 激光熔覆成形 316L 不锈钢组织的特征与性能. 中国激光，2005，32 (10)：1441-1444.

[14] 刘丰刚，林鑫，宋衎，等. 激光修复 300M 钢的组织及力学性能研究. 金属学报，2017，53 (3)：325-334.

[15] 陈永城，张述泉，田象军，等. 激光熔化沉积 4045 铝合金显微组织及显微硬度. 中国激光，2015，42 (3)：92-98.

[16] 陈永雄，魏世丞，梁秀兵，等. 铝合金发动机缸盖的再制造技术研究. 材料工程，2012，(6)：16-20.

[17] Wei K，Gao M，Wang Z，et al. Effect of energy input on formability，microstructure and mechanical properties of selective laser melted AZ91D magnesium alloy. Materials Science & Engineering A，2014，611 (611)：212-222.

[18] http：//www. sohu. com/a/204433200 _ 100024275.

[19] https：//www. csdn. net/article/a/2015-06-17/15825389.

[20] http：//www. sohu. com/a/137709289 _ 105964.

[21] http：//www. raycham. com/news _ detail/newsId=240. html.

[22] http：//www. sciaky. com/zh/chinese-additive-manufacturing/chinese-electron-beam-additive-manufacturing-technology.

[23] 熊进辉，李士凯，耿永亮，等. 电子束熔丝沉积快速制造技术研究现状. 电焊机，2016，46 (2).

[24] Arcella F G，Froes F H. Producing titanium aerospace components from powder using laser forming. Journal of the minerals metals & materials society，2000，52 (5)：28-30.

[25] 王华明. 高性能大型金属构件激光增材制造——若干材料基础问题. 航空学报，2014，35 (10)：2690-2698.

[26] 激光制造网 Laserfair Com，河南省首例定制 3D 打印胸骨置入手术成功实施 [EB/OL]. http：//mp. weixin. qq. com/s? _ biz=Mz A4OTI5MTEx OA% 3D% 3D&idx=5&mid=2650526456&sn=60f60b0b77dd77e6edcf4db7f37bcdb2.

[27] http：//www. optomec. com/site/lens-home.

[28] Mazumder J，Dutta D，Kikuchi N A. Closed loop direct metal deposition：art to part. Optics and Lasers in Engineering，2000，34：397-414.

[29] 徐滨士，董世运. 激光再制造. 北京：国防工业出版社，2016.

第 9 章
叠层实体制造技术

9.1 技术背景

叠层实体制造（laminated object manufacturing，LOM），也称分层实体制造或者薄材叠层成形，涉及机械、数控、高分子材料和计算机等技术，是快速成形领域具有代表性的技术之一。

1984年M. Feygin[1]提出了分层实体叠层的方法，并于1985年组建了Helisys公司。1989年，开发出第一台基于粉末材料的LOM自动成形系统。此外，KINERGY公司、KIRA公司、华中科技大学以及清华大学等也相继推出了相似同时又各具特色的激光快速成形系统。1994年，Lone Peak公司的Griffin等人[2]利用LOM技术制造出性能接近传统热压方法制备的高纯Al_2O_3陶瓷零件。哈尔滨工业大学的Zhang等人[3]以滚压方法制备出的氧化铝型坯片材为原料、PVB为黏结剂，采用LOM方法制备出了氧化铝型坯，经过排胶和烧结处理最终获得了相对密度为97.1%的氧化铝陶瓷。目前LOM技术已经被应用于产品概念设计可视化和造型设计评估、产品装配检验、熔模精密铸造母模、仿形加工的靠模、快速翻制模具的母模及直接制模等许多方面，在航天航空、机械、汽车、电器、医学、建筑、玩具、考古等行业具有广泛应用。

9.2 叠层实体制造成形原理

叠层实体制造主要由激光器、光学系统、x-y扫描机构、材料传送机构、热压粘贴机构、升降工作台和控制系统组成，如图9-1所示。

叠层实体制造一般选用CO_2激光器。通常在CO_2激光器的放电管中输入几十或几百毫安的直流电流，放电时，放电管中混合气体内的氮气分子受到电子的撞击而被激发，并与二氧化碳分子发生碰撞，这时，氮气分子把能量传递给二氧化碳分子，分子从低能级跃迁到高能级上形成粒子数反转发出激光，并通过光学扫描机构投射到薄片材料上，将薄片材料切割成所需形状。对于常用的纸张、塑料薄膜与复合材料薄片，其激光切割原理为利用高能量密度激光束加热薄片，在短时间内汽化，形成蒸气，在材料上形成切口，继而切割薄片，如图

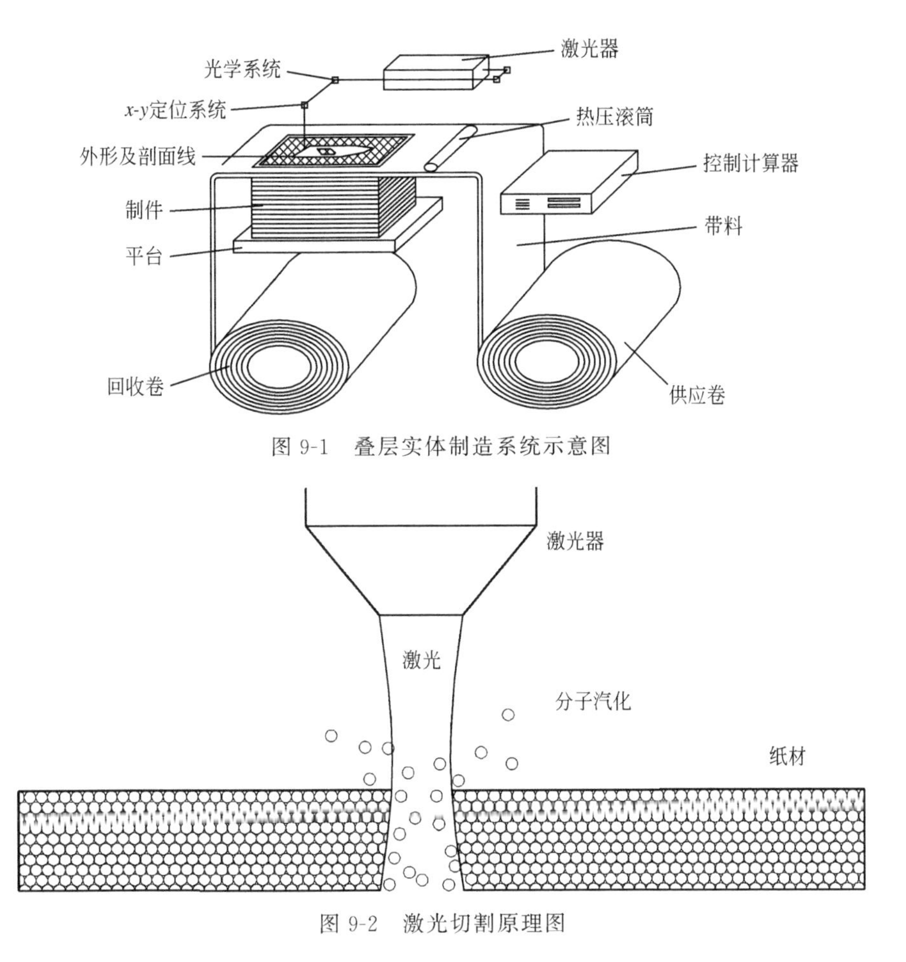

图 9-1　叠层实体制造系统示意图

图 9-2　激光切割原理图

9-2 所示；而对于金属片材，则是通过高能量密度激光束加热薄片，使得金属薄片熔化，形成切口，继而切割薄片。

9.3　叠层实体制造工艺

9.3.1　叠层实体制造技术工艺过程

LOM 成形机的工作过程为：首先由计算机读取 STL 格式的三维模型，并沿垂直方向进行切片得到模型横截面数据，生成切割截面轮廓的轨迹，继而生成激光束扫描切割控制指令；材料送进机构将底面涂敷有热熔胶的原材料（纸或塑料薄膜等）送至工作区域上方［图9-3(a)］；热压滚筒在热压粘贴机构等控制下滚过材料，使上下黏合在一起［图9-3(b)］；随后位于其上方的激光器按照CAD模型切片分层所获得的数据，将薄层材料切割出零件该层的内外轮廓［图9-3(c)］，同时将非模型实体区切割成网格（图9-4），保留在原处，起支撑和固定作用，制件加工完毕后，可用工具将其剥离；激光每加工完一层后，工作台下降相应的高度，随后材料传送机构将材料送进至工作区域，一个工作循环完成。如此反复，逐层堆积形成三维实体。

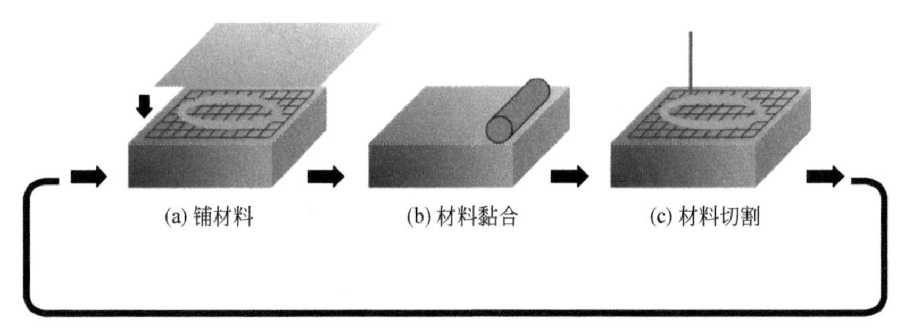

图 9-3　LOM成形系统的工艺过程

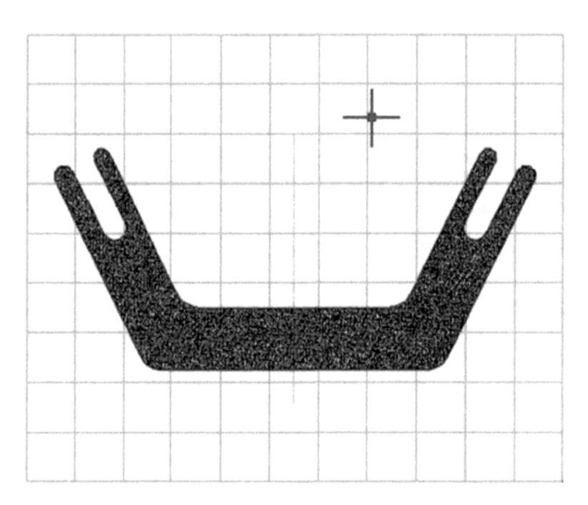

图 9-4　切割模型当前截面层时的示意图

9.3.2　叠层实体制造技术主要工艺参数

(1) 激光切割速度

激光切割速度影响着成形件表面质量和制作周期，一般根据激光器的规格进行选择。

(2) 加热辊温度与压力

加热辊温度与压力的设置应根据成形件层面尺寸大小、分层厚度及环境温度来确定。

(3) 激光能量

激光能量的大小影响着切割原材料的厚度和切割速度。

(4) 切碎网格尺寸

切碎网格尺寸的大小影响着废料剥离的难易、成形件表面质量和制作周期。

9.3.3 叠层实体制造后处理工艺

制件完成后，LOM系统自动停机，这时需用人工方法将制件从工作台上取下，去掉边框后，手工剥离成形件周围被切成小方块的废料（图9-5），然后进行抛光、涂漆，以防零件吸潮变形，同时也得到了一个美观的外形。

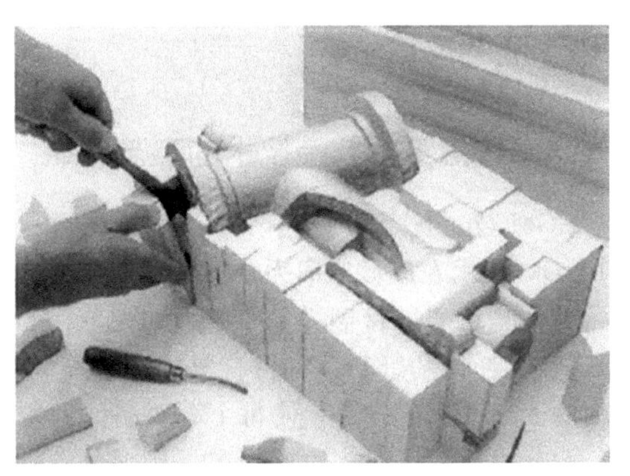

图9-5 手工拆除成形件周围的废料

(1) 剥离

剥离是将成形过程中产生的废料、支撑结构与工件分离。LOM成形无需专门的支撑结构，但是有网格状废料，须在成形后剥离。剥离有三种方法，即手工剥离法、加热剥离法和化学剥离法。对于纸叠层成形件，多采用手工剥离的方法。

手工剥离法，是指操作者徒手或使用一些简单的工具使废料、支撑结构与工件分离。一般用这种方法使LOM成形制品中的网格状废料与工件分离。

加热剥离法，是指使用热水或适当温度的热蒸汽使支撑结构熔化并与工件分离。当支撑结构为蜡，而成形材料为熔点比蜡高的材料时，可以采取这种方法，其剥离效率高，工件表面较清洁。

化学剥离法，当某种化学溶液能溶解支撑结构而又不会损伤工件时，可以用化学剥离法使支撑结构与工件分离。例如，对于Model Maker成形机的制品，就可以用化学溶液来溶解蜡，从而使工件（热塑性塑料）与支撑结构（蜡）、基底（蜡）相分离。

(2) 修补、打磨和抛光

当工件表面有较明显的小缺陷而需要修补时，可以用热熔塑料、乳胶与细粉料调和而成的腻子，或湿石膏予以填补，然后用砂纸、小型电动或气动打磨机进行打磨、抛光。

对于用纸基材料快速成形的工件，可以先在它们的表面涂覆一层增强剂（如强力胶、环氧树脂基漆或聚氨酯漆），然后再打磨、抛光；也可先将这些部分从工件上取下，待打磨、抛光后再用强力胶或环氧树脂黏结、定位。用聚氨酯漆涂覆的纸基工件具有耐腐蚀、耐热、耐水以及表面光亮等特点，易于打磨。

(3) 表面涂覆

在LOM成形件的表面上可以喷刷多种涂料，常用的有油漆、液态金属涂料和反应型液态塑料等。

油漆以罐装喷射式环氧基油漆和聚氨酯漆为好，因为其具有使用方便、有较好的附着力和防潮能力等特点。

液态金属涂料是一种金属粉末（如铝粉）与环氧树脂的混合物，在室温下呈液态或半液态，当加入固化剂后，能在若干小时内硬化，其抗压强度为70～80MPa，工作温度可达140℃，有金属光泽和较好的耐湿性。反应型液态塑料是一种双组分液体，其中A是液态异氰酸酯（用作固化剂），B是液态多元醇树脂，它们在室温下按一定比例混合并产生化学反应后，能在约1min后迅速变成凝胶状，然后固化成类似ABS的聚氨酯塑料，将这种未完全固化的材料涂刷在快速成形工件表面上，能形成一层光亮的塑料硬壳，显著提高工件的强度、刚度和防潮能力。

9.3.4 叠层实体制造技术的工艺特点

LOM技术优点如下：

(1) LOM技术在成形空间大小方面的优势

各种类型的增材制造系统制造的工件最大尺寸都不能超过成形空间的最大范围。而LOM系统使用的纸基原材料有较好的粘接性能和相应的力学性能，可将超过RP设备限制范围的大工件优化分块，使每个分块制件的尺寸均保持在RP设备的成形空间之内，分别制造每个分块，然后把它们粘接在一起，合成所需大小的工件，故LOM技术适合制造较大的工件。

(2) LOM技术在原材料成本方面的优势

每种类型的系统都对其成形材料有特殊的要求，比如：LOM技术要求易切割的片材，SLS技术要求流动性较好的粉材，SLA技术要求可光固化的液体材料，FDM技术要求可熔融的线材。这些成形原材料不仅在种类和性能上有差异，而且在价格上也有较大的不同。常用增材制造系统在原材料成本方面：SLA的材料价格较昂贵，SLS的材料价格适中，LOM和FDM的材料价格最便宜。

(3) LOM技术在成形工艺加工效率方面的优势

根据离散堆积的工艺原理，最小成形单位越大，成形效率越高。而最小成形单位可以是点、线或面，其大小直接影响增材制造的加工效率；基本构成过程可划分为：由点构成线（用①代表），线再构成面（用②代表），最后面堆积成体（用③代表）。成形方式就有3种基本形式：①-②-③、②-③、③，其中LOM技术以面作为最小成形单位，因此具有最高的成形效率。

但同时，LOM工艺也存在以下不足：

(1) 工件强度低、易变形

LOM成形过程中的热压、冷却以及在最终冷却到室温的过程中，成形件体积收缩，致使制件内部形成内应力，导致制件产生不可恢复的翘曲变形和开裂。

翘曲变形是LOM工艺中最严重的一种变形，其破坏一般从零件的端部开始，裂纹不断向内扩展，变形逐渐变大。热熔胶与纸的热膨胀系数相差较大，两者受热时的膨胀量不同，这是导致制件翘曲的主要原因。此外，在热压后的冷却过程中，已切割成形的工件因粘胶和纸层的收缩受到相邻层结构的限制，会造成不均匀约束，也会导致不可恢复的翘曲变形。

热熔胶与纸热膨胀系数的差异还导致纸胶之间产生复杂的不均匀的微观应力，可能会导致在纸胶界面上甚至纸、胶内部产生微观裂纹，降低界面结合强度，纸纤维产生微观扭曲或破坏，在宏观上表现为横向开裂和层间破坏。

(2) 工件易吸湿膨胀

LOM 工艺中零件收缩应力的大小主要与树脂性质和成形零件尺寸有关，在 LOM 工艺中，一般采用树脂热熔胶对材料进行黏结，其主要成分是低密度聚乙烯和聚醋酸乙烯酯。

热熔胶的固化伴随着严重的体积收缩，其造成的层间应力有正应力和切应力。减小层间正应力有利于提高粘接质量和强度，减小切应力可以有效减小翘曲变形。

树脂性能的改善对于控制内应力非常重要，树脂性能主要用弹性模量和收缩率衡量。降低收缩率可以选用低收缩的热熔胶，并使组成热熔胶的材料熔点形成一定温度梯度。例如蜡的熔点最高，在冷却时先结晶析出，由于其他材料此刻处于熔融态，蜡可以自由收缩，从而可以大大降低胶体的残余应力。

大多数非晶高聚物低温时处于玻璃态，弹性模量很高，对温度的变化非常敏感，当温度升高到一定值时，弹性模量急剧下降进入高弹态，提高成形零件内部和周边环境温度，降低树脂黏性，可以有效减小内应力和翘曲变形。

(3) LOM 加工过程中容易引起变形

因为体积收缩率正比于体系中参加反应的官能团的浓度，所以通过共聚或者提高预聚体的分子量等方法降低反应体系中官能团的浓度，是降低收缩应力的有效措施。在树脂中加入不参与化学反应的无机物填料，可以使固化收缩和热膨胀系数降低。加入能溶于树脂的预聚体中的高分子聚合物，在固化过程中由于溶解度参数的改变使高分子聚合物析出，相分离时发生体积膨胀抵消掉部分体积收缩。

成形件尺寸是影响变形的重要因素。成形件尺寸越大，内应力和翘曲变形越大。如果成形件尺寸较大，可以将其分解成多个小件成形，然后再进行粘接完成整体制作，这样可以显著改善翘曲变形。选择合理的网格划分方式和切割顺序，适当增加层厚，降低热熔胶厚度，也有利于减轻变形。

9.3.5 叠层实体制造成形精度

由 LOM 系统的组成可知，影响制件原型精度的因素主要有软件和硬件两个方面。

软件方面包括：①CAD 造型系统中曲面表示形式及精确程度，且 CAD 实体的模型精度；②实体的切片精度，即切片截面层的轮廓线精度；③切片层厚度的选取；④控制软件的实时性等。

硬件方面包括：①激光功率；②激光切割头移动的响应速度；③激光束通断响应速度；④激光光斑大小；⑤激光聚焦点扫描平面的平面度，即聚焦光斑的扫描运动轨迹是否在理想的或所调整的 z 向水平高度处；⑥伺服系统的位移控制精度；⑦切割速度；⑧热压辊温度控制以保证粘接质量；⑨热压辊压力；⑩薄层材料厚度均匀性；⑪工作台面与 z 向的垂直度及与激光切割头扫描平面的平行度等。

这里重点对 CAD 面化模型精度、切片层轮廓线精度、切片层厚度的选取及激光光斑半径补偿加以分析。

(1) CAD面化模型精度对制件原型精度的影响

由于增材制造技术普遍采用STL文件格式作为其输入数据模型的接口，因此，CAD实体模型都要转换为用许许多多的空间三角形小平面来逼近原CAD实体模型的数据文件，毋庸置疑，三角形小平面的数目越多，它所表示的模型与原实际模型就越逼近，其精度就越高，但许多实体造型系统的转换等级是有限的，当在一定等级下转换为三角形面化模型时，若实体的几何尺寸增大，而三角形平面的数目不会随之增多，这势必将导致模型的逼近误差加大，从而降低CAD面化模型的精度，影响后续的制件原型精度，如在AutoCAD中作实体造型，其转换为STL的等级为12，当取最大等级时，其几何形状一定的实体转换为三角形面的数目是一定的，当此实体的尺寸增大时，其模型误差也将增大（多面体除外），为了得到高精度的制件原型，首先要有一个高精度的实体数据模型，必须提高STL数据转换的等级、增加面化数据模型的三角形数量或寻求新的数据模型格式。当然，三角形数量越多，后续运算量就越大。

(2) 切片层轮廓线精度对制件原型精度的影响

当采用普遍的STL三角形面化数据模型作为LOM系统的实体输入数据模型时，实体切片处理将给切片层的截面轮廓线带来误差，其主要原因是由于三角形平面片的顶点落在切片平面内。由于切片算法的实时性要求，我们采用了对切片高度作上下微量移动的措施来避免算法处理的复杂性，提高切片的速度，但也将同时给截面轮廓线带来误差，即所求实测切片平面高度处的截面轮廓线与由算法实际所求高度处的截面轮廓线不同，从而形成误差。但只要切片高度上下移动的量很小，且切片厚度不大时，此时轮廓线误差对后续成形精度的影响可忽略，但当切片厚度较大，且截面的变化也较大时，此时轮廓线误差对制件原型的精度影响较大。因此，要提高制件原型的精度，切片厚度应取小一点（即选薄一点的纸）。

(3) 切片层厚度的选取对制件原型精度的影响

切片层厚度将直接影响制件的表面粗糙度、切片轴方向的精度和制造时间，它是增材制造技术中较重要的参数之一，当零件的精度为首要时，尤其对于零件截面变化较大的地方，应该选用较小的切片层厚度，否则，它将不能保证制件原型的精度，甚至有时会出现严重的失真现象。另外，对不同几何形状的零件可选用不同的切片层厚度进行加工，以减少台阶效应和加快制造速度。

(4) 激光光斑半径大小对制件原型精度的影响

在LOM系统中，截面轮廓都是由激光切割出来的，但在实际加工过程中，由于激光光斑是有一定大小的，而切片产生的截面轮廓线是数控光束的理论轨迹线，在加工过程中，应减小光斑的大小或须测得光斑的大小，以便在激光扫描过程中进行光斑半径的实时补偿处理，以提高制件原型的截面精度。在进行光斑半径补偿时，首先要自动识别出所补偿的实体截面轮廓边界的内外性，然后根据轮廓边界的走向及半径补偿的类型来确定补偿矢量，以对具体的轮廓边界进行相应的半径补偿处理。

9.3.6 叠层实体制造成形效率

影响分层实体制造效率的因素很多，在实际生产中，可以从设备、工艺、控制各个方面进行优化和完善，以达到提高成形效率的目的。

将加工平面分为不同加工区域进行并行加工，控制系统同时驱动多套扫描系统进行快速成形，可以显著提高成形效率。例如将一个矩形区域分割为两个区域进行并行加工，成形效率可以提高40％。

在普通LOM工艺中，激光扫描切割后工作台下降实现剩余纸与成形件的分离，这种方法的脱纸效率很低。通过分析脱纸工艺可知，脱纸操作的实质是使切割边框与工作台相对运动保持一定距离。基于这一原则，利用涂敷纸上升实现脱纸可缩短成形周期的30％。

通过对扫描机构惯性问题的分析以及扫描速度与激光功率实时匹配问题的研究，提高激光扫描加工速度，进而提高成形效率。通过研究开发适合大型原型成形的热压系统，提高热压工艺的传热效率和热压速度，可以实现总体效率的提高。

9.4 叠层实体制造成形材料

9.4.1 基体材料

LOM成形过程中所使用的原材料应具有以下特点：①容易黏结，具有良好的黏结可靠性；②强度高；③容易剥离废料；④抗湿性，保证片材原料不会因为时间长而吸水；⑤制件精度稳定；⑥对环境无污染；⑦制件经过后处理后，仍能保持精度、表面质量和尺寸稳定性等。LOM技术的材料适应性强，可使用纸、塑料、金属箔材、陶瓷片材及复合材料等薄层材料；但是受到市面上商品化的LOM成形机的限制，大多使用纸张作为原材料，少数使用塑料薄膜、金属箔材、陶瓷片材及复合材料等。下面以纸张为例进行LOM成形材料的说明。

我国的纸分为六大类，达到几百个品种，但并非每种纸都适用于LOM成形。LOM成形技术对原材料——纸存在特殊的要求：

① 纸纤维的组织结构要好。纤维长且粗大，分布均匀，有利于涂胶，也有利于改善其力学性能。

② 纸的厚薄要适中。精度要求高时应选择较薄的纸，纸的厚度越薄越均匀，LOM制件的精度就越高；在能满足精度的前提下，尽量选择厚度大的纸，可以提高成形效率。

③ 具备一定的抗湿性和表面致密度，经过表面涂覆热熔胶的纸不仅会提高纸材抗湿性，保证纸原料（卷轴纸）不会因保存时间长而吸水，而且可以有效防止热熔胶在热压过程中渗入纸材内部，从而减少层与层之间黏结不牢和因水分的损失产生变形的缺陷。

④ 具有一定的力学性能。能承受一定的拉力，以便实现自动传输和收卷。纸的耐折度

和抗撕裂能力也严重影响制件的力学性能。一般的卷筒纸都是纵向强度大于横向强度，稍加处理，卷筒纸就可以满足加工要求。

⑤ 可剥离性能好，易打磨，表面光滑。

胶版纸比牛皮纸表面致密、光滑、纤维细且短、强度高，在同样的工艺条件下，制造成的原型具有黏结强度高、表面质量好、变形小和抗湿能力强等优点。但是，无论是使用牛皮纸还是胶版纸制成的原型，都需要进行表面后处理，才能更好地满足零件或模具制造的需要。

9.4.2 黏结材料

纸、陶瓷、金属箔和复合材料片材的黏结剂主要为涂敷在片材表面的热熔胶，而塑料薄膜的黏结剂主要为胶水。热熔胶按基体树脂划分，主要有乙烯-醋酸乙烯酯共聚物型热熔胶、聚酯类热熔胶、尼龙类热熔胶或其混合物。热熔胶要求有如下性能：①良好的热熔冷固性能(室温下固化)；②在反复“熔融-固化”条件下其物理化学性能稳定；③熔融状态下与薄片材料有较好的涂挂性和涂匀性；④足够的粘接强度；⑤良好的废料分离性能。

华中科技大学快速制造中心自主研发、生产的涂敷纸，纸的底面涂有热熔胶和改性添加剂。当热压辊被加热至 210～250℃并碾压纸时，能使纸上的胶熔化并产生黏性。混入添加剂的作用是改善纸和成形件的性能，使其具有优良的黏结性、机械强度、硬度、收缩率低、工作温度高和易于剔除废料等优点。实验证明，这类纸加工成形后坚如硬木，能承受高达200℃的温度，黏结后不会开裂，只需轻轻振动制件中的方块形废料小碎片，并用普通小刀挑剔，就能方便地使嵌在工件中的废料与工件分离。用胶版涂敷纸成形的工件有很好的弹性，表面光滑，如同塑料，产品的最小壁厚可达 0.13～0.5mm。涂过热熔胶的纸，其抗张强度、耐折度、抗撕裂强度都有很大的提高，制件用的纸层达 250 层时纵向抗拉强度可达 6250N，要产生 0.2mm 的形变就需要 343N 的力（一般制件尺寸精度误差要求小于 0.2mm)，零件一般不会受到这么大的力，并且纸的平整度也会得到改善。只有纸在受拉力的方向上有足够的抗张强度，才有利于自动化作业的连续性，提高生产效率。

9.5 叠层实体制造成形装备

LOM 成形装备主要是由激光器及冷却器、激光扫描系统（x-y 型切割头)、可升降工作台、材料送给装置、热压叠层装置、计算机控制系统、检测装置、抽风排烟装置、计算机、机械系统及机身等主要结构组成。华中科技大学快速制造中心成形的 LOM 快速成形装备的外形图如图 9-6 所示。

图 9-6　LOM 快速成形装备外形图

以 LOM 快速成形装备系列为例，对其主要装备构件进行详细介绍说明。

9.5.1　激光器及冷却器

激光器是快速成形系统中的关键元器件，主要用于切割成形材料，直接影响系统运行的可靠性、连续性和制件质量及整个系统的成本、制件成本。LOM 增材制造装备中主要采用 CO_2 激光器。CO_2 激光器是由激光管、光学谐振腔、电源及泵浦等结构构成。CO_2 激光器结构示意图和实物图如图 9-7 所示。

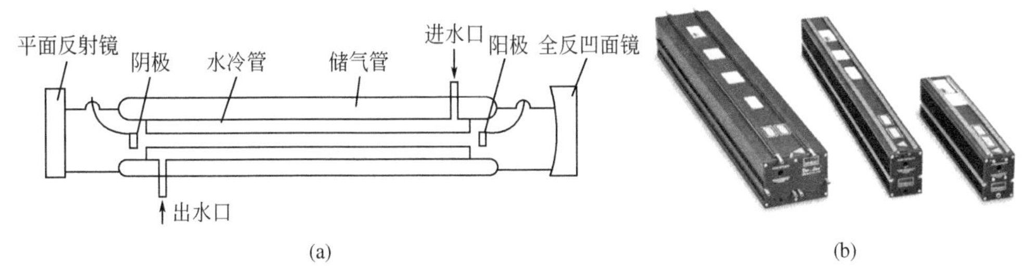

图 9-7　CO_2 激光器结构示意图（a）及实物图（b）

冷却器采用国产可调节恒温水循环式冷却器。温度调节范围为 2.5～5℃。激光器提供切割能量对成形材料进行切割，冷却器为激光器提供冷却水，保证激光器在某恒定温度范围内正常工作，使激光输出能量稳定，保证制件成形精度。

9.5.2　激光扫描系统（x-y 型切割头）

激光扫描系统基本上都是由激光器、扫描头、光路转换器件、接收装置及需要的反馈系统构成。在激光扫描系统中，扫描头是主要的关键部件，光束在工作台面上的扫描过程是由扫描器件接受指令来完成的。目前扫描器件有很多种，如机械式绘图扫描器、声光偏转器件、二维振镜扫描器件等。快速、高精度的激光振镜式扫描系统是激光扫描技术发展的总趋势，振镜式扫描系统以其快速、高精度的性能特点成为激光扫描系统中最广泛的应用之一。

二维激光扫描系统示意图及实物图如图 9-8 所示。振镜式扫描系统由 x-y 轴伺服系统和 x-y 两轴反射振镜组成。当向 x-y 轴伺服系统发出指令信号，x-y 轴电机就能分别沿 x 轴和 y 轴作出快速、精确偏转。从而，激光振镜式扫描系统可以根据待扫描图形的轮廓要求，在计算机指令的控制下，通过 x-y 两个振镜镜片的配合运动，投射到工作台面上的激光束就能沿 x-y 平面进行快速扫描。在大视场扫描中，为了纠正扫描平面上点的聚焦误差，通常需要在振镜系统前端加入动态聚焦系统；同时为了满足聚焦要求，需在激光器后端加入光学转换器件（如扩束镜光学杠杆等）。这样，激光器发射的光束经过扩束镜之后，得到均匀的平行光束，再经过动态聚焦镜聚焦，依次投射到 x-y 轴振镜上，经过两个振镜的二次反射，最后投射到工作台面上，形成扫描平面上的扫描点。理论上，可以通过控制激光振镜式扫描系统镜片的相互协调偏转来实现平面上任意复杂图形的扫描。

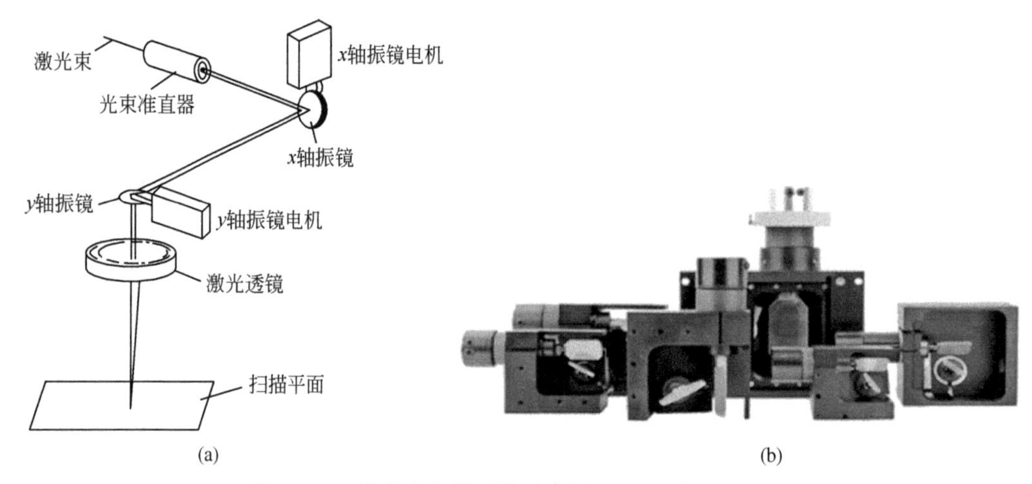

图 9-8　二维激光扫描系统示意图（a）及实物图（b）

9.5.3　可升降工作台

可升降工作台示意图及实物图如图 9-9 所示。工作台由升降台、导向柱、伺服电机、双

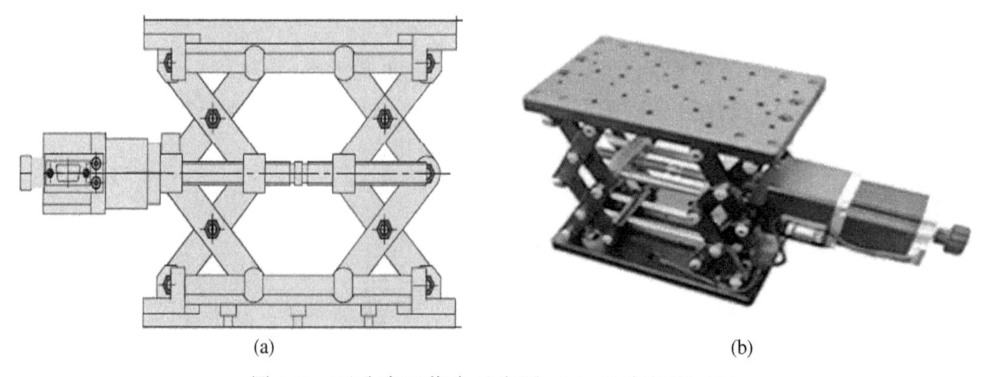

图 9-9　可升降工作台示意图（a）及实物图（b）

滚珠丝杠等构成，固定在安装 x-y 平面运动机构的机架平板上并以该平板为基准，形成类似三梁四柱液压机的机构形式，这样可以保证 x-y 平面与升降工作台之间的相对静止及运动过程中的位置精度。伺服电机通过精密滚珠丝杠驱动工作平台，使其能上下移动与材料接触，并精确定位。

9.5.4 材料送给装置

材料送给装置包括原材料存储辊、送料夹紧辊、导向辊、余料辊、交流变频电机、摩擦轮和材料撕断报警器组成。卷状材料套在原材料存储辊上，材料的一端经送料夹紧辊、导向辊、材料撕断报警器粘在余料辊上。余料辊的辊芯与送料直流电机的轴芯相连。摩擦轮固定在原材料存储辊的轴芯上，其外部与一带弹簧的制动块接触产生一定的摩擦阻力矩，以便保证材料始终处于张紧状态。送料时，送料交流变频电机沿逆时针方向旋转一定的角度，克服加在摩擦轮上的阻力矩，带动材料向左前进一定距离。此距离等于所需的每层材料的送进量。它由成形件的最大左、右尺寸和两相邻切割轮廓之间的搭边确定。当某种原因偶然造成材料撕断时，材料撕断报警器会立即发出声音信号，停止送料直流电机的转动及后续工作循环。

9.5.5 热压叠层装置

热压叠层装置由变频交流电机、热管(或发热管)、热压辊、温控器及高度检测传感器等组成。其作用是对叠层材料加热加压，使当前层纸能牢固地黏结于前一层纸上面（见图 9-10）。变频交流电机经齿形皮带驱动热压辊，使其能在工作台的上方做左右往复运动。热压辊内装有大功率发热管，以便使热压辊快速升温。温控器包括温度传感器（热电偶或红外温度传感器）和显示、控制仪，它能检测热压辊的温度，并使其保持在设定值，温度设定值根据所采用材料的黏结温度而定。当热压辊对工作台上方的纸进行热压时，高度检测器能精确测量正在成形的制件的实际高度，并将此数据及时反馈给计算机，然后据此高度对产品的三维模型进行切片处理，得到与上述高度完全对应的截面轮廓，从而可以较好地保证成形件在高度方向的轮廓形状和尺寸精度。

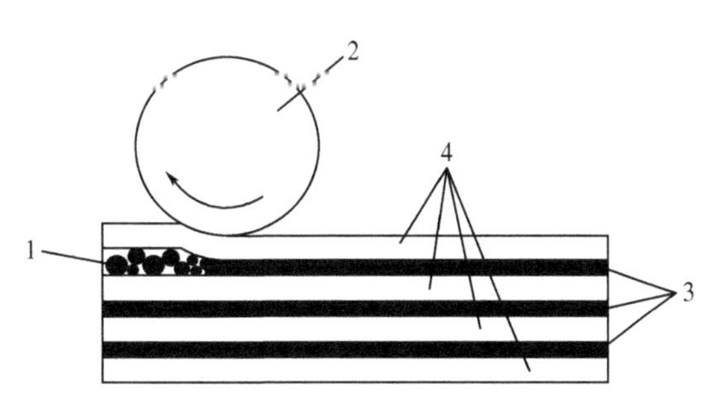

图 9-10 纸材的热粘贴示意图
1—粘贴前的粉粒状热熔胶；2—加热辊；
3—热熔胶受热熔融黏合态；4—薄片状纸材

9.5.6 计算机控制系统

RP 快速成形控制系统是多任务、大数据量、多运动轴、高速实时系统。其控制对象的加工过程由以下基本动作构成：实时检测成形制件的高度，对三维实体模型实时切片和进行数据处理，激光头平面切割运动，工作台升降运动，成形材料送进运动，热压叠层运动。因此，一般采用分布式控制系统结构，该系统由计算机、智能化模板、检测装置、数据传输装置、驱动器等部分组成。

9.5.7 检测装置

检测传感技术是精密机电一体化产品的关键技术之一，其检测精度的高低直接影响产品性能的好坏，因此，对检测传感器的选择遵循高精度、高灵敏度、高可靠性的原则。选用高性能 LVDT 测量元件实时检测材料厚度可以避免材料在热压过程中，因材料涂敷不均匀而导致的 z 向误差。

9.5.8 机械系统

LOM 快速成形系统是以激光束作 x-y 平面运动、工作台 z 向垂直升降、材料送给、热压叠层运动的机构组成的多轴小型激光加工系统。考虑到加工、安装调试等因素，各运动单元相对独立，并根据不同的精度要求设计加工和选购零部件。在系统连续自动运行过程中，各单元彼此间为并行、顺序复合运动。

9.6 叠层实体制造技术的应用

LOM 技术制备的零件基本无收缩、无变形，且加工成本低，成形精度可达到 0.1mm，切片厚度达 0.05～0.50mm[4]。近年来随着增材制造技术的飞速发展和在各行各业中的广泛应用，LOM 技术的应用也越来越广泛，大致可分为以下几个方面：

9.6.1 产品原型制作

随着素质教育的普及发展，教学中常用的一些模型可通过 LOM 技术进行打印成形。例如，地球仪是地理教育中的常用模型，可以帮助青少年更加直观地认识地球。普通的地球仪多为二维圆球面，海拔高度等信息只能通过二维平面内不同颜色进行区分。然而，LOM 技术成形的三维形貌地球仪，可以给青少年提供更加直观、更加全面的地球形貌信息。如图

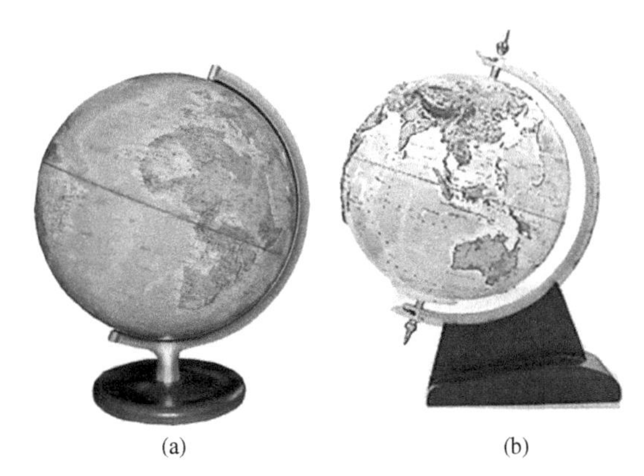

图 9-11 普通地球仪模型（a）和 LOM 成形三维地球仪模型（b）

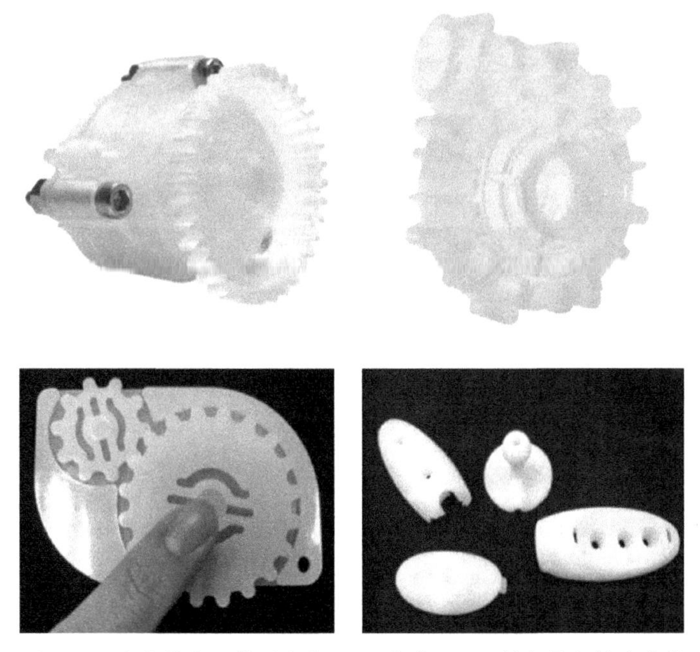

图 9-12 南京紫金立德开发的 PVC 薄膜 LOM 制备的塑料成形件

9-11 所示为普通地球仪和 LOM 技术成形的三维地球仪模型。

南京紫金立德[5] 利用其自主研发的 SD300Pro 设备对其自主研发的 PVC 薄膜进行 LOM 成形零部件原型。见图 9-12。

9.6.2 工业模具制备

LOM 工艺制得的纸质模具，性能接近木模，表面处理后可直接用于砂型铸造。LOM 技术在零件的制造质量、表面精度方面已经取得了很大的进展。在电子、通信、家电、汽车、国防、航空、航天等领域已经取得重大应用成果[6]。例如，北京殷华激光增材制造及模具技术有限公司与江苏省常州华能精细铸造厂合作，采用LOM成形工艺成功制造出汽车复杂零部件精铸用母模。图9-13所示是采用LOM工艺制造的奥迪轿车刹车钳体精铸母模的RP原型及其成形件，其尺寸精度高，尺寸稳定不变形，表面粗糙度值低、线条流畅，完全达到并超过了精铸母模质量验收标准，并精铸出金属制件，取得了明显的成果，有力地支持了高级轿车国产化。

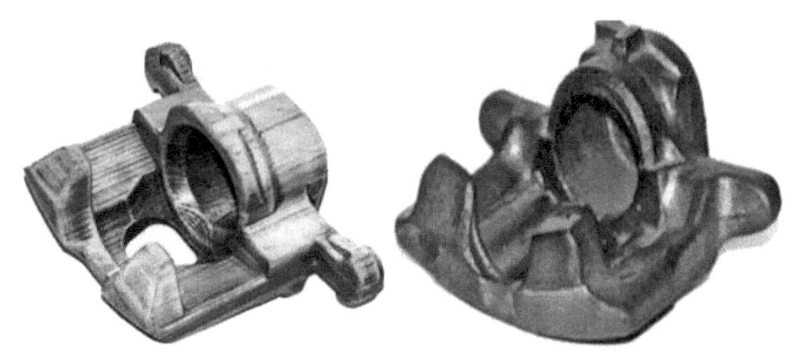

图9-13　LOM工艺制造刹车钳体精铸母模的RP原型及其成形件

CAM-LEM公司[7]采用CL-100设备对流延法制备的陶瓷薄片材料进行LOM成形陶瓷零部件。见图9-14。

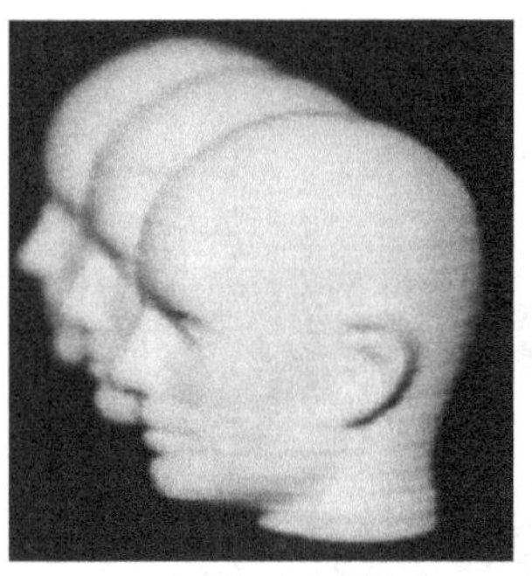

(a) 氧化铝陶瓷零件
50mm高

(b) 氮化硅圆盘
直径52mm，高3.1mm

(c) 具有整体冷却流道的圆筒

(d) 重建的一段狗的股骨

图9-14　CAM-LEM公司LOM成形的陶瓷零部件

上海硅酸盐研究所[8] 采用流延成形制备 SiC 流延膜，再结合 LOM 技术成功制造了碳化硅陶瓷齿轮。见图 9-15。

图 9-15　上海硅酸盐研究所采用 LOM 成形的碳化硅陶瓷齿轮

参考文献

[1] Feygin M. Apparatus and method for forming an integral object from laminations：US，4752352. 1988-6-21.

[2] Griffin C，Daufenbach J，Turner C. Laminated object manufacturing of an extremely tough layered ceramic matrix composite. Lone Peak Engineering（DBA Javelin）Final Phase I SBIR report to the U. S. Army，1994.

[3] Zhang Y，He X，Han J，et al. Al_2O_3 ceramics preparation by LOM（Laminated Object Manufacturing）. The International Journal of Advanced Manufacturing Technology，2001，17：531-534.

[4] 姚长虹，詹肇麟，刘达雄. 快速原型制造技术的发展与应用研究. 昆明理工大学学报（自然科学版），2000，25（5）：83-86.

[5] http：//www. zijinlead. com/.

[6] 张健，芮延年，陈洁. 基于 LOM 的快速成型及其在产品开发中的应用. 苏州大学学报（工科版），2008，(04)：38-40.

[7] http：//www. camlem. com/materials. html.

[8] Zhong H，Yao X，Zhu Y，et al. Preparation of SiC ceramics by laminated object manufacturing and pressureless sintering. Journal of Ceramic Science and Technology，2015，6：133-140.

第 10 章 复合成形技术

3D打印技术由于其具有高效率、个性化制造、复杂形状制造等优势，在航空航天、能源动力、石油化工、冶金、电子等领域有着广泛应用。应用领域的扩展对3D打印零件的性能提出了更高的要求。目前，3D打印技术还存在一些制约其应用与发展的瓶颈问题，如成形效率、成本、质量以及精度等问题。

由于3D打印技术分层叠加的成形特点，成形件的表面精度受层厚的制约。大部分3D打印零件的表面质量和传统的铸锻件相比较差，需要后续加工后才能使用。3D打印过程中的应力和变形也是3D打印技术的共性问题。3D打印逐点成线、连线成面的成形过程使固化或者凝固在很小的局部进行。光固化反应的变形或加热熔化产生的温度梯度都会累积出巨大的应力。这种应力会使零件变形甚至开裂。3D打印零件的性能也是制约其应用的重要原因。激光增材制造金属零件在本质上是一个铸造过程，其力学性能与锻件相比较差，即使对成形后的零件进行严格的热处理，3D打印金属零件的疲劳性能依然无法与锻件相媲美。3D打印技术虽然适用于复杂零件成形，但是成形件的复杂程度也受工艺的制约，很多结构是无法打印出来的。添加支持结构是目前的主流解决方案，但是随之而来的是去支持的问题，一些复杂零件的内腔难以简单去除。

目前传统的3D打印技术日趋成熟，同时单一成形技术的局限性也日渐突出。在传统的3D打印技术中加入新的控制、成形和加工方法，取长补短，可以突破3D打印技术瓶颈，由此，催生了复合成形技术。复合成形技术是指多种能场或多种工艺相互作用参与同一成形过程，并改变材料性能，产生比单种能场或工艺更优（质量、效率、成本等）的成形效果（1＋1＞2），利用激光和其他能量场的优势，可克服单一激光的弱点，是3D打印技术的进一步发展和重要补充，已成为3D打印制造技术的重要发展方向之一。

国内近年来在激光/电弧复合成形、激光/感应复合强化、激光/冲击强化复合制造、激光/超音速沉积复合制造、激光/电磁场复合制造、激光/(电)化学复合制造、增减材复合制造、钛合金/镍基高温合金激光增材制造与再制造等领域的技术研究发展很快，开展了大量的基础和工程应用研究。

复合成形技术既可用于关键零部件表面性能（如耐磨、耐蚀、耐高温氧化、抗疲劳）的提升，又可用于金属材料的高效率、高质量、低成本的增材制造与再制造，已广泛应用于能源、化工、船舶、航空航天等高端装备关键部件的制造与改性。本章将以几种相对成熟的复合成形技术为例，阐述复合成形技术的原理、装备与应用。

10.1 超音速激光沉积技术

超音速激光沉积技术（supersonic laser deposition，SLD）是新近发展起来的一种激光复合制造技术，在表面改性、增材制造与再制造领域引起了国内外学者的广泛关注。该技术是在冷喷涂（cold spray，CS）的过程中同步引入激光辐照，结合了冷喷涂与激光加热的优势，通过高能激光束对沉积材料和基体材料进行加热软化但不熔化，提高其塑性变形能力的同时降低沉积材料的临界沉积速度，在低于材料熔点的情况下实现材料的低成本、高效率、高质量沉积[1~3]。

10.1.1 超音速激光沉积技术原理

超音速激光沉积技术的理论基础是基于高速颗粒通过撞击产生塑性变形沉积所需的总能量（E）由其动能（E_k）和热能（E_{th}）组成，具体的表达式如下[4]：

$$E = E_k + E_{th} \tag{10-1}$$

$$E_k = \frac{1}{2} v_p^2 \tag{10-2}$$

$$E_{th} = c_p (T_p - T_{ref}) \tag{10-3}$$

式中 v_p——颗粒的撞击速度；
c_p——颗粒的比热容；
T_p——颗粒沉积时的初始温度；
T_{ref}——参考温度（通常取室温）。

在冷喷涂过程中，沉积颗粒的总能量主要来源于其动能，因此往往需要较高的撞击速度。对于特定的材料，撞击速度必须超过其临界沉积速度（v_{cr}）才能实现有效沉积。材料的临界沉积速度由材料本身的特性决定，有如下的经验关系式：

$$v_{cr} = \sqrt{a\sigma/\rho + bc_p (T_m - T_p)} \tag{10-4}$$

式中 σ——材料的屈服强度；
ρ——颗粒的密度；
T_m——材料的熔点；
a，b——常数。

结合式(10-1)～式(10-4)可以发现，材料沉积所需的总能量和临界沉积速度均与沉积颗粒的温度有关。提高颗粒的初始温度，一方面可以提高颗粒沉积时的热能，从而提高其沉积总能量；另一方面，可以通过加热软化效应降低材料的屈服强度，从而降低其临界沉积速度。因此，将激光同步引入冷喷涂过程中，通过激光高能量密度的特点，可对沉积颗粒和沉积区域进行快速加热，从而提高沉积颗粒的塑性变形能力，降低其临界沉积速度。

10.1.2 超音速激光沉积专用装备

超音速激光沉积技术是基于冷喷涂发展起来的一种复合制造技术，其技术原理如图10-1所示。在SLD过程中，预热后的工作气流与携带沉积粉末的载气在混合腔内充分混合后进入拉瓦尔喷嘴进行加速，加速后的气固两相流以较高的速度撞击激光同步加热的基体区域，沉积颗粒通过剧烈的塑性变形与基体结合形成沉积层。

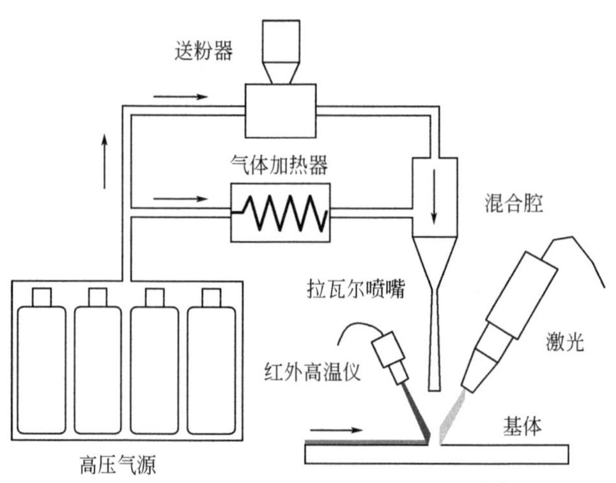

图 10-1 超音速激光沉积原理示意图[5]

超音速激光沉积系统主要由激光器、冷喷涂系统、气体供应装置以及运动控制单元组成。

激光器为整个系统提供高能激光束，可根据不同的工艺需求选择不同的激光器配置，包括激光光斑模式、光斑尺寸、激光能量密度，从而满足表面改性或者增材制造的需求。

冷喷涂系统主要包括控制系统、高压送粉系统、气体加热装置和喷嘴。控制系统对整个冷喷涂过程的工艺参数进行控制，如工作载气的压力、工作载气的预热温度、送粉速率等。高压送粉系统可以实现不同粉末尺寸的颗粒沉积，可喷涂粉末的粒径范围可在 10～100μm 调节。气体加热装置主要对高压气体进行加热，实现所负载颗粒的高速运动，在加入激光作用后，可以降低加热温度甚至不进行加热，可以用 N_2 替代价格昂贵的 He 实现颗粒的加速，降低运行成本。喷嘴是超音速激光沉积系统中的关键单元，通过高压气体在拉瓦尔喷嘴中的收缩和扩张，使其达到超音速的速度，通过改变喷嘴收缩段、扩张段、喉部形状及尺寸等可以改善其加速性能。

气体供应装置可以是空压机或者高压气瓶组，根据不同材料的沉积要求，选择合适的工作载气；运动控制单元主要有机械手臂和机床，机械手臂可以用于控制喷嘴和激光头在复杂曲面、复杂形状工件的表面改性或者修复，而机床主要用于增材制造的需求。

10.1.3 超音速激光沉积工艺与材料

(1) 高硬度/高耐磨金属基复合材料的沉积技术

激光熔覆、热喷涂等高热输入技术在制备高硬度/高耐磨表面改性层时，由于材料硬脆的原因往往会导致严重开裂现象。当改性层中含有金刚石、WC 等热敏感/相变敏感增强相颗粒时，其结构和物相的完整性在高温沉积过程中难以保持。而冷喷涂技术需要沉积材料具有一定的塑性变形能力，因此无法制备高硬度的材料改性层。采用超音速激光沉积技术可以制备金刚石/Ni60、WC/Stellite 6 等高硬度/高耐磨的金属复合材料沉积层[6～8]。

图 10-2 为超音速激光沉积金刚石/Ni60 复合沉积层。从图 10-2(a) 可以看出，沉积层致密无裂纹、金刚石增强相颗粒含量高、保持了金刚石颗粒的原始形貌，图 10-2(b) 的拉

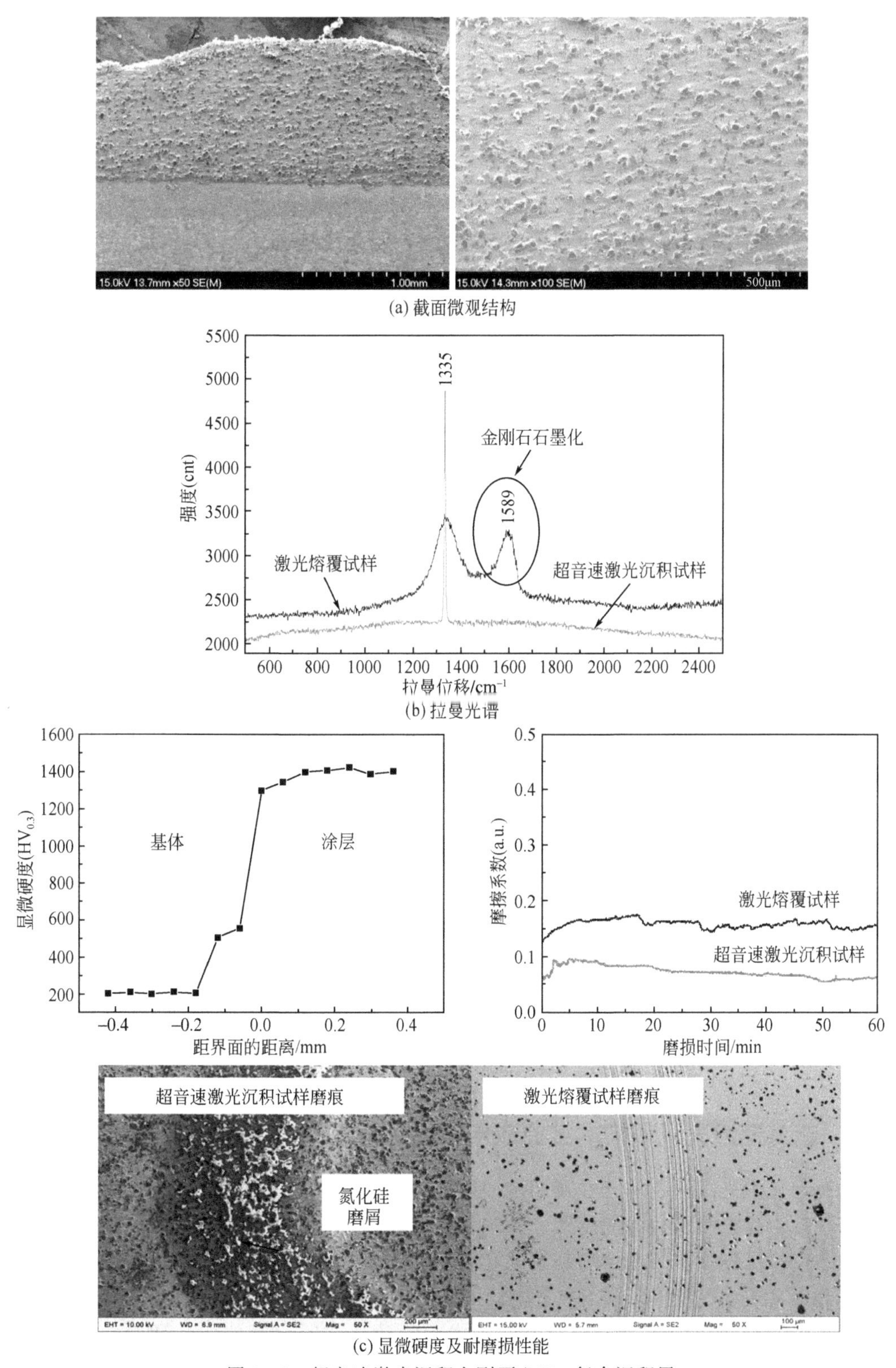

(a) 截面微观结构

(b) 拉曼光谱

(c) 显微硬度及耐磨损性能

图 10-2　超音速激光沉积金刚石/Ni60 复合沉积层

曼光谱测试结果显示超音速激光沉积复合层中仅有金刚石的特征峰（1335cm^{-1}），表明无石墨化，而激光熔覆层中除了金刚石的特征峰以外，还出现了石墨的特征拉曼峰（1589cm^{-1}）。硬度测试结果表明复合沉积层中 Ni60 黏结相的显微硬度高达 1300HV，其耐磨损性能优于激光熔覆层。

超音速激光沉积技术由于结合了高速颗粒动能和高能激光热能的协同作用，在相对较低的热输入条件下实现高硬度/高耐磨材料改性层的制备，克服了高热输入技术中的开裂、相变等问题，同时拓展了单一冷喷涂技术沉积材料的范围，为硬质颗粒增强的超高硬度金属基复合耐磨材料的有效沉积提供了新的途径。

(2) 热敏感、活泼金属材料的开放环境下沉积技术

激光熔覆 Al、Cu、钛合金等热敏感/活泼金属通常需要在保护气氛中进行，而且由于 Al、Cu 等材料的高导热性和高反射性，采用单一的激光技术在此类材料表面进行耐磨/耐蚀层的制备比较困难。而采用超音速激光沉积技术可在开放环境下实现钛合金的沉积，同时在 Al、Cu 等材料表面制备耐磨/耐蚀沉积层[1,9]。由于超音速激光沉积的低热输入特性，且在沉积过程中工作载气可作为保护气帘，因此可在开放环境下实现 TC4 的无相变高效沉积。此外，由于超音速激光沉积不涉及材料的高温熔融过程，激光在其过程中起到辅助作用，因此可在 Al、Cu 等表面依靠高速颗粒的动能和激光热能的协同作用实现异种金属材料（包括耐磨、耐蚀等沉积层）的高效沉积。该技术可为钛合金的开放环境沉积以及 Al、Cu 等高导热、高反射性材料的表面改性提供新方法。

(3) 基于微锻态沉积的金属表面改性微观组织研究

传统的激光束、电子束等高能束改性技术均涉及材料的高温熔融过程，材料组织为典型的枝晶结构，在固液相变过程中，冶金缺陷调控较难，且在激光改性过程中由于热累积的原因，会存在较高的残余应力，易引起开裂、变形等不良影响。采用超音速激光沉积技术，在不涉及材料固液相变的情况下，可以实现 Fe 基、Ni 基、Co 基等材料的沉积[10~13]。图 10-3 为超音速激光沉积试样及微观结构、物相分析。超音速激光沉积保持了原始粉末的固态颗粒特征，不同于基于激光熔融过程中的典型枝晶结构，其沉积过程是依靠沉积材料的塑性变形进行结合，是一种微锻态的固态沉积过程（沉积颗粒只是表面层出现了微熔），且由于超音速激光沉积较低热输入的原因，未出现物相变化以及热变形、开裂等现象。该种改性工艺是一类区别于目前基于激光大热量输入，依靠材料完全熔融实现表面改性的新型技术，甚至可实现金属材料的直接增材制造。

10.1.4 超音速激光沉积技术工业应用

目前超音速激光沉积技术已在阀门的表面改性与修复领域得到了应用。传统的阀门表面改性及修复技术有热喷涂、激光熔覆、冷喷涂、镀硬铬等方法。热喷涂、激光熔覆等方法需要较高的热量将沉积材料或基体材料熔化，因此会导致改性层材料出现分解、氧化、相变、晶粒长大等不良现象。同时，较高的热输入还会使沉积层和被处理工件的热影响区较大，容易导致沉积层和工件变形开裂，特别是处理大面积薄工件时，工件变形翘曲的现象尤为严重；冷喷涂主要用于制备塑性较好的沉积层如 Al、Cu、Ti 等，难以制备高硬度耐磨涂层，

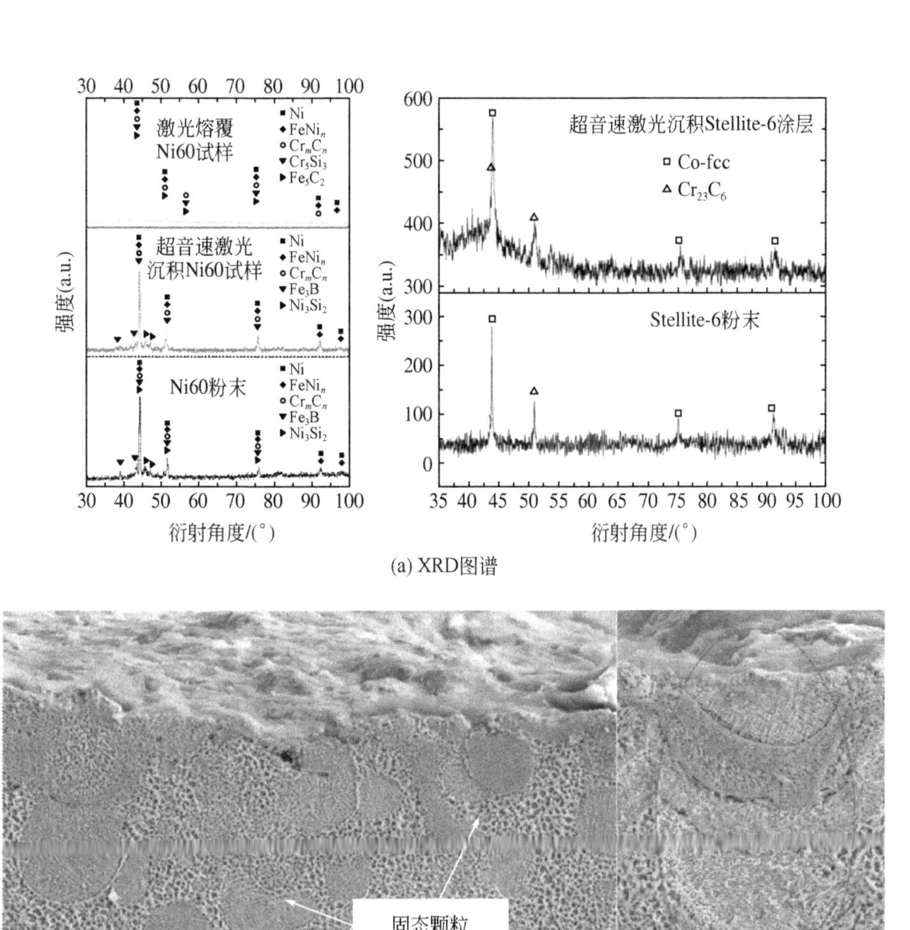

(a) XRD图谱

(b) 固态沉积组织

图 10-3　超音速激光沉积层的物相及微观结构[5,6,12]

特别是在大面积工件上沉积高强度材料层时，需要用价格昂贵的氦气作为工作载气，生产成本较高。此外，冷喷涂沉积层与基体的结合机制主要是机械咬合，沉积层/基体结合力较差，沉积层容易剥落；镀硬铬法是另外一种常用的提高材料耐磨性的表面改性方法，虽然能够避免热喷涂、激光熔覆等方法在处理大面积薄工件时容易出现的热致不良影响，但涂覆层厚度太薄，一般只有 0.05～0.15mm 左右，且不适合表面比较复杂的工件。此外，镀铬工艺的环境污染问题非常严重，大大限制了镀铬工艺的发展和应用。

基于上述技术的局限性，采用超音速激光沉积技术对不同类型的阀门（闸阀、球阀、蝶阀）进行改性和修复。图 10-4 是采用超音速激光沉积技术改性的阀门。利用该技术表面改性和再制造的阀门产品经检验无气孔裂纹，满足使用要求，淘汰了以往的电镀和热喷涂等传统工艺，解决了原工艺的变形、沉积层薄、易氧化、结合力差等问题。经用户使用反馈，利用该技术处理的阀门运行稳定，耐磨损、耐擦伤，启闭次数大大增加，阀门寿命显著提升，减少了产品报废量。该技术由于提升了阀门关键部位——密封副的质量，可减少因阀门密封面失效带来的频繁维修甚至更换的损失，节能降耗。

图 10-4　超音速激光沉积技术用于阀门表面改性和再制造

此外，该技术还可推广应用至能源动力装备、矿山机械、工模具等工业关键件的表面改性、增材制造和再制造过程中，提升产品质量。

10.2　电磁场复合激光增材制造与再制造技术

10.2.1　电磁场复合激光增材制造与再制造技术原理

电磁场复合激光增材制造技术属于电磁冶金范畴，通过利用电磁场产生的电磁力效应及热效应改变熔池内能量传输、流体运动和形状控制因子，进而达到优化冶金过程、提高生产效率、改善产品质量和性能的目的。电磁场复合激光增材制造技术主要以磁流体力学为理论，涉及电磁学、热力学、流体力学以及材料学等多个学科领域，包括流体和热，流体和电磁，热和电磁以及热和材料等多种理论。

磁流体力学（magneto hydro dynamics，MHD）是结合流体力学和电动力学的方法研究导电流体和电磁场相互作用的学科。因此，该模型是由流体流动的控制方程和电磁场的相关定理组成，一般的控制方程是由流体力学的质量守恒方程、动量守恒方程、能量守恒方程和电磁场中的麦克斯韦方程组构成：

$$\nabla \cdot (\rho \boldsymbol{v}) = -\frac{\partial \rho}{\partial t} \tag{10-5}$$

$$\rho \frac{\mathrm{d}\boldsymbol{v}}{\mathrm{d}t} = -\nabla p + \rho f + \boldsymbol{J} \times \boldsymbol{B} \tag{10-6}$$

$$\boldsymbol{J}=\frac{1}{\mu}\nabla\times\boldsymbol{B} \tag{10-7}$$

$$\frac{\partial \boldsymbol{B}}{\partial t}=-\nabla\times\boldsymbol{E} \tag{10-8}$$

$$\boldsymbol{E}=-\boldsymbol{v}\times\boldsymbol{B} \tag{10-9}$$

$$\frac{\partial p}{\partial t}=-\boldsymbol{v}\cdot\nabla p-\Gamma p\,\nabla\cdot\boldsymbol{v} \tag{10-10}$$

$$\frac{\partial \rho}{\partial t}=-\boldsymbol{v}\cdot\nabla p-p\,\nabla\cdot\boldsymbol{v} \tag{10-11}$$

式中 $\boldsymbol{v}$——宏观流体速度；
$\boldsymbol{B}$——磁感应强度；
p——压力；
ρ——密度；
$\boldsymbol{E}$——电场强度。

MHD方程描述了系统状态随时间的变化。式(10-5)为微分形式的连续性方程，描述了流体流动中的质量守恒的性质；式(10-6)为流体流动的运动方程，反映了流动过程遵守动量守恒的物理本质，左侧是密度与当地加速度的乘积，由速度的不定常引起，右边第一项表示折算到单位体积流体上的表面力，第二项为作用在单位体积上的质量力，第三项是流体微元体在磁场作用下所受的电磁力，即洛伦兹力，该流体方程没有黏性项；式(10-7)为忽略了位移电流的安培定律，μ为磁导率；式(10-8)为反映磁场变化的法拉第电磁感应定律；式(10-9)为欧姆定律的特殊形式；式(10-10)和式(10-11)为需要考虑带电流体状态变化时，反映带电流体的压力和质量密度随状态变化的热力学方程。

带电流体的运动通过式(10-8)和式(10-9)改变磁场分布，而磁场则通过式(10-6)中的体积力源项改变流体运动，电磁力是流体的控制方程与电磁场控制方程的联系纽带。按照磁场的类别可分为两大类：稳态磁场和非稳态磁场。非稳态磁场分为旋转磁场，行波磁场，脉动、脉冲、交变磁场等。同样，电场的类别可分为两大类：稳态电场和非稳态电场。按照调控对象的特殊工业需求，可将电磁场进行组合，复合形成所需洛伦兹力作用于熔池内部。

稳态磁场黏滞作用：在单纯的静态磁场作用下，导电流体切割磁感应线产生的感应电流为：

$$\boldsymbol{j}=\sigma(\boldsymbol{u}\times\boldsymbol{B}) \tag{10-12}$$

式中 $\boldsymbol{j}$——电流密度矢量；
σ——电导率；
$\boldsymbol{u}$——熔池内部流速。

该电流与外加恒定磁场相互作用，产生感应洛伦兹力：

$$\boldsymbol{F}_{\text{Lorentz}}=\boldsymbol{j}\times\boldsymbol{B} \tag{10-13}$$

需要指出的是，该洛伦兹力的方向时刻与速度方向相反，因此，该种体积力对流体运动起到阻尼作用，减缓流体运动。

非稳态磁场搅拌作用：在旋转磁场或者行波磁场作用下，磁场以速度 $\boldsymbol{v}$ 沿某一方向运动，此时带电流体的感应电流为：

$$\boldsymbol{j}=\sigma(\boldsymbol{u}-\boldsymbol{v})\times\boldsymbol{B} \tag{10-14}$$

感应电流与磁场相互作用产生洛伦兹力体积力为：

$$\boldsymbol{F}_{\mathrm{Lorentz}}=\sigma(\boldsymbol{u}-\boldsymbol{v})\times\boldsymbol{B}\times\boldsymbol{B} \tag{10-15}$$

在电磁搅拌中，电磁体积力一方面受到自身熔池的影响，另一方面外加磁场的速度也将改变体积力的方向以及大小。

电-磁复合场协同调控熔池压力作用：电-磁复合场通过在增材过程中同步耦合电场与磁场，利用电-磁场的协同作用在熔池中形成大小、方向、频率可调的恒稳洛伦兹力或交变洛伦兹力，通过该洛伦兹力可调节熔池流体的压力分布，实现对增材层形貌、异质相以及组织的调控，图 10-5 为电磁场复合激光制造基本原理图，在基体零件中通入电流，并在激光作用区域内同步施加磁场。根据洛伦兹力公式(10-13)，原用的稳态磁场调控方法所形成洛伦兹力的方向非恒定（交变或随流体运动方向变化），无法在熔池中形成定向的洛伦兹力体积力。然而，当激光熔池上同时施加正交的磁场和电场（$\boldsymbol{E}\neq 0$），此时熔池将受到与磁场和电场均正交的洛伦兹力：

$$\boldsymbol{j}=\sigma(\boldsymbol{E}+\boldsymbol{u}\times\boldsymbol{B}) \tag{10-16}$$

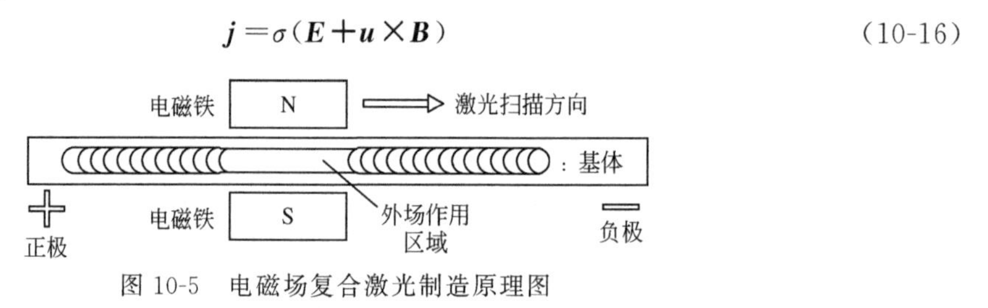

图 10-5　电磁场复合激光制造原理图

通过改变附加电场或磁场的方向及大小，可以调整所形成定向洛伦兹力的方向及大小，从而在熔池内实现局部的超重或失重现象。通过这一效应可以改善熔池中的热质传输，比如通过施加与重力同向的洛伦兹力使熔池处于超重状态，便于排除熔池中的气体，并抑制熔池表面的起伏[14]。需要指出的是同时加入的高强磁场也会减缓熔池的流动，进而改变熔池组织。

10.2.2　电磁场复合激光增材制造与再制造专用设备

电磁场复合激光增材制造与再制造的设备，大多都是基于现有的激光熔覆设备的基础上，加入电磁场模块，从而实现电磁场复合激光增材制造。电磁场复合激光增材制造与再制造设备是一个复杂的系统，主要包括以下几个部分。

① 激光器（CO_2 激光器、Nd:YAG 激光器、半导体激光器、光纤激光器等）和光路系统：产生激光束并传导激光束到加工区域。

② 送粉设备（送粉器、粉末传输通道和喷嘴）：将粉末传输到熔池。

③ 激光加工平台：多坐标数控机床或智能机器人，按照编制的数控程序实现激光束与成形件之间的相对运动。

④ 电磁复合场发生装置：在熔池区域产生电场和磁场，从而控制熔池液体流动。

除了上述必需的装置外，还可配备以下辅助装置：

①气氛控制系统：保证加工区域的气氛环境达到一定的要求。

②监测与反馈控制系统：对成形过程进行实时监测，并根据监测结果对成形过程进行反馈控制，以保证成形工艺的稳定性。

对于电磁场复合激光制造设备来说，要实现电磁场对熔池的调控作用，关键在于电磁场发生装置，一般可以按以下方法进行分类[15~19]：

① 根据不同磁极材料，分别有以永磁体和磁导线圈为磁极的电磁场发生装置。前者磁感应强度小，结构简单，成本低，而以磁导线圈为磁极的电磁场发生装置磁感应强度大，连续可调，无退磁现象，但成本较高。

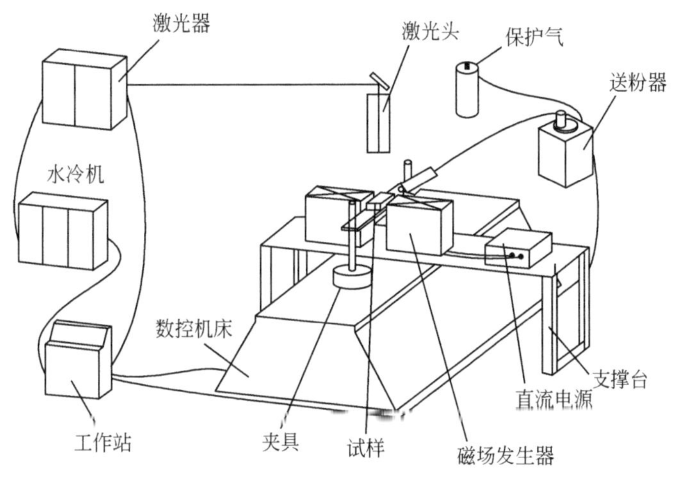

图 10-6　稳态磁场复合激光熔覆装置示意图

② 根据不同磁场种类，有三种类型的复合装置。a. 稳态磁场复合激光熔覆装置，如图 10-6 所示，能够有效减少熔池内部气孔、裂纹等缺陷的出现，抑制熔池表面金属飞溅；b. 搅拌磁场复合激光熔覆装置，如图 10-7 所示，能够减少熔池气孔、裂纹缺陷的出现，使溶质分布均匀化，以及细化晶粒组织；c. 交变磁场复合激光熔覆装置，如图 10-8 所示，能够抑制全渗透熔覆过程中的熔池下落趋势。

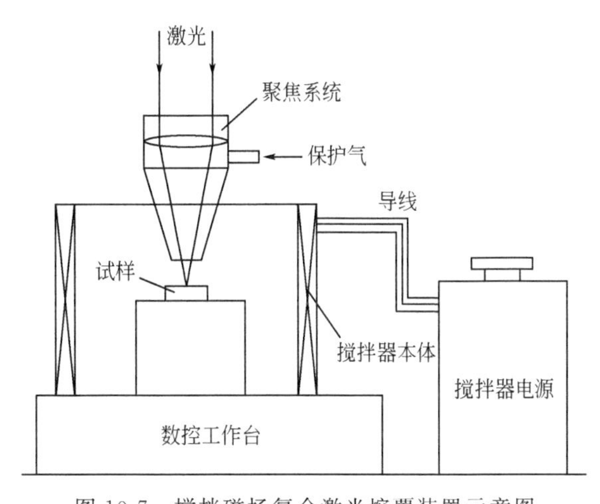

图 10-7　搅拌磁场复合激光熔覆装置示意图

③ 根据不同磁极摆放位置和磁场方向，分别有单侧磁极和双侧磁极的磁场复合激光熔覆装置，以及磁场方向平行于熔覆平面的磁场复合激光熔覆装置和磁场方向垂直于熔覆平面的磁场复合激光熔覆装置，如图 10-9、图 10-10 所示。

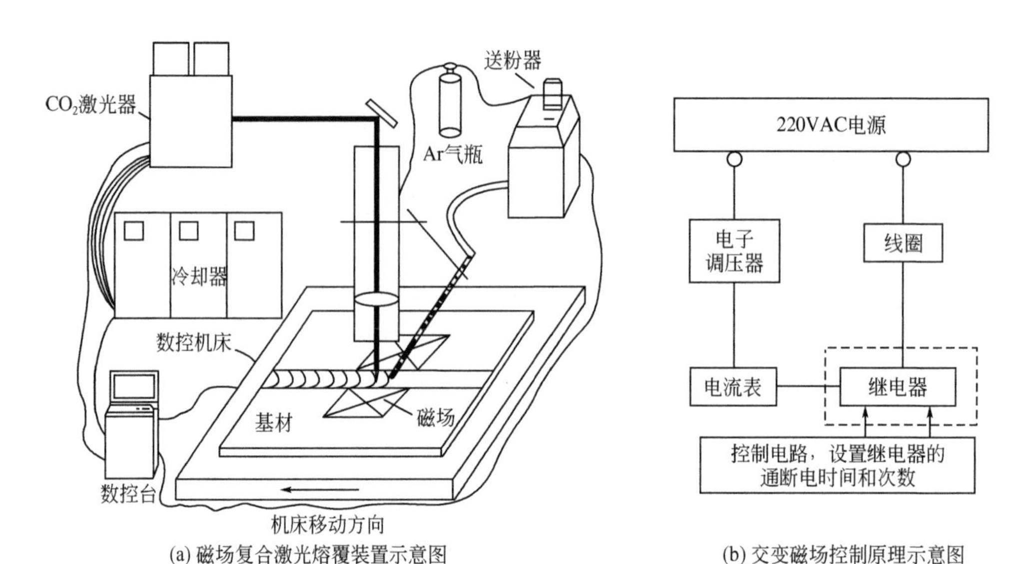

(a) 磁场复合激光熔覆装置示意图 (b) 交变磁场控制原理示意图

图 10-8　交变磁场复合激光熔覆装置示意图及电路控制系统

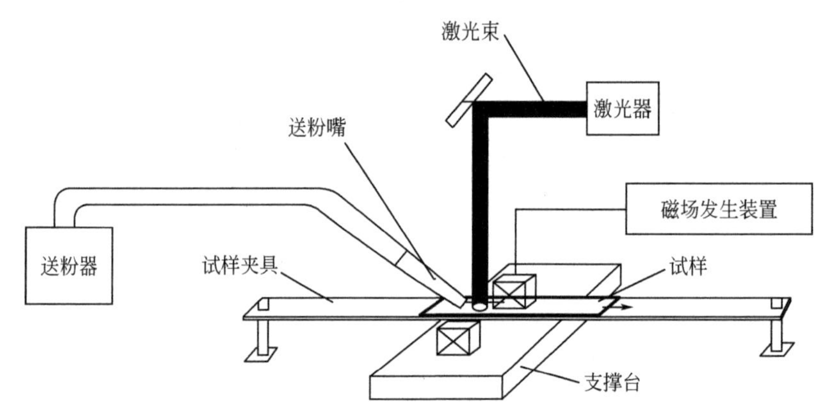

图 10-9　磁场方向平行于熔覆平面的磁场复合激光熔覆装置示意图

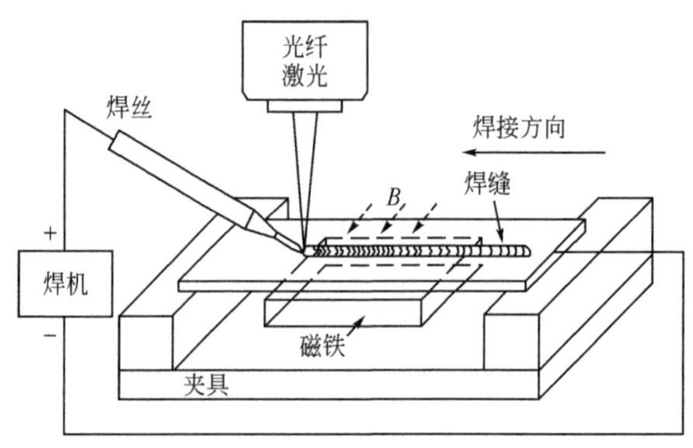

图 10-10　磁场方向垂直于熔覆平面的磁场复合激光熔覆装置示意图

10.2.3 电磁场复合激光增材制造与再制造工艺与材料

(1) 电磁场复合激光增材制造与再制造工艺

电磁场复合激光增材制造与再制造技术的工艺主要体现在电磁场参数与激光工艺参数如何匹配。电磁场的调控作用与激光熔池的寿命密切相关，当激光熔池寿命过短时，电磁场无法起到有效调控作用；而当激光熔池寿命过长时，需要较大的激光能量密度，容易存在氧化、烧蚀问题，成形质量也较难控制。因此，只有适中的激光熔池寿命，才有利于电磁场的协同作用。激光熔池的寿命主要取决于激光功率与扫描速度。随着激光功率的增大，激光熔池寿命变长；随着扫描速度的减少，激光熔池寿命变长。因此，唯有有效地匹配电磁场参数和激光工艺参数，才能获得高质量的制造层及修复层。

电磁场参数主要有磁场强度、电场强度以及由此产生的洛伦兹力方向等。电磁场对于熔池动力学的影响如图10-11所示。感应洛伦兹力，主要起抑制熔池流速作用，而定向洛伦兹力所起的作用与重力所施加的方向相关。当定向洛伦兹力方向与重力同向时，起到促进熔池流速作用，反之则抑制熔池流动。电磁场对熔池热力学亦存在部分影响，如在旋转磁场或稳态磁场作用下[20～22]，熔池内温度仅略有降低，且温度梯度减小。总的来说，洛伦兹力大小对电磁场和熔池流场有明显影响，而洛伦兹力对于熔池温度场的影响不甚显著。

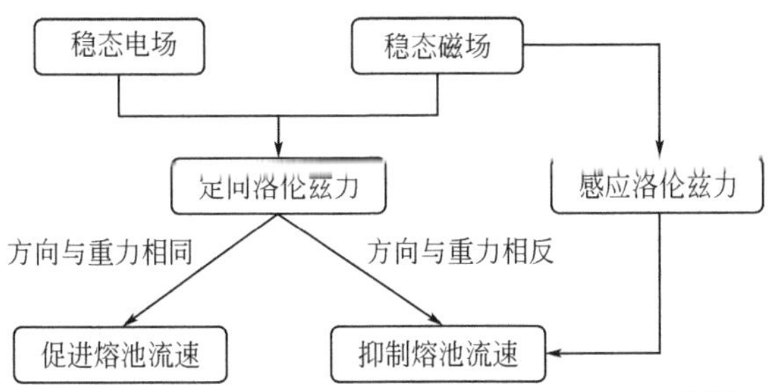

图10-11 洛伦兹力对熔池动力学的影响规律[15,23]

(2) 电磁场复合激光增材制造与再制造材料

电磁场复合激光增材制造与再制造技术的材料选用，主要考虑材料的铁磁性。因为具有强烈铁磁性的粉末在送粉过程会被磁极吸引，从而降低粉末的利用率和熔覆层的成形质量。以下简单介绍常用Fe基、Ti基、Co基材料在电磁场与激光熔池相互作用方面的研究进展。

在Fe基合金熔覆方面，刘洪喜等[24]在Q235钢表面通过磁场辅助激光熔覆制备了Fe60复合涂层，发现在磁场作用下，熔覆层内晶粒组织被细化且分布均匀致密，磁场作用下熔覆层的平均硬度比无磁场下熔覆层平均硬度提高了1.1倍，磨损失重比无磁场下熔覆层的失重降低了66%，耐磨性得到了明显改善。蔡川雄等[25]采用电磁辅助激光熔覆控制工艺在45钢表面合成了Fe-Cr-Si-B-C复合涂层，结果表明：外加磁场可降低激光熔池固-液界面前沿液相的温度梯度和增加非均质形核率，促使粗大、方向性很强的柱状晶转变为均匀、细小的等轴晶，并能够消除熔覆层内的气孔和裂纹等缺陷，但其对熔覆层物相组成影响不大。纪升伟等[24]将旋转磁场应用于激光熔覆中，在Q235钢基材表面制备铁基Fe60合金涂层，研究结果表明，旋转磁场下，熔覆层内晶粒得到细化，结构致密且分布均匀，涂层的平均显微硬度提高10%，磨损失重降低44%，耐磨性能大幅度提高。

在Ti基合金熔凝方面，杨光等[26] 采用有限体积法对施加磁场前后激光单道动态熔凝TA15钛合金过程进行三维磁-热耦合数值模拟，模拟结果表明：电磁搅拌作用使激光熔池最大流速增加了约20%；对流加剧促进了熔池热交换作用，使其最高温度下降，固液界面处温度梯度大幅降低，凝固速度小幅增大，从而有利于熔池顶部组织发生柱状晶-等轴晶转变（CET）。何永胜等[27] 研究了工业化制备的超大规格Ti-1023合金铸锭在不同搅拌磁场强度下的纵向凝固组织和Fe元素分布，结果表明：不同的磁场强度，凝固组织不同，合金铸锭中Fe元素在不同磁场强度下遵循正偏析规律。

在Co基合金熔覆方面，余本海等[28] 研究了电磁搅拌对WC-Co基硬质合金组织的影响，结果表明，电磁搅拌能够使激光熔覆层的组织晶粒细化、分布更均匀，并能够消除熔覆层内的气孔和裂缝，提高熔覆层质量。余建波等[29] 以新型Co-Al-W基高温合金为基础，进行了外加静磁场下定向凝固实验，施加纵向强磁场时，形成“斑状”偏析和游离碎晶；施加横向磁场时，诱发更强的界面前沿流动，偏析加剧，碎晶增多；增加偏析合金元素Ta时，偏析进一步加剧，造成过冷形核，诱发柱状晶向等轴晶转变（CET）。

电磁场与激光熔池相互作用过程中，需要同时匹配工艺与材料。电磁场的作用与熔池寿命密切相关，合理考虑电磁场强度和激光熔池保持时间，可以有效地通过电磁场产生的洛伦兹力增强熔池的排气孔能力和抑制裂纹的效果，可以实现无气孔、无裂纹及成形质量好的增材制造与再制造。在很多传统材料体系方面，电磁场对于凝固组织、元素偏析、涂层性能等方面都有较大的影响，主要体现在以下三个方面：电磁场可以改变组织形态，细化晶粒，诱发柱状晶向等轴晶转变（CET）；旋转磁场有利于抑制元素的宏观偏析；电磁场可以有效提高熔覆层的硬度和摩擦磨损性能。

10.2.4 电磁场复合激光增材制造与再制造技术工业应用

(1) 电磁复合场协同激光熔注技术

激光熔注是一种获得超高表面性能的金属基复合材料制备方法。该技术最早由美国海军实验室Ayers等人于1980年发明，并申请了美国发明专利[30]。激光熔注过程是利用高能激光束加热材料表面，同时将增强颗粒（一般为陶瓷类高性能颗粒）直接注入所形成的熔池中，在熔池快速凝固时，增强颗粒被保留在激光熔凝层中，形成颗粒增强的金属基复合材料。该技术属于激光表面改性技术的一种。

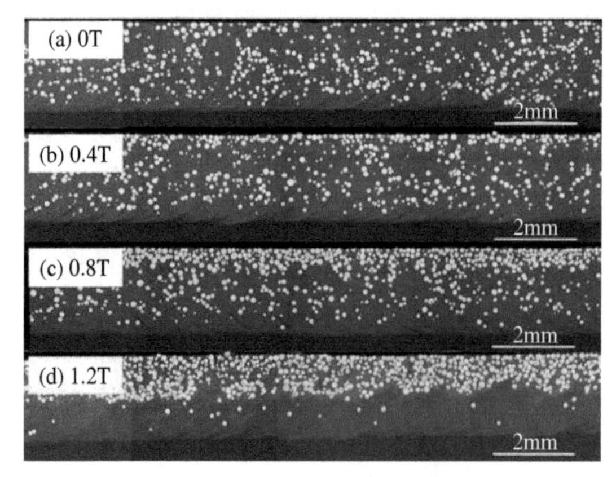

图10-12 电磁复合场协同激光熔注颗粒调控效果

电磁复合场协同激光熔注颗粒技术有着调控增强颗粒分布的作用[31,32]。如图10-12所示，电磁复合场可以在熔池中产生定向的洛伦兹力体积力，对熔池的对流运动、颗粒所受电磁力和等效浮力进行控制，最终实现增强颗粒分布梯度调控的目的，克服了同轴熔注难以调整颗粒分布的缺点。电磁复合场协同激光熔注颗粒技术制备的金属基复合材料具有硬度高、耐磨性好、结合强度高且可实现梯度分布等优点，在航空、能源、动力及汽车行业等高端装备的关键零部件的强化中具有广阔的应用前景[33~35]。

(2) 电磁复合场协同激光增材再制造技术

激光增材再制造技术是一种新型的金属再制造零件修复方法，可用于金属零件表面或深部裂纹的修复。激光增材再制造技术实施步骤为：首先，切除损伤部件缺陷附近的材料；然后通过激光沉积技术在切除区域实现逐层堆积，进而完成损伤部件的修复工作[36]。

如图10-13所示，电磁复合场协同激光增材再制造技术利用电磁复合场形成的定向洛伦兹力体积力，提升熔融金属流体的充型能力，获得高致密度的极限窄槽充型能力，实现低热输入量、小切除量、快速的修复能力。该技术适用于误加工的铣切沟槽、蚀坑、冶金空洞缺陷、表面裂纹及部件内部裂纹等，具有无模、低成本、高生产效率以及能够实现复杂外形的柔性再制造[37,38]等特点。该技术目前处于研发阶段，仍有待于后续不断发展，未来有望实现超窄隙缺陷的高效高质量增材填充，将大幅拓宽激光增材再制造技术的应用范围。

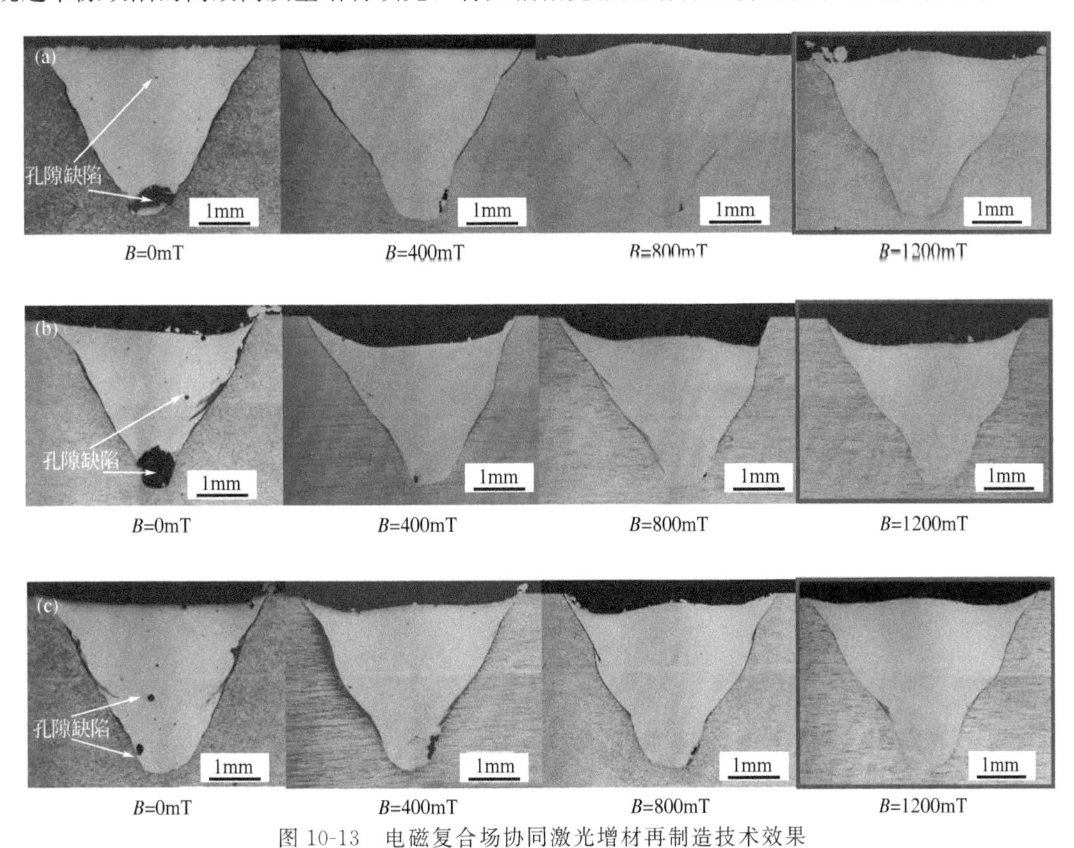

图10-13 电磁复合场协同激光增材再制造技术效果

(3) 电磁复合场协同激光熔覆技术

激光熔覆作为一种表面改性和增材制造的基础工艺，能够实现耐磨、耐腐蚀等优异性能的涂层制备。如图10-14所示，电磁复合场提供的定向洛伦兹力对熔覆层气孔具有较强的调节作用，能有效降低熔覆层中的气孔数量，实现致密涂层的制备。该技术可应用于燃气/蒸汽轮机的叶片和转子等高速旋转部件的表面改性和修复过程，消除激光熔覆层中的微孔及夹杂，显著提高激光熔覆区域的疲劳性能。另外，该技术还可在铸铁等可焊性极差的材料表面实现无气孔缺陷的高质量熔覆改性。

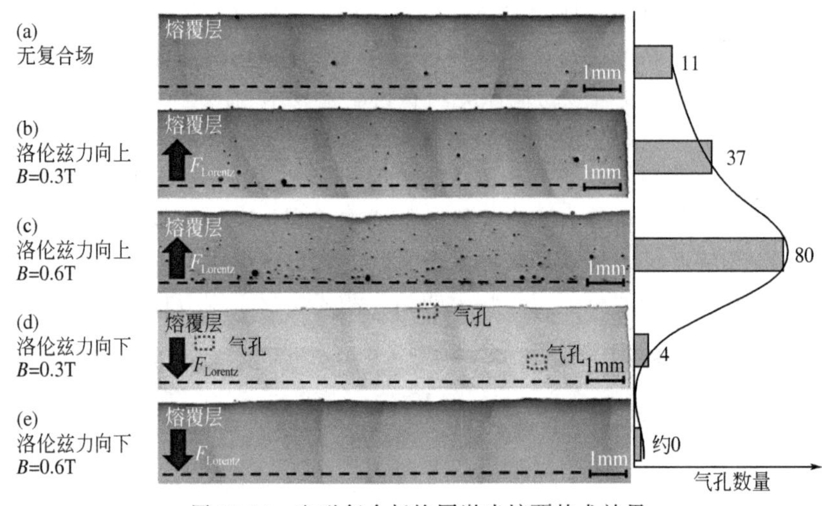

图 10-14　电磁复合场协同激光熔覆技术效果

10.3　激光-电弧复合焊接技术

10.3.1　激光-电弧复合焊接技术原理

激光-电弧复合成形技术是利用两种能量传输机制、物理性质完全不同的激光和电弧作为复合热源，共同作用在同一位置实现成形制造的一种新方法。该技术有效地结合了两种方法的优点，能够弥补各自在成形过程中的缺陷。相关研究表明，该技术不是两种单热源的简单叠加，而是通过激光与电弧这两种物理性质、能量传输机制截然不同的热源通过相互作用、相互加强而形成的一种高效、复合热源[39~41]。其中对于激光-电弧复合焊接技术的研究最为广泛，至今该技术已发展为多种复合焊接方法。

激光-电弧复合焊接过程示意图如图10-15所示，高能量激光束照射后在熔池上方会产生高温金属蒸气，高温蒸气电离产生的等离子体具有稳定电弧的作用，在增加电弧稳定性的同时提高了电弧的能量利用效率。另外，电弧具有稀释光致等离子体的作用，减少了光致等离子体对激光的吸收和散射作用，提高了被焊材料对激光的吸收率。

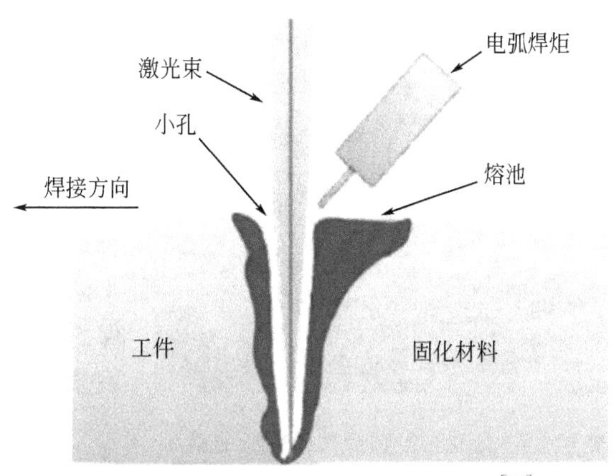

图 10-15 激光-电弧复合焊接示意图[42]

根据电弧类型的不同，激光-电弧复合焊接可分为激光-TIG焊、激光-MIG焊、激光-PAW焊、激光-双电弧焊等[43～45]。

根据激光和电弧在制造过程中的主导作用的不同，可分为电弧辅助激光和激光增强电弧。前者主要是激光起主导地位，电弧能量用来对工件进行预热，改变工件对激光的吸收率和改善焊缝的冶金性能，而后者是电弧能量起主导作用。一般采用不足以形成“小孔”的激光功率起辅助作用，目的是增加电弧的稳定性，从而实现稳定高速焊接[46,47]。

由于激光-电弧复合焊接技术是利用激光和电弧两种不同的热源，因此该工艺具有很多单独工艺不具备的优点[42,47～51]：

① 设备成本降低。激光-电弧复合焊接技术集合了两种工艺各自的优势，大大地提升了激光和电弧的利用率。在实际工作过程中可采用低功率激光器复合电弧的方法达到使用大功率激光器才能得到的效果，与单一的激光焊相比，可有效地降低设备成本。

② 过程稳定性提高。在高速电弧焊接过程中，电弧很不稳定，零件常常出现类似于咬边、驼峰等问题。然而，在激光-电弧复合过程中，由于激光功率较小，激光产生的“热点”能够引导电弧，降低电弧通道，提高电弧的稳定性，最终实现高速焊接。

③ 质量保证。两种技术的复合使得该技术出现了很多可调的工艺变量，不同的工艺变量能够有效地调节激光和电弧输出能量的比例，最终获得质量良好的工艺效果。同时，随着各种高功率激光器的面世，激光-电弧复合焊接技术使厚板焊接成为可能。

④ 拓宽了材料和工艺的范围。一般来说，铝合金、镁合金、钛合金、铜合金等金属材料对激光有较强的反射作用，焊接时只有小部分能量被激光吸收利用，可焊性差。而复合焊接过程中，电弧对金属起预热作用，使金属对激光的反射率降低，大大提高了激光能量的利用率，而且取得了理想的试验结果。此外，电弧能够降低激光对接间隙的装配精度，能够实现较大接头间隙下的焊接。

10.3.2 激光-电弧复合焊接专用装备

随着激光-电弧复合制造技术的发展，国内外部分公司和研究机构早已开始着手一体化复合焊接头的设计以及成套装备的相关商业推广和应用工作[52～55]。乌克兰巴顿焊接研究所[56] 通过将激光加入等离子弧焊枪的环形钨极中研制出了一种同轴激光-等离子弧焊接头

图 10-16　乌克兰巴顿焊接研究所的激光-等离子弧焊接头[56]（见彩图）

（图 10-16）。该焊接头能使激光束与等离子弧同时作用在一个比较小的区域，在提高焊接质量的同时有效地提高了工作效率。

结合目前国内外的工艺研究状况及商用复合焊接头的特点，复合焊接头具有如下特点[47]：①正确合理的气流方式；②熔池保护优化设计，主要目的是防止气体进入熔池而降低焊件性能；③完善的镜片保护系统；④空间参数的可调节性；⑤与激光制造系统复合的通用性。

激光-电弧复合制造装备通常包括激光器、电弧焊机和数控设备相关的控制系统等。复合焊选用的激光器通常是连续激光器，所需的激光功率 8～16kW，工件厚度越大，所需的激光功率也就越高。目前为止，只有为数不多的激光器制造商能够生产适用于激光-电弧复合制造的高功率激光器。考虑到高功率的要求，激光-电弧复合制造技术最适合的激光器是光纤激光器或者碟片激光器。激光功率主要由激光发生器决定，而光束控制是取决于光路传输系统，也就是我们通常所说的激光焊头。复合焊工艺不仅需要高精度的光路传输，而且也要求所使用的激光头能够稳定耐用。因为要与电弧焊枪复合使用，激光-电弧复合制造装备的激光头需配置专用的气帘和防护镜片来防止焊接过程中产生的飞溅。

10.3.3　激光-电弧复合焊接工艺与材料

(1) 激光-TIG 电弧复合焊接技术

激光-TIG 电弧复合焊接是最早、最先提出并进行研究的一种激光-电弧复合方式，可进行同轴和旁轴复合。该技术在提高薄板焊速、有色金属与难焊金属方面存在很强的技术优势。在实际焊接过程中，可以通过以激光为主、电弧辅助的方式获得更大的焊接速度和焊接熔深，或以电弧为主、激光为辅的方式实现高速稳定的焊接。这两种方式都能改善焊缝成形，减少焊接变形、气孔等缺陷，来获得高质量的焊缝。例如大连理工大学的刘黎明等人采用 500W YAG 激光和 TIG 电弧复合的方式研究了 1.7mm 厚的 AZ31B 镁合金的可焊性及与 6061 铝合金的异种金属焊接，结果表明，该技术可获得力学性能符合要求的焊接接头，是镁合金理想的焊接方法。

(2) 激光-等离子电弧复合焊接技术

激光-等离子电弧复合焊接技术在薄板以及铝、镁等轻合金焊接中具有很大的优势，等离子电弧能量密度高，电弧更加稳定，和激光复合后的工艺更加稳定，焊接熔深和焊接速度更大，并可以利用等离子弧喷嘴的特殊结果进行合金材料的添加来消除焊缝缺陷。

(3) 激光-MIG/MAG 电弧复合焊接

激光-MIG/MAG 电弧复合焊接是目前研究最为广泛的复合技术，该技术耦合了激光和电弧的优点，可通过改变焊丝材料来调整焊缝成分和组织来消除冶金缺陷。同时这种技术扩大了焊接工件的装配公差，降低了工件坡口和装夹的精度要求，可有效消除激光焊接过程中的咬边及未焊满缺陷，大大提高了其可焊接范围。

10.3.4 激光-电弧复合焊接技术工业应用

近些年来，国内外的研究人员对激光-电弧复合制造技术进行了广泛研究。其中日本、美国、德国等一些发达国家已开始将这种复合焊接技术应用到高碳钢、低碳钢、不锈钢、铝合金、镍基合金等多种材料中。虽然该项技术在工业上的推广速度相对缓慢，但是激光-电弧复合制造技术的优点在工业界已经基本获得认可。在汽车、造船、船舶等行业已经有了一些应用性的试验研究，而且在一定范围内投入实践应用。

(1) 汽车行业

目前，德国大众、奥迪公司的宝来、辉腾（Phaeton）、Audi A8、Audi A2、Audi AS等型号车身焊接中已大范围使用激光-MIG复合焊接技术。图10-17为奥迪A8轿车框架结构及复合焊接的现场照片，总体复合焊接长度为4.5m。Phaeton的前车门焊接长度为4.98m，共66处焊缝，其中有48处采用激光-电弧焊接工艺，复合焊接长度为3.57m，焊缝主要是角接接头、搭接接头和对接接头。同时焊丝的填入有效地解决了传统激光焊接没有完全填充而形成的未填满和未熔透等缺陷[47,57]。

(a) 车体框架

(b) 焊接现场

图10-17 奥迪A8轿车框架结构及复合焊接现场照片（见彩图）

激光和电弧的复合焊接实现了铝合金焊接方法的创新。这种方法的实现说明将两种不同的焊接方法融合在一起是可行的，复合焊有效地提高了各种材料和结构的焊接性能。这一点在德国大众公司铝合金车（Phaeton D1，Audi A8）的焊接中得到了应用验证。

(2) 造船行业

在造船业，激光-电弧复合焊接技术应用最为广泛。由于船体结构一般采用较厚的板料，使用常规的工艺手段，不仅耗时长，而且零件性能差。目前，德国的Meyer-Werlt船厂[58]已经在2002年建立了用于甲板和加强梁的激光-MIG电弧复合焊接实验的专用生产线，如图10-18所示。据报道，采用激光-电弧复合焊接生产工艺后，甲板变形程度有效减少，大大地减少了焊接的后续处理时间和装配时间。另外，芬兰的Kvaerner Masa船厂[59]也采用激光与电弧复合形成的复合焊炬用于船用板材的焊接。

(3) 管道

石油管道由于特殊的工况通常具有较大的壁厚，而传统的电弧焊接无法正常焊接。一般事先要开一个合适坡口，然后在坡口处进行多道焊，但是这种焊接方式容易在来回的起弧和收弧的阶段产生缺陷，同时这种焊接方式效率非常低。大功率虽然能够一次性焊透较厚的板材，但是它的接头间隙搭桥能力太差，对工件装夹、坡口加工精度及加工环境要求很高，前

图 10-18 德国 Meyer-Werlt 船厂的复合焊接现场（见彩图）

期和后期需要耗费大量的准备和清理工作。

激光-电弧焊由于结合了激光和电弧两者的优点，表现出焊接成形速度快、缺陷少、效率高等优点。德国 Fraunhofer 研究所 S. Kaierle 等[60] 开发了一套用于石油储罐焊接的激光-MIG 电弧复合焊接系统。该系统采用 5.7kW CO_2 激光器，可焊透直径 1.6m、5～9mm 厚的油罐，全程焊接速度为 1.5m/min，用时不到 3.5min 且焊后焊缝无气孔、裂纹等缺陷，如图 10-19 所示。

(a) 复合焊接头

(b) 焊接现场图

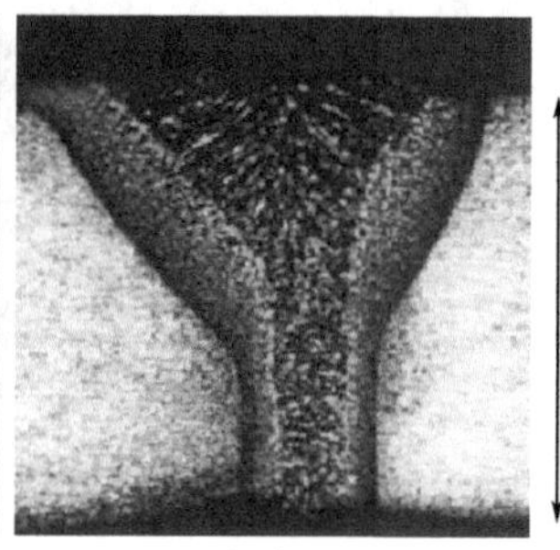

(c) 焊缝形貌

图 10-19 石油储罐激光-MIG 复合焊接（见彩图）

10.4 其他复合成形技术

10.4.1 激光超声振动复合技术

在激光成形制造的过程中以直接或者间接的形式对工件施加超声振动用以生产制造的技

术称为激光超声振动复合技术。超声波是一种频率高于20kHz的声波，它具有穿透能力强、方向性好、易于获得较集中的声能等优点。超声应用按功率的大小可分为功率超声和检测超声，功率超声具有较大的能量，可适度改变材料状态，且功率超声具有设备简单、易于控制及材料的循环性能好等优点，在金属材料成形过程中对于改善凝固组织、降低成形件内部缺陷具有广阔的应用前景。

功率超声在媒质中传播会产生诸如空化效应、声流效应、过热效应以及谐振效应等[61～63]。

① 空化效应。对金属熔体施加超声振动时，熔体中已有的微小气泡或者拉伸形成的空腔，在声压正负交替的作用下，会经历膨胀、压缩连续振荡的过程，这一系列的动力学过程称为空化效应[64]。

② 声流效应。超声波在合金熔体中作用过程极其复杂，其周期性运动会产生空化效应，同时它也会产生一种非周期性的运动，这种非周期性的运动叫做声流效应[65]。超声波熔体传播的过程中，由于熔体阻抗的存在造成部分声能的损耗，所以沿着传播方向会形成一定的声压梯度，在压差的作用下会发生熔体的流动现象，这种由于声波传播引起液体流动的现象称为声流。

③ 过热效应。超声波在熔体中传播是熔体内各质点发生弹性波动传递机械能的过程，但是由于熔体的黏性以及摩擦阻力，超声波的部分能量会被损耗并转化为热能，使得熔体的温度升高；另一方面，发生超声空化时空化泡溃灭的瞬间会向周围的熔体产生高温。两者的共同作用使得熔体产生过热现象。

④ 谐振效应。金属熔体是由很多液态晶胚和颗粒组成的体系，这个体系在凝固过程中因为温度的起伏、晶体的生长等原因会产生振荡现象，因此合金熔体本身具有一个固有频率。当对熔体施加周期性超声振动时，如果超声振动的频率与熔体体系的固有频率相等或者成比例时，超声波会激励晶体产生谐振[66]，从而影响金属熔体凝固时的能量传递与晶体生长。

超声振动辅助激光加工技术是一种新型的复合加工技术，在原有的激光加工中引入超声振动辅助系统，克服单一激光加工的不足，拥有众多的优点：

① 超声能场对气孔和晶粒大小的调节。在超声辅助激光制造成形的过程中，存在于熔池中的微小气泡核由于超声的作用会发生膨胀、压缩直至溃灭，加速了气泡从熔体中逸出，从而实现调节气孔的作用；同时，超声空化会使空化泡周围的熔体产生过冷或处于高压氛围，造成熔体形成大量的晶核，在声流驱动下使形成的晶核分布在整个熔池，通过形核率的提高，从而实现细化晶粒的效果。得克萨斯理工大学 Ning 等[67] 使用新型超声波振动辅助激光工程净成形工艺制备 Fe-Cr 不锈钢零件，并研究了超声波振动对微观结构和力学性能的影响。结果表明，由于超声波振动的作用和影响，孔隙率由 0.68%下降到 0.35%。

② 超声能场对元素偏析的调节。声流的搅拌促进了溶质元素的均匀扩散以及晶粒的细化，促进了溶质元素在晶体内的固溶，改善了合金元素成分偏析。

③ 超声能场对表面形貌的调节。在超声波热效应和声流效应作用下，温度更高的熔体高速向熔池底部流动，从而形成了更大的基体熔深。施加超声振动，涂层与基体之间的润湿角较小，润湿性得到改善。在超声振动作用下，熔池对流增强，熔化的基体与熔融粉体得到了更为充分的混合。超声振动下涂层与基体之间较好的润湿性在搭接熔覆制备大面积涂层中具有明显的技术优势，有利于获得平整的搭接表面，同时较大的基体熔深有利于提高涂层与

基体之间的结合强度。大连理工大学的郭敏海[68] 开展了超声辅助激光熔覆 YSZ 陶瓷涂层实验，发现，超声振动的施加提高了搭接熔覆涂层的表面质量，表面粘粉现象得到改善，表面粗糙度和波纹度均明显降低。

10.4.2 微铸锻铣复合制造技术

微铸锻铣复合制造技术是建立在“智能微铸锻”的基础上[69]，实现微铸锻铣一体化，该技术融合了 3D 打印、半固态快锻、柔性机器人 3 项重大技术，将金属铸造、锻压、铣削技术合三为一。

传统的铸造将液态金属浇铸到与零件形状相应的铸型型腔之中，待其冷却凝固来获得零件或毛坯，它可以用来成形形状复杂的零件，但铸件的力学性能普遍较低，微铸锻铣复合制造中的铸造是以金属 3D 打印技术为基础，通过激光、电子束、等离子束为热源，层层堆积成形；锻造是指在压力设备及工具作用下，使坯料、铸锭发生局部或者全部的塑性变形，以获得一定几何形状、几何尺寸、机械性能的加工方法，锻造可以成形力学性能较高的零件，但锻件的形状复杂度受到很大的限制；铣削是以铣刀作为刀具加工物体表面的一种机械加工方法。在传统生产制造过程中铸、锻、铣三类制造工艺会分为不同的工序，在时间上是分离的，而微铸锻铣复合制造技术在很短的一个时间步长内实现铸造、锻造、铣削的结合，实现了 3D 打印锻态等轴细晶化、高均匀致密度、高强韧、形状复杂的金属锻件，全面提高制件强度、韧性、疲劳寿命及可靠性。

微铸锻铣复合制造的优点：

① 提高成形件质量。微铸锻铣复合制造技术中半固态快锻起到了细化晶粒的效果，采用该技术可以获得比传统制造更细的晶粒。

② 缩短生产周期。微铸锻铣复合制造技术将铸、锻、铣在极短的时间步长内完成，实现了边铸边锻，边锻边铣，将铸、锻、铣集成为一个制造单元，实现了增材-等材-减材与调质集成制造，控制了零件的形状和性能，缩短了工件的制造周期。

③ 绿色制造。微铸锻铣复合制造技术相对传统制造而言，能耗低，污染小，浪费少，变革了耗资源重污染的方式，实现了绿色制造。

目前，微铸锻铣复合制造技术正在西航动力公司、西安飞机制造公司等新产品开发中应用，已经试制了高温合金双扭叶轮、铝硅合金热压泵体、发动机过渡段等零件，以及大型飞机蒙皮热压成形双曲面模具、轿车翼子板冲压成形 FGM 模具等，但还未正式投入商用。

微铸锻铣复合制造技术具有显著优势，它解决了传统制造高耗能、污染和浪费的问题，解决了金属 3D 打印中存在的缺陷和不足，作为前沿性的先进制造技术，微铸锻铣复合制造技术在航空航天、核电、舰船、高铁等重点支柱领域的应用前景广阔，比如对于长寿命、高可靠性的航空发动机关键部件的制造有显著优势。

10.4.3 激光电化学复合沉积技术

激光电化学复合沉积技术是利用激光作用过程中产生的热力效应影响电化学反应过程的

制造技术。其过程是金属在沉积液中发生阳极电解，金属离子在沉积液中阴极附近发生还原反应，激光同时辐照在沉积区域，结合激光光束能量的空间调制，实现复合沉积[70]，见图10-20。

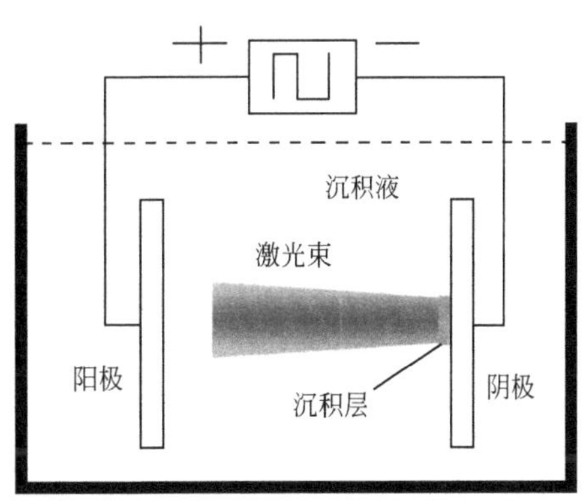

图10-20　激光电化学复合沉积加工原理图

激光以高能量的光束作为加工能源，激光的热力效应改变照射区域的电极状态，产生光电化学效应、热电化学效应和力电化学效应，从而影响电化学反应中的电极电势和电流密度，增加了晶核的形成概率。另外，激光的热效应也可改变溶液的电导率和离子的迁移率，热力效应增强溶液中的对流，增加溶液的扩散流量，加快溶液中金属离子的传质过程，从而改善溶液中的极化现象，加快反应速度，提高复合加工效率的同时改善沉积质量[71]。

激光电化学复合沉积技术的特点在于：

① 具有高度的定域性。可以在局部沉积出金属，金属线宽可以达到微米级。

② 较大的沉积速率。相比于常规电沉积，沉积速率可以提高数倍甚至数千倍。

③ 沉积层与基体有较高的结合强度。这是由于在激光的照射下，沉积层与基体表面之间通过相互扩散形成了“互融层”，此“互融层”的存在提高了沉积层与基体之间的结合力[72]。

④ 沉积层表面形貌得到改善。激光照射使得电沉积的金属晶粒聚集直径变小，从而使沉积层更加致密，沉积层的质量有所提高。

激光电化学复合沉积装置主要包含激光电化学复合沉积系统和过程检测系统，如图10-21所示。

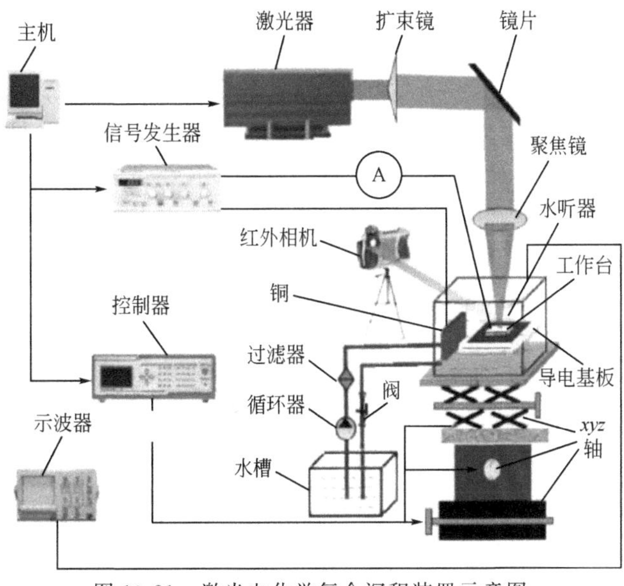

图10-21　激光电化学复合沉积装置示意图

激光电化学复合沉积系统由激光照射系统、电化学沉积系统和运动控制系统组成，用以实现激光与电化学的复合沉积加工。在激光照射系统中，激光器发出高斯激光束，经扩束镜扩束和全反射镜反射后，由聚焦透镜聚焦并透过电解液照射到工件阴极的导电基板上。在电化学沉积系统中，由纳秒脉冲电源为试验提供电压，电源的正极与阳极铜板连接，负极与工件阴极导电基板连接；水槽内加工区的电解液经过滤器过滤，以循环泵为动力，与储液槽中的电解液循环更新，保持加工区内电解液浓度的稳定。运动控制系统由运动控制柜驱动 x，y，z-三轴工作台，调整基板的空间位置并实现运动控制。

过程检测系统可对加工中激光的热效应和力效应进行在线检测。检测系统主要由红外成像仪和水听器组成，分别检测复合沉积过程中激光产生的热效应和力效应[73]。

激光强化电沉积辅助镀覆技术，是利用激光所具有的高能量密度来增强电沉积中的电化学反应过程，提高沉积速率，改善镀层质量与性能的一种新型镀覆技术。金属电沉积的阴极过程主要包括：液相传递、前置转化、电荷传递和电结晶，该过程中任意一项的改变都将影响到整个电沉积的速率和沉积质量。而电结晶过程主要通过新生态吸附原子聚集成核长大和电极表面扩散进入晶格延续生长两种方式实现结晶[74]。激光与液体物质相互作用时，在加工区域内会产生一系列的力电效应、热电效应和光电效应，改善阴极还原和电结晶过程，促使沉积速率加快、晶粒细化以及强化沉积层与基体的结合力。

激光辅助电化学沉积三维微结构技术，可采用脉冲激光清洗和激光电化学复合应力刻蚀对沉积修复部位进行前期处理，实现微米级尺寸的金属零件典型微细结构、图形的加工和修复。

10.4.4 激光增材与冲击强化复合制造技术

激光增材与冲击强化复合制造技术是指利用激光冲击强化技术对激光增材制造形成的沉积层进行逐层强化，或者仅最后表面进行强化的一种复合制造技术。

激光冲击强化主要是通过激光诱导冲击波作用于金属表面，之后由于在金属近表层区域发生塑性变形，从而细化表层晶粒并提高其力学性能。由于其具有高压（10^9～10^{12}Pa）、极快（10～100ns）、高应变率（10^7～$10^8 s^{-1}$）、非接触和可操控性强等优势被广泛地应用在各种重要的零部件表面强化和应力消除[75]。该技术的发展为激光增材制造提供了新的思路。激光冲击波能够在沉积层表面产生塑性变形层，有效消除激光热效应内应力和冶金缺陷，并获得组织、应力的精确调控。基于上述思想，用于激光冲击波应力/组织调控的激光增材与冲击强化复合制造技术应运而生。该技术继承了激光增材制造的优点，同时利用激光冲击强化技术对材料性能进一步提高，表现出如下优点：

① 成形件质量和使用寿命提高。该技术能够消除增材区表面的残余拉应力，并细化其晶粒尺寸使组织致密，提高该区域的力学性能和疲劳性能，最终提高使用寿命。

② 绿色制造。利用该技术进行关键零件的修复，可大幅度降低能量消耗及制造成本。同时该技术在制造过程中几乎不会产生固体废物和气体排放物，是一种良好的绿色制造方法。

③ 缩短制造周期。激光增材制造与冲击强化复合制造技术能够短时间内完成零件制造和性能的优化，应用到再制造过程中可实现形状恢复和性能优化的集成制造，显著地缩短了工件的制造周期。

激光增材制造与冲击强化复合制造技术尤其在再制造方面具有广阔的工业应用前景，它充分利用高能密度激光的热效应和激光冲击强化两种工艺的特性，在利用激光热效应修复金属损伤件缺陷的基础上，解决了在修复过程中产生的残余拉应力和微观缺陷，细化作用区域的晶粒尺寸并降低修复部位的孔隙率，从而大大地提高了其修复区的机械性能。

目前针对激光增材与冲击强化复合制造技术的研究正在开展。何卫锋等人[76] 采用激光冲击强化技术对激光成形修复后的钛合金表面进行表面强化，研究表明修复后的零件表面参与应力由冲击前的拉应力变为压应力，修复后的零件疲劳性能提高了23.5%。葛茂忠等人[77] 研究了激光冲击处理TC4钛合金修复件疲劳裂纹扩展速率的影响，认为激光冲击修复能使得晶粒细化和明显降低疲劳裂纹扩展速率。闫世兴等人[78] 采用了激光冲击处理技术来消除Fe314熔覆层中的残余拉应力，并探讨了熔覆层残余拉应力消除的机理。虽然，激光冲击技术能够有效地提高寿命，但是将该技术应用于激光增材制造沉积层内应力及其他缺陷调控的相关研究还处于起始阶段，相关机理还需进一步深入研究。

10.5 复合成形技术展望

复合成形技术既利用激光及其他能量、其他工艺的优势，又克服了单一3D成形的弱点，已成为3D成形技术的重要发展方向之一，正成为一个研究热点。随着我国制造业的崛起和发展，复合成形技术的市场需求在快速增长，成为3D成形技术的进一步发展和重要补充，也是高端装备制造技术的发展趋势，将迅速推广应用到各个领域。

然而，由于复合成形技术乃多个能场或多个工艺的耦合，涉及流体力学、电磁学、金属学、动力学、热力学、(电）化学等多学科交叉，研究难度较大，工艺实现以及装备集成均比单一激光成形技术复杂得多。因此，目前大部分复合成形技术研究仍处于实验室研究阶段。为深入研究复合成形技术的基础理论，快速推进复合成形技术的工业应用进程，需从以下几个方面进行突破：

① 多能场、多工艺之间的耦合机制研究。复合成形技术涉及流场、温度场、电磁场、动量场、化学反应等多物理场的耦合，涉及多学科的交叉，需深入探索多物理场的协同作用机制，建立多物理场协同3D成形制造的数学模型，通过流体动量方程、传热方程、元素扩散方程、合金粉末的输运方程等，研究影响多物理场复合对3D成形过程的关键因素及其内在关系。

② 创新型复合成形工艺技术研究与专用材料设计。围绕工业基础零部件的应用需求，以无缺陷、高性能、高效率、高可靠性、低成本制造为目标，研究创新型复合成形工艺技

术，掌握其控形控性关键工艺方法，建立复合场工艺与成形性能之间的对应关系。同时，系统开发基于远平衡态复合成形制造的关键专用材料，构建专用材料体系。

③ 复合成形制造专用装备及智能化研究。研制多能场或多工艺耦合专用单元模块、喂料系统、光学系统和控制系统，集成满足不同工程用途的复合成形成套装备。通过光、机、电、材料、工艺、制造、控制、信息、网络各学科的深度融合，实现对温度、材料、尺寸、位置及成形质量的智能化控制，并建立复合成形制造的专用工艺数据库。

参考文献

[1] Bray M, Cockburn A, O'neill W. The Laser-assisted Cold Spray process and deposit characterisation. Surface & Coatings Technology, 2009, 203 (19): 2851-2857.

[2] Lupoi R, Sparkes M, Cockburn A, et al. High speed titanium coatings by supersonic laser deposition. Materials Letters, 2011, 65 (21-22): 3205-3207.

[3] Jones M, Cockburn A, Lupoi R, et al. Solid-state manufacturing of tungsten deposits onto molybdenum substrates with supersonic laser deposition. Materials Letters, 2014, 134: 295-297.

[4] Assadi H, Kreye H, Gartner F, et al. Cold spraying-A materials perspective. Acta Materialia, 2016, 116: 382-407.

[5] Yao J H, Yang L J, Li B, et al. Characteristics and performance of hard Ni60 alloy coating produced with supersonic laser deposition technique. Materials & Design, 2015, 83: 26-35.

[6] Li B, Jin Y, Yao J H, et al. Solid-state fabrication of WCp-reinforced Stellite-6 composite coatings with supersonic laser deposition. Surface & Coatings Technology, 2017, 321: 386-396.

[7] Yang L J, Li B, Yao J H, et al. Effects of diamond size on the deposition characteristic and tribological behavior of diamond/Ni60 composite coating prepared by supersonic laser deposition. Diamond and Related Materials, 2015, 58: 139-148.

[8] Yao J H, Yang L J, Li B, et al. Beneficial effects of laser irradiation on the deposition process of diamond/Ni60 composite coating with cold spray. Applied Surface Science, 2015, 330: 300-308.

[9] Li B, Yang L J, Li Z H, et al. Beneficial effects of synchronous laser irradiation on the characteristics of cold-sprayed copper coatings. Journal of Thermal Spray Technology, 2015, 24 (5): 836-847.

[10] Yao J H, Li Z H, Li B, et al. Characteristics and bonding behavior of Stellite 6 alloy coating processed with supersonic laser deposition. Journal of Alloys and Compounds, 2016, 661: 526-534.

[11] Lupoi R, Cockburn A, Bryan C, et al. Hardfacing steel with nanostructured coatings of Stellite-6 by supersonic laser deposition. Light-Science & Applications, 2012, 1: 1-6.

[12] Li B, Jin Y, Yao J H, et al. Influence of laser irradiation on deposition characteristics of cold sprayed Stellite-6 coatings. Optics and Laser Technology, 2018, 100: 27-39.

[13] Li B, Yao J H, Zhang Q L, et al. Microstructure and tribological performance of tungsten carbide reinforced stainless steel composite coatings by supersonic laser deposition. Surface & Coatings Technology, 2015, 275: 58-68.

[14] Bachmann M, Avilov V, Gumenyuk A, et al. About the influence of a steady magnetic field on weld pool dynamics in partial penetration high power laser beam welding of thick aluminium parts. Interna-

tional Journal of Heat and Mass Transfer，2013，60：309-321.
[15] Bachmann M，Avilov V，Gumenyuk A，et al. Numerical simulation of full-penetration laser beam welding of thick aluminium plates with inductive support. Journal of Physics D-Applied Physics，2012，45（3）：035201.
[16] 刘洪喜，蔡川雄，蒋业华，等.交变磁场对激光熔覆铁基复合涂层宏观形貌的影响及其微观组织演变.光学精密工程，2012，20（11）：2402-2410.
[17] 许华.激光熔覆硬质合金及电磁搅拌辅助激光熔覆硬质合金的研究.武汉：华中科技大学，2005.
[18] 刘洪喜，刘子峰，张晓伟，等.稳恒磁场设计及电流强度对激光熔覆 Fe55 涂层微结构的影响.红外与激光工程，2017，46（04）：23-29.
[19] 王梁，胡勇，宋诗英，等.稳态磁场辅助对激光熔凝层表面波纹的抑制作用研究.中国激光，2015，42（11）：77-85.
[20] 王维，刘奇，杨光，等.电磁搅拌作用下激光熔池电磁场、温度场和流场的数值模拟.中国激光，2015，42（02）：48-55.
[21] 于海岐，朱苗勇.圆坯结晶器电磁搅拌过程三维流场与温度场数值模拟.金属学报，2008，44（12）：1465-1473.
[22] 陈兴润，张志峰，徐骏，等.电磁搅拌法制备半固态浆料过程电磁场、流场和温度场的数值模拟.中国有色金属学报，2010，20（05）：937-945.
[23] Bachmann M，Avilov V，Gumenyuk A，et al. Numerical assessment and experimental verification of the influence of the Hartmann effect in laser beam welding processes by steady magnetic fields. International Journal of Thermal Sciences，2016，101：24-34.
[24] 刘洪喜，纪升伟，蒋业华，等.旋转磁场辅助激光熔覆 Fe60 复合涂层的显微组织与性能.中国激光，2013，40（01）：121-126.
[25] 蔡川雄，刘洪喜，蒋业华，等.交变磁场对激光熔覆 Fe 基复合涂层组织结构及其耐磨性的影响.摩擦学学报，2013，33（03）：229-235.
[26] 杨光，赵恩迪，钦兰云，等.电磁搅拌对激光熔凝 TA15 钛合金熔池凝固研究.稀有金属材料与工程，2017，46（04）：966-972.
[27] 何永胜，胡锐，罗文忠，等.搅拌磁场强度对 Ti-1023 合金凝固组织和 Fe 偏析的影响.稀有金属材料与工程，2017，46（10）：3063-3067.
[28] 余本海，胡雪惠，吴玉娥，等.电磁搅拌对激光熔覆 WC-Co 基合金涂层的组织结构和硬度的影响及机理研究.中国激光，2010，37（10）：2672-2677.
[29] 余建波，侯渊，张超，等.静磁场对新型 Co-Al-W 基高温合金定向凝固组织的影响.金属学报，2017，53（12）：1620-1626.
[30] Schaefer R J，Ayers J D，Tucker T R. Surface hardening of metal substrate-by injecting hard particle into metal surface melted by laser beam：US，4299860-A. 1981-11-10.
[31] Wang L，Yao P，Hu Y，et al. Suppression effect of a steady magnetic field on molten pool during laser remelting. Applied Surface Science，2015，351：794-802.
[32] 宋诗英，王梁，胡勇，等.稳态磁场辅助激光熔注制备梯度涂层.中国激光，2016，43（05）：69-76.
[33] Liu D，Chen Y，Li L，et al. In situ investigation of fracture behavior in monocrystalline WCp-reinforced Ti-6Al-4V metal matrix composites produced by laser melt injection. Scripta Materialia，2008，59（1）：91-94.
[34] Miracle D B. Metal matrix composites-from science to technological significance. Composites Science and Technology，2005，65（15-16）：2526-2540.

［35］ Tian W，Qi L，Su C，et al. Numerical simulation on elastic properties of short-fiber-reinforced metal matrix composites：Effect of fiber orientation. Composite Structures，2016，152：408-417.

［36］ 来佑彬. 金属激光直接沉积增材制造工艺研究. 北京：中国科学院大学，2015.

［37］ 徐滨士，朱绍华. 表面工程的理论与技术. 北京：国防工业出版社，2010.

［38］ Gasser A，Backes G，Kelbassa I，et al. Laser additive manufacturing：laser metal deposition（LMD）and selective laser melting（SLM）in turbo-engine applications. Laser Technik Journal，2010，7（2）：58-63.

［39］ Tusek J，Suban M. Hybrid welding with arc and laser beam. Science and Technology of Welding and Joining，1999，4（5）：308-311.

［40］ Bagger C，Olsen F O. Review of laser hybrid welding. Journal of Laser Applications，2005，17（1）：2-14.

［41］ 吕高尚，史春元，董春林，等. 激光-电弧复合热源焊接研究及应用现状. 航空制造技术，2005，（05）：86-88.

［42］ 顾小燕. YAG激光＋脉冲双MIG电弧复合焊接热源耦合机理及工艺研究. 天津：天津大学，2013.

［43］ 姚建华. 激光复合制造技术研究现状及展望. 电加工与模具，2017，（S1）：4-11.

［44］ Yan J，Gao M，Zeng X Y. Study on microstructure and mechanical properties of 304 stainless steel joints by TIG，laser and laser-TIG hybrid welding. Optics and Lasers in Engineering，2010，48（4）：512-517.

［45］ Liu S Y，Zhang F L，Dong S N，et al. Characteristics analysis of droplet transfer in laser-MAG hybrid welding process. International Journal of Heat and Mass Transfer，2018，121：805-811.

［46］ Hu B，Den Ouden G. Laser induced stabilisation of the welding arc. Science and Technology of Welding and Joining，2005，10（1）：76-81.

［47］ 高明. CO_2激光-电弧复合焊接工艺、机理及质量控制规律研究. 武汉：华中科技大学，2007.

［48］ Gao X D，Wang Y，Chen Z Q，et al. Analysis of welding process stability and weld quality by droplet transfer and explosion in MAG-laser hybrid welding process. Journal of Manufacturing Processes，2018，32：522-529.

［49］ Huang L J，Wu D S，Hua X M，et al. Effect of the welding direction on the microstructural characterization in fiber laser-GMAW hybrid welding of 5083 aluminum alloy. Journal of Manufacturing Processes，2018，31：514-522.

［50］ 陈俐，董春林，吕高尚，等. YAG/MAG激光电弧复合焊工艺研究. 焊接技术，2004，（04）：21-23.

［51］ Shi G，Hilton P. A comparison of the gap bridging capability of CO_2 laser and hybrid CO_2 laser MAG welding on 8mm thickness C-Mn steel plate. Welding in the World，2005，49：75-87.

［52］ 张健，张津超，张庆茂，等. 双波长激光束同轴复合焊接系统设计与实验研究. 中国激光，2017，44（06）：133-140.

［53］ Petteri J. Hybrid welding of hollow section beams for a telescopic lifter//First International Symposium on High-Power Laser Macroprocessing. Osaka，Japan. 2003：353-356.

［54］ Mok-Young L，Woong-Seong C，Young-Gak K. Laser-MIG hybrid weldability of high strengthen steel for car industry//2005 proceedings of Proceedings of ICALEO 2005. Miami，Florida，USA. 2005：134-142.

［55］ Petring D，Fuhrmann C，Wolf N. Investigations and applications of laser-arc hybrid welding from thin sheets up to heavy section components//2003 proceedings of Proceedings of ICALEO 2003. Jacksonville，Florida，USA. 2003：1-10.

[56] Krivtsun V. Investigation of hybrid processes of metal treatment and development of integrated plasma torches for laser + plasma arc welding, cutting and surfacing. http://plasma.kiev.ua/results/project.html, 1999.

[57] Graf T, Staufer H. Laser hybrid welding drives VW improvements. Welding Journal, 2003, 82 (1): 42-48.

[58] Jasnau U, Hoffmann J, Seyffarth P. Nd: YAG-Laser-GMA-Hybrid Welding in Shipbuilding and Steel Construction. Berlin: Springer, 2004.

[59] Roland F, Manzon L, Kujala P, et al. Advanced joining techniques in european shipbuilding. Journal of Ship Production, 2004, 20 (3): 200-210.

[60] Kaierle S, Bongard K, Dahmen M, et al. Innovative hybrid welding process in an industrial application//2001 proceedings of Proceedings of ICALEO 2000, 01/01. Orlando, USA. 2001: 91-98.

[61] Eskin G I. Principles of ultrasonic treatment: Application for light alloys melts. Advanced Performance Materials, 1997, 4 (2): 223-232.

[62] Fan L S, Yang G Q, Lee D J, et al. Some aspects of high-pressure phenomena of bubbles in liquids and liquid-solid suspensions. Chemical Engineering Science, 1999, 54 (21): 4681-4709.

[63] Laborde J L, Hita A, Caltagirone J P, et al. Fluid dynamics phenomena induced by power ultrasounds. Ultrasonics, 2000, 38 (1-8): 297-300.

[64] 莫润阳，林书玉，王成会. 超声空化的研究方法及进展. 应用声学，2009，28 (05)：389-400.

[65] 谢恩华，李晓谦. 超声波熔体处理过程中的声流现象. 北京科技大学学报，2009，31 (11)：1425-1429.

[66] Jiang R, Li X, Chen P, et al. Effect and kinetic mechanism of ultrasonic vibration on solidification of 7050 aluminum alloy. Aip Advances, 2014, 4 (7): 077125.

[67] Ning F, Cong W. Microstructures and mechanical properties of Fe-Cr stainless steel parts fabricated by ultrasonic vibration-assisted laser engineered net shaping process. Materials Letters, 2016, 179: 61-64.

[68] 郭敏海. 超声辅助激光熔覆 YSZ 陶瓷涂层实验研究. 大连：大连理工大学，2015.

[69] 张海鸥. 华中科技大学首创 3D 打印智能微铸锻技术. 铸造，2016，(08)：717-719.

[70] 张长桃. 激光电化学复合的热力沉积制造技术研究. 镇江：江苏大学，2014.

[71] 姜雨佳，张朝阳，黄磊，等. 激光热力强化电化学沉积试验研究. 激光技术，2016，40 (05)：660-664.

[72] 梁志杰，闫涛. 激光强化电沉积技术研究. 电镀与精饰，2006，(03)：27-30.

[73] 姜雨佳. 激光电化学复合沉积的过程检测及试验研究. 镇江：江苏大学，2016.

[74] 董允，贾艳琴，徐立红，等. 电沉积及激光辅助电沉积镍基镀层表面形貌研究. 河北工业大学学报，2001，(01)：89-93.

[75] 李少海，李昭青. 激光增材制造金属零件内应力调控研究现状. 特种铸造及有色合金，2018，38 (02)：160-163.

[76] 何卫锋，张金，杨卓君，等. 激光冲击强化钛合金熔覆修复试件疲劳性能研究. 中国激光，2015，42 (11)：101-107.

[77] 葛茂忠，项建云，汤洋. 激光冲击处理对 TC4 修复件疲劳裂纹扩展速率的影响. 激光与光电子学进展，2018，55 (07)：336-343.

[78] 闫世兴，董世运，徐滨士，等. Fe314 合金熔覆层残余应力激光冲击消除机理. 中国激光，2013，40 (10)：102-107.

第 11 章
3D 打印产品标准及检测

增材制造的特点是无需模具、可快速成形、可制造近乎无限复杂的几何构型，具有材料的制备过程与零件的成形过程一体化的特征；改变传统以制造性和经验性引导设计的理念为以功能性及最优设计引导制造。因此，增材制造在原材料利用率、制造自由度、功能性最优设计等方面具有明显优势，尤其适用于小批量、定制化、复杂结构的加工制造。

近年来，随着技术发展，增材制造技术在航空航天、医疗、模具等方面的应用呈现爆发性增长，在结构减重、性能优化、个性化定制等方面的优势日益凸显，随之而来对于标准的需求也变得更加强烈。归根究底，增材制造技术作为一个新兴的技术，其产品最终是否能够工程化应用、产业规模是否能够扩大主要取决于其产品质量是否满足用户要求、是否能够提升产品应用领域的整体综合效益（包括经济上、性能上等诸多方面），如何保证产品质量、如何提升应用领域的经济效益等方面的需求是目前标准化工作的重点方向。另一方面，作为一项新技术，增材制造行业内部需要有标准进行统一，统一说法、统一规定、统一相关人员及单位之间的沟通与交流手段。

11.1 国外增材制造技术标准现状

国外增材制造技术标准的发展是伴随着国外增材制造技术的进展而逐步发展起来的。目前，在增材制造标准化领域比较活跃的主要是 ASTM F42、ISO TC261、SAE AMS-AM 等技术委员会，其他世界各国的标准化组织均积极参与到标准的制定当中，并对已经发布的国际标准进行了等同转化，例如 BSI、AFNOR、DIN 等标准化组织。由于 ASTM F42 和 ISO TC261 致力于联合编制世界范围内的通用标准，已经发布及在研了多项 ISO/ASTM 双编号标准，因此，此处将二者一并进行介绍。

11.1.1 ASTM 和 ISO 标准

美国材料与试验协会（American Society for Testing and Materials，ASTM）是美国最老、最大的非营利性的标准学术团体之一，其前身是国际材料试验协会（International Association for Testing Materials，IATM），成立于 1898 年，现更名为 ASTM International，主要任务是制定材料、产品、系统和服务等领域的特性和性能标准，试验方法和程序标准，促进有关知识的发展和推广。

ASTM F42 增材制造技术委员会于 2009 年成立，致力于通过增材制造技术标准的制定

来提升知识、激励研究和技术实施。目前，该委员会由来自 20 多个国家的超过 400 多个技术专家组成，其工作是与具有相互或相关利益的其他 ASTM 技术委员会及国家和国际组织协调进行的。

国际标准化组织（International Organization for Standardization，ISO）是一个全球性的非政府组织，是国际标准化领域中一个十分重要的组织。ISO 负责目前绝大部分领域（包括军工、石油、船舶等垄断行业）的标准化活动。中国于 1978 年加入 ISO，在 2008 年 10 月的第 31 届国际化标准组织大会上，中国正式成为 ISO 的常任理事国。

ISO TC261 于 2011 年创建，是 ISO 针对增材制造技术成立的标准化技术委员会，它的工作范围是：在增材制造（AM）领域内进行标准化工作，涉及相关工艺、术语和定义、过程链（硬件和软件）、试验程序、质量参数、供应协议和所有的基础共性技术。

ISO TC261 创建当年就与 ASTM F42 签署合作协议，共同开展增材制造技术领域的标准化工作。2013 年，ISO TC261 与 ASTM F42 共同发布了一份“增材制造标准制定联合计划”，该计划包含了 AM 标准的通用结构/层次结构，以实现由任何一方所发起的项目都能实现一致性。增材制造标准制定计划被认为是一份动态更新的文件，将由 ISO TC261 和 ASTM F42 定期审查和更新。2016 年，又对该结构进行了修订（具体结构见图 11-1）。

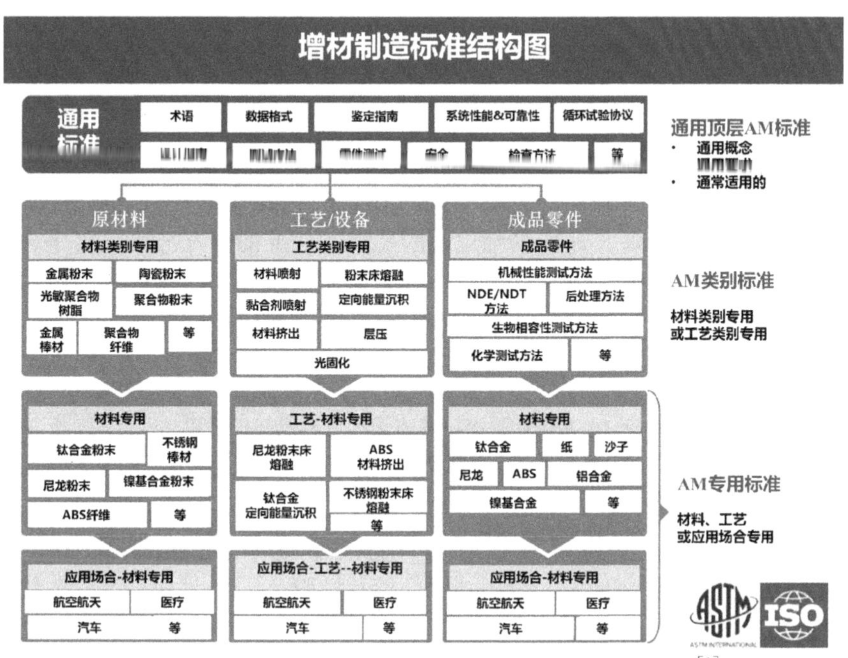

图 11-1　ASTM F42 与 ISO TC261 联合发布的标准体系[1]

该架构定义了 AM 标准的多个层次和层次结构，分为以下三个层次：

• 通用标准：规定一般概念，通用要求的标准，或通常适用于大多数类型的 AM 材料、工艺和应用的标准。

• 分类标准：规定专用于一类材料或一类工艺要求的标准。

• 专用标准：规定专用于一种材料、一种工艺或一种应用要求的标准。

为了便于使用AM标准的通用架构，建立了几个使用指南如下：

• 架构图旨在作为高级指南。它可以考虑具体情况进一步发展。

• “框”中的具体要点与词汇仅仅是示例及占位符，用于指示该层次结构中可能需要的标准类型。具体标准和组合尚未确定。

• 专注于模块化标准。标准层次结构就是用于减少AM标准的内部重复。具体如下：

——层次之间存在父/子关系（从上到下）；

——特性从父层向子层传递（当作为规范性引用文件时）；

——子层标准可以修改或增补特定用途所需的特性。

依据“增材制造标准制定联合计划”，ISO TC261和ASTM F42确定了潜在的联合AM标准开发的高优先级候选清单如下：

• 资格鉴定和认证方法；

• 设计指南；

• 原材料特性的测试方法；

• 成品AM零件机械性能的测试方法；

• 材料回收（再利用）准则；

• 循环比对测试（round Robin test）的标准协议；

• 标准测试样件；

• 采购AM零件的要求。

确定项目后，ISO和ASTM又根据他们之间达成的协议，确定了ISO TC261和ASTM F42如何在实际意义上合作和协同工作的具体程序，包括：成立联合工作组及联合指导小组、如何召开联合工作组会议、标准编制过程的要求、标准的审查与投票程序、标准的文本结构以及现有和后续标准项目如何完成等。这些方面大大提升了在全球范围内制定增材制造标准的科学性、合理性及高效性，促进了全球增材制造标准体系的完善。

目前为止，ASTM及ISO单方面和联合发布的标准见表11-1。

表11-1　ASTM及ISO单方面和联合发布的标准

序号	项目编号	中文标准名称	英文标准名称	状态
1	ASTM F2971-13	增材制造制备试验样品报告数据惯例	Standard Practice for Reporting Data for Test Specimens Prepared by Additive Manufacturing	现行有效
2	ASTM F2924-14	粉末床熔融Ti6Al4V增材制造规范	Standard Specification for Additive Manufacturing Titanium-6 Aluminum-4 Vanadium with Powder Bed Fusion	现行有效
3	ASTM F3001-14	粉末床Ti6Al4V ELI(超低间隙)增材制造规范	Standard Specification for Additive Manufacturing Titanium-6 Aluminum-4 Vanadium ELI(Extra Low Interstitial) with Powder Bed Fusion	现行有效
4	ASTM F3049-14	增材制造用金属粉末性能表征指南	Standard Guide for Characterizing Properties of Metal Powders Used for Additive Manufacturing Processes	现行有效

续表

序号	项目编号	中文标准名称	英文标准名称	状态
5	ASTM F3055-14a	粉末床镍基合金(UNS N07718)增材制造规范	Standard Specification for Additive Manufacturing Nickel Alloy(UNS N07718) with Powder Bed Fusion	现行有效
6	ASTM F3056-14el	粉末床镍基合金(UNS N06625)增材制造规范	Standard Specification for Additive Manufacturing Nickel Alloy(UNS N06625) with Powder Bed Fusion	现行有效
7	ASTM F3091/F3091M-14	塑料粉末床熔融规范	Standard Specification for Powder Bed Fusion of Plastic Materials	现行有效
8	ASTM F3122-14	增材制造工艺制成金属材料的力学性能评估指南	Standard Guide for Evaluating Mechanical Properties of Metal Materials Made via Additive Manufacturing Processes	现行有效
9	ASTM F3184-16	粉末床不锈钢合金(UNS S31603)增材制造规范	Standard Specification for Additive Manufacturing Stainless Steel Alloy (UNS S31603) with Powder Bed Fusion	现行有效
10	ASTM F3187-16	金属直接能量沉积指南	Standard Guide for Directed Energy Deposition of Metals	现行有效
11	ASTM F3213-17	粉末床Co28Cr6Mo合金(UNS R30075)增材制造最终零件性能规范	Standard for Additive Manufacturing- Finished Part Properties- Standard Specification for Cobalt-28 Chromium-6 Molybdenum via Powder Bed Fusion	现行有效
12	ASTM F3301-18a	粉末床熔融增材制造制备金属零件的后期热处理标准	Standard for Additive Manufacturing Post Processing Methods- Standard Specification for Thermal Post-Processing Metal Parts Made via Powder Bed Fusion	现行有效
13	ASTM F3302-18	粉末床熔融增材制造钛合金最终零件性能标准	Standard for Additive Manufacturing- Finished Part Properties- Standard Specification for Titanium Alloys via Powder Bed Fusion	现行有效
14	ASTM F3303-18	金属粉末床增材制造关键件的过程特性与性能推荐性惯例	Standard for Additive Manufacturing- Process Characteristics and Performance: Practice for Metal Powder Bed Fusion Process to Meet Critical Applications	现行有效
15	ASTM F3318-18	粉末床熔融增材制造AlSi10Mg最终零件性能标准	Standard for Additive Manufacturing-Finished Part Properties- Specification for AlSi10Mg with Powder Bed Fusion- Laser Beam	现行有效
16	ISO 17296-2:2015	增材制造-通用要求-第2部分:工艺类型及原材料	Additive manufacturing-General principles-Part 2:Overview of process categories and feedstock	现行有效
17	ISO 17296-3:2014	增材制造-通用要求-第3部分:主要特性及对应测试方法	Additive manufacturing-General principles-Part 3:Main characteristics and corresponding test methods	现行有效
18	ISO 17296-4:2014	增材制造-通用要求-第4部分:数据处理	Additive manufacturing-General principles-Part 4:Overview of data processing	现行有效

续表

序号	项目编号	中文标准名称	英文标准名称	状态
19	ISO/ASTM 52900-15	增材制造-通用要求-术语	Additive Manufacturing- General Principles- Terminology	现行有效
20	ISO/ASTM 52910-18	增材制造-设计-要求、指南及建议	Additive Manufacturing-Design-Requirements,guidelines and recommendations	现行有效
21	ISO/ASTM 52901-17	增材制造-通用要求-AM零件采购通用要求指南	Additive Manufacturing-General principles-Requirements for purchased AM parts	现行有效
22	ISO/ASTM 52921-13	增材制造术语-坐标系及试验方法	Standard Terminology for Additive Manufacturing-Coordinate Systems and Test Methodologies	现行有效
23	ISO/ASTM 52915-16	增材制造文件格式(AMF)规范1.2版	Specification for Additive Manufacturing file format(AMF)Version 1.2	现行有效
24	ISO 27547-1:2010	塑料-使用无模技术的热塑材料试验样品制备-第1部分:通则及激光烧结制备试验样品	Plastics-Preparation of test specimens of thermoplastic materials using mouldless technologies-Part 1:General principles, and laser sintering of test specimens	现行有效
25	ISO/ASTM 52902	增材制造-测试标样-增材制造系统几何能力评估指南	Additive Manufacturing-Test artefacts-Standard guideline for geometric capability assessment of Additive Manufacturing systems	现行有效

目前，ISO TC261 和 ASTM F42 编制中的标准 70 多项，正在从增材制造的材料与工艺、测试方法、设计、安全防护等多方面开展标准化工作，进一步完善增材制造标准体系，对于增材制造标准化工作起到了重要的作用与意义。

11.1.2 SAE 标准

SAE（Society of Automotive Engineers）成立于 1905 年，是国际上最大的汽车工程学术组织，其原名为美国汽车工程师学会，现更名为 SAE International，中文译名为国际自动机工程师学会。SAE 协会分为航空航天、汽车、商用交通工具等几个部分，其航空航天相关标准一直以来作为直接国际认可的标准被 FAA 等适航部门所采用。2015 年 7 月，SAE 成立了 AMS-AM 技术委员会，作为 SAE 航空航天材料体系工作组的一个技术委员会，负责编制和维护与增材制造相关的航空航天材料和工艺规范标准以及相关的技术报告，标准范围包括了增材制造用原材料、工艺、系统要求和成形后材料、前处理及后处理、无损检测和质量保证等方面。

SAE AMS-AM 标准化技术委员会的主要目标：

• 针对增材制造原材料及成品材料（包括通过增材技术制造的金属、塑料、陶瓷、复合材料以及混合物）的采购，制定航空航天材料规范（AMS），并与相应的共享材料特性数据库绑定。

• 针对采用 AM 材料的航空航天终端产品的加工和制造，出版了推荐惯例、规范和标准。

• 通过与金属材料性能研发和标准化（MMPDS）手册、复合材料手册（CMH-17）、ASTM F42 增材制造技术委员会、AWS D20、Nadcap 焊接任务组、其他 AMS 委员会和相关组织进行协调，进一步推动工业界对于材料规范的采用。

• 与 MMPDS 工作组（新金属材料）或 CMH-17（针对新复合材料）协调在共享材料性能数据库内的数据出版要求。

• 建立一个标准（技术文件）体系，确保材料规范受控并可追溯，从而得到通过程序文件分析的、具有统计学意义的材料性能数据。

2015 年 10 月，针对关键航空航天应用的特殊认证要求，美国联邦航空管理局（FAA）委托 SAE 制定增材制造技术标准，以支持 FAA 制定 AM 材料认证指南。

AMS-AM 委员会采用一种框架用于制定航空航天增材制造材料和过程规范，该架构内部是分层次的，以成品材料规范作为母规范，以 AM 工艺和原材料规范作为子规范（图 11-2）。材料规范是以结果为导向的，包含了化学成分、显微组织、性能及热处理的要求。因为 AM 材料与工艺过程的强相关性，必须包括附加支持性的工艺规范来作为要求。这类工艺规范不是指令性的，而是要建立必要控制措施来确保 AM 工艺所生产的材料的质量和一致性。工艺规范的关键要求是过程控制文件（PCD），其是版本受控的文件加上固化并通过化学成分、冶金和力学性能测试协议来确认、证实从而证明其等效性及可重复性的程序的合集。固化工艺是用于建立批次验收值、规范最小值和设计容许值。

图 11-2　SAE AMS-AM 规范层次结构

SAE AMS-AM 材料和工艺规范被设计成能一起使用，从而建立使用 AM 工艺生产 AM 材料时的典型要求和控制措施。母材料规范在架构和功能方面与传统 AMS 材料规范非常类似，其建立了化学成分、显微组织、力学性能、热处理和无损检验的要求。

原材料规范包含了材料要求（例如化学成分）和原材料的具体制造要求（例如，熔融方法和气氛环境）。工艺规范建立了必要的控制措施，从而确保原料和成品 AM 材料的一致性和质量。图 11-3 提供了一个示例，表明了如何建立要求，以及客户要求如何通过采购订单、工作说明、合同、图纸或其他规范向下传达。

与其他传统材料一样，通过建立对制造过程的控制，能够在材料化学成分及微观组织方面获取一致的且可预测的结果，从而获得一致的且可预测的特性和性能。现行 SAE AMS-AM 增材制造规范策略是依赖于现有商品加工［例如，热处理和无损检测（NDI）］用标准和规范，建立对于输入原材料和 AM 过程的控制。

2002 年，SAE 发布了第一份增材制造技术标准——AMS4999《退火态 Ti6Al4V 钛合金激光沉积产品》。该标准 2011 年修订为 4999A，并且标准名称更改为《退火态 Ti6Al4V 钛合金直接沉积制品》。截至目前，SAE 已经发布及正在制定包括增材制造通用协议及直接能量沉积、粉末床等相关技术的原材料、制造工艺、制件的共计 39 项标准，详见表 11-2。

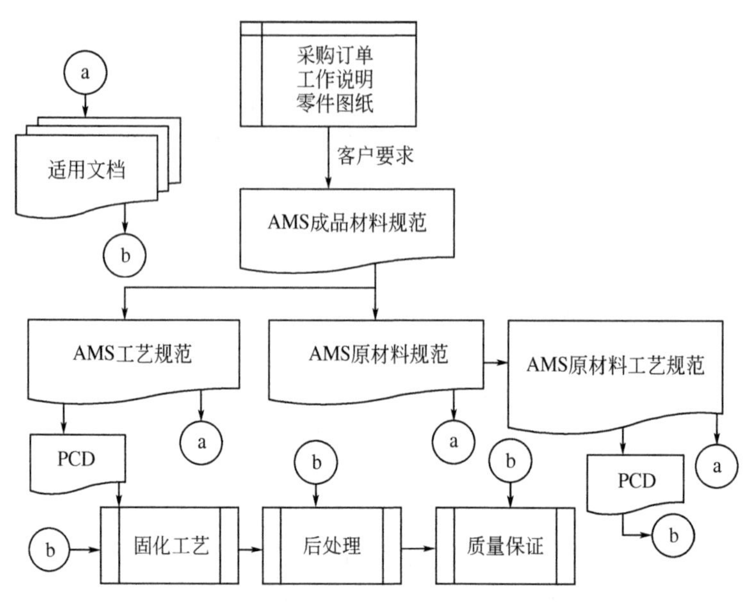

图 11-3　控制文件优先级及客户要求向下传递的流程图

表 11-2　SAE 发布及起草中的标准

序号	标准号	中文标准名称	英文标准名称	状态
1	AMS4999A	退火态 Ti6Al4V 钛合金直接沉积制品	Titanium Alloy Direct Deposited Products 6Al-4V Annealed	现行有效
2	AMS7000	消除应力、热等静压及固溶退火态 IN625 耐蚀耐热镍基高温合金激光粉末床成形零件	Laser-Powder Bed Fusion(L-PBF) Produced Parts, Nickel Alloy, Corrosion and Heat-Resistant, 62Ni-21.5Cr-9.0Mo-3.65Nb Stress Relieved, Hot Isostatic Pressed and Solution Annealed	现行有效
3	AMS7001	IN625 耐蚀耐热镍基高温合金增材制造用粉末	Nickel Alloy, Corrosion and Heat-Resistant, Powder for Additive Manufacturing, 62Ni-21.5Cr-9.0Mo-3.65Nb	现行有效
4	AMS7002	航空航天零件增材制造用金属粉末原材料生产过程要求	Process Requirements for Production of Metal Powder Feedstock for Use in Additive Manufacturing of Aerospace Parts	现行有效
5	AMS7003	激光粉末床熔融工艺	Laser Powder Bed Fusion Process	现行有效
6	AMS7004	基板上等离子弧定向能量沉积增材制造成形 Ti6Al4V 钛合金预成形体(去应力态)	Titanium Alloy Preforms from Plasma Arc Directed Energy Deposition Additive Manufacturing on Substrate, Ti-6Al-4V, Stress Relieved	现行有效
7	AMS7005	等离子弧熔丝定向能量沉积增材制造工艺	Wire Fed Plasma Arc Directed Energy Deposition Additive Manufacturing Process	现行有效

续表

序号	标准号	中文标准名称	英文标准名称	状态
8	AMS7008	哈氏合金X粉末	Powder,Hastelloy X	现行有效
9	AMS7013	增材制造用60Ni-22Cr-2.0Mo-14W-0.35Al-0.03La耐蚀耐热镍基合金粉末(成分类似于UNS N06230)(Haynes230,国内GH3230)	Nickel Alloy,Corrosion and Heat-Resistant,Powder for Additive Manufacturing,60Ni-22Cr-2.0Mo-14W-0.35Al-0.03La (Compositions similar to UNS N06230)	现行有效
10	AMS7014	增材制造用Ti-6.0Al-2.0Mo-4.0Zr-2.0Sn(TA19)高温钛合金粉末	Titanium Alloy,High Temperature Applications,Powder for Additive Manufacturing,Ti-6.0Al-2.0Mo-4.0Zr-2.0Sn	现行有效
11	AMS7002A	航空航天零件增材制造用金属粉末原材料生产过程要求	Process Requirements for Production of Metal Powder Feedstock for Use in Additive Manufacturing of Aerospace Parts	修订中
12	AMS7006	IN718合金粉末规范	Alloy 718 Powder	起草中
13	AMS7007	电子束粉末床熔融工艺	Electron Beam Powder Bed Fusion Process	起草中
14	AMS7009	退火并时效的Ti6Al4V激光熔丝沉积增材制造	Additive Manufacturing of Titanium 6Al4V with Laser-Wire Deposition-Annealed and Aged	起草中
15	AMS7010	激光熔丝定向能量沉积增材制造工艺	Laser-Wire Directed Energy Deposition Additive Manufacturing Process	起草中
16	AMS7011	电子束粉末床熔融(EB-PBF)工艺的Ti6Al4V航空航天零件增材制造	Additive Manufactur of aerospace parts from Ti-6Al-4V using the Electron Beam powder bed fusion (EB-PBF) process	起草中
17	AMS7012	增材制造用17-4PH粉末(GB/T 20878—2007《不锈钢牌号》,旧牌号:0Cr17-Ni4Cu4Nb、新牌号:05Cr17Ni4Cu4Nb)	17-4PH Powder for Additive Manufacturing(0Cr17Ni4Cu4Nb)	起草中
18	AMS7015	增材制造用Ti6Al4V粉末	Ti6Al4V,Powder For Additive Manufacturing	起草中
19	AMS7016	激光粉末床熔融(L-PBF)制备17-4PH H1025合金零件	Laser-Powder Bed Fusion (L-PBF) Produced Parts,17-4PH H1025 Alloy	起草中
20	AMS7017	增材制造用Ti6Al4V ELI粉末	Titanium 6-Aluminum 4-Vanadium Powder for Additive Manufacturing,ELI Grade	起草中
21	AMS7018	AlSi10Mg铝合金粉末(成分类似于UNS A03600)	Aluminum Alloy Powder 10.0Si-0.35Mg (Compositions similar to UNS A03600)	起草中
22	AMSB19AB	热等静压	Hot Isostatic Pressing	起草中
23	AMS7019 AMSB19AC	AM零件的电解抛光	Electropolishing of AM Parts	起草中
24	AMS7020	F357铝合金粉末(ZL114A)	Aluminum Alloy Powder,F357 Alloy	起草中
25	AMS7021	15-5PH不锈钢粉末(GB/T 20878—2007《不锈钢牌号》,旧牌号:0Cr15Ni5Cu4Nb、新牌号:05Cr15Ni5Cu 4Nb)	Stainless Steel Powder,15-5PH Alloy	起草中
26	AMS7022	粘接剂喷射工艺	Binder Jetting Process	起草中
27	AMS7023	增材制造用γ钛铝粉末	Gamma Titanium Aluminide Powder for Additive Manufacturing,Ti-48Al-2Nb-2Cr	起草中

续表

序号	标准号	中文标准名称	英文标准名称	状态
28	AMS7024	IN718 合金材料规范	Inconel 718 L-PBF Material specification	起草中
29	AMS7025	增材制造金属粉末原材料尺寸分类	Metal Powder Feedstock Size Classifications for Additive Manufacturing	起草中
30	GA AM17-A	AM 通用协议	General Agreement AM-M GA AM17-A	起草中
31	AIR7301	SAE AMS 增材制造金属材料数据提交指南(用于增材制造金属材料)	SAE AMS AM Metals Data Submission Guidelines(for Additive Manufactured Metals)	起草中
32	AIR7352	零件鉴定指南	Part Qualification Guidelines	起草中
33	AMS7100	熔融沉积成形(FDM)增材制造工艺	Fused Deposition Modeling(FDM) Additive Manufacturing Process	起草中
34	AMS7100/1	Stratasys Fortus 900mc 熔丝挤出增材制造	Fused Filament Fabrication-Stratasys Fortus 900mc Plus with Type 1,Class 1,Grade 1,Natural Material	起草中
35	AMS7101	熔丝挤出增材制造用材料	Material for Fused Filament Fabrication	起草中
36	AMS7101/1	熔丝挤出增材制造用原材料-Type 1,Class 1,Group 1,Grade 1,F1.75,Natural	Fused Filament Fabrication Feedstock-Type 1,Class 1,Group 1,Grade 1,F1.75,Natural	起草中
37	AMS7102	航空航天用热塑性塑料零件高性能激光烧结工艺	High Performance Laser Sintering Process for Thermoplastic Parts for Aerospace Applications	起草中
38	AMS7103	高性能激光烧结用材料	Material for High Performance Laser Sintering	起草中
39	AIR7300	增材制造聚合物数据提交指南	AM Polymer Data Submission Guidelines	起草中

11.1.3 其他标准化组织标准

目前，世界各国的标准化组织除了积极参与 ASTM F42 及 ISO TC261 的会议之外，还也针对自身技术发展与引用情况开展标准化工作。例如，在增材制造技术及设备研究方面很先进的德国，德国航空航天标准化协会（DIN）除了积极参与国际标准化组织、欧洲标准化组织的相关标准制定之外，还依据于本国特点制定了激光粉末床熔融增材制造技术在航空航天焊接领域的设备验收检验以及人员的资格鉴定测试方面的标准，以及针对目前应用广泛的激光粉末床熔融增材制造技术制定了粉末原材料、制造工艺及最终零件检验方法的标准，以满足自己本国技术发展与应用的需求。除此之外，德国工程师协会（VDI）也制定了增材制造技术的相关标准，截至目前共发布了 7 项现行有效标准，涉及术语定义、材料鉴定、质量控制、涉及准则、材料数据表等多个方面。

另一方面，从世界范围内增材制造标准化的发展趋势来看，并非要针对增材制造技术编制所有方面的标准，而是要最大限度地利用已有标准，通过直接采用、修改后采用及新制定（针对无相关标准的情况）的方式来解决增材制造技术产品的研制、生产、应用等方面的标准化需求，这也是 ISO TC261 与 ASTM F42 联合并充分纳入世界各国相关标准化组织与技术专家的原因所在。

11.1.4 先进发达国家标准

一直以来，以美国为首的先进发达国家就一直极为重视标准化工作，在增材制造方面也不例外。2016年3月，美国制造（America Makes）与美国国家标准协会（ANSI）协作开展标准化路线图的制定，用以识别已经出版了哪些AM标准和规范，或正在起草哪些AM标准和规范，以及需要什么标准和规范。因此，诞生了美国制造&ANSI增材制造标准化协作组织（AMSC）。联邦机构［包括国家标准和技术协会（NIST）、国防部（DoD）、联邦航空管理局（FAA）和其他机构］以及多个标准制定组织（SDO）对该协作组织的建立提供了支持。创建AMSC的目的在于协调和加速全行业增材制造标准和规范的制定，以满足利益相关者需求，从而促进增材制造（AM）行业的成长。AMSC项目尝试汇集利益相关者团体［包括原始设备制造商（OEM）、工业界、政府、学术机构和标准制定组织（SDO）］来针对现有和所需的增材制造标准制定一个条理分明的"路线图"。

路线图制定过程中，由AMSC牵头，超过150家业界单位参与，包括了波音、GE、罗罗等工业界巨头公司，设备制造商，学术机构，FAA、美国国防部、海陆空三军等政府及军方部门全程参与，充分体现了产业上中下游及管理部门的需求与意愿，为路线图的科学性、合理性、准确性及适用性等方面提供了有力的支撑。

美国增材制造标准化路线图2.0版[1]于2018年6月正式发布。该路线图针对1.0版本中的89项标准领域空缺进行了标准状态更新，主要扩充了聚合物及其他非金属材料领域，新增11项空缺，结束7项，共计识别了93个标准领域空缺，并给出了贯穿设计、工艺和材料（原材料、过程控制、后加工和成品材料性能）、鉴定和认证、无损评估和维修等领域的相应建议，进一步促进和加速了全产业领域AM标准的制定，并满足了各利益相关方的需求。

① 在设计方面，由于增材制造与传统技术不同，其工艺约束很小，可以为使用者带来最大限度的便利。但很多情况下，设计人员对此并不能完全了解与掌握，需要制定标准，加以引导。设计标准的空缺主要体现在以下几方面：

- 设计指南；
- 设计工具；
- 专用领域的设计；
- 设计文档；
- 设计验证及确认等。

② 在工艺和材料方面，区别于传统加工的减材与等材，增材制造所用的材料与传统加工方式不同，其工艺窗口选择与传统加工方式存在较大差异，需要制定标准进行规范。工艺和材料方面的标准空缺主要包括下述几方面：

- 原材料标准，涉及了存储及运输、性能表征（化学成分、流动性、松装密度、真实密度、真密度、粒径分布、颗粒形态、进料抽样、空心粉等）、专用粉末材料规范等标准。

- 工艺过程控制标准，涉及了数字化格式及数字化系统控制、设备校准及预防性维护、设备鉴定、参数控制、对设备的有害环境条件对零件质量的影响、原材料处理（粉末的使用、再利用、合批及循环利用次数）、原材料流动监测、环境健康与完全、网络安全、过程监测等标准。

• 后处理标准，涉及了热处理、热等静压（HIP）、表面质量（表面特征）、机加工、后固化（聚合物）等标准。

• 成品材料性能标准，涉及了成品材料的力学性能、零部件测试、化学成分、设计许用值、显微组织等标准，同时对于医学用成品材料，还规定了医疗器械的生物相容性及清洁度等方面的标准。

③ 在鉴定与认证（Q&C）方面，既然与传统制造的零件一样，AM 生产的零部件也必须进行大量性能试验，所以 AM 部件在部署应用此类部件之前，必须解决其所面临的特有问题。这在对关键任务及关键安全性零部件及应用场合中尤为重要。关键零件会要求用已鉴定材料、已鉴定过程等来成形。在增材制造范围内可以讨论的鉴定类型有很多种，Q&C 是增材制造的一个主要关注领域。

AMSC 对已有的文件进行了识别，确认了几个方面的指南性文件，它们包括：

• 美国食品和药物管理局（FDA）关于 AM 器械的技术考虑因素的指南；

• 洛克希德·马丁公司 AM 供应商质量检查单；

• 航空航天任务保证改进研讨会形成文件；

• 复合材料手册-17（CMH-17）和金属材料特性开发和标准化（MMPDS）手册；

• AWS D20；

• 关于激光粉末床熔融（PBF-L）增材制造（AM）的 NASA 马歇尔航天飞行中心（MSFC）标准草案："增材制造太空飞行硬件的工程和质量标准"；

• ASME Y14.46。

④ 在无损评估（NDE）方面，由于增材制造是从上至下的成形方式，其内部缺陷的形式及表征与传统制造技术所形成的缺陷不同。检测不连续性和缺陷的 NDE 方法通常按缺陷的特征和在零件内的位置进行编目，检验方法最适合该零件。这些缺陷位置通常被称为：嵌入、近表面、表面或者表面裂纹。嵌入式缺陷检测方法包括：X 射线、超声波、涡流、热成像和声发射。表面缺陷检测方法包括：渗透剂、涡流、声发射和超声波。针对目前种类的缺陷及其测试方法，AMSC 按照下面所述的顺序对标准空缺进行识别：

• AM 制备零件的通用缺陷分类；

• AM 零件 NDE 的测试方法或最佳惯例；

• 内部缺陷特征尺寸的度量；

• 各类 NDE 测试结果的数据融合。

⑤ 在维修方面，鉴于增材制造在维修方面具有得天独厚的优势，且其维修流程及评定方面与传统维修技术存在区别，因此 AMSC 从以下领域开展了标准空缺的识别，主要包括：

• 修理程序标准；

• 技术检验程序标准；

• 基于模型的检验标准；

• 维修操作跟中标准；

• 维修的网络安全标准；

• 精加工、装配、焊接、研磨、涂覆、电镀标准等。

通过上述的标准化活动与工作，国外（尤指美国）摸清了增材制造技术与产品的发展与应用对于标准的需求，为推动增材制造产业的发展，加速产品在航空航天、医疗及国防诸多领域的应用，未来形成完善的增材制造技术标准体系奠定了基础。

11.2 国内增材制造技术标准现状

我国目前增材制造产业领域规模相对较小，技术及产品应用主要集中在航空航天、医疗及国防建设领域，这点与国外相同。但与国内技术及产品引用的现状相比，标准目前的发展与国外存在着相当大的差距，其差距主要体现在：

(1) 标准编制起步晚，标准发布数量少

我国于2016年4月21日成立了全国增材制造标准化技术委员会（SAC/TC562），对接ISO TC261，开展国内及国际增材制造技术标准化工作。但从时间上已比ISO TC261晚了五年，目前主要以国际标准本土化为主，同时也提出了中国第1项增材制造国际标准（ISO）立项建议，题目为“增材制造技术云服务平台模式规范”。截至目前TC562已发布和研制中的国家标准见表11-3。

表11-3 TC562已发布和研制中的增材国家标准

序号	项目编号	中文标准名称
1	GB/T 35351—2017	增材制造 术语
2	GB/T 35352—2017	增材制造 文件格式
3	GB/T 35021—2018	增材制造 工艺分类及原材料
4	GB/T 35022—2018	增材制造 主要特性和测试方法 零件和粉末原材料
5	20151394-T-604	增材制造 塑料材料粉末床烧结工艺规范
6	20151392-T-604	增材制造 增材制造产品设计指南
7	20161185-T-604	增材制造技术云服务平台模式规范
8	20173699-T-604	增材制造技术 材料挤出成形工艺规范
9	20173698-T-604	增材制造技术 金属材料粉末床熔融工艺规范
10	20173701-T-604	增材制造技术 金属材料定向能量沉积工艺规范
11	20173700-T-604	增材制造技术 增材制造金属件热处理规范
12	20180182-T-604	增材制造 数据处理
13	20184169-T-604	增材制造 材料 粉末床熔融用尼龙12及其复合粉末
14	20184168-T-604	增材制造技术 增材制造金属件机械性能评价通则

同时，国内其他标准化技术委员会也针对增材制造这一新兴领域开展了标准的制定工作，主要包括：全国有色金属标准化技术委员会（SAC/TC243）、全国激光修复技术标准化技术委员会（SAC/TC482）、特种加工机床标准化技术委员会（SAC/TC161）等。这些技术委员会以往制定发布的标准或现今正在制定的标准都可以作为增材制造标准体系的一部分，具体标准细目详见表 11-4。

表 11-4　已发布的增材相关标准

序号	项目编号	中文标准名称	标准化技术委员会
1	GB/T 14896.7—2015	特种加工机床 术语 第 7 部分:增材制造机床	SAC/TC161
2	GB/T 29796—2013	激光修复通用技术规范	SAC/TC482
3	GB/T 29795—2013	激光修复技术 术语和定义	SAC/TC482
4	GB 25493—2010	以激光为加工能量的快速成形机床 安全防护技术要求	工业和信息化部
5	GB/T 34508—2017	粉床电子束增材制造 TC4 合金材料	SAC/TC243
6	20140942-T-610	激光成型用钛及钛合金粉	SAC/TC243
7	20140944-T-610	金属粉末 松装密度的测定 第 3 部分:振动漏斗法	SAC/TC243

还有一些行业标准化组织也积极开展增材制造标准化的研究与制定，以中国航空综合技术研究所为例，其于 2007 年就开始了增材制造技术标准化工作，与王华明院士团队联合进行了激光直接沉积增材制造技术标准化的工作，经过长时间的孕育与努力，于 2016 年年底完成了激光直接沉积增材制造技术系列标准的编制，上报主管部门报批。截至目前，正在开展激光选区熔融系列标准、定向能量沉积再制造与修复标准、增材制造零件采购与验收标准、美国增材制造标准化技术路线图研究等增材制造方面的标准化工作，标准化领域涉及国家标准、行业标准、企业标准及团体标准等多方面，并结合国家科技部重点研发技术等重大技术研究类项目开展标准化工作，致力于形成科学、完善、满足国内增材制造技术发展与产品工程化应用需求的标准体系。截至目前，已完成及正在开展的标准研究与制定项目列表见表 11-5。

表 11-5　中国航空综合技术研究所开展的标准工作

序号	标准层级	中文标准名称	进展状态
1	航空行业标准	航空钛合金零件激光直接沉积工艺	已报批
2	航空行业标准	航空钛合金零件激光直接沉积用粉末规范	已报批
3	航空行业标准	航空钛合金零件激光直接沉积基材规范	已报批
4	航空行业标准	航空钛合金零件激光直接沉积制件规范	已报批
5	航空行业标准	航空钛合金零件激光直接沉积制件热处理	已报批
6	航空行业标准	增材制造金属零件通用设计指南	在研
7	航空行业标准	基于增材制造技术的坐标系定义指南	在研
8	航空行业标准	增材制造测试试样报告数据格式	在研
9	航空行业标准	增材制造金属材料力学性能测试指南	在研
10	航空行业标准	选区熔融点阵结构建模规范	在研
11	航空行业标准	钛合金零件激光选区熔化用粉末规范	在研

续表

序号	标准层级	中文标准名称	进展状态
12	航空行业标准	钛合金零件激光选区熔化工艺	在研
13	航空行业标准	钛合金零件激光选区熔化用热处理规范	在研
14	航空行业标准	钛合金零件激光选区熔化制件规范	在研
15	航空行业标准	再制造、修复用定向能量沉积技术通用要求	在研
16	航空行业标准	增材制造零件采购与验收指南	在研

综上所述，目前已经发布的增材制造相关标准仅有5项，与国外标准存在较大差距。但目前各部门均在积极开展标准的研究与制定工作，未来标准编制的速度将会加快，进一步满足国内技术发展及产品应用的需求。

(2) 标准体系建设无规划

从国内增材制造技术标准化现状来看，目前尚无统一组织能够组织全行业的生产供应商、各应用领域的用户单位和部门以及各利益相关方共同开展国内标准体系的建设，对于标准的体系化建设缺乏规划。国外AMSC已经开展的标准体系路线图的宝贵资料可以为国内先期开展研究提供借鉴，具有重要的价值与意义。

(3) 标准研制经费渠道受限

目前大部分国家渠道在支持标准研究方面力度不够，仍以传统的视角，按照技术成熟的角度对标准研制项目提供支撑，经费远不足以支撑目前关键技术标准研制的需求。另一方面，在重大专项研究的课题中，标准规范仅作为其中一项附加产物，对考核的要求缺乏，导致大部分技术研究机构重技术及产品研发、轻标准编制，产出的标准未能发挥对行业应用的支撑作用。

11.3 3D打印产品检测项目及测试方法

为了保证3D打印成形件的性能，满足其在对应应用领域的使用要求，保障产品质量，或者达到客户要求的技术参数和性能，需要依据专用、科学、有效的测试方法对3D打印产品进行检测。

3D打印产品主要包含3D打印用原材料、3D打印设备、3D打印成形件这几大类。其中原材料的化学成分、机械性能（静态力学性能、疲劳性能）等的评价可以参照该材料已有的测试及评价标准，生产厂商和研究单位为了达到最佳的成形效果，对部分性能参数进行了改进，需要重点关注此类项目的测试和评价，研究制定专用的测试方法。3D 打印设备的性能测试主要包含软件（安全性、易用性、健壮性）、安全性能（电气安全、机械安全）、打印性能（打印精度、打印效率、运行稳定性）、电磁兼容、核心器件等，需要重点关注安全性能和打印性能。3D 打印成形件测试主要包含尺寸精度、形位公差、表面质量、机械性能、组织结构、内部缺陷等。

目前 3D 打印产品相关的测试方法和评价指标主要参照原材料、成形件在其原有应用领域相关的标准，专用于 3D 打印的测试标准和评价指标大部分是国内部分企业为了保证自身生产产品质量控制而制定的企业标准，制定流程不够严谨，测试方法的科学性需要考证，评价指标并没有一个可靠的参考值，实用价值不大。此外，相关的国家、行业、地方标准基本上处于空白状态，需要大量工作来完善 3D 打印标准体系框架和评价指标体系。

11.3.1 3D 打印专用材料检测项目及方法

3D 打印专用材料主要是根据成形零件的使用需求而开发的，首先，材料基本物理、化学特性需要满足对应工艺的打印要求。因此 3D 打印专用材料的检测项目根据其工艺特性不同而不同。

增材制造国际标准《ISO 17296-1—2015 Additive manufacturing-General principles-Part 1：Terminology》及《ISO 17296-2—2015 Additive manufacturing-General principles-Part 2：Overview of process categories and feedstock》定义的增材制造 7 大工艺所使用的 3D 打印专用材料主要类别有：适用于材料挤出的热塑性线材；适用于立体光固化、材料喷射的光敏树脂；适用于粉末床熔融、定向能量沉积的金属、非金属粉末；适用于片层压工艺的薄膜材料等，或者是利用上述材料根据特定使用要求而制备的复合材料等。

(1) 热塑性线材检测项目及方法

此类材料主要应用于材料挤出工艺大类中的熔融沉积成形工艺（FDM），市面上主流的线材产品主要有 ABS、PLA、PEEK、PC 等。

根据 FDM 工艺成形技术要求检测的项目主要有：外观、线径、密度、玻璃化转变温度、熔融温度、熔体质量流动速率、有毒有害物质。对应的检测方法及标准见表 11-6。

表 11-6 3D 打印热塑性线材检测项目及标准

项目	单位	项目内容	检测方法/标准
密度	g/cm^3	采用浸渍法测定表观密度	GB/T 1033.1 中 A 法：浸渍法的规定 ASTM D792 ISO 1183 DIN 53 479
玻璃化转变温度	℃	无定形聚合物或半结晶聚合物中的无定形区域从黏流态或橡胶态到硬的、相对脆的玻璃态的一种可逆变化温度范围的近似中点的温度	GB/T 19466.2

续表

项目	单位	项目内容	检测方法/标准
熔融温度	℃	物体从固态开始转变为液态的温度	GB/T 19466.3
熔体质量流动速率	g/10min	在一定的温度和压力下，通过标准口径和一定时间内（一般为10min）内流出的熔料质量（g）	GB/T 3682 ASTM D1238
有毒有害物质	mg/kg	线材的六种限用物质（铅、汞、镉、六价铬、多溴联苯和多溴二苯醚）的测定	GB/T 26125

(2) 金属粉末检测项目及方法

激光选区熔化工艺（SLM）和定向能量沉积工艺（SLM）主要使用金属粉末作为打印材料，粉末的化学成分、密度、粒径分布、流动性、球形度、夹杂是粉末生产商及用户重点关注的项目。根据3D打印金属粉末增材制造国际标准ASTM F2924《Standard Specification for Additive Manufacturing Titanium-6 Aluminum-4 Vanadium with Powder Bed Fusion》、ASTM F3049《Standard Guide for Characterizing Properties of Metal Powders Used for Additive Manufacturing Processes》、ASTM F3055《Standard Specification for Additive Manufacturing Nickel Alloy 40；UNS N0771841；with Powder Bed Fusion》、ASTM F3056《Standard Specification for Additive Manufacturing Nickel Alloy &40；UNS N06625&41；with Powder Bed Fusion》所规定的检测项目和推荐的检测标准和方法，参考冶金行业、粉末行业的相关标准可以对上述项目进行检测，具体的检测方法及标准见表11-7。

表11-7　金属粉末检测项目及标准

项目	单位	项目内容	检测方法/标准
外观	—	外观均匀一致	目测检查
夹杂	—	粉末中的异类夹杂	目测检查、显微镜、扫描电镜
粒径分布	g	一定质量的粉末中不同粒径范围粉末颗粒的质量	GB/T 1480
	μm	一系列离散粒径段上颗粒体积相对于总体积的百分比	GB/T 19077
球形度	—	粉末颗粒接近球形的程度	GB/T 1455.6
松装密度	g/cm^3	粉末松散填装时单位体积的质量	GB/T 1479.1 GB/T 1479.2
振实密度	g/cm^3	粉末质量除以振实后的体积	GB/T 5162
真实密度	g/cm^3	粉末质量除以真实体积	ASTM 923
流动性	s	固定质量粉末流出漏斗的时间	GB/T 1482
化学成分	%	金属材料中各元素的含量	GB/T 11261 GB/T 20124 GB/T 4698系列标准 GB/T 223系列标准 GB/T 20975系列标准等

(3) 非金属粉末检测项目及方法

主要采用激光选区烧结（SLS）技术，目前应用最多的非金属粉末为尼龙 6、尼龙 66 及其复合材料。与 SLM 技术类似，粉末的流动性、粒径分布、颗粒形貌、热学性能（比热容、热导率、熔点）、成形收缩率、吸水率等参数关系到非金属粉末的打印性能，从而直接影响最终成形件致密度、力学强度等性能。材料性能对打印过程的具体影响见表 11-8[2]。

表 11-8　材料性能对打印过程的影响

材料性能	主要影响
热吸收性	CO_2 激光器的波长为 10.6μm，要材料在此波段有较强的吸收性，才能使粉末在较快的扫描速度下熔化和烧结
热传导性	材料的热传导系数小，可以减少热影响区域，保证成形尺寸精度和分辨率，但会降低成形效率
熔点	熔点低易于烧结成形，反之易于减少热影响区，提高分辨率
玻璃化转变温度	对于非晶体材料，影响作用与熔点相似
结晶温度与速度	在一定冷却速率下，结晶温度低，速率慢，有利于工艺控制
热分解温度	一般要求有较高分解温度
阻燃剂抗氧化性	要求不易燃，不易氧化
收缩率	材料的相变体积收缩率和膨胀系数尽可能小，减少成形内应力和收缩翘曲
模量	模量高，不易变形
熔体黏度	黏度小，易于黏结，强度高，热影响区大
粉末粒径	粒径大，成形精度与表面光洁度低，不易于激光吸收，易变形。粒径小，易于激光吸收，表面质量好，成形效率低，强度低，易污染，易烧蚀
粒径分布	合适的粒径分布有利于形成紧密堆积，减少收缩变形
颗粒形状	影响分体堆积密度和表面质量，球形度高流动性和光吸收性好
堆积密度	影响收缩率和成形强度

这些影响非金属粉末材料成形性能项目的测试方法及标准主要参照现有非金属粉末的测试方法，具体见表 11-9[3]。

表 11-9　非金属粉末材料性能项目测试方法及标准

项目	单位	方法/标准
相对密度	—	ASTM D792
松装密度	g/cm^3	ASTM D4164
吸湿率	%	ASTM D570
粒径分布	μm	GB/T 19077
熔点	℃	DSC
热变形温度	℃	ASTM D648
屈服强度	MPa	ASTM D648
弹性模量	MPa	ASTM D648
缺口延伸率	%	ASTM D648
弯曲模量	MPa	ASTM D790

(4) 光敏树脂检测项目及方法

立体光固化（SLA）3D打印设备专用材料，部分材料喷射3D打印设备专用材料主要为光敏树脂，由于3D打印设备设计不同、产品用途不同，树脂的各项目检测结果并不一定具有相同的判定标准，部分项目检测结果与其他产品偏离较多不代表其打印性能不佳，目前此类产品也没有专门的产品或检测标准。但是黏度、表面张力等影响打印性能的项目，pH值、VOC影响安全性能的项目是具有可比性的。光敏树脂材料性能测试项目及方法/标准见表11-10[4]。

表11-10 光敏树脂材料性能测试项目及方法/标准[4]

序号	项目名称	检测方法/标准
1	挥发性有机化合物含量	GB/T 18582—2008/3.2
2	pH值	GB/T 14518—1993
3	黏度	GB/T 7193.1—1987
4	表面张力	GB/T 22237—2008
5	稳定性	GB/T 11175—2002
6	水分	GB/T 6283—2008

① 黏度、表面张力　这两个项目主要影响树脂的打印性能，是很重要的指标。当黏度过高时，需要很高的压力才能使其从喷头喷出，能耗高；而当黏度过低时，则容易形成拖尾、漏液和飞溅。另外，光敏树脂能否从喷头稳定喷出的一个重要影响因素是表面张力，当表面张力过高时，需要较大的表面能才能形成液滴，从而导致光敏树脂较难从喷头喷射出来；而当表面张力过低时，喷出来的树脂在工作面上铺展过快，无法形成有效的分层厚度，导致制品的尺寸精度变差。

② 水分　水分含量过高，导致树脂中可固化成分降低，容易在成形件中形成空洞，降低成形件的力学强度。

③ pH值、挥发性有机化合物（VOC）　主要是考虑到样品对人和环境的危害。在倒入树脂、取出样品、清洗设备、对样品进行后处理时，如果皮肤接触到酸性树脂，有可能被腐蚀。立体光固化设备打印工作区域会存储大量的光敏树脂，根据设备尺寸大小而不同，非工作期间，树脂温度基本上是室温，树脂中的有机成分挥发量有限，在工作过程中，由于激光本身具有能量，树脂固化时也会放出热量，阵面曝光式设备发热量更明显，树脂的挥发量会增加，因此树脂材料的VOC过高的话，容易导致树脂存储稳定性降低，周围环境中的有机物含量偏高，对工作人员的身体存在伤害。

11.3.2 3D打印设备检测项目及方法

采用不同3D打印工艺的3D打印设备，其需要检测的项目有所区别，但是不同类型打印设备的安全性、电磁兼容性、环保性和打印性能等都与使用者的健康、安全和使用意图有着非常密切的关系，这些方面都亟须进行全方位的检测评估。

市场上商品化的3D打印可以分为消费类和工业类两大类。消费类主要有熔融沉积成形（FDM）设备、3D打印笔、小型桌面化的立体光固化（SLA、DLP）设备。工业类的主要

有激光选区熔化（SLM）、激光选区烧结（SLS）、同轴送粉（DED）、立体光固化（SLA）等设备。

(1) 消费类熔融沉积成形（FDM）设备检测项目及方法

目前消费类 FDM 3D 打印机可能存在的质量问题主要表现在以下几方面：

① 电气安全问题　消费类 FDM 3D 打印机采用 200℃左右或更高温度的加热系统，具备复杂的控制系统和装置等，长期使用时，3D 打印机可能出现线路老化、部分配件高温变形等情况，设备产生短路、漏电等危险状况，很可能导致打印机烧毁，人员触电、烫伤，甚至引发火灾事故。因此，对消费类 3D 打印机需注重电气安全防护。

② 机械安全问题　使用者在操作非全封闭式消费类 3D 打印机时与机器直接接触，若易接触到的部位存在尖棱、尖角、锐边等，会引起人员刺伤和割伤等危险，一些运转的部件也有可能会绞住头发或夹伤手指，打印头的高温也可能烫伤手部。因此，打印机正常工作过程中，要保证机器工作区有安全防护措施等，以避免对人体造成伤害。

③ 电磁兼容安全问题　消费类 3D 打印机配有复杂的电气系统，每个电子元器件都是一个电磁波发射源，其工作时会产生电磁干扰，同时也可能受到外界电磁干扰导致工作异常。因此消费类 3D 打印机的电磁兼容问题关系到打印机的可靠性和安全性。

④ 软件安全问题　3D 打印机长时间运行在无人值守的状态，出现断丝、丝材用完、模型超程、长时间待机等异常情况时，软件没有相应安全保护功能，会导致长时间空转、异常运转等，从而引起设备损坏、起火等危险。

⑤ 打印性能问题　目前市场上所销售的大部分消费类 3D 打印机在随机技术文件中都明示了打印精度、打印速度、最大成形尺寸等参数，但是实际使用中 3D 打印机是否能达到厂家声明的精度和速度，需要实验评估。如果达不到，则会影响到用户设计意图的实现效果。

针对以上可能存在的质量问题分析，根据 GB 4943.1—2011《信息技术设备　第 1 部分：通用要求》、IEC 61000-6-1：2005《Electromagnetic compatibility（EMC）-Part 6-1：Generic standards-Immunity for residential，commercial and light-industrial environments》、IEC 61000-6-3：2011《Electromagnetic compatibility（EMC）-Part 6-3：Generic standards-Emission standard for residential，commercial and light-industrial environments》等标准对接地导体及其连接的电阻、抗电强度、电气间隙和爬电距离、稳定性、机械强度、结构设计、危险运动部件的防护、接触温度的限值、接触电流和保护导体电流、电磁兼容、运行试验、最大成形尺寸项目进行考核，更全面地考察 3D 打印机的电气安全性、机械安全性和电磁兼容性等。消费类熔融沉积成形（FDM）设备测试项目及方法/标准见表 11-11。

表 11-11　消费类熔融沉积成形（FDM）设备测试项目及方法/标准

项目名称	检测方法/标准
接地导体及其连接的电阻	按 GB 4943.1—2011 的要求，保护连接导体的电阻应不得超过 0.1Ω，试验后保护连接导体不得被损坏
抗电强度	按 GB 4943.1—2011 的要求，试验期间绝缘不应出现击穿
电气间隙、爬电距离	按 GB 4943.1—2011 的要求，一次电路绝缘的电气间隙应≥6 mm
	按 GB 4943.1—2011 的要求，一次电路绝缘的爬电距离应≥6mm

续表

项目名称	检测方法/标准
稳定性	按 GB 4943.1—2011 的要求，当使其相对于其正常垂直位置倾斜10°时，该设备不得翻倒
机械强度	按 GB 4943.1—2011 的要求，试验后，样品应当继续符合标准 2.1.1、2.6.1、2.10、3.2.6 和 4.4.1 的要求，而且不得出现会影响安全装置(例如热断路器、过流保护装置或联锁装置)正常工作的迹象
结构设计	按 GB 4943.1—2011 的要求，设备上的棱缘和拐角应倒圆或磨光
	按 GB 4943.1—2011 的要求，对规定零部件施加轴向作用力，不应被拉脱
危险运动部件的防护	按 GB 4943.1—2011 的要求，对于可触及的危险运动部件应当在操作说明书中提供声明，并将标记固定到设备上。警告标签应当设置在从伤害危险最大的地方易于看到的和接触到的明显位置上
接触温度的限值	按 GB 4943.1—2011 的要求，喷头加热部分外部应有合理的防护装置，使喷头加热部分不会被无意间接触，且应有警告标识，指明该零部件是发热的
	按 GB 4943.1—2011 的要求，邻近加热平台的显著位置应当有警告标识
接触电流和保护导体电流	按 GB 4943.1—2011 的要求，未连接到保护接地的可触及的零部件和电路的接触电流应≤0.25mA
	设备电源保护接地端子应≤3.5mA
电源端子传导骚扰	应符合 GB/T 9254—2008 中 5.1 表 2 中 B 级 ITE 电源端子传导骚扰限值
1GHz 以下辐射骚扰	应符合 GB/T 9254—2008 中 6.1 表 2 中 B 级 ITE 的辐射骚扰限值
静电放电抗扰度	按 GB/T 17626.2—2006 标准，接触放电±4kV，空气放电±8kV，应至少能满足性能判据 B 的要求
运行试验	分别在室温(20℃±2℃)和高温(40℃±2℃)下连续打印模型 24h，其间进行电压波动试验，分别为 200V、4h，240V、8h，共计 2 个循环，应运行正常无故障
最大成形尺寸	按设备本体或说明书明示的最大成形尺寸打印模型，设备应运行无故障，模型应可正常成形，模型尺寸应不小于明示的最大成形尺寸

(2) 消费类 3D 打印笔检测项目及方法

该类设备结构比较简单，没有特别复杂的传动和执行机构，使用群体主要为儿童、青少年学生等，主要考虑其安全性能，需要测试的项目包括标志和标识、发热、重物冲击、跌落、有毒有害物质，对应的测试方法/标准见表 11-12。

表 11-12　消费类 3D 打印笔测试项目及方法/标准

项目	检测方法/标准
标志和标识	参照 GB 4706.1—2005《家用和类似用途电器的安全通用要求》，应有标准规定内容的标志
发热	参照 GB 19865—2005《电玩具的安全》，易被手触及的部件温升不应超过规定的限值
重物冲击	参照 GB 31241—2014《便携式电子产品用锂离子电池和电池组 安全要求》标准，试验后电池应不起火、不爆炸
跌落试验	参照 GB/T 2423.8—2008《电子电工产品环境实验 第 2 部分：试验方法 试验 Ed：自由跌落》，试验后应正常运行
有毒有害物质	打印笔、线材均应满足 GB/T 26572—2011《电子电气产品中限用物质的限量要求》

(3) 工业类光固化（SLA/DLP）设备检测项目及方法

目前工业类光固化（SLA/DLP）设备的质量风险主要表现在以下几方面：

① 电气安全性　虽然工业类光固化（SLA/DLP）设备的操作使用者一般是经过培训的专业人士，但由于使用强电，一旦设备出现故障等意外情况造成设备带电，容易造成触电等风险。

② 打印性能　目前工业类光固化（SLA/DLP）设备产品质量参差不齐。设备的打印性能达不到要求的话，会影响最终设计的效果和打印产品的使用性能。

针对以上分析，为了更全面地考察工业类光固化（SLA/DLP）设备的安全性和打印性能等，可以根据GB 5226.1—2008《机械电气安全　机械电气设备　第1部分：通用技术条件》、JB/T 10626—2006《立体光固化激光快速成形机床　技术条件》等标准对引入电源线端接法、保护联结电路、急停功能、绝缘电阻、标志和标识、最大成形空间、层厚、连续成形制件、软件及材料兼容性、加工精度进行检测。工业类光固化（SLA/DLP）设备测试项目及方法/标准见表11-13。

表 11-13　工业类光固化（SLA/DLP）设备测试项目及方法/标准

项目名称	检测方法/标准
引入电源线端接法	使用中线时应在机械的技术文件（如安装图和电路图）上表示清楚，并应对中线提供标有N的单用绝缘端子
	在电气设备内部，中线和保护接地电路之间不应相连，也不应使用PEN兼用端子
保护联结电路	应依靠形状、位置、标记或颜色使保护导线容易识别。当只采用色标时，应在导线全长上采用黄/绿双色组合。保护导线的色标是绝对专用的
	保护导线的截面积应与有关相线截面积相对应
	在PE端子和各保护联结电路部件的有关点间引入10A电流，持续至少10s，当保护联结电路截面积≤4mm^2，测得的最大电源阻抗值RPE≤0.5Ω
急停按钮	在易于接近的位置应设置急停器件
	急停器件的型式包括：掌揿或蘑菇头式按钮开关、拉线操作开关、不带机械防护装置的脚踏开关
	急停器件的操纵器应着红色，最接近操纵器的周围的衬托色应为黄色
绝缘电阻检验	在动力电路导线和保护联结电路间施加500VDC时测得的绝缘电阻不应小于1MΩ
标志和标识	电气设备外壳都应标记黄底黑框、黑色闪电标记，警告标记应在门、盖上清晰可见
最大成形空间	应大于或等于企业明示的成形空间
层厚	打印层厚应与设定层厚一致
连续成形制件试验	选取制作时间为48h以上的样件做连续成形制件试验，机床运转应正常、稳定
软件及材料兼容性	检查设备软件、切片软件是否为自主开发，使用材料是否对第三方材料兼容，最终横向对比评价
加工精度	按JB/T 10626—2006标准试件的1/2尺寸打印，允差±0.1mm，检测尺寸符合性

(4) 工业类激光选区熔化（SLM）设备检测项目及方法

目前工业类激光选区熔化（SLM）设备可能存在的质量问题主要表现在以下几方面：

① 安全性　虽然工业类激光选区熔化（SLM）设备的操作使用者一般是经过培训的专业人士，但由于使用强电，一旦设备出现故障等意外情况造成设备带电，容易造成触电等

风险。

② 部件性能　目前国内的工业类激光选区熔化（SLM）设备使用的核心部件主要是以进口为主。需要关注国内外核心部件的参数差异。

③ 打印性能　目前工业类激光选区熔化（SLM）设备产品质量参差不齐。设备的打印性能达不到要求的话，会影响最终设计的效果和打印产品的使用性能。

④ 材料性能　目前国内的工业类激光选区熔化（SLM）设备使用的金属打印粉末质量参差不齐，需要关注国内外金属粉末的参数差异。

根据以上分析，为了更全面地考察工业类激光选区熔化（SLM）设备的安全性和打印性能等，应根据GB 5226.1—2008《机械电气安全　机械电气设备　第1部分：通用技术条件》、JB/T 10625—2006《激光选区烧结快速成形机床　技术条件》、GB 25493—2010《以激光为加工能量的快速成形机床安全防护技术要求》等标准对机械危险及防护、引入电源线端接法、保护联结电路、急停功能、绝缘电阻、标志和标识、噪声、成形空间、层厚、激光功率、软件及材料兼容性、打印精度及对应效率项目进行检测。见表11-14。

表11-14　工业类激光选区熔化（SLM）设备测试项目及方法/标准

检测项目	检测方法/标准
机械危险及防护	在操作者可能触及的机床部位不得有尖棱、尖角、锐边等缺陷，以免引起刺伤和割伤
	在预定工作条件下，机床及其部件不应出现意外倾覆。激光系统、光束传输部件应有防护措施并牢固定位，防止造成冲击和振动
	机床的加工区应设置联锁的防护罩，光束的通道应防护围封。对于工作区采用密闭结构的机床，成形室应设置联锁的门
	联锁的防护装置打开时，机床应停止工作或不能启动，并应确保在防护装置关闭前不能启动
引入电源线端接法	使用中线时应在机械的技术文件（如安装图和电路图）上表示清楚，并应对中线提供标有N的单用绝缘端子
	在电气设备内部，中线和保护接地电路之间不应相连，也不应使用PEN兼用端子
保护联结电路	应依靠形状、位置、标记或颜色使保护导线容易识别。当只采用色标时，应在导线全长上采用黄/绿双色组合。保护导线的色标是绝对专用的
	保护导线的截面积应与有关相线截面积相对应： 相线$S \leqslant 16mm^2$时，地线为S； 相线$16mm^2 < S \leqslant 35mm^2$时，地线为$16mm^2$； 相线$S > 35mm^2$时，地线为$S/2$
	在PE端子和各保护联结电路部件的有关点间引入10A电流，持续至少10s，当保护联结电路截面积≤$4mm^2$，测得的最大电源阻抗值RPE≤0.5Ω
急停按钮	在易于接近的位置应设置急停器件
	急停器件的型式包括： 掌揿或蘑菇头式按钮开关； 拉线操作开关； 不带机械防护装置的脚踏开关
	急停器件的操纵器应着红色，最接近操纵器的周围的衬托色应为黄色

续表

检测项目	检测方法/标准
绝缘电阻检验	在动力电路导线和保护联结电路间施加 500VDC 时测得的绝缘电阻不应小于 1MΩ
标志和标识	电气设备外壳都应标记黄底黑框、黑色闪电标记，警告标记应在门、盖上清晰可见
	在有可能引起烫伤部件附近应有“当心高温”标志
噪声	设备正常工作时的噪声声压级应小于 60dB(A)
成形空间	应大于或等于企业明示的成形空间
层厚	打印层厚应与设定层厚一致
激光功率	激光功率应达到企业明示值
软件及材料兼容性	检查设备软件、切片软件是否为自主开发，使用材料是否对第三方材料兼容，最终横向对比评价
打印精度及对应效率	按 JB/T 10625—2006 标准试件的 1/2 尺寸打印，允差±0.2mm

11.3.3 3D 打印成形件检测项目及方法

使用目前主流 3D 打印工艺设备制备的 3D 打印成形件分为金属、非金属两大类，其中非金属又可以分为塑料、陶瓷两个子类。对于成形件的表面特性、几何特性可以采取类似的测试方法、设备来进行尺寸精度、公差、三维形貌、表面粗糙度等的测试。对于不同类型成形件的机械性能，分别有专用的测试设备、标准进行检测。

11.3.3.1 3D 打印成形件的表面特性

(1) 外观

成形件的外观特性可以通过目视检查的方法，观察成形件表面质量，有无明显的不符合设计模型的特征，如错层、翘曲、层间开裂、多余的支撑、表面裂纹、残余材料等。

(2) 颜色

对于金属成形件可以观察成形件表面的颜色来分析判断材料成形过程中是否存在被氧化、氮化等现象。

对于塑料成形件可以根据标准 GB/T 3979—2008《物体色的测量方法》、GB/T 2913—1982《塑料白度试验方法》，采用光谱光度测色法、光电积分测试仪法、目视比较测量法等来测试塑料成形件的颜色。

对于陶瓷成形件可以根据标准 GB/T 4739—2015《日用陶瓷颜料色度测定方法》，采用国际照明委员会（CIE）D_{65} 标准照明体，1964 补充标准色度系统条件下，使用测量仪器测出陶瓷试样的三刺激值 x_{10}、y_{10}、z_{10}，并采用 CIE1976（$L^*a^*b^*$）色空间中明度指数 L^* 和色品指数 a^*、b^* 值表示颜色。

(3) 表面粗糙度

对于需要装配的成形件，其配合面的表面粗糙度要求较高，一般需要再次机加工，通过测量其表面粗糙度，可以确定需要加工的程度。3D 打印成形件的表面粗糙度可以依据标准 GB/T 1031—2009《产品几何技术规范（GPS）表面结构　轮廓法　表面粗糙度参数及其数值》，适用中线制（轮廓法）评定被测样品的表面粗糙度，表面粗糙度参数可以用轮廓的算术平均偏差 Ra 或轮廓的最大高度 Rz 来表示，一般推荐用 Ra。

11.3.3.2 3D打印成形件的几何特性

3D打印成形件的几何特性越接近设计模型效果越好，几何特性偏差较大的可能无法使用，偏差较小的可以通过机加工进行处理。通过科学的测量方式得到成形件的精确几何特性参数，结合用户要求判断零件是否可用。

(1) 尺寸、长度及角度公差

对于几何形状比较规则的、无复杂表面结构的成形件，可以使用经过计量认证的直尺、游标卡尺、千分尺、量角器等对成形件的尺寸、长度及角度公差进行测试分析。对于异形曲面、结构复杂的成形件，推荐使用较为先进、自动化程度高的三坐标、高精度扫描仪等进行整体测量。但这些方法只能测量成形件外表面几何特性，内部的尺寸、长度及角度公差需要对成形件进行解剖，选取要测量的截面来测量。

对于外观尺寸不大的3D打印成形件，可以使用工业CT无损检测的方法来测试其尺寸、长度及角度公差，这种方法同时可以检测成形件内部的尺寸、长度及角度公差，特别适用于有内部结构难以测量的成形件。

测试结果依据标准GB/T 1800.1—2009《产品几何技术规范（GPS） 极限与配合 第1部分：公差、偏差和配合的基础》、GB/T 1800.2—2009《产品几何技术规范（GPS）极限与配合 第2部分：标准公差等级和孔、轴极限偏差表》、GB/T 1804—2000《一般公差 未注公差的线性和角度尺寸的公差》的规定进行标注说明。

(2) 几何公差

3D打印成形件的几何公差可以采用上述测量尺寸、长度及角度公差的仪器设备来测量，并依据标准GB/T 1182—2008《产品几何技术规范（GPS）几何公差 形状、方向、位置和跳动公差标注》进行标注。

11.3.3.3 3D打印成形件的内部质量

现有的3D打印材料、设备、工艺制备的成形件内部或多或少存在空隙、裂纹、夹杂等缺陷，影响成形件的机械性能。由于加工方式与传统生产方式不同，对于缺陷的评级行业内暂时没有定论。可以通过解剖成形件观看其内部结构，但是这种方式不适合于单个加工成本和时间较长的3D打印成形件，推荐使用无损检测的方式来检测。

无损检测是指在不损害或不影响被检测对象使用性能，不伤害被检测对象内部组织的前提下，利用材料内部结构异常或缺陷存在引起的热、声、光、电、磁等反应的变化，以物理或化学方法为手段，借助现代化的技术和设备器材，对试件内部及表面的结构、性质、状态及缺陷的类型、性质、数量、形状、位置、尺寸、分布及其变化进行检查和测试的方法[5]。

无损检测方法很多，常用的主要有射线检测（RT）、超声波检测（UT）、磁粉检测（MT）和液体渗透检测（PT）四种。其他无损检测方法有涡流检测（ECT）、声发射检测

(AE)、热像/红外（TIR)、泄漏试验（LT)、交流场测量技术（ACFMT)、漏磁检验(MFL)、远场测试检测方法（RFT)、超声波衍射时差法（TOFD）等。

(1) 目视检测（VT)

目视检测，在国内实施的比较少，但在国际上是非常重视的无损检测第一阶段首要方法。按照国际惯例，目视检测要先做，以确认不会影响后面的检验，再接着做四大常规检验。

(2) 射线检测（RT)

是指用X射线或γ射线穿透试件，以胶片作为记录信息的器材的无损检测方法，该方法是最基本的、应用最广泛的一种非破坏性检验方法。

原理：射线能穿透肉眼无法穿透的物质使胶片感光，当X射线或γ射线照射胶片时，与普通光线一样，能使胶片乳剂层中的卤化银产生潜影，由于不同密度的物质对射线的吸收系数不同，照射到胶片各处的射线强度也就会产生差异，便可根据暗室处理后的底片各处黑度差来判别缺陷。

总的来说，RT的定性更准确，有可供长期保存的直观图像，总体成本相对较高，而且射线对人体有害，检验速度会较慢。

(3) 超声波检测（UT)

原理：通过超声波与试件相互作用，就反射、透射和散射的波进行研究，对试件进行宏观缺陷检测、几何特性测量、组织结构和力学性能变化的检测和表征，并进而对其特定应用性进行评价的技术。

适用于金属、非金属和复合材料等多种试件的无损检测；可对较大厚度范围内的试件内部缺陷进行检测。如对金属材料，可检测厚度为1～2mm的薄壁管材和板材，也可检测几米长的钢锻件；而且缺陷定位较准确，对面积型缺陷的检出率较高；灵敏度高，可检测试件内部尺寸很小的缺陷；并且检测成本低、速度快，设备轻便，对人体及环境无害，现场使用较方便。

但其对具有复杂形状或不规则外形的试件进行超声检测有困难；并且缺陷的位置、取向和形状以及材质和晶粒度都对检测结果有一定影响，检测结果也无直接见证记录。

(4) 磁粉检测（MT)

原理：铁磁性材料和工件被磁化后，由于不连续性的存在，使工件表面和近表面的磁力线发生局部畸变而产生漏磁场，吸附施加在工件表面的磁粉，形成在合适光照下目视可见的磁痕，从而显示出不连续性的位置、形状和大小。

适用性和局限性：磁粉探伤适用于检测铁磁性材料表面和近表面尺寸很小、间隙极窄(如可检测出长0.1mm、宽为微米级的裂纹)、目视难以看出的不连续性；也可对原材料、半成品、成品工件和在役的零部件检测，还可对板材、型材、管材、棒材、焊接件、铸钢件及锻钢件进行检测，可发现裂纹、夹杂、发纹、白点、折叠、冷隔和疏松等缺陷。

但磁粉检测不能检测奥氏体不锈钢材料和用奥氏体不锈钢焊条焊接的焊缝，也不能检测铜、铝、镁、钛等非磁性材料。对于表面浅的划伤、埋藏较深的孔洞和与工件表面夹角小于20°的分层和折叠难以发现。

(5) 液体渗透检测（PT)

原理：零件表面被施涂含有荧光染料或着色染料的渗透剂后，在毛细管作用下，经过一

段时间，渗透液可以渗透进表面开口缺陷中；经去除零件表面多余的渗透液后，再在零件表面施涂显像剂，同样，在毛细管的作用下，显像剂将吸引缺陷中保留的渗透液，渗透液回渗到显像剂中，在一定的光源下（紫外线光或白光），缺陷处的渗透液痕迹被显示（黄绿色荧光或鲜艳红色），从而探测出缺陷的形貌及分布状态。

优点及局限性：渗透检测可检测各种材料，金属、非金属材料；磁性、非磁性材料；焊接、锻造、轧制等加工方式；具有较高的灵敏度（可发现0.1μm宽缺陷），同时显示直观、操作方便、检测费用低。

但它只能检出表面开口的缺陷，不适于检查多孔性疏松材料制成的工件和表面粗糙的工件；只能检出缺陷的表面分布，难以确定缺陷的实际深度，因而很难对缺陷做出定量评价，检出结果受操作者的影响也较大。

上述常见方法中VT、MT、PT不太适用于含有内部结构的成形件，对于内部有孔道的成形件，如随形冷却模具，可以选择合适尺寸的内窥镜探头进行目视检测。RT、UT可以看到成形件内部情况，但是这两种方法都不是很直观，RT有X射线拍片和CT等方式，其中拍片主要呈现的是一张张二维图片，可以通过多个角度拍摄的方式大体定位缺陷的位置和尺寸，但是无法呈现缺陷的形貌。CT则可以以三维的形式展示成形件内部缺陷，并能精确测量缺陷的尺寸。但是由于X射线管电压有限，对于尺寸较大的成形件检测较为苦难。UT有多种方式，其中超声C扫可以以三维的形式展示成形件内部缺陷，与CT相比对成形件尺寸范围的要求较宽。

因此，成形件内部质量的检测可以根据实际成形件的材质、成本、检测精度要求等，选择合适的无损检测方式，或者多种无损检测方式相结合，参考相应的检测标准进行检测操作。

11.3.3.4 3D打印成形件的力学性能检测项目及方法

成形件的力学性能主要有硬度、拉伸性能、冲击性能、压缩性能、弯曲性能、弹性、疲劳性能、蠕变性能、抗老化性能、摩擦性能、剪切性能、裂纹扩展等，这些性能达不到设计或者使用要求，成形件将无法使用。这些项目中绝大部分都可以依据现有的标准进行检测，根据不同材料类别，可参考的检测标准如表11-15。

表11-15 成形件的力学性能测试项目及推荐的测试方法

项目	金属	塑料	陶瓷
硬度	GB/T 4340.1 GB/T 230.1 GB/T 231.1	GB/T 3398.1 GB/T 3398.2 GB/T 2411	GB/T 16534
拉伸性能	GB/T 228.1 GB/T 228.2	GB/T 1040.1 GB/T 1040.2 GB/T 1040.3 GB/T 1040.4	GB/T 23805
冲击性能	GB/T 229	GB/T 1043.1 GB/T 1843	ISO 11491

续表

项目	金属	塑料	陶瓷
压缩性能	GB/T 23370 GB/T 7314	GB/T 1041	GB/T 8489
弯曲性能	GB/T 3851	GB/T 9341	GB/T 6569 GB/T 14390 ISO 14610
弹性	无	无	GB/T 10700
疲劳性能	GB/T 3075 GB/T 4337	ISO 13003 ISO 15850	ISO 22214 ISO 28704
蠕变性能	GB/T 2039	GB/T 11546.1	ISO 22215
抗老化性能	无	GB/T 16422.1 GB/T 16422.2 GB/T 16422.3 GB/T 16422.4	无
摩擦性能	无	ISO 6601	ISO 20808
剪切性能	GB/T 229	ISO 14129	GB/T 31541 JC/T 2172

11.3.3.5 3D打印成形件的其他性能

前文所列成形件的检测项目主要是目前3D打印从业者主要关注的特性，3D打印成形件的其他特性主要有：

① 热物特性　出熔温度、尺寸热稳定性、软化温度、比热容、热导率、线性膨胀系数、泊松比等；

② 电学特性　击穿强度、介电性能、磁性、导电性等；

③ 理化和生物特性　可燃性、毒性、化学组成、耐化学腐蚀性、吸水性、晶体结构、食品接触适应性、生物相容性、光稳定性、雾度、透光率、结晶温度、腐蚀性等。

在一些特定的应用场合以上部分项目也可能需要进行检测，具体的检测方法可以参考3D打印成形件所替代的传统工艺制备的零件所执行的标准。

参考文献

[1] Standardization Roadmap for Additive Manufacturing (VERSION 2.0), America Makes & ANSI Additive Manufacturing Standardization Collaborative (AMSC), 2018.

[2] 洪琴.选择性激光烧结用新型复合尼龙粉末的研究.太原：中北大学，2009.

[3] 罗艳.复合尼龙粉末激光烧结性能的实验研究.镇江：江苏大学，2010.

[4] 冯波.紫外光敏树脂的制备及性能研究.武汉：湖北大学，2016.

[5] 雷毅，丁刚，鲍华，等.无损检测技术问答.北京：中国石化出版社，2013.

图 1-8 A380 门支架（door bracket）的优化结构

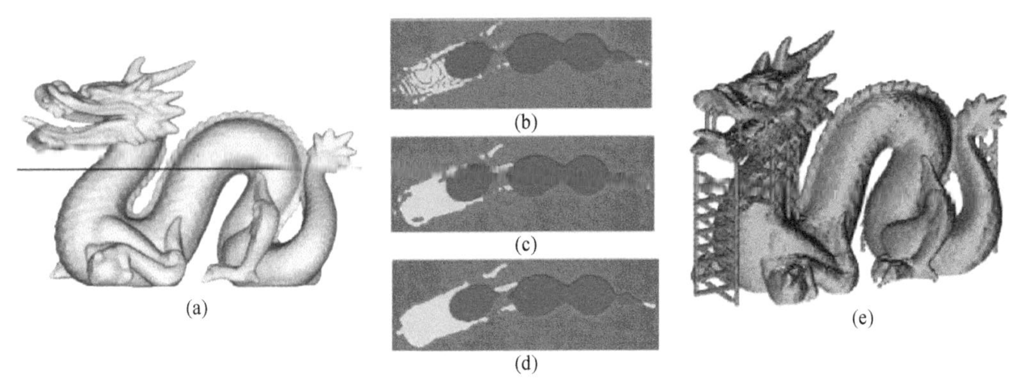

图 2-11 图像空间分层制造算法

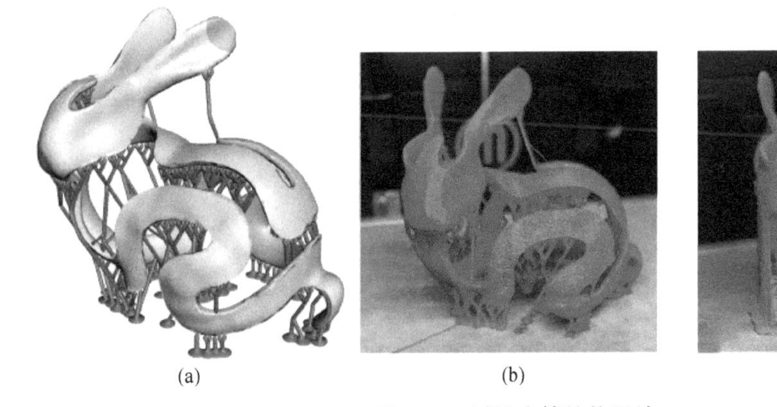

图 2-15 树形支撑结构设计

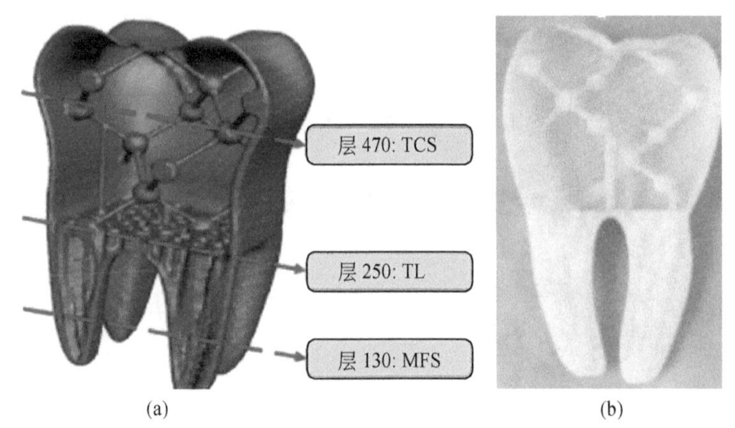

图 2-24　基于骨骼肌和四面体晶状体的混合结构设计

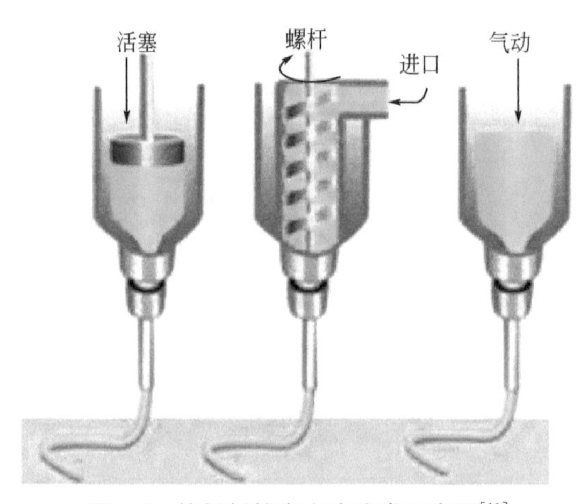

图 4-3　按材料挤出方式分类示意图[11]

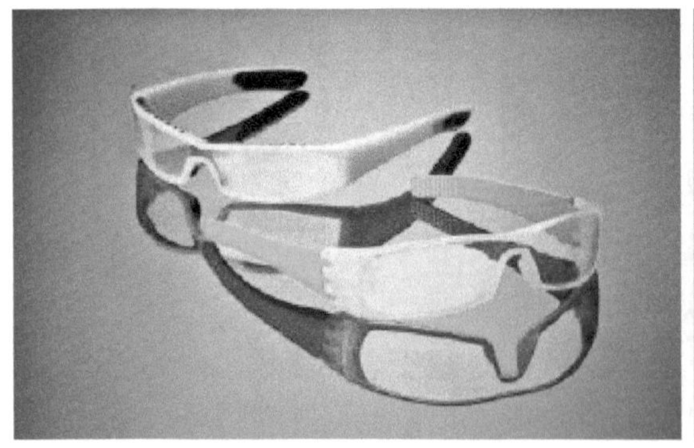
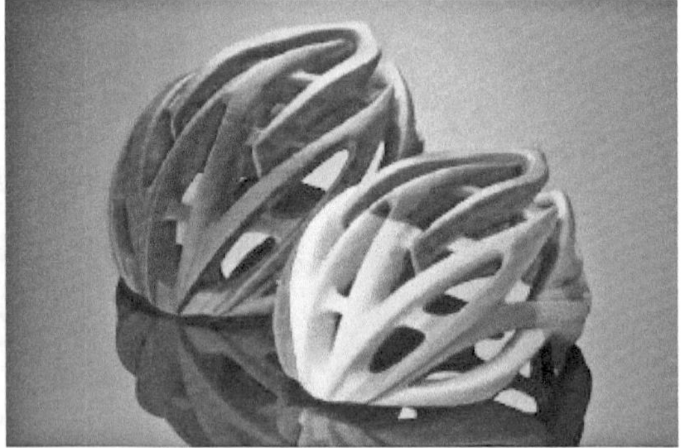

图 4-15　FDM 打印彩色制品

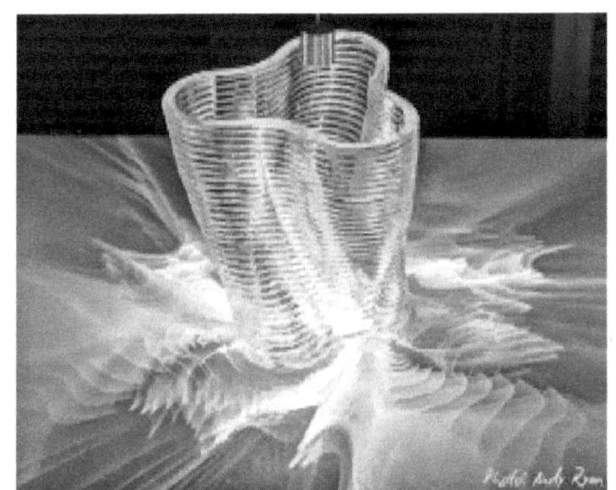

图 4-22 具有光学特性的 3D 打印玻璃制品

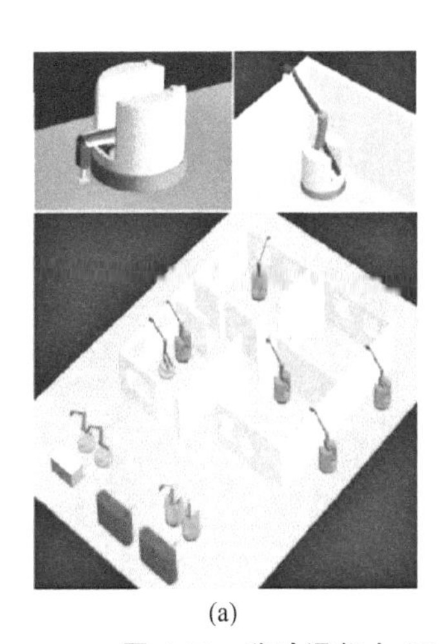
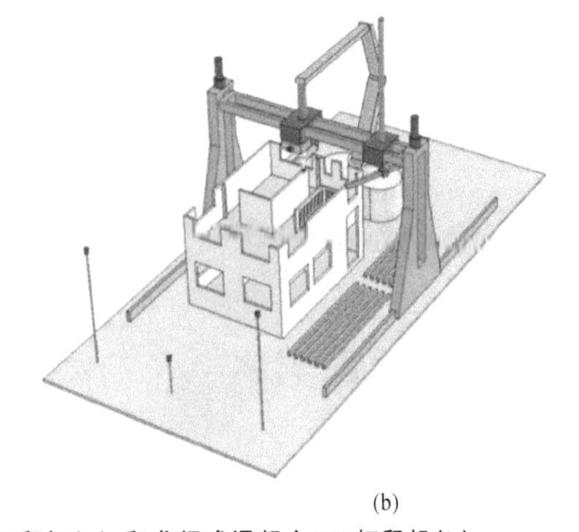

(a) (b)

图 4-32 移动混凝土 3D 打印机(a) 和龙门式混凝土 3D 打印机(b)

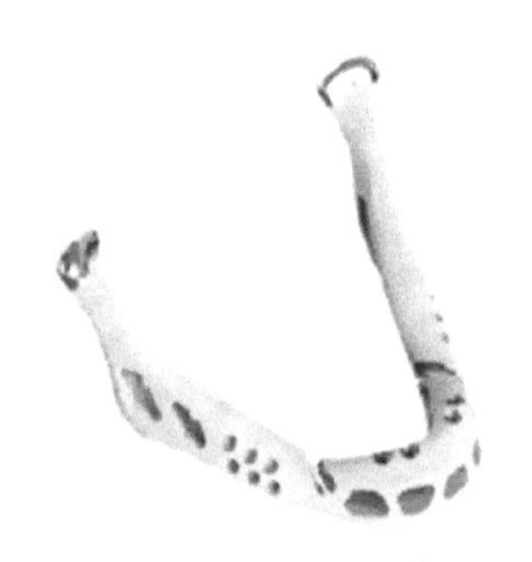

图 4-44 FDM 打印的下颚和血管模型

图 6-26　原型全彩打印

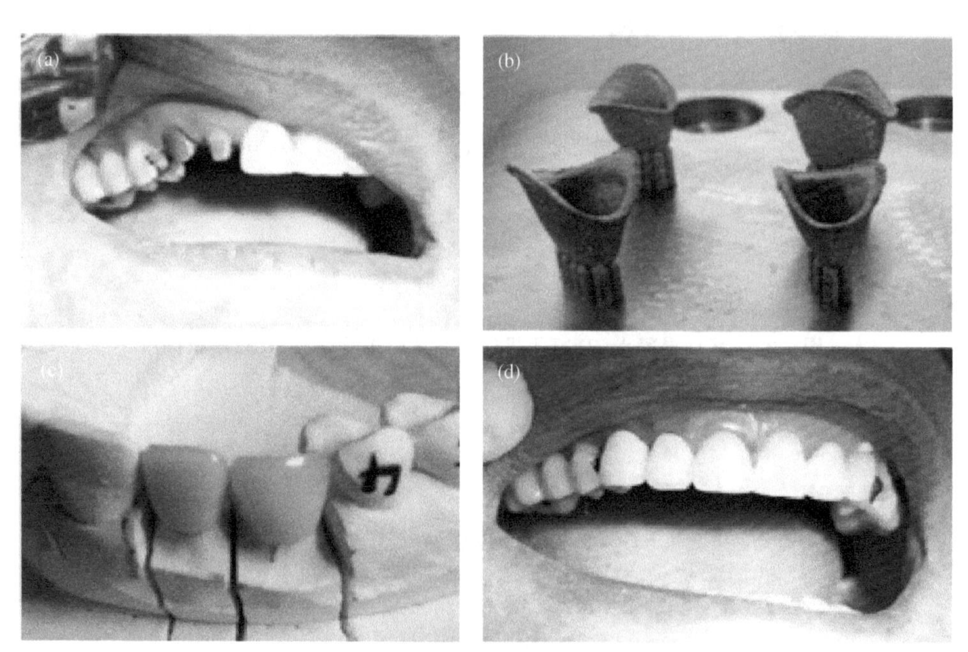

图 7-38　SLM 成形件在口腔及医疗应用

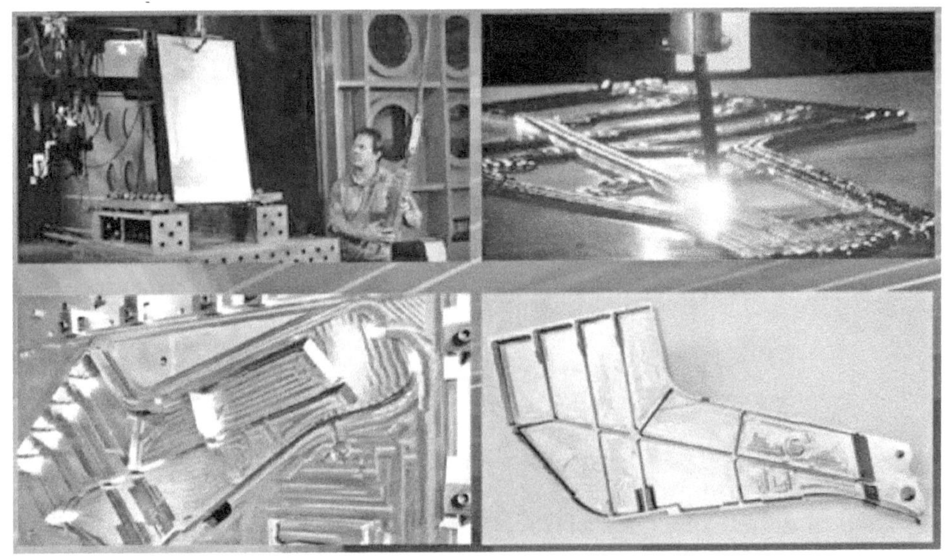

图 8-16　Sciaky 公司制造的钛合金零件

图 10-16　乌克兰巴顿焊接研究所的激光-等离子弧焊接头[56]

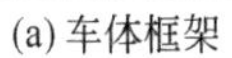

(a) 车体框架

(b) 焊接现场

图 10-17　奥迪 A8 轿车框架结构及复合焊接现场照片

图 10-18　德国 Meyer-Werlt 船厂的复合焊接现场

(a) 复合焊接头

(b) 焊接现场图

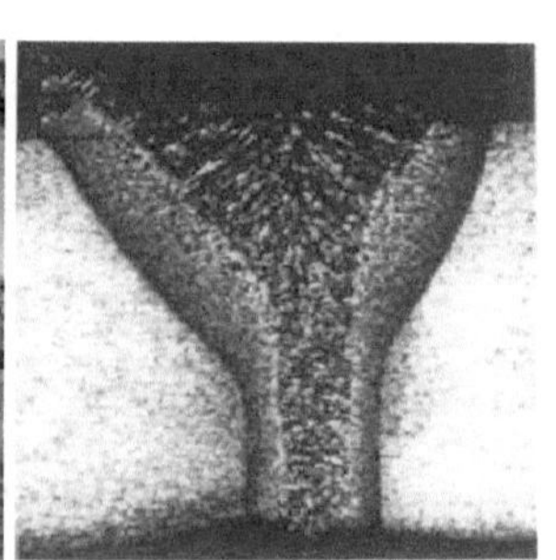

(c) 焊缝形貌

图 10-19　石油储罐激光-MIG 复合焊接